黄河中游水文

（河口镇至龙门区间）

黄委中游水文水资源局

黄河水利出版社

内 容 提 要

本书较系统地反映了 50 年来黄河中游河口镇至龙门区间区域水文情况,同时展示了黄河中游水文测区水文科技发展水平及部分研究成果,是一部集科研性、知识性和实用性为一体的黄河区域水文专著。内容包括区域概况、降水与蒸发、径流、泥沙、洪水、水质监测、库区及河道冲淤变化分析等。

本书既可供水文和水保等专业及相关领域科技人员借鉴参考,也可供相关专业大中专院校师生参阅。

图书在版编目(CIP)数据

黄河中游水文:河口镇至龙门区间/黄委中游水文
水资源局 .—郑州:黄河水利出版社,2005.10
ISBN 7 - 80621 - 993 - 5

Ⅰ. 黄… Ⅱ. 黄… Ⅲ. 黄河 – 中游河段 – 区域
水文学 Ⅳ. P344.2

中国版本图书馆 CIP 数据核字(2005)第 122845 号

策划组稿:王路平   电话:0371 – 66022212   E-mail:wlp@yrcp.com

出 版 社:黄河水利出版社
　　　　地址:河南省郑州市金水路11号　　　邮政编码:450003
发行单位:黄河水利出版社
　　　　发行部电话:0371 – 66026940　　　传真:0371 – 66022620
　　　　E-mail:yrcp@public.zz.ha.cn
承印单位:黄委会设计院印刷厂
开本:787 mm×1 092 mm　1/16
印张:20　　　　　　　　　　　　彩插:4
字数:465 千字　　　　　　　　　印数:1—1 400
版次:2005 年 10 月第 1 版　　　印次:2005 年 10 月第 1 次印刷

书号:ISBN 7 – 80621 – 993 – 5/P·50　　　　　　定价:68.00 元

黄委李国英主任在延川水文站检查指导

黄委廖义伟副主任在黄河中游检查指导防汛

壶口瀑布

黄委中游水文水资源局退休老同志聚会留念

黄河中游水文

晋陕峡谷

水质分析

夜间测洪

数字化地形测量

标准化雨量观测场

标准化浮标观测房

标准化水文操作房

甘谷驿水文站全貌

吴堡水文站全貌

浮标监测系统

自记水位计

水文缆道测流系统

自动化电子气象站

黄河中游水文

审定：高贵成　芮君和

编著：齐　斌　马文进　薛耀文　韩淑媛　车忠华
　　　陈　鸿　王秀兰　张兆明　杨德应

参加人员名单(按姓氏笔画为序)：

马振平	车俊明	王　勇	王兴盛	白作洁	史小芹
刘风贞	刘建军	朱燕琴	李文平	李永华	李白羽
何志江	邵玉梅	苏念良	陈　静	陈广德	陈志洁
张玉胜	张丽娟	张富涛	杨　涛	杨青惠	杨轶文
罗　虹	贺玉宝	高国甫	高夏辉	屠新武	贾俊亮
曹　立	曹汉强	惠志杰	董福新	雷成茂	褚杰辉
慕　成	慕明清	薛宝珍	魏海龙		

序

　　黄河水文肩负着监测、传报黄河水文信息和探索黄河水文规律的历史重任。只有掌握了黄河的水文情势和变化规律,才能有效地开展黄河的防汛抗旱、治理开发、水资源调度及评价、水污染评价及防治等各项工作。由此可见,水文是黄河兴利除害的重要基础工作,也是黄河防汛抗旱不可缺少的哨兵和侦察兵。

　　黄河中游水文是黄河中游地区经济建设和社会发展的一项重要基础工作。对水资源数量和质量监测资料进行研究分析,探索总结各种水文要素的时空分布及其变化规律,为区域经济建设和社会发展提供重要科学依据,是我们从传统水文向现代水文转变后的重要工作内容。

　　由黄河水利委员会中游水文水资源局编著出版的《黄河中游水文(河口镇至龙门区间)》一书是一部首次全面系统分析研究黄河中游河口镇至龙门区间水文特性的专著,全书凝聚了该局水文工作者和有关专家的辛劳和聪明才智,它深入细致地归纳分析了河口镇至龙门区间水文的基本情况、基本特性和基本规律,做了大量有益的基础性研究工作,得出了不少有价值的研究成果和结论,对于区域经济建设和社会发展大有禆益,同时对于黄河中游水文测区今后的水文工作也有着重要而深远的指导意义。

　　水土流失、水资源贫乏、洪水灾害和水环境恶化一起已成为黄河流域经济社会发展的四大制约因素,四大问题在黄河河龙区间都十分突出,特别是水土流失问题是黄土高原最为严重的问题,而水文是解决这些问题的基础和依据。因此,黄河水文工作者应紧紧跟上国家现代化发展的步伐,与时俱进,为解决这些问题开展必要的基础性研究工作。中游水文水资源局在这方面进行了有益的尝试,值得提倡。黄河水文和中游水文还存在不少问题,很多问题特别像中游的洪水和泥沙问题还需要继续深入研究,我希望中游水文水资源局的广大水文工作者再接再厉,继续努力,为把中游乃至整个黄河流域水文的事情办好做出新的更大的贡献。

李文国

2005 年 9 月

前 言

黄河是中华民族的摇篮,哺育了中华民族的成长,孕育了光辉灿烂的中华文明。在很长的历史时期内,黄河中游地区曾经是中国政治、经济和文化的中心,但是,时代的变迁及人为水土资源的过度开发,造成了该区域严重的水土流失。广袤的黄土高原为黄河泥沙提供了物质基础,使黄河在近代成为一条善淤、善决、善徙的世界著名多沙河流。在历史上,黄河曾给中国人民带来深重的灾难,成为中华民族的心腹之患。新中国成立50多年来,治黄事业取得了伟大成就,黄河水文工作得到长足发展。

治水必先知水,治黄必先知黄。黄河水文肩负着监测、传报黄河水沙信息和探索黄河水沙规律的历史重任。只有掌握了黄河的水沙情势和变化规律,才能有效地开展黄河的防汛抗旱、治理开发、水资源调度及评价等各项工作。由此可见,水文是黄河兴利除害的重要基础工作,也是黄河防汛抗旱不可缺少的哨兵和侦察兵。

黄河河口镇至龙门区间是黄河大洪水的主要来源区之一,也是黄河大洪水出现频次最高的区域。区间及时的汛情传报是确保黄河防汛成败的重点所在。区间还是黄河泥沙特别是粗泥沙的最主要来源区,该地区洪水暴涨暴落,含沙量极大,洪水期间往往引起河道剧烈的冲淤变化,洪水测验十分困难,严重地影响着洪水的测验精度。因此,区间洪水的精确测报又是确保黄河防汛决策成功的关键所在。

河口镇至龙门区间是黄河流域水土流失最为严重的地区,区域水文泥沙特征十分独特。区间暴雨多为高强度、短历时型暴雨,内蒙古乌审旗木多才当实测最大9 h暴雨量1 400 mm;区间洪水几乎都呈暴涨暴落型,几分钟水位上涨几米的现象屡见不鲜,新庙站6 min洪水水位竟上涨11.30 m;区间洪水多为高含沙水流,含沙量一般都在200 kg/m^{3}以上,温家川站实测最大含沙量1 700 kg/m^3;区间输沙模数大多在1万 t/(km^2·a)以上,窟野河神木至温家川区间最大输沙模数达10.0万 t/(km^2·a);区间年径流量仅占全河年径流量的12.3%,而年输沙量却占到了全河输沙量的54.2%;等等。面对这些独特的区域水文特征,如何进一步认识这些水文泥沙现象的特殊性及其内在规律,更好地为黄河防汛和治理服务,是摆在这一特殊地区水文、水利工作者面前的重大课题,同时也是向全河、全国乃至全球水文、水利工作者提出的重大挑战。

我国水利事业已进入了一个新的发展阶段,正由传统水利向现代水利、可持续发展水利转变,以水资源的可持续利用来保障经济社会可持续发展的治水新思路已经形成。进入 21 世纪后,黄河的水资源短缺和水环境恶化现象日益加重,河口镇至龙门区间更趋严重,加强对有限水资源的监管和水环境监测力度已成共识。因此,一方面我们要优化和完善水文监测站网,改善和提高水文外业测验技术,进一步加强大水和中低水流量的监测力度;另一方面我们也要尽快完善和加强水环境监测体系,提高水环境监管和动态监测力度,为黄河水资源的统一管理、调度,为水资源的可持续利用,进而为黄河和区域社会经济的全面、协调、可持续发展提供可靠的基础保障。

要实现上述目标,我们应以积极开放的姿态,广纳贤士,广招良才,共同开展黄河中游水文测区水文站网、水文测验、水质监测、水情传报模式的探索与研究,研制或引进先进的洪水测验、传报和水环境监测技术和仪器设备,为提高水文测验、传报、水质监测精度,改变其落后手段,使测区水文逐步走向现代化,进而为黄土高原水土流失问题、黄河泥沙问题的最终解决,为维护黄河的健康生命、地球的健康生命,做出我们水文、水利工作者应有的贡献。

本书由黄河水利委员会中游水文水资源局编著。黄河水利委员会中游水文水资源局负责管辖黄河中游水文测区的水文工作,其管辖范围就是黄河河口镇至龙门区间。本书以其所属测站的实测水文资料为主要依据,统计、归纳、分析了河口镇至龙门区间的水文特性及其变化规律。由于时间仓促,水平有限,书中的缺点和错误在所难免,恳请广大读者不吝指正。

编著者

2005 年 7 月

目　录

第一章 区域概况

黄河从河源至内蒙古托克托的河口镇称为上游,从河口镇至河南郑州的桃花峪称为中游,从桃花峪至黄河口称为下游。根据黄河水文气象和河道特征,黄河习惯上又分为兰州以上、兰州—河口镇、河口镇—龙门、龙门—三门峡、三门峡—花园口、花园口—利津6大区间。其中河口镇—龙门区间(以下简称河龙区间或区间)位于黄河中游区上段,地理坐标在东经108°02′~112°44′、北纬35°40′~40°34′之间,东西跨4°42′,南北跨4°54′,行政区域分属内蒙古、陕西、山西3省(区)7市(盟)43县(区、旗)。

河龙区间地处山西吕梁山脉以西,西北与内蒙古鄂尔多斯高原,西南与陕西白于山、崂山、黄龙山为邻,大部分属于黄土高原地区,是我国黄土高原的主要组成部分。黄河河东吕梁山脉北部管岑山是本区红河❶、偏关河、县川河、朱家川与海河的分水岭;中部芦芽山、关帝山及南部紫荆山是本区岚漪河、湫水河、三川河、屈产河和昕水河等支流与汾河的分水岭。黄河西岸鄂尔多斯高原是本区皇甫川❷、窟野河与内蒙古入黄支沟(孔兑)的分水岭;鄂尔多斯高原南部是本区秃尾河、佳芦河、无定河与黄河流域最大闭流区毛乌素沙地的分水岭;广义白于山脉、崂山是无定河、延水❸、汾川河❹、仕望川等支流与北洛河的分水岭。

河龙区间集水面积111 586 km²,占黄河流域面积的14.8%。区间黄河干流长723 km,落差607 km,河道平均比降0.84‰。区间多沙粗沙区面积5.99万 km²,占黄河中游全部多沙粗沙区面积7.86万 km²的76.3%。区间黄土覆盖区域约占62%,风沙区约占24%,基岩出露区域约占14%。

河龙区间既是黄河洪水的主要来源区之一,也是黄河泥沙特别是粗泥沙最主要的来源区。近300年来,在黄河花园口站发生的4次超过20 000 m³/s大洪水中,有2次来源于中游河龙区间和泾、洛、渭河地区。

河龙区间以黄河河口镇和龙门两个干流控制的水文站为分界。河口镇站1952年1月设立,1958年4月上迁10 km更名为头道拐站至今;龙门站1934年设立至今。河口镇与头道拐两站之间集水面积18 068 km²,有支流大黑河加入,其集水面积17 673 km²。大黑河集水面积虽大,但由于红领巾水库、二道凹水库等水利工程的控制,汇入黄河的水沙量已很小,有时接近于断流。因此,除特别说明外,本书引用的资料,将河口镇站与头道拐站水沙资料作为同一系列对待,即头道拐站水沙资料作为河口镇站水沙资料的展延,当提及河口镇站时同时也代表头道拐站。区间集水面积仍用111 586 km²。

---

❶ 又名浑河。

❷ 又名黄甫川。

❸ 又名延河。

❹ 又名云岩河。

第一节　自然环境

一、气候

河龙区间属温带大陆性季风气候,从南到北跨越半湿润、半干旱和干旱 3 种气候带。总的气候特点是:春季短促,多风沙、常干旱;夏季南长北短,湿度大、高温多雨;秋季较短,天气温和;冬季漫长,寒冷、干燥、少雨。

春季,蒙古高压逐渐衰退,太平洋副热带高压开始北移西进;太阳辐射增强,日照时间增长,气温回暖迅速、多变;雨少、风多、风沙大。由于北方冷空气活动频繁,气温多变,平均月最高与最低气温的差值居四季之首。

夏季,由于太平洋副热带高压的作用,来自西太平洋的暖湿东南气流盛行。热带海洋气团水汽含量丰富,被抬升后易凝结,形成降水。夏季是降水量和降水日数最多的季节,气温高、风速小、湿度大、降水充足,是全年气温最高、气压最低的季节。每当冷锋行动滞缓而锋面两边气流辐合作用很强时,常常形成暴雨。夏季空气对流旺盛,强烈的垂直上升运动,易形成雷阵雨和冰雹。有些年份太平洋副热带高压势力较弱,雨带滞留在长江流域,本区即呈现长时间干旱。

秋季,太平洋副热带高压南下,势力减弱,蒙古高压发展,冷空气开始侵入,加之日照时间缩短、强度减弱,气温明显下降。一次寒潮过程最大降温可达 15 ~ 20 ℃。秋季较春季气温低,降水多,秋高气爽,能见度一般良好。第一次寒潮过后,区域性的初霜出现。入秋后,降水量、降水日数逐月减少。本季前期仍有大雨甚至暴雨,南部和山区经常出现连阴雨天气,持续时间较长的可达 10 d 以上,降水量较春季多。

冬季完全处在蒙古高压控制之下,来自大陆冷高压的西北气流盛行,每隔 3 ~ 5 d 就有冷空气过境。寒冷、干燥、风大、降水量少,晴天居多。

(一)降水

河龙区间平均年降水量在 300 ~ 550 mm 之间,从东南向西北递减。降水的特点:一是季节分配很不均匀,全年的降水量高度集中在 7、8、9 三个月,占全年降水量的 61.6%,春季降水少,常形成干旱;二是降水的年际变化大,多雨年份比少雨年份的降水量大 2 ~ 3 倍。据 1950 ~ 1999 年资料统计,区间多年平均年降水量为 431.2 mm。南部的黄龙山地区年降水量最大,北部内蒙古自治区风沙区年降水量最小。

区间最大 1 日降水量占年降水量的 12% 左右,最大 30 日降水量占 35% 左右;汛期 6 ~ 9 月降水量 320.1 mm,占年降水量的 73.4%。不同时段最大降水量在年际间的变幅较大。最大 1 日降水量的历年最大值与最小值之比,佳芦河流域达 6.74;最大 30 日降水量的历年最大值与最小值之比,孤山川河(以下简称孤山川)流域达 7.18;汛期降水量的历年最大值与最小值之比,秃尾河流域达 10.24;年降水量的历年最大值与最小值之比,秃尾河流域达 5.48。

(二)气温

河龙区间属暖温带向中温带过渡区,气温由南向北递减,各地的高温相差较小,低温相差较大,同一站点气温变化大。

区间年平均气温在 3.6～11.8 ℃之间(见表 1-1),大体以低纬度向高纬度递减。但受地势影响,同纬度的河谷或盆地气温高于山地。如朱家川流域下游的保德县地处黄河河谷,气温明显高于河源区纬度相近但处于山地的五寨和神池两县。

区间 1 月气温最低,南部为 -3.0 ℃,北部为 -15.0 ℃,南北相差 12.0 ℃。7 月气温最高,南部为 26.0 ℃,北部为 19.0 ℃,南北相差 7.0 ℃。南北的高温相差较小,低温相差较大。

表 1-1 河龙区间部分站年平均气温(T)与纬度对照表

站名	宜川	吉县	延安	清涧	离石	五寨	保德	神池	右玉
T(℃)	11.0	11.8	9.5	9.5	8.0	4.9	8.8	4.7	3.6
纬度	36°03′	36°05′	36°30′	37°05′	37°29′	38°52′	39°01′	39°04′	40°00′

区间夏季极端最高气温南部为 39.9 ℃,北部为 37.6 ℃,南北相差 2.3 ℃,一般出现在 7 月中旬的午后 13:00～15:00。冬季极端最低气温南部为 -22.0 ℃,北部为 -32.0 ℃,南北相差 10 ℃,一般出现在 1 月中旬的早晨 5:00～8:00。南北的极端最高气温相差较小,极端最低气温相差较大。

区间同一站点极端日温差在 20～25.8 ℃之间,极端年温差在 45～50 ℃之间。风沙区的日温差和年温差变化最大,位于毛乌素沙地的无定河上游吴旗一带,极端最大日温差 31.7 ℃,极端最大年温差 62.7 ℃。

(三)风速、风向

河龙区间冬季在蒙古高压控制下,盛行北风和西北风,夏季受太平洋副热带高压的影响,多南风和东南风。由于区间地面风受地形影响具有明显的地方性特点:一是风向多变,且不稳定;二是气流受地面阻滞摩擦,风速显著减小。区间年平均风速在 1.3～4.1 m/s之间,多数县气象站实测最大风速在 20 m/s 以上,大风以西风和西北风为主。风力达到 6 级(风速≥12 m/s)时,对农业生产就会造成危害。区间多数地方年平均达到 6 级风力天数为 30～50 d。一般地说,北部比南部风力大,大风日数多,地势较高的地区风力和大风日数大于地势较低的地区,以陕蒙河源风沙区及晋西北河源区最为突出。例如晋西北神池一带,多年平均风速 4.1 m/s,瞬时最大风速 28 m/s,河曲县大风日数最多年份达147 d,最少也有 32 d。

区间北部植被很差,冬春季节往往大风弥漫,形成沙尘暴天气,造成大量的土地沙化,为河流补给了较多泥沙。夏季平均风速是一年之中最小的季节,雷雨之际偶有大风,但历时短、范围小。

(四)日照、总辐射

河龙区间地处中纬度地区,太阳辐射较强,日照时间较长,属光能资源高值区。年日照平均时数在 2 487～2 872 h 之间,最少的年份也在 2 200 h 以上,最多的年份可达 3 280 h。伊金霍洛旗年日照时间较长,年日照时数在 2 740～3 100 h 之间,平均为 2 900 h。全区各地年总辐射在 125～151 kcal/cm² 之间。一年当中 5、6 月太阳辐射最强,日照时数最多;从 11 月到次年 2 月太阳辐射弱,日照时数最少。总辐射的年内变化,以夏季最大,春季次之,秋季较小,冬季最小。

年总辐射量和年日照时数与各地所处地理纬度和季节有关,同时在很大程度上受地形及云雾的因素所制约。区间南部山区太阳总辐射最强,日照时数最多,全年总辐射量在 146.3～150.7 kcal/cm² 之间,日照时数 2 700 h 左右。平川地区年总辐射在 139.4～146.8 kcal/cm² 之间,日照时数在 2 600 h 以上。中部山区全年总辐射量在 130～140 kcal/cm² 之间,日照时数为 2 650 h。

(五)湿度、水汽压和水面蒸发

1.湿度

河龙区间相对湿度从南向北递减。南部黄龙一带较大,多年平均为 68%,北部河曲一带较小,多年平均为 48%。山地相对湿度大于盆地和谷地。一年中 7、8 月水汽含量最大,相对湿度也最大,达 72%～82%;春季相对湿度最小,只有 41%～57%。各地最小相对湿度几乎都出现过零值。这种情况除 7、8 月外,各月都有发生,尤其多发生在 4、5 两个月内。相对湿度的日变化比较明显,最大值出现在日出之前,最小值出现在 15:00 左右。与气温的日变化正好相反,日出前后为低温高湿,午后为高温低湿。阴雨天相对湿度较大,日变化不明显。

2.水汽压

河龙区间除较高山地外,各地水汽压在 6.0～11.7 mb 之间。水汽压在一年内的变化一般是夏季最大,冬季最小,秋季大于春季。最大水汽压和最小水汽压的差值也是南部大于北部,低处大于高处。

3.水面蒸发

河龙区间各地全年水面蒸发量介于 1 639.8(大宁)～2 100 mm(新庙)之间,水面蒸发量以 4～6 月份最大,冬季最小。

(六)地面霜冻与河流冰情

1.地面霜冻

河龙区间冬季气候寒冷,冰冻期较长,一般从当年 11 月开始到次年 3 月止,长达 4～5 个月。最大冻土深度,北部山区 108～124 cm,中部山区 90～95 cm,南部及北中部平川地区 70～80 cm。

区间年平均无霜期在 150～209 d 之间,由北向南递增,最短的仅 112 d。各地无霜期最长的年份,无霜期都超过了 200 d,石楼县 1977 年无霜期长达 238 d。初霜日出现一般从北到南先后出现,忻州地区在 9 月中旬;吕梁地区在 9 月 25 日～10 月 21 日,最早的出现在 9 月中旬,最晚的出现在 10 月底～11 月初;延安地区在 10 月上旬。终霜日出现在 2 月 26 日～4 月 26 日,多数出现在 4 月上旬到中旬,由南往北出现的日期逐渐推后,晋西北出现在 4 月下旬;特殊年份最早出现在 2 月 10 日,最晚出现在 5 月下旬。

2.河流冰情

河龙区间各支流一般从 11 月开始由北向南逐渐结冰,次年 2 月底～3 月由南向北逐步解冻。

较大支流无定河、窟野河,11 月下旬出现流凌、岸冰,12 月下旬部分河段封冻,次年 3 月上旬解冻。

黄河干流河口镇—喇嘛湾年年封冻,河口镇站一般 11 月中旬开始流凌,12 月中旬封冻,次年3月中旬开河,平均流凌天数30 d、封冻天数95 d,断面平均冰厚0.65 m。喇嘛湾—龙口河段一般不封冻。

龙口—天桥水电站河段长72.7 km。该河段未建天桥电站以前,一般11月中旬开始流凌。龙口以上河窄流急、水面落差大,冬季不易封冻;龙口—石窑卜段年年封冻;石窑卜—天桥水电站多不封河。天桥电站建成后,河道水情发生了明显变化,每年自坝前一直封冻至龙口附近。河曲站断面每年平均封冻期达100 d左右,封冻期最长的1997年达134 d。

自天桥水电站运行以来,由于出库水流温度相对较高,府谷断面冬季水面常常冒"白气",不流凌。府谷—吴堡区间河段分别于1929年和1933年封河2次,历时分别为40多d和3~4 d,并且是局部封冻。2002年12月21日由佳县木头峪乡木头峪村开始封冻,随后封冻河段陆续上延至神木县贺家川乡彩林村,全长95 km,冰厚50 cm左右,封冻形式为平封。2003年2月23日该河段全部开河,开河形式为文开。吴堡站断面分别于1956年、1959年、1960年封冻过3次,其余河段一般冬季只流凌,不封冻。

二、地质地貌

我国地势西高东低,自西向东分为三级阶梯,河龙区间处在我国地势第二阶梯的尾部,平均海拔1 000~2 000 m。河东昕水河以北诸支流的上中游、河西白于山河源区以及西南黄龙山海拔在1 500~2 000 m,其他地区海拔大都在1 000~1 500 m之间。各支流下游及干流河谷海拔一般在600~1 000 m之间。区间最高山峰是河东的吕梁山主峰关帝山,位于山西省方山县,海拔2 831 m;其次是河西的白于山主峰,位于陕西省靖边县,海拔1 823 m;南部黄龙山主峰大岭,海拔1 783 m,西北鄂尔多斯高原最高点高程1 584 m,位于内蒙古自治区鄂尔多斯市。区间地势的特点是北高南低,东西高中间低;河东是东北高、西南低;河西是西北高、东南低。区间属黄土高原中部,山脉主要有吕梁山脉和白于山脉。

河龙区间由诸多山地及其之间以黄土塬、黄土梁、黄土峁、小盆地组成的沟谷交切的沟涧地和沟壑系统组成。地面崎岖起伏,千沟万壑,支离破碎。河龙区间长0.5~3 km的沟道有7.3万多条,3~10 km的沟道有6 670多条,10~30 km的沟道有752条,丘陵沟壑密度达5~6 km/km²,沟壑面积占总面积的40%~50%。区间地形主要分为黄土丘陵沟壑区、沙丘沙地草滩区、基岩出露区等,其中以黄土丘陵沟壑区为主。

(一)黄土丘陵沟壑区

黄土丘陵沟壑区黄土广布,土质疏松,沟壑纵横,地面破碎,起伏较大。分布在黄河西岸沿长城一线以南地区;晋西北起偏关,南至乡宁,东起吕梁山西坡,西抵黄河地区。境内除少数石质山地外,大都是黄土覆盖的丘陵沟壑区,地面异常破碎。

除紫荆山、汉高山等少数高大山体外,整个地表均为黄土覆盖,黄土层下基岩基本接近水平状,多属于中生界砂石岩,黄土覆盖的厚度近100 m,部分地区超过了100 m。由于西岸支流长期切割和洪水侵蚀,地表支离破碎,多以峁状丘陵和侵蚀沟道出现,局部地区还可见到断续梁状或残垣状黄土地貌。沟道密度可达5 km/km²以上。该区域平均海拔在1 000~2 000 m之间,梁峁(垣)与沟壑间的相对高差在100~200 m之间。

北部朱家川、偏关河流域黄土下的基岩主要为寒武、奥陶系石灰岩;中部和南部大都是上古生界煤系地层和中生界砂岩、泥岩,岩层斜平缓。一些主要河流在黄土堆积之前均已发育,基岩被分割为不同的地貌形态。吕梁山西南侧则为轻微分割的倾斜平原。大部分地面均覆盖着更新世的离石黄土和晚更新世的马兰黄土,隰县、大宁一带还包括有下更新世的午城黄土。马兰黄土在临县以北属沙黄土,质地较粗,结构疏松;临县以南黄土质地变细,结构较密。黄土厚度大都超过 50 m,临县、离石及隰县等地超过 100 m。黄土堆积充填了宽谷洼地,使古地面的起伏趋于和缓,成为波状起伏的高原形态。但因黄土土质松散,极易为流水切割,所以黄土地貌比古地形更为破碎,形为千沟万壑的景象。

(二)沙丘沙地草滩区

区间沙丘沙地草滩区主要是指鄂尔多斯台地东南部,大致从神木、榆林、仁山、靖边、定边一带,即沿长城一线以北地区。该区域土质松散,风蚀强烈,流沙南移,沙丘草滩与内陆湖泊海子相间,形成了明显的风沙草滩地貌景观。侵蚀产沙类型以风蚀产沙为主。由于这里地势平缓,降水入渗快,径流小,因而水蚀作用微弱。在该区与黄土丘陵区的过渡地带,坡度增大,支沟增多,侵蚀明显增强,并有流动沙丘和半固定沙丘出现。该过渡带实质上是沙漠化过程和黄土过程交替、沟岸扩张的地带,这里的土壤侵蚀以水蚀和重力侵蚀为主,并伴有风蚀。

(三)基岩出露区

该区地表组成物质以基岩类为主,地貌发育类型有中山、低山和基岩丘陵。

区间地面物质组成多样复杂。从宏观上看,地面主要物质有 3 类,即黄土、风沙土及基岩。表 1-2 为区间 20 条主要入黄支流流域地面物质组成情况统计表。其中黄土覆盖区 47 641.1 km²,约占 52.2%;风沙区 13 124.8 km²,约占 14.4%;基岩出露区 30 527.1 km²,约占 33.4%。

表 1-2　河龙区间主要支流流域地面物质组成情况统计表

序号	河名	流域面积（km²）	不同地面物质面积（km²）			不同地面物质面积占流域面积（%）		
			黄土	风沙土	基岩	黄土	风沙土	基岩
1	红　河	5 533	973.8	0	4 559.2	17.6	0	82.4
2	偏关河	2 089	736.2	0	1 352.8	35.2	0	64.8
3	皇甫川	3 246	918.6	545.3	1 782.1	28.3	16.8	54.9
4	县川河	1 587	1 271.0	0	316.0	80.1	0	19.9
5	孤山川	1 272	569.4	0	702.6	44.8	0	55.2
6	朱家川	2 922	2 212.0	0	710.0	75.7	0	24.3
7	岚漪河	2 167	1 057.6	0	1 109.4	48.8	0	51.2
8	蔚汾河	1 478	886.8	0	591.2	60.0	0	40.0
9	窟野河	8 706	2 768.7	559.1	5 378.2	31.8	6.4	61.8
10	秃尾河	3 294	809.5	2 066.8	417.7	24.6	62.7	12.7
11	佳芦河	1 134	571.5	333.1	229.4	50.4	29.4	20.2
12	湫水河	1 989	1 334.8	0	654.0	67.1	0	32.9
13	三川河	4 161	1 592.0	0	2 569.0	38.3	0	61.7
14	屈产河	1 220	682.7	0	537.3	56.0	0	44.0
15	无定河	30 261	17 163.9	9 620.5	3 476.6	56.7	31.8	11.5
16	清涧河	4 080	3 035.2	0	1 044.8	74.4	0	25.6
17	昕水河	4 326	2 122.5	0	2 203.5	49.1	0	50.9
18	延　水	7 687	5 595.4	0	2 091.6	72.8	0	27.2
19	汾川河	1 785	1 452.9	0	332.1	81.4	0	18.6
20	仕望川	2 356	1 886.6	0	469.4	80.1	0	19.9
合　计		91 293	47 641.1	13 124.8	30 527.1	52.2	14.4	33.4

风沙土、黄土的孔隙率较高,稳渗速度较大;在基岩出露区,稳渗速度较小,有利于产流、集流,形成较大洪峰并侵蚀产沙;黄土质地较砒砂岩疏松,但从水中崩解速度看,砒砂岩,尤其是其中的泥岩,崩解速度不亚于马兰黄土,因此在皇甫川、窟野河、孤山川等流域中,砒砂岩出露区产沙模数较高。皇甫川、孤山川、窟野河、秃尾河、无定河赵石窑以上为长城沿线沙地丘陵区;无定河赵石窑以下、清涧河、延水、汾川河、仕望川等为河西黄土高原沟壑区;红河、偏关河、朱家川、裴家川、蔚汾河、湫水河、三川河、昕水河等为河东黄土高原沟壑区。

三、植被

植被是地面被覆植物群落的总称。植被通过蒸发、土壤入渗影响水文。黄土高原植被在全新世中期时(距今 8 000～3 000 年,即仰韶温暖期),黄土高原地貌平缓、气候湿润、土质肥沃、植被茂密。到全新世晚期,即距今 3 000 年来,自然植被类型没有发生大的变化。只是自公元前 1000 年的西周以后,温暖期逐渐变短,寒冷期逐渐变长,寒冷程度逐渐增强,植被区系逐渐发生南移。目前,总体看区间植被条件较差。

目前黄土高原的自然植被自东南向西北依次分布着暖温带落叶阔叶林带与温带草原带之森林草原、干草原、荒漠草原三个亚地带。其具体分界线如下。

(1)暖温带落叶阔叶林带北界:山西恒山—芦牙山—兴县紫金山—陕西清涧—延安蟠龙—安塞西河口—志丹—吴旗。由于地域广阔,地貌多变,水、热状况差异大,植被组合有明显差异。天然次生林较少,到处是荒山秃岭,主要植被为人工乔木林和灌木林,荒山荒坡上的天然草很稀疏。区间整体植被较差,局部小范围也有较好的植被。汾川河流域临镇以上部分植被良好,以天然次生林及灌木林为主,林草面积 4.228 8 万 hm²,覆盖率72.4%。仕望川、州川河❶流域也有连片天然次生林及灌木林,如水桐、山杨、辽东栎、侧柏、杜梨等。林下灌丛、草木植物丛生,有胡枝子、绣线菊(筷子木)、灰枸子、黄蔷薇、荚迷、沙棘、胡颓子等。

(2)温带草原带森林草原亚带北界:晋陕长城以南,是落叶阔叶林向草原带过渡地带,属陕北中部草原化森林草原区。由于气候属半干旱区,水土流失严重,以草本植被为主。局部残存小片卫茅、紫丁香、枸子木、胡枝子、柠条、沙棘、文冠果等落叶阔叶灌丛。在梁峁顶多为长芒草,高寒梁顶为百里香草、冷蒿等。阴坡半阴坡多为铁杆蒿,阳坡半阳坡则为茭蒿。这些天然植被,在地形破碎及农耕地侵吞下,稀疏零落分布,生长不良,退化严重,覆盖度极差。

(3)温带干草原与荒漠草原的分界线:内蒙古包头—杭锦旗与鄂托克旗—宁夏盐池。此线以北地区为温带荒漠草原亚地带。由于受气候条件制约,以耐寒、耐旱、耐风蚀的干草原和沙生植物为主。沙丘地带广泛而稀疏地生长着沙蒿、沙米、沙竹、沙柳等。沙丘间低湿滩地上,由于环境条件多样,形成了草甸、盐生草甸、沼泽草甸灌丛等多种植被类型,如寸草、盐蒿、芦苇、香蒲等。天然植被覆盖度差,草滩地可达 30%～50%,半固定沙地占15%～20%,流动沙丘占 5%以下。

近年"山川秀美"及退耕还林工程启动,但人工种草发展缓慢,且种植面积不稳定。农业植被有粮食作物、经济作物和其他作物。山地气候寒冷区为一年一作,北部为两年三熟,南部可一年两熟。北部粮食作物以玉米、高粱、谷子等杂粮作物为主,南部是麦、棉的主要产

---

❶　又名清水河。

区,也种油菜、水稻和烟叶等。人工植被在分布上有一定的地域差别,风沙滩地区面积大,且有集中连片林,黄土丘陵沟壑区则为小块林,分布零星。其中以防护作用为主的灌木林比重较大,树种有沙柳、柠条、花棒、踏郎、沙棘、紫穗槐、文冠果等;乔木林比重较小,树种以杨、柳、刺槐为主,另有臭椿、樟子松、侧柏等。杨、柳、榆遍布全区;经济林以红枣、苹果为主,南部有柿树等,主要分布于黄土丘陵沟壑区。此外,尚有山杏、梨、桑、葡萄等。

四、河网水系

(一)干流特征

黄河流经内蒙古自治区托克托县的河口镇后,受吕梁山阻挡,由西东向经90°大转弯折向南流,在晋陕峡谷中穿行。本河段坡陡流急,河中险滩众多,水力资源较丰富。黄河干流河口镇—龙门河段长723 km,处于晋陕峡谷之中,谷坡陡峻,谷道狭窄,除河曲、府谷河谷段较宽外,其余河段宽度多在400~600 m之间,河谷切割于陕北黄土高原东部边缘地区,大部分河段由二叠纪、三叠纪砂页岩组成,仅万家寨、天桥和龙门附近有石灰岩出露。该河段河床堆积物较薄。从干流河势来看,本河段可分为河口镇—府谷、府谷—吴堡、吴堡—龙门三个区段,各区段特征见表1-3。

表1-3　河龙区间黄河干流各区段特征统计表

区　段	面积 (km²)	河长 (km)	落差 (m)	流域形状系数	河道比降 (‰)
河口镇—万家寨	8 847	104	83.0	1.22	8.0
万家寨—府谷	9 226	102	86.9	0.887	8.5
河口镇—府谷	18 073	206	169.9	0.425	8.2
府谷—吴堡	29 475	242	180.3	0.503	7.5
吴堡—龙门	64 038	275	256.8	0.847	9.3
河口镇—龙门	111 586	723	607	0.213	8.4

河口镇—府谷区段河长206 km,区间面积18 073 km²,支流测站控制面积10 517 km²,未控面积7 556 km²。其中,河口镇—喇嘛湾河段河道宽浅平缓,两岸有川地,喇嘛湾以下黄河进入万家寨峡谷;出龙口后河道变宽,水流分散,沙洲较多,一直延伸到河曲城关;河曲曲峪—义门河道穿峡谷至天桥电站。

府谷—吴堡区段河长242 km,区间面积29 475 km²,支流测站控制面积22 974 km²,未控面积6 501 km²。本区段在府谷上下游河道展宽,并有孤山川汇入。自孤山川口以下河道又穿行峡谷之间直至吴堡。本区段河道比降0.75‰。由于支流在大洪水时挟带大量泥沙和块石进入黄河,因而在干流河道上形成许多碛滩,如肖木碛(白云沟)、川口碛(岚漪河)、迷糊碛(迷糊沟)、软米碛(蔚汾河)、罗峪口碛(窟野河)、秃尾碛(秃尾河)、佳芦碛(佳芦河)、荷叶碛(楼底河)和大同碛(湫水河)等。

吴堡—龙门区段河长275 km,区间面积64 038 km²,支流测站控制面积52 377 km²,未控面积11 661 km²。本区段河道穿行峡谷之间,河谷宽度一般在300~500 m之间,平均比降0.93‰。著名的黄河壶口瀑布就位于该区段,瀑布以下附近河槽宽仅30~50 m,水面落差高达15 m,水流倾泻而下,波涛汹涌,震耳欲聋,水雾弥天。

(二)水系分布

河龙区间支流众多,干沟密布,水系发达,以皇甫川、窟野河、无定河、延水等河流为骨干,加上纵横交错的大小支流及毛支沟,形成了树枝状的地表水系网。河龙区间水系分布见图1-1。

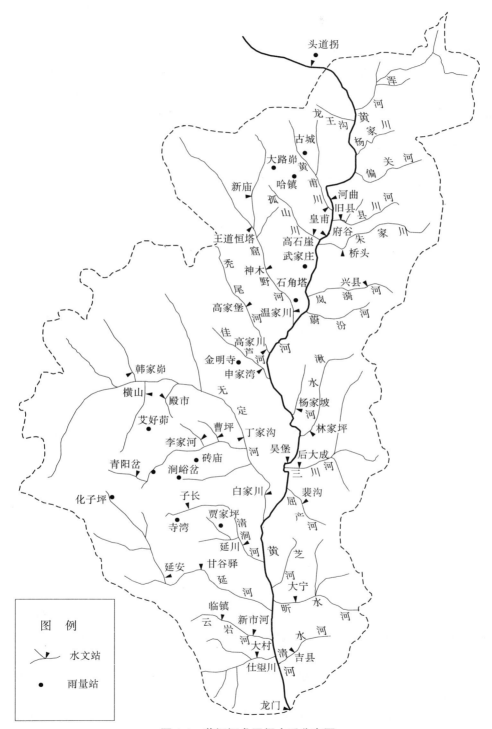

图 1-1　黄河河龙区间水系分布图

　　区间河流的主要特点是干流深切、支沟密布。支毛冲沟极为发育,河网密度大,大都属季节性沟道;河段多弯曲,各主要河流平均弯曲系数在 1.47 ~ 1.50 之间;直接入黄支流下游河谷基岩深切,河床比降大。

　　区间水系十分发达,流域面积超过 1 000 km² 的黄河一级主要支流有 21 条,总面积为 92 295 km²,占区间面积的 82.7%。其中黄河左岸有红河、杨家川、偏关河、县川河、朱家川、岚漪河、蔚汾河、湫水河、三川河、屈产河和昕水河 11 条主要支流;黄河右岸有皇甫川、孤山川、窟野河、秃尾河、佳芦河、无定河、清涧河、延水、汾川河和仕望川 10 条主要支流。各主要支流及其控制站情况见表 1-4 和表 1-5。

表 1-4　河龙区间流域面积大于 1 000 km² 的一级支流情况统计表

区域	序号	河名	河长	流域面积（km²）	站名	控制面积（km²）	至河口距离（km）	汇入干流区段
河东	1	红河	219.4	5 533	放牛沟	5 461	13	河口镇—万家寨
	2	杨家川	69.5	1 002				河口镇—万家寨
	3	偏关河	128.5	2 089	关河口	2 088	1.2	万家寨—天桥
	4	县川河	112.2	1 587	旧县	1 562	3.0	万家寨—天桥
	5	朱家川	158.6	2 922	下流碛	2 881	14	天桥—吴堡
	6	岚漪河	119.2	2 167	裴家川	2 159	3.9	天桥—吴堡
	7	蔚汾河	81.8	1 478	碧村	1 476	2.1	天桥—吴堡
	8	湫水河	121.9	1 989	林家坪	1 873	13	天桥—吴堡
	9	三川河	176.4	4 161	后大成	4 102	25	吴堡—龙门
	10	屈产河	78.3	1 220	裴沟	1 023	18	吴堡—龙门
	11	昕水河	138.0	4 326	大宁	3 992	37	吴堡—龙门
河西	1	皇甫川	137.0	3 246	皇甫	3 175	14	万家寨—天桥
	2	孤山川	79.4	1 272	高石崖	1 263	1.8	天桥—吴堡
	3	窟野河	241.8	8 706	温家川	8 645	6.9	天桥—吴堡
	4	秃尾河	139.6	3 294	高家川	3 253	10	天桥—吴堡
	5	佳芦河	92.5	1 134	申家湾	1 121	6.7	天桥—吴堡
	6	无定河	491.2	30 261	白家川	29 662	59	吴堡—龙门
	7	清涧河	167.8	4 080	延川	3 468	38	吴堡—龙门
	8	延水	284.3	7 687	甘谷驿	5 891	112	吴堡—龙门
	9	汾川河	119.8	1 785	新市河	1 662	23	吴堡—龙门
	10	仕望川	112.8	2 356	大村	2 141	29	吴堡—龙门

　　流域面积在 500 ~ 1 000 km² 的一级支流有 4 条,总面积为 3 069 km²,占区间面积的 2.8%;流域面积在 100 ~ 500 km² 的一级支流有 30 条,总面积为 6 003 km²,占区间面积的 5.4%。

　　无定河是区间流域面积、水沙量最大的支流,发源于陕西省北部靖边、定边、吴旗三县交界处的白于山,地处毛乌素沙地南缘及黄土高原地区,于清涧县河口村汇入黄河。无定河全长 491.2 km,流域总面积 30 261 km²,平均比降 1.79‰。面积在 1 000 km² 以上的支流有海流兔河、芦河、榆溪河、大理河、淮宁河 5 条,面积在 100 ~ 500 km² 之间的支流有 21 条。

表 1-5 河龙区间流域面积为 100~1 000 km² 的一级支流情况统计表

区域	序号	河名	河长 (km)	流域面积 (km²)	河道比降 (×10⁻⁴)	汇入干流区段
河东	1	大石沟河	18.0	116	190	山西省河曲县董家庄村(万家寨—天桥)
	2	小河沟河	36.5	150	172	山西省保德县神山村(府谷—吴堡)
	3	杨家坡沟	28.5	135	119	山西省兴县寨滩村(府谷—吴堡)
	4	孟家坪河	40.5	176	96	山西省兴县巡检司村(府谷—吴堡)
	5	张家坪河	36.5	237	117	山西省兴县罗峪口村(府谷—吴堡)
	6	芦山沟	34.0	122	142	山西省兴县圐圙头村(府谷—吴堡)
	7	八堡水	29.5	143		山西省临县第八堡村(府谷—吴堡)
	8	兔坂河	22.5	118	117	山西省临县后山村(府谷—吴堡)
	9	曲峪河	36.5	203		山西省临县曲峪村(府谷—吴堡)
	10	清凉寺沟	43.5	287	135	山西省临县丛罗峪村(府谷—吴堡)
	11	月镜河	48.0	267		山西省临县索达干村(府谷—吴堡)
	12	留誉沟	58.3	346	194	山西省中阳县下堡村(吴堡—龙门)
	13	小蒜河	26.0	100	302	山西省石楼县黄家峁村(吴堡—龙门)
	14	义牒河	33.0	269	370	山西省石楼县前山至崖头村(吴堡—龙门)
	15	和合河	23.5	119	320	山西省石楼县井里村(吴堡—龙门)
	16	芝河	62.0	792	150	山西省永和县佛堂村(吴堡—龙门)
	17	州川河	61.0	646	142.3	山西省吉县东城村(吴堡—龙门)
	18	鄂河	68.5	748	154	山西省乡宁县万宝山村(吴堡—龙门)
河西	1	清水川	77.0	883	52.2	陕西省府谷县石山则村(府谷—吴堡)
	2	石马川	47.5	243	104	陕西省府谷县高尧峁村(府谷—吴堡)
	3	胡乔寺沟	40.7	222	113	陕西省府谷县攒头村(府谷—吴堡)
	4	白云沟	30.2	113	132	陕西省府谷县白云村(府谷—吴堡)
	5	阴会沟	33.0	134	118	陕西省神木县万镇村(府谷—吴堡)
	6	辛会沟	24.8	132	134	陕西省佳县桑嫣村(府谷—吴堡)
	7	乌龙河	35.7	379	102	陕西省佳县峪口村(府谷—吴堡)
	8	楼底河	32.4	245	106	陕西省佳县关口村(府谷—吴堡)
	9	曾家河	22.6	138	173	陕西省佳县螅镇村(府谷—吴堡)
	10	清河沟	23.7	144	180	陕西省吴堡县清河口(吴堡—龙门)
	11	惠家河	16.0	111	294	陕西省清涧县高家畔村(吴堡—龙门)
	12	安河	28.3	137	177	陕西省延长县罗子山乡(吴堡—龙门)
	13	雷多河	40.1	274	152	陕西省延长县雷赤乡(吴堡—龙门)
	14	鹿儿川	35.0	145	189.6	陕西省宜川县老关度(吴堡—龙门)
	15	白水川	64.9	318	186.9	陕西省宜川县老吉堡(吴堡—龙门)
	16	猴儿川	77.8	480	144.3	陕西省宜川县石家滩(吴堡—龙门)

窟野河是区间发生洪水最大且最为频繁的支流,也是含沙量最大、土壤侵蚀最强烈的河流。窟野河发源于内蒙古鄂尔多斯市的巴定沟畔,是黄河晋陕峡谷右岸较大的支流之一。地理位置在东经 109°~110°52′、北纬 38°23′~39°52′ 之间。河长 241.8 km,流域面积 8 706 km²,平均比降 2.58‰,有面积大于 100 km² 的支流 11 条,于陕西省神木县沙峁头村汇入黄河,入汇口干流下游距离黄河重点控制站吴堡水文站 145 km。

秃尾河是区间径流量年际变化最小、年内分配最均匀的支流。发源于陕西省神木县尔林兔镇公泊沟,于该县万镇镇武家峁汇入黄河。干流长 140 km,流域面积 3 294 km²,平均比降 2.68‰。全流域河长大于 5 km 的支流共有 33 条,其中面积大于 100 km² 的有 8 条。流域内风沙区和黄土丘陵沟壑区面积各半,风沙区主要分布在上中游,即高家堡以北地区,谷浅坡缓,滩地连片,天然海子较多;黄土丘陵沟壑区分布在下游地区,谷深坡陡,梁峁起伏,基岩裸露,土层较薄,水土流失严重。

朱家川发源于吕梁山脉的管涔山西麓神池县小寨乡南堡村金木梁、达木河一带,于保德县杨家湾镇花园村附近汇入黄河,全长 167.6 km,河道比降 5.02‰,流域面积 2 915 km²。该流域地处黄河中游晋西北黄土高原,流域黄土下的基岩主要为寒武、奥陶系石灰岩。地理坐标位于东经 110°56′~112°14′、北纬 38°43′~39°18′之间。流域面积中土石山区占 24.2%,缓坡丘陵区占 22.6%,冲积平原区占 12.9%,丘陵沟壑区占 40.3%。流域面积大于 100 km² 的一级支流有 3 条。朱家川属于季节性河流。

汾川河上游是区间植被最好的区域之一,发源于崂山东麓后九龙泉,向东流经宜川县,在西沟村注入黄河,河流全长 112.5 km,流域面积 1 785 km²,平均比降 8.05‰,河网密度 1.22 km/km²。汾川河流域植被极不均匀,上游宝塔区(临镇以上河流长 53.5 km,面积 1 121 km²,占流域面积的 62.8%)植被良好,以天然次生林及灌木林为主,林草覆盖率为 72.4%。流域中下游植被较差,连片的林草地较少,只有一些零星的分块苹果、刺槐、核桃、杨树等人工等林木,林草覆盖率仅为 9.5%。

青凉寺沟位于山西省临县西部,是区间设站控制流域面积最小的黄河一级支流。发源于吕梁山脉中段的紫金山南麓,于丛罗峪西南注入黄河。干流全长 43.5 km,流域面积 287 km²。该流域地形支离破碎,沟壑纵横,是典型的黄土丘陵沟壑区。其中 1 km 以下的沟道 872 条,1~5 km 的沟道 225 条,5 km 以上的沟道 9 条。

岔巴沟位于陕西省子洲县西北部,是区间设站控制流域面积最小的支流,属黄河三级支流、无定河二级支流。沟道长 26.3 km,流域面积 205 km²,平均比降 9.67‰。流域内地形支离破碎,沟壑纵横,也是典型的黄土丘陵沟壑区。其中 5 km 以上的沟道 7 条,河网密度为 1.07 km/km²。

五、水利工程

(一)黄河干流

区间黄河干流水力资源较丰富,理论蕴藏量 562 万 kW,可建电站 8 座,装机容量 440.2 万 kW,年发电量 169.6 亿 kW·h,占干流资源比重的 16.4%。现已建电站 2 座,总装机容量 120.8 万 kW,年发电量 32.6 亿 kW·h。

万家寨水利枢纽工程是黄河中游梯级开发的第一级,是引黄入晋的龙头枢纽工程。枢纽工程的主要任务是供水,结合发电调峰,同时兼有防洪、防凌作用。为混凝土重力坝,水库总库容约 8.96 亿 m³,调节库容 4.45 亿 m³。电站装机 6 台,总装机容量 108 万 kW,年发电量 27.5 亿 kW·h。枢纽于 1998 年 10 月 1 日下闸蓄水,同年 11 月 28 日第一台机组正式发电,2000 年 6 台机组全部投产,2001 年整个工程全部竣工。

天桥水利枢纽工程是黄河中游的一座径流水电站,为混凝土重力坝、土石坝。枢纽工程于 1970 年 4 月动工兴建,1978 年 7 月 4 台机组全部投产,总装机容量 12.8 万 kW,年发电量 6.1 亿 kW·h。原始总库容(水位 834 m)为 0.673 4 亿 m³。

(二)区间支流

区间支流建有大型水库 2 座。无定河的新桥水库,原始库容 2 亿 m³,延水的王瑶水库,原始库容 2.03 亿 m³;中型水库 52 座,总库容 17.40 亿 m³,小(一)型水库 164 座,总库容 5.48 亿 m³。

无定河流域干支流共建成中、小型水库 261 座,总库容达 16.77 亿 m³。其中无定河巴图湾以上和支流芦河横山站以上有中、小型水库 140 余座,总库容 12.7 亿 m³,形成红柳河、芦河两大库坝群,有效地拦蓄了洪水和泥沙;共修淤地坝约 9 100 座,丘陵区的很多支毛沟已初步形成了坝系,淤地近 1.4 万 hm²,还兴建了小水电站 28 处,总装机容量 1.75 万 kW。

延水流域到 1998 年干支流共建成各类型水库 5 座,其中大型 1 座、中型 2 座、小(一)型 1 座、小(二)型 1 座,总库容 2.19 亿 m³。建成小水电站 5 座,总装机容量 1 565 kW。

六、水土流失与自然灾害

(一)水土流失

河龙区间是我国水土流失最严重地区,也是全球水土流失最严重的地区之一。输沙模数在 5 000 t/(km²·a)以上的面积达 7.16 万 km²,占全区面积 11.16 万 km² 的 64.2%;输沙模数在 15 000~20 000 t/(km²·a)之间的面积约 4.4 万 km²,占全区面积的 39.4%;输沙模数在 20 000 t/(km²·a)以上的面积约 1.2 万 km²,占全区面积的 10.8%。从这里每年输入黄河的泥沙占黄河年输沙量的 60% 以上,而且泥沙颗粒较粗。泥沙粒径大于 0.025 mm 的粗颗粒泥沙占总沙量的 50%~70%,是造成黄河下游河床淤积的主要粗沙来源区。因此,区间被称为黄河中游多沙粗沙区。区间水土流失最主要的特点是区域大、强度大、时间集中。

窟野河下游神木—温家川区间面积 1 347 km²,仅占窟野河温家川以上流域面积的 15.6%,而该区间多年平均年输沙量却高达 3 731 万 t(1954~1992 年),输沙模数高达 2.77 万 t/(km²·a),历年最大输沙模数更是高达 8.46 万 t/(km²·a),被称为世界之最。

黄河中游多沙粗沙区不仅产沙量很大,而且产沙时间集中。据 1969 年前人类活动影响较小的 10 多年实测资料分析,年内最大 1 日输沙量占到年输沙量的 28.9%,最大 30 日输沙量占到年输沙量的 61.5%,汛期 4 个月的输沙量占到年输沙量的 97.6%。这是区间平均情况,具体到各个支流流域还有一定的差异。朱家川、蔚汾河、屈产河、岚漪河、延水等流域,汛期输沙量占到年输沙量的 99% 以上;秃尾河流域的汛期输沙量占年输沙量的 89.6%。输沙集中的这种地域差异是与降雨和下垫面组成的地域差异密切相关的。

由于多沙粗沙区历年年降水量、暴雨次数、次暴雨量及其强度和下垫面组成的不同,输沙量的年际变化和历年同时段最大输沙量的变化均很大。不同时段最大输沙量年际之间的变化幅度远大于同历时最大降雨量和径流量的年际变化幅度,历年最大值为历年最小值的数 10 倍甚至一二百倍,历时愈短,变化幅度愈大。窟野河最大 1 日输沙量历年最大与历年最小的倍比高达 168.8;最大 30 日输沙量历年最大与历年最小的倍比为 105.1;

汛期输沙量历年最大与历年最小的倍比为 88.5;年输沙量历年最大与历年最小的倍比为
57.6。更为突出的是,该流域下游神木—温家川区间,1959 年输沙量高达 1.35 亿 t,1965
年输沙量仅 18 万 t,前者竟为后者的 750 倍。地处风沙覆盖区的无定河支流海流兔河,最
大 1 日输沙量历年最大与历年最小的倍比高达 490 以上,然而其年输沙量年际间的变化
却较平稳,最大与最小的比值小于 14。

　　水土流失是该地区生态环境脆弱的最主要原因,也是当地人民贫穷落后的主要原因
之一。水土流失的危害主要表现在土层变薄,肥力减退;冲毁农田,破坏土地;淤积坝库,
影响灌溉;威胁村镇,交通受阻;环境恶化,生态失调。

　　黄河中游是我国能源的重点开发区。该地区丰富的煤炭、石油、天然气等资源的开发
建设,给当地社会和经济的发展带来了良好契机,我国已将地处多沙粗沙区的晋、陕、蒙接
壤地区列为国家能源重点开发区,在这里将建成我国最大的能源重化工基地。但建设与
破坏往往是共生的,如不及时在能源资源开发的同时加强水土保持工作,矿区开发、修路
以及其他配套工程的建设将不可避免地加重水土流失,给黄河水沙带来影响。

　　自 1987 年以来,黄河中游大型煤田,如神府、东胜、准格尔等煤田相继开工建设,大保
当、离柳、乡宁等煤田已开始规划、设计,与之相应的交通、供电、供水、通信建设以及其他
工业建设也在同步进行。随着该区工业的迅速发展,人口剧增,城镇崛起,人地矛盾和水
资源供需矛盾日趋突出,这些都将给水沙变化带来一定影响。

　　黄河中游矿产资源十分丰富,而且大多分布于多沙粗沙区,如神木、府谷、榆林、横山、
定边等县,资源开发涉及的支流有皇甫川、孤山川、窟野河、秃尾河、无定河等。这些地区
水土流失本来就十分严重,而煤炭等资源的大规模开采,铲除地表原有植被,移动大量岩
石土体,造成地表土层松动,地下岩性物质裸露地表,在风雨作用下极易风化成碎屑,并伴
有滑坡、崩坍等重力侵蚀,水土流失加剧。特别是位于煤炭资源开发区的支流,比降较大,
输沙能力很大,进入支流的侵蚀物质往往在洪水期被输入黄河。如位于神府、东胜矿区开
发腹地的窟野河支流乌兰木伦河王道恒塔水文站,自 1987 年开始开矿以来,1988 ~ 1992
年连续 5 年发生含沙量超过 1 000 kg/m³ 的高含沙洪水。根据布设在乌兰木伦河干流石
圪台(非开矿区)、大柳塔(开矿区)和支流活鸡兔沟活鸡兔(非开矿区)、李家畔(开矿区)等
水文站 1990 ~ 1992 年的观测资料分析,干流石圪台—大柳塔区间因开矿输沙模数增加 1
倍以上,支流活鸡兔沟因开矿输沙模数增加 9 倍以上。

　　(二)自然灾害

　　区间自然灾害频繁、种类较多。除水土流失外,危害较大的还有旱灾、洪灾等。干旱
与水土流失是区间最大的自然灾害。区间生态环境脆弱也主要由气候干旱、水土流失所
引起。而生态环境是制约区域经济发展的重要因素之一。

　　1.干旱

　　区间大部分地区属于干旱半干旱地带,降雨少,干旱频繁。以干旱为主的灾害性天气
常有发生,素有"十年九旱"之称。春旱、伏旱、卡脖子旱几乎年年发生,严重影响着当地农
作物的生长。干旱是区间最严重的自然灾害,也是本区间最显著的气候特点。据 1470 ~
1970 年的旱涝资料分析,发生干旱的年份要占到统计年份的 70% ~ 75%,自古以来就有
三年两头旱、七年一大旱的规律。近 30 年来发生过 6 个春旱年、10 个夏旱年、9 个秋

旱年。

区间旱灾不仅发生的概率高,而且范围广、历时长、危害大。公元前 1766 ~ 1945 年的 3 711 年中,有大旱成灾记载的达 1 070 余年。明清以来,黄河流域连续大旱,史料屡见不鲜;明崇祯年间和清光绪年间都出现过特大干旱,崇祯元 ~ 三年(1628 ~ 1630 年)、六 ~ 九年(1633 ~ 1636 年)、十一 ~ 十四年(1638 ~ 1641 年),黄河流域各地接连发生大旱,灾情遍及晋、陕、豫、鲁 4 省,尤以陕北为甚。陕北榆林、靖边一带赤地千里,"民饥死者十之八九,人相食,父母子女夫妻相食者有之","自淮北至畿南,树皮食尽,发瘗肉以食"。

鸦片战争以后的 100 多年间,黄河流域大旱更是以人口大量死亡、损失惨重而载入史册。据统计,光绪三 ~ 五年(1877 ~ 1879 年),晋、冀、鲁、豫 4 省连续大旱,死亡人数达 1 300 多万;民国 9 年(1920 年),发生于陕西、山西、河南、山东、河北 5 省的大旱,受灾人口达 2 000 万,死亡 50 万人;民国 18 年(1929 年)大旱,流域各省挣扎在死亡线上的灾民达 3 400 多万。

据现有历史资料记载,吕梁地区历史上旱灾的发生,无论是数量上还是受灾的程度上,都很严重。从明嘉靖七年(1528 年)开始的 400 年内,共发生特大旱灾 8 次、大旱灾 46 次。光绪三十年(1904 年)石楼等县大旱,庄稼颗粒无收。1924 年,大旱,籽种未入,临县、中阳、离石、方山等县灾情甚于光绪初年,灾民食糠秕、草根、树皮,死骨遍地。1965 年夏秋,区间 180 d 连续干旱无雨,全年降雨量略多于 100 mm。

2. 洪水

区间一年之中的降水量多集中于夏秋两季,7、8、9 月 3 个月的降雨量可达年降水量的 61.6%,且多暴雨。雨季一到,洪水和冰雹往往伴随而来,洪水也是该地区危害较大的自然灾害之一。由于区间黄土高原的下垫面特性,暴雨洪水往往引起大量的水土流失,使农田和作物遭到破坏,土壤肥力减退。同时洪水冲毁、淹没河坝、房屋等,使人民生命财产蒙受较大损失。

有记载以来的资料显示,最早的洪涝灾害是《临县志》记载的"雍正元年(1723 年)6 月 19 日,黄河大水满川而下,两岸俱阻,澎湃骇人,冲毁沿河居民庐舍、田园、树木、坟茔以万万计,水退后,夜方大雨"。道光二十二年(1842 年),碛口黄河水暴涨十余丈,沿河危及人畜,冲毁民房无数。

光绪元年(1875 年)6 月 25 日,大雨,永宁州(今离石)三川河、临县湫水河、黄河水同时暴涨,冲毁田园、河坝、房屋甚多。

1919 年和 1942 年安塞县两次遭受洪水灾害,县城被冲毁,1942 年县城被迫搬迁。

1976 年 8 月 2 日,黄河水暴涨,吴堡洪峰流量 24 000 m³/s,沿岸的兴县、临县、柳林、石楼四县的 13 个公社 60 个大队受灾,淹没秋田 500 余 hm²,冲毁土地 50 hm²,毁坏水利设施 32 处,冲走电机 140 台,冲走猪、羊 420 只,冲走粮食 40 万公斤,死亡 7 人,伤 2 人,共有 62 户人家直接受到了损失。

1977 年 7 月 6 日延河洪水是新中国成立以来区间发生的最大洪涝灾害。该次洪水水漫延安飞机场、公路、工厂、学校,倒塌房屋 5 000 多间,受灾 8 500 人,死亡 134 人,淹没、冲毁耕地 1.2 万 hm²,损失 2 700 多万元。该次洪水造成延安水文站包括观测房、浮标房在内的全部测验设施被冲毁。洪水过后站房、观测房和浮标房重建在左岸高坎上。

2002年7月4日清涧河洪水,子长县城沿街1 035户店铺进水,乡镇通讯全部中断,287间房屋倒塌,部分煤矿被淹。造成3万人受灾、5人死亡、2人失踪,直接经济损失2.4亿元。该次洪水清涧县城内商业区被淹没,水漫公路、街道、车站、学校等,冲毁房屋、农田、桥梁,县城水、电、通讯全部中断。受灾1.95万,直接经济损失1.04亿元。该次洪水造成延川县直接经济损失822万元。洪水还造成子长水文站大部分测验设施和部分生活设施被冲毁,直接经济损失254.6万元。延川水文站直接经济损失7.3万元。

2003年7月30日陕西府谷、山西保德一带发生暴雨洪水,给当地造成了比较大的灾害和损失。据不完全统计,陕西府谷县600多户1 450多间房屋、门店、圈舍遭受损失,其中48间倒塌、276间成为危房,2人下落不明,受灾约34 000人。城区供电中断、通讯不畅、停水80多h。1 071 km县、乡、村公路受到破坏,许多厂矿企业损失相对比较严重。这次洪涝灾害给府谷全县造成的直接经济损失达3 860万元。

山西保德县也遭受到比较大的损失,有1人死亡,天桥库区康家沟煤矿公路几乎全部被冲毁;保德县庙峁加油站被泥石流冲毁。

3.其他

黄土高原是我国地震频发区域之一,有记载以来共发生5级以上地震177次、7级以上地震19次、8级以上地震5次。区间虽不在地震活动最强的地区,但与银川、山西隆起区断陷盆地系和阴山—燕山南缘三个地震带接壤。区间小震多呈零散分布。元成宗大德七年(1303年)洪洞8级大震,是山西省也是全国历史记载的第一次8级大震。清康熙三十四年(1695年)临汾8级大震是在华北地区第三个地震活跃期中发生的,也是华北此次地震活动期中惟一的一次8级大震。史书对这次地震的描述是"突然地震",无记载有感前震的情况,但对余震的记载较多。这次8级大震以后,全山西的地震活动进入平静阶段,华北区的地震活动也进入平静期,因此又称此地震为华北第三地震活动期的闭幕地震。

河龙区间黄河干流比降较大,黄河流向由北向南是从高纬度到低纬度,河道一般比较顺直,所以封冻情况很少,一般不会发生冰塞、冰坝现象。

区间最大的冰凌灾害发生在1982年春,黄河干流河曲段,天桥水电站以上发生了严重冰塞。1982年1月25日凌晨,位于山西省河曲县城东北约10 km处,素有"岛上人家"之称的娘娘滩岛被淹,两岸十几个村庄及3个厂矿部分进水。冰塞使水位壅高,超过历史最高水位2 m以上,局部地区高出4 m之多,局部最大冰花厚达9.2 m。由于灾情严重,按照"上控、下排、中间疏通,为'文开河'创造条件"的防治方案,河防部门采取了一些措施,上游刘家峡水库控制下泄流量在5 000 m³/s之内,下游天桥水电站降低水位运行,保证冰凌顺利排出。对河曲段的冰塞采取爆破进行疏通,以消除主河道的阻塞。2月25日~3月8日,整个爆破历时12 d,为排泄黄河上游冰凌洪水打开通道,避免造成"武开河"形势。此次冰塞灾情损失大,危害涉及晋、陕、蒙3省(区),其中山西省河曲县受灾最为严重,灾情波及该县5个乡23个村、3个厂矿和沿河34处机电灌站,受灾131户534人,房屋738间,淹没耕地362 hm²,总损失244.3万元。内蒙古准格尔旗受灾195户8 074人,房屋1 198间,淹没耕地128 hm²、机井10眼、机房26处。

另外,区间连阴秋雨时有发生,经常造成农作物大面积歉收。2003年9月下旬~10

月上旬的连阴雨天气,使沿黄两岸农业损失惨重,主要经济作物红枣几乎绝收。偶有森林火灾发生,1977年4月11日,中阳、交口交界处山林失火,烧毁林木260余 hm²。霜冻、风灾、虫灾等也经常造成较大灾害。

第二节　社会经济

一、经济状况

河龙区间所在的内蒙古、陕西和山西一带位于我国中西部贫困地区,不少县被列入我国贫困县。该区域工农业基础相当薄弱,社会经济比较落后。

在农业方面,由于自然条件差,十年九旱,水资源贫乏,种植业单产很低。稻谷、小麦等细粮作物严重不足,蔬菜种类较少;高粱、玉米、谷子等粗粮作物自给有余。人民生活在全国处于贫困或基本温饱状态,生活水平较低。

20世纪80年代中期,国家对黄土高原水土保持进行规划时,对农村经济状况进行了深入调查研究。水土流失严重的黄土丘陵沟壑区和黄土高塬沟壑区居住着3 011万人。受自然条件和社会因素影响,人口分布很不均匀,总的趋势是南部多、北部少,东部密、西部稀,平原和阶地区最多,塬区和丘陵区次之,山区和风沙区最少。1990年晋西、陕北人口密度分别为50~160人/km²和50~100人/km²,其中陕北榆林南部人口密度接近200人/km²。黄土丘陵沟壑区第一副区、第二副区和第五副区的人口密度为60~90人/km²,人均土地1.1~1.7 hm²,这些地区以农业为主,工农业不发达,农民生活贫困,也是黄河多沙粗沙来源区。据黄河水利委员会黄河上中游管理局统计,到1990年底,处于多沙粗沙区的河龙区间总人口745.8万,人口密度为72.4人/km²,人均耕地0.39 hm²。这些地区气候干旱,水量稀少,坡陡地薄,耕作粗放,水土流失严重,农业生产落后,粮食产量较低。1990年河龙区间人均产粮368.9 kg,人均收入不足400元,而且在总产值中农业比重很大,大部分地区基本农田数量少,仍主要靠耕种坡地,产量很不稳定,一遇干旱就严重减产,有时甚至颗粒无收。因此,在一些粮食十分紧缺的地方,开荒扩种时有发生,新的水土流失可能增加。

黄土高原地区,特别是水土流失严重地区,对土地利用结构虽进行了一些宏观的调整,但仍存在着严重的不合理之处,主要表现在广种薄收,农地偏多,林地、草地偏少。据1985年制定黄土高原水土保持规划时对各省(区)数据的分析,严重水土流失区土地中,农地占32.2%,林地占13.4%,草地占6.1%,荒地占32.0%,非生产用地占16.3%。近年来,虽然对土地利用结构作了进一步调整,但到1990年底,在总土地面积中,农业用地仍占35.2%,林地占16.4%,草地占1.8%,荒地占29.3%,非生产用地占17.3%。与1985年相比,林地增加,草地减少,荒地有所减少,而农地和非生产用地均有所增加。这种微度的调整对农村经济的发展有一定的作用,但治理水土流失的难度加大。新中国成立以来,陕西省榆林、延安两地区新增水土流失面积5 832.8 km²。土地利用结构不合理的发展变化给黄河水沙变化带来了不利影响。

在工业方面,煤炭、石油和天然气资源丰富,开发利用前景广阔。煤炭开发几乎是这一区域的经济命脉。神府 – 东胜煤田、准格尔煤田、安太堡露天煤田、河东煤田、靖边油气田的开发及西气东输、西电东输工程等,对带动这一区域经济的发展起到了重要的作用。但总体来讲,工业基础设施差,资金、人才投入少,仍是制约区域经济发展的最大障碍。

二、人文环境

本区间人文环境的主要特点是:人口增长速度快,农业人口比例大;科技教育水平不高,劳动者文化素质偏低;经济发展落后,富余劳动力充裕;老区人民革命情结浓厚,红色旅游资源丰富。在 1949 ~ 1985 年间,年平均人口增长率为 2.27%,高于全国同期年平均1.9% 的增长速度。增长速度是农村大于城市,小城市大于大城市。这些地区几乎都属于贫困地区,农业人口占绝大多数。本区科技教育资源不足,水平不高,人们的文化教育程度普遍较低,文盲和半文盲人口占总人口的近 1/4,略高于全国平均水平,其中妇女的文盲率远高于男子。在总人口中,劳动适龄人口的比例略高于全国平均数,就业人口比例又低于全国水平,属于劳动力资源丰富而经济开发程度低的地区。

陕西省延安和陕甘宁边区,从 1936 年到 1948 年曾经是中共中央、边区政府的所在地,是中国人民抗日战争和解放战争的革命老根据地,是中国人民解放战争的总后方,在中国革命历史中起了很大的作用。

距山西省兴县县城 5 km 的蔡家崖晋绥边区革命纪念馆在抗日战争和解放战争时期曾是晋绥边区行政公署和晋绥军区的所在地,是延安党中央和各解放区联系的咽喉和枢纽。毛泽东、周恩来、朱德、刘少奇、任弼时等党的第一代领导人都曾在这里留下了光辉的足迹。

兴县的黑茶山是“四·八”烈士遇难处。1946 年 4 月 8 日,中共代表王若飞、秦邦宪因形势严峻,不得不冒着恶劣天气,由重庆飞回延安向党中央报告和请示。由于天空阴雨,飞机迷失方向,于当日下午 2:00 在兴县黑茶山山峰遇雾撞毁。为悼念烈士英灵,1978 年建“四·八”烈士纪念碑,1999 年在黑茶山山顶遇难处建纪念亭。

这里的老区人民对毛主席和共产党有着很深的情结。毛主席在延安 13 年,指挥抗日战争、解放战争、转战陕北、东渡黄河等,在陕北和晋西北留下了一系列革命活动的遗址和文物。这些中国革命历史的载体,为我们开展精神文明建设和教育下一代提供了丰富的红色旅游资源,有着巨大的开发潜力。

第三节　水文发展与现状

黄河水文历史悠久。早在公元前13 ~ 前11 世纪,殷代的甲骨文中已有对雨雪定性观测的记载。战国时期的慎到(公元前395 ~ 前315 年)已用浮标法对黄河龙门段湍急的程度进行了观测。秦代有了降雨观测,并建立了报雨制度,开始由地方向中央报雨。西汉后期(公元前77 ~ 前37 年)开始使用雨量筒,从此便有了对降雨的定量观测。河龙区间1934 年以后逐步设立了各种水文测站,标志着区间已进入现代水文观测的时期。

一、水文站网

(一)水文、水位站网

1934 年黄河中游干流设立了龙门水文站,1935 年设立了吴堡水文站、支流三川河的柳林镇水文站,1936 年设立了无定河绥德水文站和大理河绥德水文站。1941 年无定河设立赵石窑水位站,1942 年改为水文站。以上各站分别观测 3~5 年不等,于 1946 年前先后被撤销,到新中国成立时区域内已没有 1 个水文站和水位站。

新中国成立初期的 1950~1955 年,黄河干、支流先后有吴堡、龙门和河口镇等水文站恢复测验。干流上新建的水文站有河曲、义门、沙窝铺、延水关等 4 处;支流上新建和恢复的水文站有皇甫、高石崖、温家川、高家川、林家坪、贺水、白家硷、义合镇、延川、大宁、甘谷驿、枣园、神木、赵石窑、绥德、红石峡和子洲等 18 处。

1956 年水文站网规划实施,增设水位站 11 处、雨量站 78 处、蒸发站 33 处。1957 年,黄河水利委员会按站网规划对老站进行调整,将沙窝铺、延水关水文站改为水位站。1960 年区间水文站达到最高峰,共有 67 处,平均站网密度 1 666 km^2/站,属黄河水利委员会管辖的有水文站 50 处、水位站 5 处。1961~1963 年大量裁撤水文基本站,1965 年黄河水利委员会将山西境内的偏关、岢岚、圪洞及陈家湾站移交给山西省。

70~80 年代站网恢复发展,黄河干流因天桥水电站水沙量测验需要,1971 年新设府谷水文站,1975 年设小河站 1 处,1976 年新建河曲、旧县、清水 3 个天桥水库进库水文站,属黄河水利委员会管辖的水文站有 39 处。1977 年靖边站改为雨量站,水文站减为 38 处。1978 增设小河水文站 3 处,1979 增设小河水文站 2 处,1980 增设小河水文站 1 处,至此小河站达到 7 处。1986 年撤销岚漪河裴家川水文站,1989 年撤销小河站 6 处。

区间水文站大部分在 50 年代设立,至 90 年代初期形成现在的水文站网格局。截至 2004 年底,隶属于黄河水利委员会管辖的水文站有 40 处,其中黄河干流站 6 处,其中水位站 1 处;一级支流站 25 处,其中把口站 19 处;二级支流站 7 处,其中小河站 1 处;三级支流站 2 处。区间黄河水利委员会所属水文、水位站统计情况见表 1-6。

按世界气象组织 WMO 规定,温带、内陆和热带山区的水文站最稀站网标准范围为 300~1 000 km^2/站。黄河流域的气候和地貌应属此种类型,但黄河流域 2003 年的水文站平均密度为 2 330 km^2/站,高于全国的 3 100 km^2/站,远低于世界气象组织规定的最稀站网标准范围。2003 年初,区间水文站共 63 处,占全河 361 站的 17.5%。其中大河控制站 9 处、区域代表站 18 处、小河 36 处,平均站网密度为 1 771 km^2/站。区间黄河干流水文站变迁情况见表 1-7。

(二)雨量、蒸发站网

区间雨量站、蒸发站的设立起步于 20 世纪 50 年代,70 年代发展较快,至 90 年代初期基本稳定。1990 年初,区间雨量观测站点共 468 处,站网密度为 238 km^2/站,高于全国平均站网密度 676 km^2/站;区间蒸发量观测站点共 17 处,站网密度为 6 560 km^2/站。到 2003 年底,区间雨量站网密度略有下降,为 326 km^2/站。

表 1-6　河龙区间黄河水利委员会所属水文、水位站统计表

序号	河名	站名	干流	一级支流	二级支流	三级支流	观测时间		备注
							全年	汛期	
1	黄　河	河口镇	√				√		现改名头道拐
2	黄　河	河　曲	√				√		
3	黄　河	府　谷	√				√		
4	黄　河	吴　堡	√				√		
5	黄　河	万　镇	√					√	汛期水位站
6	黄　河	龙　门	√				√		
7	皇甫川	皇　甫		√			√		
8	县川河	旧　县		√				√	
9	孤山川	高石崖		√			√		
10	朱家川	桥　头		√				√	
11	蔚汾河	兴　县		√			√		
12	窟野河	王道恒塔		√			√		
13	窟野河	温家川		√			√		
14	牸牛川	新　庙			√		√		
15	贾家沟	贾家沟			√			√	
16	秃尾河	高家堡		√			√		
17	秃尾河	高家川		√			√		
18	佳芦河	申家湾		√			√		
19	清凉寺沟	杨家坡		√			√		
20	三川河	后大成		√			√		
21	屈产河	裴　沟		√			√		
22	无定河	丁家沟		√			√		
23	无定河	白家川		√			√		
24	海流兔河	韩家峁			√		√		
25	芦　河	横　山			√		√		
26	黑木头川	殿　市			√		√		
27	马湖峪河	马湖峪			√		√		
28	大理河	青阳岔			√		√		
29	小理河	李家河				√	√		
30	岔巴沟	曹　坪				√	√		
31	清涧河	子　长		√			√		
32	清涧河	延　川		√			√		
33	昕水河	大　宁		√			√		
34	延　水	延　安		√			√		
35	延　水	甘谷驿		√			√		
36	汾川河	临　镇		√			√		
37	汾川河	新市河		√			√		
38	仕望川	大　村		√			√		
39	州川河	吉　县		√			√		
40	清水川	清　水		√				√	
合　计			6	25	7	2	35	5	包括水位站

表1-7 河龙区间黄河干流水文站变迁情况统计表

站名	坐标		集水面积	至河口距离	站类	设站年限
	东经	北纬	(km²)	(km)		
头道拐	111°04′	40°16′	367 898	2 002	大河控制站	1958年4月设立至今
河口镇	111°10′	40°14′	385 966	1 992	大河控制站	1952~1958年
万家寨	111°26′	39°34′	394 813	1 888	出库专用站	1954~1964年、1997年恢复至今
河曲	111°09′	39°22′	397 658	1 839	进库专用站	1952年1月~1956年、1976年6月恢复至今
义门	111°08′	39°04′	403 877	1 793	大河控制站	1953年7月~1975年
府谷	111°05′	39°02′	404 039	1 786	大河控制站	1971年5月设立至今
沙窝铺	110°45′	38°24′	411 440	1 690	大河控制站	1953年5月~1968年
吴堡	110°43′	37°27′	433 514	1 544	大河控制站	1935年6月~1937年10月、1951年恢复至今
延水关	110°25′	36°51′	471 385	1 434	大河控制站	1953年7月~1968年8月
龙门	110°35′	35°40′	497 552	1 269	大河控制站	1934年6月~1947年7月、1950年1月恢复至今

(三)子洲径流实验站

1. 概况

1958年1月北京水科院水文研究所拟订了《全国径流实验站网规划草案》。根据草案部署,1958年5月黄河水利委员会组织水文处、水土保持处、水利科学研究院以及北京大学地理系、中科院地理研究所、西北土壤研究所、武功土壤及水保研究所等20多个协作单位,于当年5~7月对无定河流域的水系结构、地质、地貌、土壤、植被、侵蚀动态、水文地质、水利水保措施现状、历史洪水、社会经济状况等11个项目进行了调查研究。经过可比性和代表性论证,选定了岔巴沟为重点实验流域,建立了子洲径流实验站。1959年1月1日开始观测,1969年底停测,历时11年。刊布了5册水文实验资料,在水文水利科学研究中发挥了重要作用。

2. 设站的目的、任务

研究工程措施和生物措施条件下的产流、汇流及径流变化;研究降水变化及其影响;研究水面、土壤蒸发及植被散发及人类活动改造自然后地区气候变化情况等;摸清水利水保后的水文效应,解决水利水土保持后的水文计算及水文预报问题,并研究水利水保后的水文规律。

实验站的观测项目有水位、流量、含沙量、泥沙颗粒级配、河床冲淤、水面比降、水温、水化学成分、地下水位、降水量、水面蒸发量、土壤蒸发量、土壤含水率、土壤储水量、水向土中入渗、气温、空气湿度、气压、日照、风、地温等21项。

岔巴沟是无定河支流大理河下游左侧的一条小河,是黄河的3级支流,流域面积205 km²,沟道长26.2 km。曹坪1958年8月设站,集水面积187 km²,距河口距离2.2 km,最大流量为1 520 m³/s(1966年8月15日)。

站网布设遵循"大区套小区,小区套单项"的布站原则。径流实验站网包括有雨量站、水位站、流量站、径流场、气象场、土壤及地下水观测站、点(井)等。子洲径流实验站历年站场布设情况见表1-8。岔巴沟水系及水文站网分布见图1-2。

表 1-8　　子洲径流实验站历年站场布设情况表

年份	雨量站	水位站	流量站	径流场	气象场	土壤含水率观测地段	冲淤河段	土壤蒸发观测场	水量平衡场
1959	45	5	11	7	4	17			
1960	45	5	10	13	4	9		8	
1961	29	5	10	14	1	11		8	
1962	29		8	10	1	5		3	
1963	31		8	9	1	5	7	3	
1964	29		9	9	1	4	7	2	
1965	42 + 19		11	13	1	2	7	3	9
1966	43 + 21		12	13	1	3	7	2	11
1967	44 + 10		12	12	1	3	1	1	11
1968	15 + 1		6	4		1			
1969	15 + 1		6	4		1			

注:雨量站数量栏中"+"后数字为径流场雨量站数。

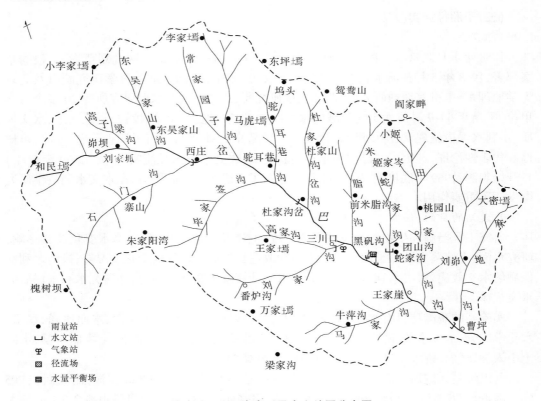

图 1-2　　岔巴沟水系及水文站网分布图

3.观测情况

　　各项目的观测方法和要求,主要依照《水文测验暂行规范》、《径流站须知》、《小河观测》、《降水量观测暂行规范》、《土壤蒸发的观测》等技术规定进行。1959 年 1 月,该站结合实际情况制定了《黄委会子洲径流实验站测验工作的要求和规定》。

1）雨量观测

各站均用 20 cm 口径的普通雨量筒观测，汛期为两段制，非汛期为一段制，记录降水起讫时间。各水文站还设有自记雨量计，在 5～10 月份进行观测。径流场专设平面和斜面雨量筒各一个。共整刊降水观测资料成果 392 站年。

2）水位观测

用直立或矮桩水尺观测，高程采用黄海基面。历年整刊水位资料成果 75 站年。

3）流量测验

测流设施为吊箱、测桥，测验方法以流速仪多线一点法为主，高水用浮标，枯水时用三角堰、量水池、矩形测流槽及小浮标法。历年整刊流量资料成果 95 站年、径流要素 880 场次、径流特征值 1 041 场次。

4）泥沙测验

单位水样含沙量采用水边（高水时）或主流边（平水期）一线一点法用沙桶或小杯测取。悬移质输沙率用横式采样器按多线一点法取样。历年整刊输沙率资料成果 72 站年、泥沙颗粒级配成果 49 站年、径流场泥沙颗粒级配 62 场（站）年。

5）气象观测

各项目内容均按《气象暂行规范》规定，采用三段制定时观测。

6）河段冲淤量测量

按断面法于各次大洪水过后进行测量，并计算一次洪水或一个时段的河段冲淤量，同时在有代表的断面上取河床原状土，以确定河床容重、计算冲淤量。

7）土壤蒸发观测

观测方法采用四种：

（1）器测法。用仿苏-500 型土壤蒸发器，在作物生长期每半月换一次，其他时间每月更换一次。较大降雨后及时换土，以保持器内土块接近自然状态。

（2）热量平衡法。用阿曼通风干湿球温度表观测 0.5 m 及 2.0 m 高度处的温、湿度；用地温表观测 0～160 cm 深度的地温；用倒转式天空辐射仪观测总辐射量和反射量；施测土壤含水率和土壤容重等。

（3）乱流扩散法。温、湿度观测同热量平衡法；风速、风向用轻便风速表，在 1.0 m 及 2.0 m 高度处每日观测 4 次。

（4）水量平衡法。根据土柱水量平衡原理，用特定的土柱测定其降雨量、地面径流量、渗漏量及储水变量。土壤蒸发观测情况，1962 年与 1963 年相同，1964 年迁至岔巴沟中游新设的段川水量平衡场地观测，布设 11 个土柱。1968 年全部停测。

8）人工降雨土壤入渗试验

1960 年 8 月中旬～9 月底，在岔巴沟流域的梁峁山坡进行了一次人工降雨土壤入渗试验。场地面积 0.8～1.0 m²，计有 10 个人工降雨单元入渗场。每次试验一般为 3～4 h，共试验 26 次，在试验中主要测降雨量、洼地积水、地面径流起讫时间，用体积法测定地面径流的过程和测取单位水样。场内的土壤含水率除在试验前进行一次测验外，试验后连续测验数次至土壤含水接近稳定后为止。

9)同心环法土壤入渗试验

用直径 35.7 cm 内环,外围以土埝。注水方法:前半段时间是定时定量加水,后半段时间则固定水头。试验时间一般为出现稳定入渗后再延长 10 ~ 30 min。

10)目测与调查

在进行各项观测实验的同时,每年还对流域内的耕作、种植、沟道的治理、暴雨前后自然现象等因素及时进行目测与调查,详细记载,为资料应用分析提供参考。

11)主要研究成果

子洲径流实验站收集的实验资料,其突出的优点是项目较全、相互配套,比较翔实地反映了黄土丘陵区水文、泥沙因子在时间上的变化过程及在空间上的分布特性。主要研究成果有场次暴雨特性、降雨量时空变化统计特性、土壤水变化特性、黄土丘陵区的降雨径流关系、流域侵蚀与汇流特性等。在资料中蕴涵着许多未被揭示的水文泥沙规律,有待继续探索。

二、水文测验设施设备

黄河水利委员会所属测站除个别水位站、小河站外,其他测站均有测验基本设施,这些设施基本上建于 20 世纪 50、60 年代。1997 年开始国家加大了水文测报设施设备改造的投入,目前已改造完成了头道拐、河曲、府谷、吴堡、龙门、温家川、白家川、甘谷驿、丁家沟、后大成、王道恒塔等重点站,改造的主要设施项目是测验吊箱缆道设施、输配电设施、动力驱动设备、观测道路、水位观测设施、测验用房、测站环境、测验供电、线路、照明等。

(一)控制设施

1. 高程控制

水准基面:黄河水利委员会下属各水文站中,使用的水准基面有假定基面和绝对基面两种。到 2004 年底,使用绝对基面的站较少,大部分仍采用假定基面。头道拐、河曲、府谷、皇甫、清水、旧县和曹坪站采用黄海基面,吴堡、龙门、大宁站采用大沽基面,其他站采用假定基面。

29 站因站址偏僻或附近没有国家水准网,引测高程十分困难。因此,在测站设立时用了假定基面,作为本站水位和高程的起算基面。其中有 15 站 1965 年引测了黄海基面高程。但为了资料系列的连续性,按水利部水文局 1956 年规定,将测站第一次使用的基面冻结下来,称为冻结基面,因此这 15 站目前仍使用假定基面。这 15 站是临镇、子长、川口(白家川)、丁家沟、李家河、青阳岔、马湖峪、殿市、横山、韩家峁、靖边、申家湾、高家川、温家川和王道恒塔。

水准点设置:各水文、水位站水准点由基本水准点和校核水准点(参证点)组成。每站埋设的水准点都在 3 个以上。

2. 平面控制

平面控制包括断面设置基线和测量标志。

断面设置:水文站的断面有基本水尺断面、测流断面、上下浮标断面和上下比降断面四类。

基线:用来测算垂线或浮标在断面线上的位置而在岸上设置的线段。区间各站都用平板仪或经纬仪交会定位,基线长度一般不小于河宽的 6/10,即使断面上最远一点的仪器视线与断面线的夹角不小于30°,在特殊情况下也不应小于15°。

测量标志:在测验河段埋设的各类标、牌、桩统称为测量标志。80年代以前因受经费、材料等条件的限制,测量标志都很简陋,没有统一标准,就地取材用木桩或石桩等涂上红、白漆标记。标志杆用木质花杆,作为瞄准目标用,测流结束后收回。80年代中期对各类标、牌、桩点进行了规范整改,标志杆用钢管花杆,标志牌用钢管焊接铁牌涂上红、白漆标记。

断面标志索的架设,用铅丝或钢丝绳横过河面,每隔 1 m、5 m 或 10 m 系红白相间的布条或约 10 cm×15 cm 的铁牌。

(二)缆道设施

1.吊船过河缆道

1951年底无定河绥德水文站在两岸立人字形木架,自行架设了一道跨度近 100 m 的简易吊船过河缆道,能施测中低水时的流量。1956年,龙门站在马王庙断面处架成主缆直径 14 mm、跨度 300 m、两岸为直接锚碇的吊船过河缆道。到 1960年底,义门、吴堡、龙门和后大成站已先后架设吊船过河缆道。丁家沟站1964年建成吊船过河缆道,一直用到70年代中期。到1965年底,头道拐站也已架设吊船过河缆道。

2.吊箱缆道

1959~1963年,义门、吴堡、龙门站将吊船改为缆车,后大成、川口、温家川、丁家沟、高家川、裴家川、高石崖、林家坪、甘谷驿、后会村、皇甫、大村、子长、殿市、马湖峪、临镇、李家河、青阳岔、碧村、延川、大宁、裴沟、杨家坡、申家湾等站先后建成水文缆车,占总站数的81.5%,其中有升降式缆车 11 处。

1965年吴堡站以柴油机为动力,将缆车的水平移动由手摇改为机动,水文缆车实现了机械操作。1971年垂直升降和水平移动用双筒卷扬机牵引的电动水文缆车在吴堡、延安两站试制成功并投产,水文站测洪操作迈出了电动化的步伐。1973年王道恒塔、府谷、温家川、高石崖等站也先后建成电动缆车。70年代末到80年代初,河曲、皇甫、高家堡、大宁、白家川、甘谷驿、延川、丁家沟、后大成、林家坪、吉县、殿市、申家湾、新市河、子长等水文站先后建成电动缆车。1980年,为解决黄河干流头道拐水文站在冰期封、开河时施测流量的困难,建成了电动升降水文缆车。

1993年拆除了延川、新市河、大村、裴沟、韩家峁、横山、马湖峪等站的水文吊箱缆道。2002年黄河水利委员会中游水文水资源局自行研制的YC-2002型吊箱在府谷、河曲、吴堡三站投入应用,效果良好。2004年汛前,温家川、王道恒塔、延川、甘谷驿四站也安装了YC-2002型吊箱。目前区间共有吊箱缆道28处,其中,机动21处、手动7处。

3.流速仪缆道

1954年三川河贺家湾水文站建成黄河上第一座简易流速仪缆道,1957年8月,黄河水利委员会在三川河支流小南川的陈家湾水文站上建成了跨度为 50 m 的流速仪缆道,并获得测洪试验成功。1958年汛期,黄河水利委员会在黄河龙门水文站上建成了流速仪缆道,并于1959年投入使用。1977年白家川站将手摇升降缆车改为电动升降缆车,1979年又将电动升降缆车改建为半自动流速仪测流缆道。该站先后采用 120 kg、300 kg、470 kg 铅鱼,改进铅鱼水面、河底信号装置,采用 SW-9 型水文数字测流仪有效地扩大了缆道测流范围。

吴堡站 1973 年建成流速仪缆道,1984 年改建为半自动流速仪测流缆道,铅鱼重 750 kg。

(三)测船

1957 年,吴堡、义门水文站建造了双舟测船。1959 年,龙门、后大成水文站也配备了双舟测船。

(四)浮标投放器

1954 年,船窝站建成能连续投放的刀割式和抽线式浮标投放器。1955 年,吴堡水文站建成黄河上跨度最大的 610 m 抽线式浮标投放器,该投放器为手绞浮标投放器,手拍式投放。1956 年,龙门、川口等站根据测洪需要,分别架设中、高水两套浮标投放器。到 80 年代,各站基本都架设了浮标投放器。到 2004 年,全区共架设有 40 套浮标投放器,其中机动 14 处、手动 26 处。

(五)其他设施设备

1.测流槽

80 年代后期,先后在大村、临镇、新市河、青阳岔、裴沟等水文站修建了低水测流槽,用块石砌成矩形过水槽。1999 韩家峁站建成了区间最大的测流槽,最大过水流量为 22.9 m³/s。测流槽的修建既为这些站减少了工作量,又较大地提高了测验精度。

2.水情报汛通讯

区间 50 年代通讯条件很差,多数站不报汛,仅有重要控制站黄河吴堡、延水关、龙门、无定河川口四站,租用省电信局无线电台及报务员,每年汛期驻站配合水文站拍报水情。60 年代架设报汛电话专线拍报水情。80 年代中期,白家川、高家川、温家川等站开始采用以自备电台为主、电话为辅的水情拍报方式。90 年代后逐渐减少,至今相对稳定的水情报汛主要是以短波数汉数据传输为主体,并建立了有线电话报汛体系及三级水情报汛体系,即报汛站,府谷、榆林、延安、吴堡中转台,榆次水情中心台三级水情报汛体系。其中,榆次与黄河水利委员会水文局,榆次与府谷、榆林、延安、吴堡中转台建立了 X.25 系统的数据通讯传输网络。吴堡站与榆次中心台建立了卫星地面站通讯系统。总之,报汛手段由 80 年代以前的有线电话发展为短波电台(40 部)、短波网络、计算机网络、YX-6800 自动测报系统、卫星平台(9 处)、手机短信平台、程控电话等多种形式,提高了报汛精度和速度。

3.新技术、新仪器的应用

70 年代初中期,各站相继配备发电照明设备,解决了浮标投放器、水文缆道动力、测验河段照明、办公等问题。1994～1996 年先后购置 4 架 LD-15 型电波流速仪测流,但由于其性能不很稳定、易发生故障,使用率较低。其中 1 架在吴堡站应用效果较好,不少洪水测验成果作为正式资料使用,该仪器也在黄河小浪底水利枢纽截流龙口测量中发挥了突出作用。

1997 年起先后给区间各雨量站更换了 JDZ-1 型固态存储雨量计,其分辩力有 0.5 与 0.2 两种,同时配备采集降水数据的笔记本电脑和掌上电脑,大大提高了群众雨量站降水资料的可靠性。

1999 年起先后在府谷、吴堡、河曲、万镇、皇甫、高石崖、王道恒塔、温家川、高家川、申家湾、丁家沟、韩家峁、横山、李家河、马湖峪、殿市、兴县、杨家坡、林家坪、后大成、裴沟、延安、甘谷驿等站安装了 HW-1000 非接触自记水位计共 33 台。

90 年代开始应用全站仪、GPS 全球卫星定位系统、激光测距仪、超声波测深仪、光电颗分仪、电子天平、水质多功能现场快速分析仪等先进仪器设备。

4.其他设施设备

各站配备了汽油发电机、柴油发电机等发电设备,1999 年起大部分水文站先后配备了计算机,2003 年开始使用流量演算程序进行流量计算,约半数水文站旧房及测验设施得到全面改造,改善了测验、办公和生活条件,大大提高了水文测算速度和精度。

三、水文测验

(一)测验任务

各站设站初期的观测任务有水位、流量、含沙量、输沙率、降水、蒸发、比降、水温、颗分、冰凌等项目。

60 年代中期,川口、皇甫、韩家峁等 30 个站输沙率测验全部停测,只保留了头道拐(原河口镇)、义门、吴堡、龙门、高家川、温家川、丁家沟、甘谷驿等站。1976 年恢复河曲站并开始输沙率测验;1971 年设立府谷站并开始输沙率测验,义门站输沙率同时停测;1998 年温家川站输沙率停测,2004 年恢复测验;1975 年设立白家川站并开始输沙率测验。截至 2004 年底,河龙区间黄河水利委员会管辖的测站中有 10 个站进行输沙率测验。冰凌观测只保留吴堡、河曲、白家川、温家川、丁家沟等站的冰情目测和冰厚测验。

黄河水利委员会管辖的各水文站目前水文测验任务有水位、流量、降水、悬移质单样含沙量、悬移质输沙率、泥沙颗粒级配、水面比降、蒸发、冰凌、水质监测、水文调查等项目。2003 年各站基本情况及测验任务见表 1-9。

区间黄河水利委员会所属水情报汛站 47 处,其中水文报汛站 34 处、水位报汛站 1 处、群众雨量报汛站 12 处。各站分别承担向中央防总、黄河防总、陕西防指、山西防指以及延安、榆林、忻州、吕梁、渭南、运城等地(市、县)防办等报汛和洪水预报任务,也曾承担向河南防指、山东防指、三门峡水利枢纽局以及有关部队报汛任务。项目有水位、流量、降水、含沙量、水沙月报、冰情、水温、气温等,水位、流量有实测流量报、洪水过程报,降水有时段、日、旬、月量报和暴雨加报等。

(二)测验方法

50 年代设立的水文站,初期流量测验非常简陋,洪水期一般用浮标投放器投放浮标、漂浮物中泓法或比降面积法施测流量,平水期采用涉水施测。温家川站还用过骑牛放浮标的方法施测流量,丁家沟站用吊船施测流量。木桩水尺观测水位,洪峰落坡往往用水准仪直接测取水位。

1.水位观测

水位观测设备由木质水尺、钢质水尺到自记水位计、远传自记水位计以及遥测水位计。水位观测测次布设的原则是应能测到完整的水位变化过程,目的是为了计算逐日水位、各种水位特征值及推算流量等水文要素。水位观测有人工观测和自记水位计自记两种方式。70 年代开始试用浮筒式水位计。白家川站用 SY-2 型电传水位计观测水位。90 年代,府谷等站用 HW-1000 型非接触自记水位计观测水位。截至 2004 年底,区间有 27 站安装了自记水位计。

表 1-9　2003 年黄河水利委员会所属测站基本情况及测验任务表

河名	站名	设站时间 (年-月)	集水面积 (km²)	观测项目									
				水位	流量	单沙	输沙率	水温	冰情	蒸发	降水	颗分	水质
黄　河	头道拐	1958-04	367 898	√	√	√	√	√	√		√	√	
黄　河	河　曲	1952-01	397 658	√	√	√	√	√	√		√	√	
黄　河	府　谷	1971-05	404 039	√	√	√	√	√	√		√		√
黄　河	吴　堡	1935-06	433 514	√	√	√	√		√		√		√
黄　河	龙　门	1934-06	497 552	√	√	√	√				√		
黄　河	万　镇	1995-07	—	√									
皇甫川	皇　甫	1953-07	3 175		√	√					√	√	
县川河	旧　县	1976-06	1 562	√	√	√					√		
孤山川	高石崖	1953-07	1 263	√	√	√					√	√	
朱家川	桥　头	1989-06	2 854	√	√	√					√		
蔚汾河	兴　县	1986-02	650	√	√	√					√		
窟野河	王道恒塔	1958-10	3 839	√	√	√					√	√	√
窟野河	温家川	1953-07	8 515	√	√	√			√	√	√		
牸牛川	新　庙	1966-05	1 527	√	√	√				√	√		
贾家沟	贾家沟	1978-06	93.4	√	√	√					√		
秃尾河	高家堡	1966-05	2 095	√	√	√					√		
秃尾河	高家川	1955-09	3 253	√	√	√	√				√	√	
佳芦河	申家湾	1956-10	1 121	√	√	√					√		
清凉寺沟	杨家坡	1956-11	283	√	√	√					√		
三川河	后大成	1956-07	4 102	√	√	√					√	√	√
屈产河	裴　沟	1962-06	1 023	√	√	√					√		
无定河	丁家沟	1958-10	23 422	√	√	√	√			√	√	√	√
无定河	白家川	1975-01	29 662	√	√	√	√		√	√	√		
海流兔河	韩家峁	1956-11	2 452	√	√	√					√		
芦　河	横　山	1956-09	2 415	√	√	√					√		
黑木头川	殿　市	1958-09	327	√	√	√					√		
马湖峪河	马湖峪	1961-08	371	√	√	√					√		
大理河	青阳岔	1958-10	662	√	√	√					√	√	
小理河	李家河	1958-10	807	√	√	√					√	√	
岔巴沟	曹　坪	1958-08	187	√	√	√					√	√	
清涧河	子　长	1958-07	913	√	√	√					√		
清涧河	延　川	1953-07	3 468	√	√	√					√		√
昕水河	大　宁	1954-10	3 992	√	√	√				√	√		√
延　水	延　安	1958-07	3 208	√	√	√					√		
延　水	甘谷驿	1952-01	5 891	√	√	√	√				√		√
汾川河	临　镇	1958-10	1 121	√	√	√					√		
汾川河	新市河	1966-05	1 662	√	√	√					√		
仕望川	大　村	1958-10	2 141	√	√	√				√	√		
州川河	吉　县	1958-10	436	√	√	√					√		

平水期人工观测水位按水位日变幅等时距布设测次,洪水期人工观测水位按洪峰的起涨、峰顶、峰谷、转折变化布设测次。

2.流量测验

测流方法有流速仪法、浮标法、比降面积法等。区间平水流量测验一般用流速仪法,大洪水流量测验以浮标法为主。流量测验测次布设的原则是应能取得点绘水位与流量(或其他水力因素)关系曲线所必需的足够的实测点据。目的是为了推算逐日流量及各种径流特征值。

区间汛期流量校测站16站,间测站3站,其他站为驻测站。部分站非汛期和汛期的平水期(含冰期平水期)每7 d测流1次。二、三类站1～4月和11～12月流量简化测验,按旬或半月固定代表日测流。洪水期(含冰期洪水期)流量测验测次布设应分布在起涨、峰腰、峰顶及落平处,同时注意均匀分布于各级水位。

3.泥沙测验

悬移质输沙率测验测次布设的原则是取得点绘单样含沙量与断面平均含沙量关系曲线所必需的足够的实测点据。目的是为了准确推算逐日输沙率、含沙量及各种输沙特征值。悬移质输沙率测验同时施测流量时,垂线取样方法采用选点法、垂线混合法和积深法。经过试验分析的站还采用全断面混合法和输沙率与流量测验异步施测。

单样含沙量测次布设的原则是应能测到完整的含沙量变化过程,目的是为了推算逐日输沙率、含沙量及各种输沙特征值。平水期按含沙量和水位日变幅等时距布置测次,洪水期测次布设按洪峰的起涨、峰顶、峰谷、转折变化进行。非汛期流量简化测验期间一般水位、含沙量停测,横山、韩家峁、高家堡(二)、高家川(二)站简化测流同时随固定测流日取沙。泥沙测验用器皿或横式采样器取样。70年代末至80年代中期,白家川站曾用同位素测沙仪测取单样含沙量。

4.降水观测

降水观测走过了由人工观测到仪器自记的历程。大体上1965年前采用口径20 cm雨量器,人工观测;1966～1996年使用虹吸式和翻斗式自记雨量计,1997年开始使用固态存储自记雨量计。按观测时间划分为全年站和汛期站,按观测的主体划分为基本站和委托站(或称为群众站)。目前,1～4、11、12月用20 cm雨量器每日8:00、20:00两段制人工观测,不记降水起止时间;5～10月用固态存储雨量计自记观测。

5.水面蒸发观测

1974年以前用口径80 cm蒸发器观测,水面蒸发每日8:00定时观测1次。1975年起5～10月用E-601型蒸发器观测水面蒸发量,其他时期用20 cm蒸发皿称重法观测水面蒸发量,每日蒸发量小于0.2 mm时,每2～5 d称重观测1次。

6.测验成果

1951～2004年,区间取得了大量宝贵的水文观测、试验研究和水文调查资料。其中仅黄河水利委员会所属测站就有水文资料1913站年、小河站资料93站年、单独水位资料82站年、雨量资料8 816站年、小河站配套雨量站资料365站年、蒸发资料431站年、渠道流量资料136站年、分析水质监测资料3 463断面次,同时也取得了大量试验研究和水文调查资料。

第四节　水文特征

一、降水及蒸发

(一)降水

区间降水受大陆性季风气候控制,夏秋东南季风海洋暖湿气流侵入本区,带来大量水汽形成降水。区间东距海洋 600～800 km,地势四周高山环绕,向黄河河谷倾斜。外围东有海拔 1 700～3 000 m 呈南北走向的太行山,南有海拔 2 000～3 000 m 呈东西走向的秦岭,对东南暖湿气流形成天然屏障。当暖湿气流通过上述屏障时受到一定削弱,继续向西北挺进到本区边沿时,又受到海拔 1 800～2 800 m 呈南北走向的吕梁山脉、海拔 1 400～1 800 m 呈西北到东南走向的广义白于山脉阻挡而进一步减弱,这是影响本区降水偏少的主要自然地理因素。迎风的山麓山坡地区有利于暖湿气流的爬高、抬升、冷却,易形成降水特别是暴雨。例如,受西北部海拔 1 400～1 600m 的鄂尔多斯高原的影响,从东南方向进来的暖湿气流在皇甫川、窟野河一带易形成暴雨;受西南部的白于山脉的影响,清涧河、延水一带易形成暴雨等。

河龙区间远离海洋,西北部与毛乌素沙地为邻,干旱少雨是其显著的气候特点。区间平均年降水量 431.2 mm,在黄河流域 6 大区间中排第 5 位,为黄河流域平均年降水量的95.6%,是全国平均年降水量的 68.7%。河龙区间与黄河流域及国内主要河流多年平均年降水量、蒸发量对比统计见表 1-10。

表 1-10　河龙区间与黄河流域及国内主要河流多年平均年降水量、蒸发量对比统计表

地　区		集水面积 (万 km²)	年降水量 P (mm)	年陆面蒸发量 E_L (mm)	E_L/P	年水面蒸发量 E_W (mm)
黄河	河龙区间	11.16	431.2	383.5	88.9	1 222
	全流域	75.24	451.2	388.3	86.1	1 098
黑龙江		90.34	495.5	366.4	73.9	
辽　河		34.50	551.0	409.9	74.4	
海滦河片		31.81	559.8	469.3	83.8	
淮　河		32.92	888.7	657.7	74.0	
长　江		180.85	1 070.5	544.5	50.9	
珠　江		58.06	1 544.3	737.4	47.7	
内陆河		332.17	153.9	121.9	79.2	
全　国		954.53	628.0	364.3	58.0	

注:黄河流域资料统计系列为 1956～1979 年,河龙区间为 1952～1999 年,其他地区资料来源于《黄河水文》。

区间多年平均年降水量比黄河流域多年平均年降水量 451.2 mm 小 20.0 mm,偏少4.4%。在黄河流域 14 个降水分区中本区间排序为第 13 位。河龙区间与黄河流域各分区多年平均年降水量对比统计见表 1-11。

表1-11　河龙区间与黄河流域各分区多年平均年降水量对比统计表

分　区	兰州以上	兰河区间	河龙区间	汾河	北洛河	泾　河	渭河咸阳以上
年降水量(mm)	459.4	234.7	431.2	483.7	525.3	516.1	644.8
分　区	张咸华区间	伊洛河	沁　河	三小区间	小花干流区间	金堤河	汶　河
年降水量(mm)	599.7	694.3	604.7	646.0	550.1	564.5	669.7

注:黄河流域资料统计系列除河龙区间为1952～1999年外,其余为1956～1979年;晋陕区间多年平均年降水量为437.8 mm。

根据《山西水资源》资料统计,区间多年平均年降水量小于华北、全国和全球陆地多年平均年降水量。比华北的547 mm少115.8 mm,偏少21.2%。比全国的628 mm少196.8 mm,偏少31.3%。比全球陆地的834 mm少402.8 mm,偏少48.3%。河龙区间与其他地区多年平均年降水量对比统计见表1-12。

表1-12　河龙区间与其他地区多年平均年降水量对比统计表

分　区	河龙区间	黄河流域	山西省	海河滦河流域	华　北	全　国	亚　洲	全球陆地
年降水量(mm)	431.2	451.2	534	559.8	547	628	740	834

注:黄河流域资料统计系列为1956～1979年,河龙区间为1952～1999年,其他地区资料来源于《黄河水文》。

(二)蒸发

1.水面蒸发

水面蒸发反映的是当地在充分供水情况下的蒸发能力指标。区间年平均水面蒸发量为1 222 mm,在黄河流域6大区域中排第2位,为黄河流域多年年均值的1.11倍。见表1-10。

2.陆面蒸发

陆面蒸发是水热条件的一个综合指标。区间多年平均年陆面蒸发量为383.5 mm,是黄河流域多年平均年蒸发量的98.8%,是全国多年平均年陆面蒸发量的105.2%,差异不大。见表1-10。

3.E_L/P值

在降水量相同的情况下,陆面蒸发量与降水量的比值(E_L/P)越大,则产流量越小,开发利用当地水资源的条件越差。区间多年平均年E_L/P值为0.889,就是说水降落到地面后,有88.9%的降水量被蒸发,仅有11.1%的降水量转化为河川径流量。区间多年平均年E_L/P值是黄河流域多年平均年E_L/P值的103.3%,是全国E_L/P值的153.3%,是E_L/P值明显偏大的地区。见表1-10。

二、径流

河龙区间多年平均年径流量为53.2亿 m^3,黄河流域多年平均年径流量为580亿 m^3(1919～1985年系列)。区间面积占黄河流域面积的14.8%,而年径流量却只占9.2%。说明本区间是黄河流域产流量偏少的地区。区间产流虽少,仅占龙门站年径流量的19.0%,但因其30%～40%的径流量来自汛期的7、8两月,甚至集中于几场大洪水,因而在汛期是黄河干流洪峰及洪水总量的重要组成部分。

(一)区间干流

河龙区间干流的径流由两部分构成,一是黄河上游河口镇以上来水,二是河龙区间支流来水。在干流的年径流量中,河口镇以上来水占主导地位。河口镇以上来水占府谷站年径流量的 96.6%,占吴堡站年径流量的 89.7%,占龙门站年径流量的 81.0%。河龙区间干流年径流量统计见表 1-13。区间平水期径流量以河口镇以上来水占主导地位,洪水期径流量以区间来水占主导地位。区间不同区域年径流深度在 42.4~60.7 mm 之间。

表 1-13   河龙区间干流年径流量统计表

站 名	集水面积 (km²)	多年平均 年径流量 (亿 m³)	河口镇以 上来水所 占比重(%)	区 段	集水面积 (km²)	多年平均 年径流量 (亿 m³)	年径流 深 度 (mm)	资料系列
河口镇	385 966	227.3	100	河—府	18 703	8.109	44.8	1952~1999 年
府 谷	404 039	235.4	96.6	府—吴	29 475	17.88	60.7	1952~1999 年
吴 堡	433 514	253.3	89.7	吴—龙	64 038	27.18	42.4	1952~1999 年
龙 门	497 552	280.5	81.0	河龙区间	111 586	53.15	47.7	1952~1999 年

(二)区间支流

1. 径流深度

区间河川径流绝大部分由降水形成。径流深度是径流量的一种表示形式,是河流或区域水资源的重要特征。区间多年平均年径流深度为 47.7 mm,在黄河流域 6 大分区中排第 5 位,为黄河流域多年平均年径流深度的 54.4%,为全国多年平均年径流深度的 16.8%,属水资源严重偏少的地区。黄河流域各分区及国内主要河流径流深度特征统计见表 1-14。

2. 径流系数

径流系数(R/P)是反映流域降水和下垫面产流条件的综合指标。比值越大说明越容易产流,比值越小说明越不容易产流。区间多年平均年径流系数为 0.111,在黄河流域 6 大分区中排第 5 位,为黄河流域多年平均年径流系数的 60.3%,为全国多年平均年径流系数的 25.3%,属不容易产流的地区。河龙区间与黄河流域及国内主要河流年降水量、径流深度对比统计见表 1-14。

表 1-14   河龙区间与黄河流域及国内主要河流年降水量、径流深度对比统计表

地 区		集水面积 (万 km²)	年降水量 P (mm)	年径流深度 R (mm)	R/P (%)
黄河	河龙区间	11.16	431.2	47.7	11.1
	全流域	75.24	451.2	87.6	18.4
黑龙江		90.34	495.5	129.1	26.0
辽 河		34.50	551.0	141.1	25.5
海滦河片		31.81	55.98	90.5	16.2
淮 河		32.92	888.7	231.0	26.2
长 江		180.85	1 070.5	526.0	43.1
珠 江		58.06	1 544.3	806.9	52.2
内陆河		332.17	153.9	32.0	20.8
全 国		954.53	648.4	284.1	43.8

注:黄河流域资料统计系列除河龙区间为 1952~1999 年外,其余为 1956~1979 年,其他地区资料来源于《黄河水文》。

3. 产流比率

两区域同期径流量之比与其相应集水面积之比的比值,是比较两区域产流比率的一项指标。若甲、乙两区域径流量之比与相应集水面积之比的比值大于1,说明甲区域产流比率比乙区域产流比率高,比值越大,说明甲区域产流比率高出乙区域越多;若甲、乙两区域径流量之比与相应集水面积之比的比值小于1,说明甲区域产流比率比乙区域产流比率低,比值越小,说明甲区域产流比率低于乙区域越多。黄河流域多年平均年径流量占全国多年平均年河川径流量的2.4%;黄河流域面积75.24万km²,占全国面积954.53万km²的7.9%,两者的比值为0.30,不但小于1,而且小得较多,说明黄河流域的产流比率大大低于全国产流比率,是产流比率严重偏低的流域。河龙区间多年平均年河川径流量为53.2亿m³,占全国多年平均年河川径流量的0.2%;河龙区间面积11.16万km²,占全国面积的1.2%,两者的比值为0.17,不但小于1,而且小得更多,说明河龙区间的产流比率远远低于全国产流比率,是产流比率更为严重偏低的区域。

4. 亩❶均水量

河龙区间共有耕地面积136.9万hm²,亩均占有水量259m³;黄河流域共有耕地面积1 194.3万hm²,亩均占有水量368m³;全国亩均占有水量1 667m³。河龙区间亩均占有水量是黄河流域的70.4%,是全国的15.5%。

5. 人均水量

河龙区间居住人口约914万,人均占有水量约582m³;黄河流域(花园口以上)居住人口约10 425万,人均占有水量约632m³;全国人均占有水量约1 937m³。河龙区间人均占有水量是黄河流域的92.1%,是全国的30.0%。

综上所述,河龙区间降水量少,蒸发量大,与黄河乃至全国比较均属径流量严重偏少的地区。亩均和人均水量少,是水资源严重贫乏的地区。

三、泥沙

黄河以泥沙多而闻名于世。据统计,黄河多年平均年输沙量为16亿t,居国内及世界各大江大河之首;多年平均输沙模数为2 127 t/(km²·a),多年平均含沙量为27.6 kg/m³(1919～1985年系列),均居国内及世界各大江大河前列。黄河、窟野河、无定河与国内多沙河流及世界著名河流泥沙对比统计见表1-15。

表1-15　黄河、窟野河、无定河与国内多沙河流及世界著名河流泥沙对比统计表

河　名	站　名	流域面积 (万 km²)	年径流量 (亿 m³)	年输沙量 (亿 t)	输沙模数 (t/(km²·a))	含沙量 (kg/m³)	实测最大 含沙量 (kg/m³)	最大年 输沙量 (亿 t)	资料系列
黄　河		75.24	580	16	2 127	27.6	809	28.5	1919～1985 年
海　河	官　厅	4.34	16.4	0.807	1 860	49.2	436	4.97	1956～1979 年
长　江	宜　昌	100.55	4 468	5.14	512	1.18	10.5	7.54	1956～1979 年
亚马逊河		615	69 300	3.62	59	0.05			1956～1979 年
密西西比河		322	5 800	3.12	97	0.54			1956～1979 年
尼罗河		290.0	840	1.11	1 150	1.32			1956～1979 年
印度河		30.5	1 100	6.80	2 230	6.18			1956～1979 年
恒　河		97.6	3 680	4.80	492	1.31			1956～1979 年
窟野河	温家川	0.864 5	6.351	1.025	11 900	161	1 700	3.03	1954～1999 年
无定河	白家川	2.966	12.13	1.276	4 300	105	1 290	4.40	1956～1999 年

❶　1 亩 = 1/15 hm²,下同。

河龙区间是黄河泥沙,特别是粗颗粒泥沙(泥沙粒径大于或等于 0.05 mm,以下简称为粗沙)的主要来源区。据 1952~1990 年资料统计,区间多年平均年输沙量为 7.71 亿 t,分别占同期三门峡站和花园口站年输沙量的 59.5%、68.6%。区间多年平均含沙量 138 kg/m³,窟野河温家川站实测最大含沙量 1 700 kg/m³,窟野河神木至温家川区间年输沙模数 8.46 万 t/km² 等,均被称为世界之最。皇甫川、窟野河、秃尾河、佳芦河等支流多年平均年输沙模数均在 1 万 t/km² 以上,皇甫川、窟野河、秃尾河等几条支流粗沙量占总输沙量的 50% 以上,粗沙占总输沙量比重最大的秃尾河达 54.5%,皇甫川、窟野河、无定河 3 条支流粗沙总量超过 1 亿 t,占龙门站粗沙量的 50% 以上。这些支流的输沙模数、泥沙粒径之大为世界所罕见。

(一)水沙组成

河龙区间集水面积占全河流域面积的 14.8%,多年平均年径流量 56.0 亿 m³,占全河年径流量的 12.3%,多年平均年径流深度 50.2 mm,在全河 6 大分区中居第 5 位。而多年平均年输沙量 7.71 亿 t,占到全河年输沙量的 54.2%;多年平均含沙量 138 kg/m³,是全河多年平均含沙量的 4.41 倍;多年平均年输沙模数 6 908 t/km²,是全河多年平均年输沙模数的 3.66 倍,在全河 6 大分区中居第 1 位。河龙区间与黄河流域各分区水文特征值对比统计见表 1-16。

表 1-16　河龙区间与黄河流域各分区水文特征值对比统计表

分　区	集水面积 (万 km²)	占全河 (%)	年径流量 (亿 m³)	占全河 (%)	年输沙量 (亿 t)	占全河 (%)	年粗沙量 (亿 t)	占全河 (%)	含沙量 (kg/m³)	年输沙模数 (t/km²)	年径流深度 (mm)
兰州以上	22.26	29.6	329.8	72.6	0.801	5.6	0.145	4.7	2.43	360	148.2
兰河区间	16.34	21.7	-8.51	-18.7	0.539	3.8	0.089	2.9		330	
河龙区间	11.16	14.8	56.0	12.3	7.71	54.2	2.236	72.2	138	6 908	50.2
龙三区间	19.09	25.4	100.3	22.0	4.914	34.6	0.606	19.6	49.0	2 575	52.6
三花区间	4.16	5.5	41.71	9.2	0.238	1.7	0.018 3	0.6	5.71	572	100.3
花利区间	2.24	3.0	11.45	2.5	0.014 6	0.1	0	0	1.28	65.2	51.1
黄河流域	75.24	100	454.2	100	14.22	100	3.094	100	31.3	1 890	60.4

注:资料统计系列为 1952~1990 年。

水少沙多是黄河的重要特点。全国河流平均年天然径流总量 27 115 亿 m³,黄河平均年天然径流总量 580 亿 m³(1919~1985 年系列),占全国的 2.1%。全国河流平均年输沙量 35 亿 t,黄河占到 46%。在黄河流域范围内,河龙区间水少沙多的特点更趋突出。黄河上游兰州以上和中游三花区间水多沙少,中游河龙区间和龙三区间水少沙多,上游兰河区间和下游花利区间水少沙也少。其中以河龙区间的水少沙多和兰州以上的水多沙少最为突出,形成了水少沙多、水沙异源的黄河特征。黄河兰州以上、河龙区间和全国河流水沙总量对比统计见表 1-17。

(二)泥沙粒径

黄河上中游水土流失所产生的泥沙,经河道输移淤积在河道或水库的泥沙(在主槽淤积物中粒径大于或等于 0.05 mm 的泥沙占多数)为黄河粗泥沙。河龙区间多年平均年粗沙输沙量 2.236 亿 t,占全河年粗沙输沙量的 72.2%,占河龙区间总输沙量的 29.0%。河龙区间粗沙年输沙模数为 2 004 t/km^2。在全河 6 大分区中均居首位。

表 1-17　黄河兰州以上、河龙区间和全国河流水沙总量对比统计表

区　域	集水面积 (万 km^2)	占全国 (%)	径流量 (亿 m^3)	占全国 (%)	径流深 (mm)	占全国 (%)	输沙量 (亿 t)	占全国 (%)	年输沙模数 (t/km^2)	占全国 (%)
兰州以上	22.26	2.32	329.8	1.22	148.2	0.52	0.801	2.29	360	99
河龙区间	11.16	1.16	56.0	0.21	50.2	0.17	7.71	22.0	6 908	1 890
全　国	960	100	27 115	100	282.4	1.0	35.0	100	364.6	100

注:资料统计系列黄河流域为 1952～1990 年,全国为 1956～1979 年。

1.黄河干流

黄河上游泥沙粒径较细,河口镇站 d_m 为 0.028 mm。进入河龙区间后,由于皇甫川、孤山川、岚漪河、窟野河、秃尾河、佳芦河、无定河和延水等支流大量泥沙特别是粗泥沙的加入,黄河泥沙颗粒组成发生了较大变化。府谷、吴堡、龙门站 d_{50} 在 0.026～0.028 mm 之间,d_m 在 0.045～0.047 mm 之间,接近于 0.05 mm,是黄河干流泥沙粒径组成中最为偏粗的区段。黄河出了龙门后由于汾河和渭河等支流较多细沙、相对较少粗沙的加入,潼关站泥沙颗粒组成变细,d_{50} 降到了 0.022 mm,d_m 降到了 0.032 mm。再往下游,由于三门峡水库及下游河道粗沙的沉降淤积,伊洛河、沁河、大汶河等支流沙量较小,粗沙量更少,黄河泥沙颗粒组成进一步变细,到利津站,d_{50} 降到了 0.017 mm,d_m 降到了 0.025 mm。黄河各主要站多年平均悬移质颗粒级配特征统计见表 1-18。

表 1-18　黄河各主要站多年平均悬移质颗粒级配特征统计表

站　名	兰州	河口镇	府谷	吴堡	龙门	潼关	三门峡	花园口	利津
d_{50}(mm)	0.015	0.015	0.026	0.028	0.028	0.022	0.022	0.018	0.017
d_m(mm)	0.034	0.028	0.047	0.046	0.045	0.032	0.033	0.028	0.025

2.区间支流

据统计,在河龙区间的 12 条主要支流皇甫川、孤山川、岚漪河、窟野河、秃尾河、佳芦河、湫水河、三川河、无定河、清涧河、昕水河和延水实测泥沙颗粒级配组成中,多年平均 d_{50} 在 0.018～0.057 mm 之间,多年平均 d_m 在 0.030～0.150 mm 之间。其中皇甫川、孤山川(1966～1999 年)和窟野河(1960～1999 年)d_m 超过了 0.1 mm,秃尾河(1966～1999 年)d_m 超过了 0.05 mm,无定河和延水(1958～1999 年)d_m 接近于 0.05 mm。

与黄河流域 10 大水系比较,河龙区间泥沙 d_{50}、d_m 最大。泥沙偏粗的龙三间的汾河、泾渭河和北洛河多年平均 d_{50} 在 0.016～0.027 mm 之间,多年平均 d_m 在 0.026～0.033 mm 之间。其他水系较河龙区间泥沙粒径更小。

(三)多沙粗沙区

黄河流域多沙区是指土壤侵蚀剧烈的地区,以多年平均年输沙模数大于或等于 5 000 t/km^2 作为衡量指标。河龙间多沙区面积 7.16 万 km^2,占全河多沙区面积的 60.1%,占河龙区间集水面积的 64.2%。

粗沙区以多年平均粗沙($d \geqslant 0.05$ mm)年输沙模数大于或等于 1 300 t/km^2 作为衡量指标。依此指标统计,河龙区间粗沙区面积 5.99 万 km^2,占全河粗沙区面积的 76.2%,占

河龙区间多沙区面积的 83.7%，占河龙区间集水面积的 53.7%。

多沙粗沙区是指既满足多沙区指标又满足粗沙区指标的地区。河龙区间多沙粗沙区面积 5.99 万 km^2，占全河粗沙区面积的 76.2%，占河龙区间多沙区面积的 83.7%，占河龙区间粗沙区面积的 100%，占河龙区间集水面积的 53.7%。

(四)高含沙水流

高含沙水流是指含沙量达到 200~400 kg/m^3 以上，其运动和输沙特性较一般挟沙水流有本质不同的水沙混合的流体。具有含沙量高、流体的流变特性为非牛顿体和泥沙的断面分布相当均匀等特点。河龙区间高含沙水流出现的概率高、地域分布广。

统计 19 条支流泥沙资料，多年平均含沙量在 31.1~487 kg/m^3 之间。大于 300 kg/m^3 的支流有皇甫川、偏关河和朱家川 3 条；在 200~300 kg/m^3 之间的支流有孤山川、佳芦河、湫水河、屈产河、清涧河和延水 6 条；在 100~200 kg/m^3 之间的支流有窟野河、无定河、岚漪河、蔚汾河和昕水河 5 条；小于 100 kg/m^3 的支流有红河、秃尾河、三川河、汾川河和仕望川 5 条。多年平均含沙量大于 100 kg/m^3 的支流有 14 条，占 74%。

含沙量大于 1 000 kg/m^3 的高含沙水流，有 70% 的站出现过。含沙量大于 1 500 kg/m^3 的高含沙水流，有 5 站出现过，这 5 站都在窟野河和皇甫川。其中以窟野河温家川站的 1 700 kg/m^3 为最大，次大为窟野河神木站的 1 640 kg/m^3（1975 年 7 月 28 日）、窟野河王道恒塔站的 1 640 kg/m^3（1959 年 8 月 5 日）。

河龙区间只有黄河干流河口镇和二级支流海流兔河韩家峁站未出现过含沙量大于 200 kg/m^3 的高含沙水流，其余各站均出现过含沙量大于 200 kg/m^3 的高含沙水流。

(五)粗泥沙输沙量

区间 12 条主要支流皇甫川、孤山川、窟野河、秃尾河、佳芦河、无定河、清涧河、延水、岚漪河、湫水河、三川河、昕水河设站控制面积占龙门以上控制面积的 13.8%，年输沙量占龙门站年输沙量的 58.0%，年粗沙量占龙门站年粗沙量的 76.4%。其中以皇甫川、窟野河和无定河 3 条支流输入黄河的粗沙量为最多，面积只占 8.34%，而年输沙量却占 33.5%，年粗沙量更是占到 50.6%。皇甫川、窟野河更为突出，面积只占 2.38%，年粗沙量却占到了 33.0%。

显而易见，皇甫川、窟野河和无定河 3 条支流是河龙区间泥沙特别是粗泥沙的最主要来源区，也是黄河流域泥沙特别是粗泥沙的最主要来源区。

四、洪水

河龙区间是黄河三大洪水来源区之一。洪水大而频发，洪水中挟带有大量泥沙是这一区域洪水的显著特征。

区间洪水按其成因可分为暴雨洪水和融冰洪水两大类型，以暴雨洪水为主。

区间暴雨洪水一般每年发生 3~5 次，支流少数年份可多达 10 余次或没有洪水发生。干流府谷、吴堡和龙门站较大洪水一般发生在每年的 7~8 月。7 月 1 日~8 月 31 日发生的概率为 93.3%，7 月 20 日~8 月 10 日发生的概率为 58.4%。干流府谷、吴堡站，主要支流皇甫、高石崖和温家川站历年最大洪水发生的时间均在 7 月 20 日~8 月 10 日期间，龙门站在 1967 年 8 月 11 日。融冰洪水是春季气温升高后，上游河道解冻开河形成的洪水，每年发生一次,一般在 3 月中旬至 4 月上旬出现。以黄河干流形成的融冰洪水较大,称为桃汛,洪峰流量一般在 2 000 ～ 4 000 m³/s 之间。

区间河流多属山溪性河流。洪水暴涨暴落。支流洪水历时一般 5 ～ 15 h,干流洪水一般 1 ～ 3 d。

(一)区间干流洪水在黄河的地位

区间吴堡站 1976 年 8 月 2 日洪峰流量 24 000 m³/s 洪水,是黄河流域有资料记载以来实测最大洪水,该站 1842 年洪峰流量 32 000 m³/s 洪水,在黄河流域调查洪水中并列第 2 位。这说明在黄河干流洪水中,河龙区间大洪水地位十分突出。河口镇—花园口主要测站历年实测和调查最大洪峰流量统计见表 1-19。

表 1-19　黄河中下游主要测站历年实测和调查最大洪峰流量及最大 5 日洪量统计表

| 站名 | 控制面积 (km²) | 区间面积 (km²) | 最大洪峰流量(m³/s) | | | | | 最大 5 日洪量(亿 m³) | | |
			实测	年份	调查	年份	千年一遇	实测	年份	千年一遇
河口镇	385 966		5 420	1 967	5 550		8 420	23.7	1981	39.4
河 曲	397 658	11 692	5 120	1 984	8 740	1 896	9 420	21.7	1981	
府 谷	404 039	6 381	12 800	2 003	13 000	1 945	20 100	22.6	1981	
吴 堡	433 514	29 475	24 000	1 976	32 000	1 842	41 200	21.2	1981	42.5
龙 门	497 552	64 038	21 000	1 967	31 000	清道光年间	42 600	26.2	1954	47.9
三门峡	688 401	190 483	22 000	1 933	36 000	1 843	40 000	51.8	1933	81.8
花园口	730 036	41 635	22 300	1 958	32 000	1 761	42 300	59.6	1933	98.4

(二)区间支流洪水是干流洪水的来源地

(1)区间支流洪水频发,是干流大洪水的来源地。除桃汛融冰会形成干流中等洪水外,府谷、吴堡和龙门站较大洪水均由区间支流洪水形成。

(2)支流洪水大、洪峰流量模数高。区间支流实测最大洪峰流量 14 000 m³/s,发生在窟野河温家川站。实测洪峰流量大于 10 000 m³/s 的支流有窟野河、皇甫川和孤山川 3 条,在 8 000 ～ 10 000 m³/s 之间的支流有无定河和延水 2 条。实测洪峰流量模数最大为孤山川的 8.16 m³/(s·km²);大于 1.0 m³/(s·km²)的支流有孤山川、皇甫川、佳芦河、红河、窟野河、清涧河和延水 7 条。说明区间支流是洪峰流量和洪峰流量模数的高值区。见表 1-20。

(三)区间洪水是黄河中下游大洪水三大来源区之一

黄河花园口站控制了黄河上中游的全部洪水。近 300 年来,花园口站共发生大于 20 000 m³/s 的特大洪水 4 次,见表 1-21。

1843 年大洪水的淤积物组成中,泥沙颗粒很粗,$d_{50} > 0.1$ mm 的粗沙占 80% 以上,泥沙中矿物成分与风沙区的风成砂成分含量接近。据《靖边县志》以及庆阳庙宇碑记等资料记载,此次特大洪水主要来源于河龙区间粗沙区的无定河、窟野河、皇甫川一带以及泾河、北洛河上游一带。

1933 年大洪水在泾洛渭河及河龙区间共调查了近 90 个站点。这场洪水由斜跨河龙区间与泾洛渭河中下游的东北西南向雨带所形成,雨区面积 10 万 km²,有渭河支流散渡河、葫芦河,泾河支流马莲河以及延水、清涧河和三川河等几个暴雨中心,以泾河暴雨中心强度最大。

表 1-20　河龙区间与黄河其他支流实测洪峰流量、洪峰流量模数对比统计表

河　名	站　名	集水面积 （km²）	洪峰流量 （m³/s）	发生年份	洪峰流量模数 （m³/(s·km²)）	所在区间
西柳河	龙头拐	1 145	6 940	1 989	6.06	兰—河
红　河	放牛沟	5 461	5 830	1969	1.07	河—龙
皇甫川	皇　甫	3 175	10 600	1989	3.34	河—龙
孤山川	高石崖	1 263	10 300	1977	8.16	河—龙
窟野河	温家川	8 645	14 000	1976	1.62	河—龙
佳芦河	申家湾	1 121	5 770	1970	5.15	河—龙
无定河	川　口	30 217	4 980	1977	0.16	河—龙
清涧河	延　川	3 468	6 090	1959	1.76	河—龙
延　水	甘谷驿	5 891	9 050	1977	1.54	河—龙
汾　河	河　津	38 729	3 320	1954	0.086	河—龙
渭　河	咸　阳	49 800	8 010	1 954	0.16	河—龙
渭　河	华　县	106 498	7 660	1954	0.072	河—龙
泾　河	张家山	43 216	7 520	1 966	0.17	河—龙
北洛河	刘家河	7 325	6 430	1977	0.88	河—龙
伊洛河	黑石关	18 563	9 450	1 958	0.51	三—花
沁　河	武　陟	12 880	4 130	1982	0.32	三—花
大汶河	北　望	3 499	8 640	1964	2.47	花—利

注:表中区间简称兰、河、龙、三、花、利分别指兰州、河口镇、龙门、三门峡、花园口、利津。

表 1-21　花园口站大于 20 000 m³/s 特大洪水情况统计表

年份	洪峰流量(m³/s)	资料来源	洪水主要来源
1761	32 000	调查	三花区间
1843	33 000	调查	河龙区间及泾洛河
1933	20 400	实测	泾渭河及河龙区间
1958	22 300	实测	三花区间

由此可见,在花园口4次大洪水中,有2次来自河龙区间及泾洛渭河地区。1843年洪水以河龙区间的无定河、窟野河、皇甫川来水为主,泾河、北洛河洪水次之。1933年洪水以泾洛渭河地区来水为主,河龙区间吴堡以下来水次之。

第二章　降水与蒸发

　　河龙区间面积较大,本章在分析其降水量及其时空分布特征时,采用了代表区域法。用这种方法的分析步骤是:首先根据区间自然地理特征和雨量站点分布情况选取若干代表区域;再根据资料的代表性选用代表区域内的资料系列;然后用数理统计方法对这些资料进行归纳分析。

　　进行代表区域选取,首要的方面是考虑区域的代表性。河龙区间由黄河河东和黄河河西两大区域组成。黄河河东较大且具一定代表性的河流是蔚汾河、三川河和昕水河;黄河河西较大且具一定代表性的河流是窟野河、无定河和延水。为此,选取窟野河、无定河、延河、蔚汾河、三川河和昕水河6个小流域作为河龙区间的代表区域。各代表区域基本情况见表2-1,分布情况见图2-1。窟野河、无定河、延水、蔚汾河、三川河和昕水河各代表区域的雨量站数分别为42个、82个、20个、2个、2个和5个,雨量站密度分别为206 km²/站、369 km²/站、368 km²/站、492 km²/站、2 076 km²/站和798 km²/站。

表 2-1　河龙区间各降水量代表区域基本情况统计表

代表区域		流域面积 (km²)	最大流量 (m³/s)	年径流量 (亿 m³)	最大含沙量 (kg/m³)	平均含沙量 (kg/m³)	年输沙量 (亿 t)
河西	窟野河	8 645	14 000	6.351	1 700	161	1.025
	无定河	30 217	4 980	12.13	1 290	105	1.276
	延 水	7 358	9 050	2.168	1 200	218	0.473
河东	蔚汾河	1 476	1 840	0.537 0	1 110	164	0.088 3
	三川河	4 151	4 070	2.401	819	80.8	0.194 1
	昕水河	3 992	2 880	1.419	741	118	0.167 5

　　注:窟野河、无定河、延水、蔚汾河、三川河及昕水河流域面积分别指温家川、川口、阎家滩、碧村、贺水及大宁站以上集水面积。

　　河龙区间20世纪50、60年代雨量站点少、变动大、资料不全,多数站建于70年代。通过资料的一致性、代表性和可靠性分析,选取1970～1999年30年资料系列作为全部降水资料的分析系列。

第一节　降水量年际变化

一、变化范围

　　表2-2为各代表区域年降水量年际变化分析表。从表中可以看出,河龙区间各代表区域最大年降水量在500.1～675.2 mm之间,占各代表区域多年均值的百分数在131.6%～151.2%之间;各代表区域最小年降水量在192.5～304.4 mm之间,占各代表区域多年均值的百分数在51.9%～69.3%之间;各代表区域最大年降水量与最小年降水量的比值在2.2～2.8之间,其中蔚汾河流域为最大,无定河、昕水河流域为最小;各代表区

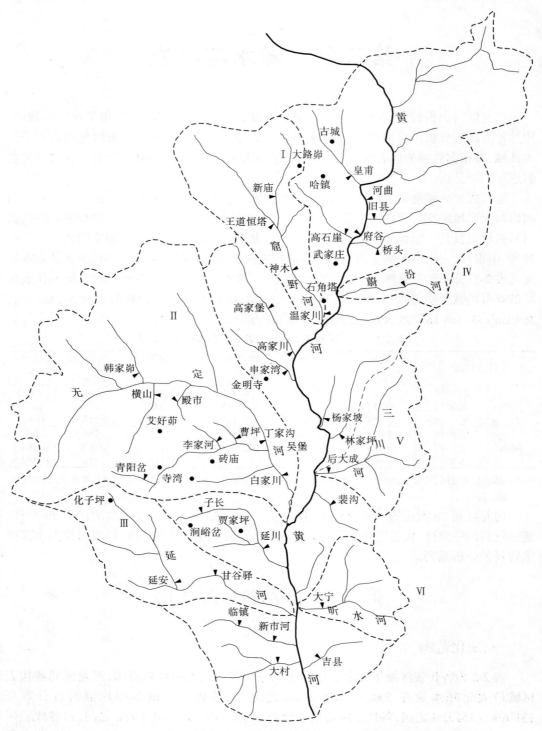

图 2-1　黄河河龙区间降水量代表区域分布图

表2-2 河龙区间各代表区域年降水量年际变化分析表

| 代表区域 | | 多年最大 | | 多年最小 | | P_{max}/P_{min} | 变差系数 C_v | 多年平均降水量 (mm) |
		年降水量 P_{max} (mm)	占多年均值 (%)	年降水量 P_{min} (mm)	占多年均值 (%)			
河西	窟野河	500.1	143.7	192.5	55.3	2.6	0.24	348.1
	无定河	541.0	151.2	247.8	69.3	2.2	0.20	357.7
	延水	629.2	131.6	265.1	55.5	2.4	0.21	478.0
河东	蔚汾河	647.4	143.9	233.7	51.9	2.8	0.19	450.0
	三川河	675.2	148.0	264.6	58.0	2.6	0.21	456.3
	昕水河	669.4	134.7	304.4	61.2	2.2	0.20	497.1

域年降水量的变差系数在0.19～0.24之间,其中窟野河流域为最大,蔚汾河流域为最小。

点绘河龙区间各代表区域年降水量变化范围图见图2-2。图中上部连线 A 为各代表区域年最大降水量,中部连线 B 为各代表区域年平均降水量,下部连线 C 为各代表区域年最小降水量。比较各代表区域 AB 和 BC 的幅度就可知道最大年份和最小年份距离平均值的变幅差异。从图2-2中可以看出,无定河、三川河流域 $AB > BC$;延水、蔚汾河及昕水河流域 $AB < BC$;窟野河流域 $AB \approx BC$。

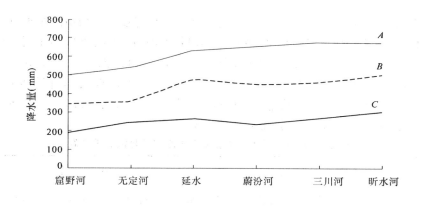

图2-2 河龙区间各代表区域年降水量变化范围

二、历年变化趋势

点绘各代表区域历年年降水量过程线,从中可以看出,河龙区间各代表区域历年年降水量变化趋势基本一致;虽然多雨年份与少雨年份交替出现,甚至往往会连续多年多雨年或连续多年少雨年的交替出现,但年降水量总地来说趋于减少,近十来年来,减少趋势更为明显,见图2-3。

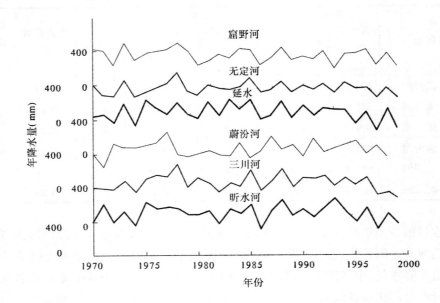

图 2-3　河龙区间各代表区域历年年降水量过程线

三、变化特点

统计各年代各代表区域年降水量、汛期降水量及其与多年平均值的距平百分数,见表2-3、表2-4。从统计结果可以看出,河龙区间20世纪70、80年代和90年代平均年降水量分别为445.7 mm、432.8 mm和415.1 mm,距平百分数分别为3.4%、0.4%和 −3.7%。这就是说,河龙区间70年代年降水量比多年平均值偏大3.4%;80年代年降水量比多年平均值偏大0.4%,基本持平;90年代年降水量比多年平均值偏小3.7%。通过分时段分析表明,河龙区间年降水量减少趋势更加显而易见。

表 2-3　河龙区间各代表区域年降水量变化情况统计表

年代	项目	河　西			河　东			河龙区间
		窟野河	无定河	延　水	蔚汾河	三川河	昕水河	
70	年降水量(mm)	395.9	365.2	482.4	456.4	465.5	508.8	445.7
	距平(%)	13.7	2.1	0.9	1.4	2.0	2.4	3.4
80	年降水量(mm)	330.8	362.8	507.9	431.0	469.2	495.2	432.8
	距平(%)	−4.98	1.4	6.3	−4.2	2.8	−0.4	0.4
90	年降水量(mm)	317.6	345.1	443.7	462.6	434.2	487.3	415.1
	距平(%)	−8.8	−3.5	−7.2	2.8	−4.8	−2.0	−3.7

表 2-4　河龙区间各代表区域汛期 5～10 月降水量变化情况统计表

年代	项目	河　西			河　东			河龙区间
		窟野河	无定河	延水	蔚汾河	三川河	昕水河	
70	汛期降水量(mm)	357.9	337.7	416.2	403.6	405.3	435.4	392.7
	距平(%)	10.9	2.7	0.5	1.7	2.5	2.9	3.3
80	汛期降水量	314.5	339.7	450.8	388.2	418.6	428.4	390.0
	距平(%)	-2.5	3.3	8.8	-2.2	5.9	1.2	2.6
90	汛期降水量	295.5	308.7	375.9	398.6	362.2	406.3	357.9
	距平(%)	-8.4	-6.1	-9.3	0.5	-8.4	-4.0	-5.9

各代表区域 70 年代年降水量均大于多年平均值,距平百分数分别在 0.9%～13.7% 之间;90 年代年降水量除蔚汾河流域外,其余 5 个流域均小于多年平均值,距平百分数分别在 -2.0%～-8.8% 之间;80 年代比较复杂,年降水量一般在 70 年代和 90 年代之间,无定河、延水、三川河流域较多年平均值大,窟野河、蔚汾河、昕水河流域较多年平均值小。

区间年降水量 90 年代比 80 年代平均每年减少了 17.7 mm,比 70 年代平均每年减少了 30.6 mm。其中窟野河流域减少最多,90 年代比 80 年代平均每年减少了 13.2 mm,比 70 年代平均每年减少了 78.3 mm。

表 2-4 为河龙区间各代表区域汛期 5～10 月降水量变化情况统计表,从中可以看出,河龙区间 70、80、90 年代汛期降水量分别为 392.7 mm、390.0 mm、357.9 mm,距平百分数分别为 3.3%、2.6% 和 -5.9%,也呈明显递减趋势,与年降水量变化趋势一致。各代表区域 70 年代汛期降水量均大于多年平均值,距平百分数在 0.5%～10.9% 之间;90 年代汛期降水量仅蔚汾河流域接近多年平均值,其余 5 个流域均小于多年平均值,距平百分数在 -4.0%～-9.3% 之间;80 年代汛期降水量在 70 年代和 90 年代之间,无定河、延水、三川河、昕水河较多年平均值大,窟野河、蔚汾河较多年平均值小。

区间汛期降水量 90 年代比 80 年代平均每年减少了 32.1 mm,比 70 年代平均每年减少了 34.8 mm。其中窟野河流域减少最多,90 年代比 80 年代平均每年减少了 19.0 mm,比 70 年代平均每年减少了 62.4 mm。

统计河龙区间各年代各代表区域时段最大降水量情况,见表 2-5。从表中可以看出,区间面平均最大 1 d、3 d、7 d 和 15 d 降水量分别为 90.2 mm、152.9 mm、175.0 mm 和 219.7 mm。其中最大 1 d、7 d 降水量昕水河流域最大;最大 3 d 降水量蔚汾河流域最大;最大 15 d 降水量三川河流域最大。

按年代平均值从时程上的变化来看,各代表区域面平均时段最大降水量窟野河发生在 70 年代,其他流域多数发生在 80 年代。窟野河、三川河和无定河 3 个流域最大 1 d、3 d 降水量呈递减趋势,最大 7 d、15 d 降水量没有明显变化趋势;昕水河流域最大 7 d、15 d 降水量变化不大,最大 1 d、3 d 降水量变化较复杂,没有明显变化趋势;延水流域各时段最大降水量均为 80 年代最大,90 年代最小,70 年代介于其间;蔚汾河流域各时段最大降水量变化不大。

表 2-5　河龙区间各代表区域平均时段最大降水量情况统计表

代表区域		年代	项目	年降水量	时段最大降水量			
					1 d	3 d	7 d	15 d
河西	窟野河	70	平均值	395.9	62.1	84.5	105.3	133.5
			最大值	500.1	85.9	138.5	146.5	167.5
		80	平均值	330.8	47.5	64.9	79.6	102.8
			最大值	433.8	67.6	107.1	121.6	143.4
		90	平均值	317.6	47.1	63.9	80.7	110.7
			最大值	406.6	61.7	84.5	102.3	157.4
	无定河	70	平均值	365.2	49.9	65.3	84.4	116.0
			最大值	541.0	67.3	88.1	106.7	159.9
		80	平均值	362.8	45.6	61.4	78.2	104.3
			最大值	475.3	63.0	97.1	123.6	145.5
		90	平均值	345.1	44.7	59.0	77.8	105.7
			最大值	424.0	71.4	91.6	121.5	151.1
	延 水	70	平均值	482.4	55.4	72.3	98.2	131.0
			最大值	622.3	75.0	106.9	126.0	177.0
		80	平均值	507.9	56.6	78.5	104.7	137.1
			最大值	629.2	77.4	109.8	159.4	210.0
		90	平均值	443.7	52.9	64.7	84.4	108.8
			最大值	556.8	67.5	87.6	118.5	163.8
河东	蔚汾河	70	平均值	456.4	51.7	69.3	91.3	136.6
			最大值	647.4	77.8	119.7	147.9	214.2
		80	平均值	431.0	50.8	70.4	91.6	112.9
			最大值	592.0	87.2	152.9	166.9	168.0
		90	平均值	462.6	51.1	72.5	92.0	128.8
			最大值	573.9	76.3	95.5	114.0	172.1
	三川河	70	平均值	465.5	62.3	80.2	104.8	140.8
			最大值	675.2	83.3	123.8	134.8	190.6
		80	平均值	469.2	53.3	75.3	98.0	123.2
			最大值	625.2	74.1	106.8	158.7	219.7
		90	平均值	434.2	45.9	61.3	77.8	110.1
			最大值	536.5	70.6	100.3	132.0	162.8
	昕水河	70	平均值	508.8	50.4	73.6	95.3	132.6
			最大值	640.5	75.3	93.1	141.5	191.5
		80	平均值	495.2	48.3	69.8	93.6	120.9
			最大值	650.2	90.2	130.9	175.0	205.4
		90	平均值	487.3	51.1	71.7	90.1	119.8
			最大值	669.4	70.8	109.1	137.3	170.7

第二节 降水量年内变化

一、逐月变化

河龙区间各代表区域多年平均月、年降水量情况统计见表2-6。统计结果显示,河龙区间多年平均年降水量为431.2 mm。其中年降水量最大的代表区域为昕水河流域,降水量为497.1 mm;年降水量最小的代表区域为窟野河流域,降水量为348.1 mm。两者相差149.0 mm。

河龙区间年降水量主要集中在7、8月两月。其中7月为105.5 mm,占全年降水量的24.5%;8月为102.7 mm,占全年降水量的23.8%;7、8月两月的降水量为208.2 mm,占全年降水量的48.3%。各代表区域7月降水量在87.5~121.8 mm之间,占全年降水量的22.2%~28.3%;8月降水量在89.9~109.4 mm之间,占全年降水量的21.2%~28.1%。其中窟野河流域的降水量年内分配最为集中,7、8月两月的降水量为196.2 mm,占全年降水量的56.4%。区间年内降水量最少的时期为冬季,其中1月和12月的降水量为最少,分别为2.5 mm和3.0 mm,仅占全年降水量的0.6%和0.7%。降水量从2月到6月逐月增加,从9月到11月逐月减少,全年降水量变化过程呈单峰型。其中,3月与11月、5月与10月、6月与9月降水量基本相近。图2-4为河龙区间降水量年内分布图。

表2-6 河龙区间各代表区域多年平均月、年降水量统计表

月 份		1	2	3	4	5	6	7	8	9	10	11	12	1~12
窟野河	降水量(mm)	1.7	3.0	6.2	8.8	24.0	40.0	98.6	97.6	45.4	16.9	4.3	1.5	348.1
	占全年(%)	0.5	0.9	1.8	2.5	6.9	11.5	28.3	28.1	13.0	4.9	1.2	0.4	100.0
无定河	降水量(mm)	1.4	2.9	7.7	10.9	31.4	50.1	87.5	89.9	48.5	21.3	4.6	1.3	357.7
	占全年(%)	0.4	0.8	2.2	3.0	8.8	14.0	24.5	25.1	13.6	6.0	1.3	0.4	100.0
延 水	降水量(mm)	2.9	5.8	14.9	23.7	40.5	62.0	106.5	109.0	66.6	29.7	11.3	3.5	478.0
	占全年(%)	0.6	1.2	3.1	5.0	8.5	13.0	22.3	22.8	13.9	6.2	2.4	0.7	100.0
蔚汾河	降水量(mm)	2.7	4.3	9.9	22.3	33.2	52.7	121.8	104.8	58.7	25.5	11.1	2.9	450.0
	占全年(%)	0.6	1.0	2.2	5.0	7.4	11.7	27.1	23.3	13.1	5.7	2.5	0.6	100.0
三川河	降水量(mm)	2.7	5.8	12.8	23.0	31.6	57.1	108.4	109.4	60.4	28.5	13.2	3.4	456.3
	占全年(%)	0.6	1.3	2.8	5.0	6.9	12.5	23.8	24.0	13.2	6.2	2.9	0.8	100.0
昕水河	降水量(mm)	3.5	6.8	17.0	27.3	41.6	68.3	110.2	105.6	63.4	34.2	14.0	5.2	497.1
	占全年(%)	0.7	1.4	3.4	5.5	8.4	13.7	22.2	21.2	12.8	6.9	2.8	1.0	100.0
河龙区间	降水量(mm)	2.5	4.8	11.4	19.3	33.7	55.0	105.5	102.7	57.2	26.0	9.8	3.0	431.2
	占全年(%)	0.6	1.1	2.6	4.5	7.8	12.8	24.5	23.8	13.3	6.0	2.3	0.7	100.0

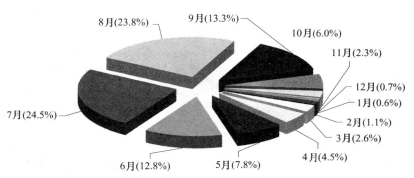

图2-4 河龙区间降水量年内分布图

表 2-7 为河龙区间与黄河流域降水量对比表。从表中可以看出,河龙区间降水量年内分配较黄河流域更为集中。

表 2-7　河龙区间与黄河流域降水量对比表

区　域	占全年降水量(%)			
	7 月	8 月	6～9 月	5～10 月
黄河流域	21.5	42.6	70.3	86.2
河龙区间	24.5	48.3	74.4	88.2

二、汛期与非汛期变化

统计河龙区间各代表区域汛期 5～10 月及非汛期 1～4、11～12 月降水量情况见表 2-8。从表中可以看出,河龙区间汛期降水量为 380.2 mm,占年降水量的 88.2%;非汛期降水量为 51.0 mm,占年降水量的 11.8%。各代表区域汛期降水量在 322.6～423.3 mm 之间,占年降水量在 85.2%～92.7% 之间,其中窟野河流域汛期降水量占年降水量百分数最大。各代表区域非汛期降水量在 25.5～73.8 mm 之间,占年降水量在 7.3%～14.8% 之间,其中昕水河流域汛期降水量占年降水量百分数最大。

表 2-8　河龙区间各代表区域汛期、非汛期降水量情况统计表

代表区域		汛期(5～10 月)		非汛期(1～4、11～12 月)		年降水量 (mm)
		降水量(mm)	占年降水量(%)	降水量(mm)	占年降水量(%)	
河西	窟野河	322.6	92.7	25.5	7.3	348.1
	无定河	328.7	91.9	29.0	8.1	357.7
	延水	414.3	86.7	63.7	13.3	478.0
河东	蔚汾河	396.8	88.2	53.2	11.8	450.0
	三川河	395.4	86.7	60.9	13.3	456.3
	昕水河	423.3	85.2	73.8	14.8	497.1
河龙区间		380.2	88.2	51.0	11.8	431.2

第三节　降水量空间分布

一、年降水量空间分布

河龙区间黄河河西各代表区域从北到南多年平均年降水量分别为窟野河流域 348.1 mm、无定河流域 357.7 mm、延水流域 478.0 mm,延水流域比窟野河流域大 129.9 mm。区间黄河河东各代表区域从北到南多年平均年降水量分别为蔚汾河流域 450.0 mm、三川河流域 456.3 mm、昕水河流域 497.1 mm,昕水河流域比蔚汾河流域大 47.1 mm。河西平均年降水量为 394.6 mm,河东平均年降水量为 467.8 mm,河东比河西大 73.2 mm。可见,区间年降水量由西北向东南呈明显递增趋势。图 2-5 为区间多年平均年降水量等值线图,图 2-6 为区间各代表区域多年平均年降水量柱状分布图。

将降水量分为 100～199 mm、200～299 mm、300～399 mm、400～499 mm、500～599 mm、600～699 mm 和 700～799 mm 共 7 级,分别统计各代表区域年降水量在各降水量级出现的频数(见表 2-9),并点绘各代表区域年降水量频数分布图(见图 2-7)。从表 2-9 及图 2-7 中

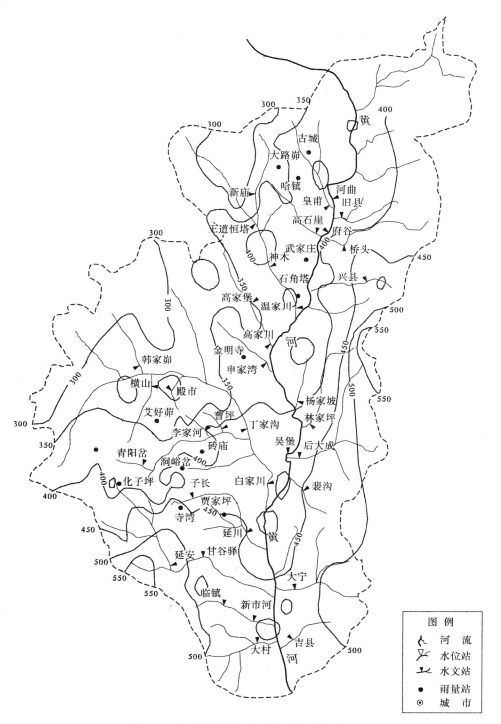

图 2-5 河龙区间多年平均年降水量等值线图

可以看出,窟野河和无定河流域年降水量最高频数出现在 300～399 mm 降水量级,延水、蔚汾河和三川河流域出现在 400～499 mm 降水量级,昕水河流域出现在 500～599 mm 降水量级。反映在图 2-7 中是从北到南各代表区域年降水量频率曲线峰顶右移。由此也说明,河龙区间年降水量从西北向东南呈明显递增趋势。

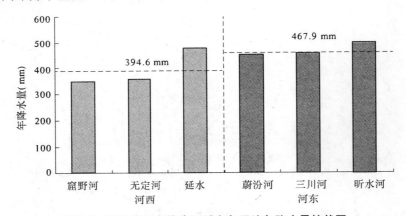

图 2-6　河龙区间各代表区域多年平均年降水量柱状图

表 2-9　河龙区间各代表区域年降水量在各降水量级出现的频数统计表

年降水量	出现频数(年)					
（mm）	窟野河	无定河	延　水	蔚汾河	三川河	昕水河
100～199	1	0	0	0	0	0
200～299	8	6	2	1	1	0
300～399	10	16	4	9	8	8
400～499	10	7	10	11	10	6
500～599	1	1	10	7	8	12
600～699	0	0	4	1	3	4
700～799	0	0	0	0	0	0
共计年数	30	30	30	29	30	30

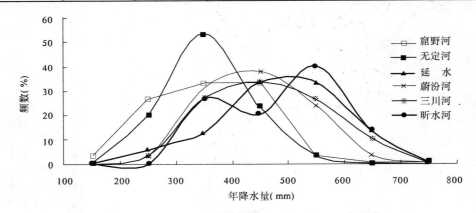

图 2-7　河龙区间各代表区域年降水量频数分布曲线

二、汛期降水量空间分布

河龙区间黄河河西各代表区域从北到南汛期降水量分别为窟野河 322.6 mm,占年降

水量的 92.7%;无定河 328.7 mm,占年降水量的 91.9%;延水 414.3 mm,占年降水量的
86.7%。区间黄河河东各代表区域从北到南汛期降水量分别为蔚汾河 396.8 mm,占年降
水量的 88.2%;三川河 395.4 mm,占年降水量的 86.7%;昕水河 423.3 mm,占年降水量的
85.2%。黄河河西平均汛期降水量为 355.2 mm,黄河河东平均汛期降水量为 405.2 mm。
黄河河东比河西大 50.0 mm。由此可见,由西北向东南汛期降水量也呈递增趋势,但其占
年降水量百分数呈递减趋势。

三、非汛期降水量空间分布

河龙区间黄河河西各代表区域从北到南非汛期降水量分别为窟野河 25.5 mm,占年
降水量的 7.3%;无定河 29.0 mm,占年降水量的 8.1%;延水 63.7 mm,占年降水量的
13.3%。区间黄河河东各代表区域从北到南非汛期降水量分别为蔚汾河 53.2 mm,占年
降水量的 11.8%;三川河 60.9 mm,占年降水量的 13.3%;昕水河 73.8 mm,占年降水量的
14.8%。黄河河西平均非汛期降水量为 39.4 mm,黄河河东平均非汛期降水量为 62.6
mm。黄河河东比河西大 23.2 mm。由此可见,由西北向东南非汛期降水量及其占年降水
量百分数均呈递增趋势。

第四节　降水特征

一、年降水量

在年降水量中,区间最大点降水量为 1975 年昕水河井上站的 1 133.6 mm,是区间面
平均降水量的 2.63 倍;最小点降水量为 1997 年窟野河刘家沟站的 45.5 mm,仅为面平均
降水量的 10.5%;最大点降水量是最小点降水量的 24.9 倍。见表 2-10。

窟野河流域最大点降水量为 1973 年秦家沟站的 742.6 mm,是该流域面平均降水量的
2.13 倍;最小点降水量为 1997 年刘家沟站的 45.5 mm,为面平均降水量的 13.1%;最大点
降水量是最小点降水量的 16.3 倍。

无定河流域最大点降水量为 1977 年呼吉尔特站的 931.7 mm,是该流域面平均降水量
的 2.61 倍;年最小点降水量为 1980 年乌兰陶勒盖站的 75.5 mm,为面平均降水量的
21.1%;最大点降水量是最小点降水量的 12.3 倍。

延水流域最大点降水量为 1981 年三十里铺站的 859.0 mm,是该流域面平均降水量的
1.80 倍;最小点降水量为 1997 年杨山站的 86.5 mm,为面平均降水量的 18.1%;最大点降
水量是最小点降水量的 9.9 倍。

蔚汾河流域最大点降水量为 1988 年界河口站的 791.6 mm,是该流域面平均降水量的
1.76 倍;最小点降水量为 1972 年碧村站的 233.7 mm,为面平均降水量的 51.9%;最大点
降水量是最小点降水量的 3.4 倍。

三川河流域最大点降水量为 1988 年上阳湾站的 830.0 mm,是该流域面平均降水量的
1.82 倍;最小点降水量为 1972 年上阳湾站的 174.4 mm,为面平均降水量的 38.2%;最大
点降水量是最小点降水量的 4.8 倍。

表 2-10　区间不同时段最大降水量统计表

区　域		黄河河西			黄河河东			河龙区间
		窟野河	无定河	延水	蔚汾河	三川河	昕水河	
各时段最大降水量	2 h 降水量(mm)	133.5	126.3	93.2	107.3	85.2	73.5	133.5
	出现站点	温家川	榆溪渠	延安	兴县	峪口	下李	温家川
	出现年份	1989	1979	1993	1996	1974	1996	1989
	6 h 降水量(mm)	205.5	200.5	180	153.9	122.2	237	237
	出现站点	杨家坪	榆溪渠	王南沟	兴县	峪口	井上	井上
	出现年份	1971	1979	1987	1989	1974	1975	1979
	12 h 降水量(mm)	408.7	650	189.2	189	139	444	650
	出现站点	杨家坪	呼吉尔特	王南沟	阁老湾	峪口	井上	呼吉尔特
	出现年份	1971	1977	1987	1989	1974	1975	1977
	24 h 降水量(mm)	408.7	650.0	193.6	189	170.1	456.5	650
	出现站点	杨家坪	呼吉尔特	王南沟	阁老湾	峪口	井上	呼吉尔特
	出现年份	1971	1977	1987	1989	1974	1975	1977
	1 d 降水量(mm)	210.9	650	168.1	109.6	125.2	449	650
	出现站点	杨家坪	呼吉尔特	康岔	阁老湾	方山	井上	呼吉尔特
	出现年份	1971	1977	1977	1989	1970	1975	1977
	3 d 降水量(mm)	418.9	650	224.9	202.4	191.5	497.5	650
	出现站点	杨家坪	呼吉尔特	招安	阁老湾	开府	井上	呼吉尔特
	出现年份	1971	1977	1977	1989	1976	1975	1977
	7 d 降水量(mm)	422.4	666.8	267.9	219.6	259.8	527.5	666.8
	出现站点	杨家坪	呼吉尔特	招安	阁老湾	师庄	井上	呼吉尔特
	出现年份	1971	1977	1977	1989	1978	1975	1977
	15 d 降水量(mm)	457.7	692.5	334.2	241.6	343.7	550.3	692.5
	出现站点	杨家坪	呼吉尔特	招安	交楼申	师庄	井上	呼吉尔特
	出现年份	1971	1977	1977	1978	1978	1975	1977
最大年降水量	降水量(mm)	742.6	931.7	859	791.6	830.0	1 133.6	1 133.6
	出现站点	秦家沟	呼吉尔特	三十里铺	界河口	上阳湾	井上	井上
	出现年份	1973	1977	1981	1988	1988	1975	1975
最小年降水量	降水量(mm)	45.5	75.5	86.5	233.7	174.4	263.7	45.5
	出现站点	刘家沟	乌兰陶勒盖	杨山	碧村	上阳湾	茹家坪	刘家沟
	出现年份	1997	1980	1997	1972	1972	1986	1997

　　昕水河流域最大点降水量为 1975 年井上站的 1 133.6 mm,是该流域面平均降水量的 2.28 倍;最小点降水量为 1986 年茹家坪站的 263.7 mm,为面平均降水量的 53.0%;最大点降水量是最小点降水量的 4.3 倍。

　　从上述数据可以看出,区间最大与最小点降水量的比值,北部大于南部,黄河河西大于河东,呈现出由西北向东南递减的趋势。

二、各时段最大降水量

　　各代表区域不同时段降水量统计见表 2-10。区间最大 2 h、6 h、12 h、24 h 和最大 1 d、

3 d、7 d、15 d降水量分别为 133.5 mm(温家川站)、237.0 mm(井上站)、650.0 mm(呼吉尔特站)、650.0 mm(呼吉尔特站)、650.0 mm(呼吉尔特站)、650.0 mm(呼吉尔特站)、666.8 mm(呼吉尔特站)及 692.5 mm(呼吉尔特站)。

图 2-8为区间不同时段最大降水量分析图。从图中可以看出,无定河流域不同时段最大降水量明显比其他 5个流域大。其原因是 1977年 8月 1日晚至 2日晨,在内蒙古自治区和陕西省交界地区出现了一次罕见的特大暴雨。因该次特大暴雨发生在黄河内流区及无定河、秃尾河上游沙漠地区,故未形成较大洪水。

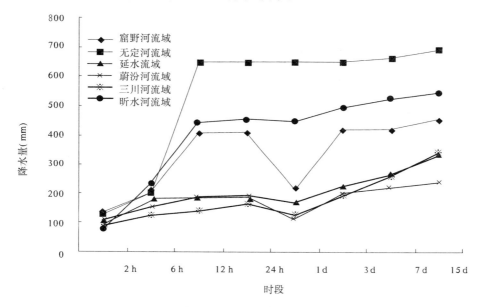

图 2-8　河龙区间不同时段最大降水量分析图

三、降水特征

选择区间部分雨量站作为代表站进行降水量特征统计如下。

(一)年降水量

各站历年最大年降水量在 492.1 ~ 863.1 mm之间,其中区间最大年降水量的最大值发生在汾川河新市河站,最小值发生在海流兔河韩家峁站,各站最大年降水量的面平均值为 643.3 mm;各站历年最小年降水量在 128.1 ~ 335.5 mm之间,其中区间最小年降水量的最大值发生在屈产河裴沟站,最小值发生在蔚汾河兴县站,各站最小年降水量的面平均值为 241.6 mm;各站多年平均年降水量在 330.8 ~ 526.5 mm之间,其中区间各站多年平均年降水量中的最大值发生在汾川河临镇站,最小值发生在海流兔河韩家峁站,各站平均年降水量为 427.1 mm;各站年降水量变差系数在 0.18 ~ 0.32之间,最大值发生在县川河旧县站,最小值发生在无定河丁家沟站,平均为 0.23。

(二)降水日数

区间各站最多年降水日数为 1975年临镇站的 103 d,最少年降水日数为 1987年兴县站的 23 d,区间平均年降水日数为 70 d。各站最多年暴雨日数为 4 d,平均年暴雨日数为

2.7 d。

(三)各时段最大降水量

区间各站最大 2 h 降水量在 42.9～133.5 mm 之间,其中最大值发生在窟野河温家川站,最小值发生在马湖峪河马湖峪站;各站最大 6 h 降水量在 61.2～215.9 mm 之间,其中最大值发生在屈产河裴沟站,最小值发生在黑木头川殿市站;各站最大 12 h 降水量在 76.5～230.8 mm 之间,其中最大值发生在屈产河裴沟站,最小值发生在大理河青阳岔站;各站最大 24 h 降水量在 76.5～286.8 mm 之间,其中最大值发生在屈产河裴沟站,最小值发生在大理河青阳岔站;各站最大 1 d 降水量在 74.6～236.2 mm 之间,其中最大值发生在屈产河裴沟站,最小值发生在清涧河延川站;各站最大 3 d 降水量在 85.7～294.4 mm 之间,其中最大值发生在屈产河裴沟站,最小值发生在黑木头川殿市站;各站最大 7 d 降水量在 114.2～299.1 mm 之间,其中最大值发生在屈产河裴沟站,最小值发生在芦河横山站;各站最大 15 d 降水量在 152.8～315.4 mm 之间,其中最大值发生在县川河旧县站,最小值发生在芦河横山站。各时段最大降水量变幅情况见图 2-9。

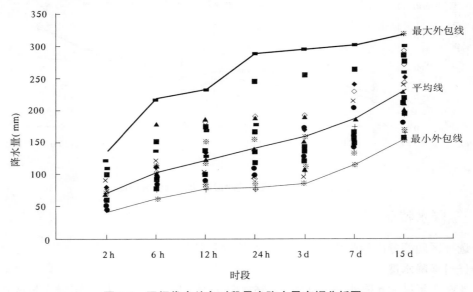

图 2-9　区间代表站各时段最大降水量变幅分析图

第五节　暴　雨

黄河河龙区间、泾洛渭河区、三花区间及黄河下游共同构成黄河的四大暴雨区。河龙区间致洪暴雨从地域上来讲多发生在窟野河、皇甫川一带;从时间上来讲多发生在夏季,且多集中在 7 月中旬到 8 月中旬。其暴雨具有明显的季节性强、强度大、笼罩面积小、历时短、时空分布不均等我国北方暴雨的典型特征。

一、暴雨类型及气象条件

河龙区间地处我国西北东部及华北西部边缘地带,为大陆性季风气候。冬季受蒙古高压控制,主要盛行西北风,气候干冷,降水稀少;夏季西太平洋高压增强北上,西南、东南气流将大量海洋暖湿空气向北输送,与北方南下的干冷空气不断交绥,形成大范围降雨。

(一)暴雨类型

区间致洪暴雨归纳起来主要有两种类型。

第一种类型暴雨是在西风带内,由东南方向入侵的暖湿气流,遇鄂尔多斯高原或白于山脉阻挡抬升成云致雨所形成。暖湿气流上升冷却有利于成云致雨,特别有利于形成暴雨。主要是由局地强对流条件引起的小范围、短历时、高强度暴雨。这类暴雨具有较强的突发性,虽历时短、区域相对较小,但由于降雨集中、强度大,可形成支流的较大洪水。在黄土高原北部,盛夏季节常常发生该类暴雨。如清涧河"2002.07"特大暴雨洪水。目前,由于常规天气资料无法监控该类暴雨的天气系统,监视手段尚不完备,故需时刻保持警惕,密切关注该类暴雨天气系统的形成和发展。

第二种类型暴雨则是由盛夏时期至初秋副热带高压北侧锋区气流扰动所形成的天气系统所致。当这种天气系统在流域移动减缓、停滞不前或摆动时,常常形成区间面积较大、持续时间较长的暴雨。一般暴雨历时 10 ~ 20 h,暴雨中心降水量在 100 mm 以上。有时则会出现惊人的强降水中心,从而形成黄河大洪水或较大洪水,是形成黄河大洪水的主要暴雨类型。例如,黄河中游"1976.08"和延水"1977.07"暴雨洪水。从防洪的角度看,该类暴雨有明显的环流天气特征,同时有一定的发展演变过程,以现有手段可以有效地对这类暴雨进行监视。

(二)气象条件

1.环流形势

概略地说,与黄河中游暴雨密切相关的大尺度环流系统主要有以下 3 个。

(1)西风带系统:乌拉尔山阻塞高压、贝加尔湖阻塞高压、乌拉尔山大槽、贝加尔湖低槽和太平洋中部槽。

(2)副热带系统:西太平洋副热带高压、南亚高压、青藏高压。

(3)热带系统:西太平洋台风、南亚和西太平洋热带辐合区。

以上系统中尤以西太平洋副热带高压与西北高压交绥位置的进退、维持和强度变化同河龙区间暴雨关系最为密切,它直接影响暴雨带走向、位置、范围和强度等。

2.天气系统

从暴雨资料的统计看,形成黄河中游暴雨的天气系统,地面上主要为冷锋或气旋,高空主要为切变线、低槽和低涡等。据统计,影响暴雨的天气系统在 700 hPa 天气图上,主要表现为南北向切变、台风、西风槽、冷切变、暖切变和三合点(北槽南涡)等 6 类。

二、典型暴雨

(一)黄河中游"1959.07"暴雨

1959 年 7 月 20 日 22:00 ~ 21 日 10:00,府谷—吴堡区段普降暴雨,降水历时约 12 h,降水过程分布为单峰,以 21 日 2:00 ~ 8:00 降水强度最大。雨带呈东西走向,暴雨中心位于岚漪河入黄河口裴家川一带,中心最大点裴家川降水量为 191 mm。秃尾河口以南降水量较小,在 20 ~ 40 mm 之间,80 mm 等值线笼罩北起皇甫川口,南至窟野河口黄河两岸各支流中下游地区并向西延伸至秃尾河中游。大于 150 mm 雨区面积为 105 km²,大于 100 mm、50 mm 雨区面积分别为 2 470 km²、9 320 km²。

(二)窟野河"1966.07"暴雨

1966 年 7 月 28 日 2:00～20:00,府谷—吴堡区段普降暴雨,降雨历时约 18 h,降水过程分布为单峰,以 2:00～12:00 降水强度最大。雨带呈东北—西南走向,暴雨中心位于窟野河与𣲗牛川交会点王道恒塔地区,中心最大点马莲河站降水量为 125.0 mm。60 mm 等值线笼罩窟野河上中游地区并向东北延伸至孤山川上游,向西南延伸至秃尾河上游地区。府谷—吴堡区段其余地区降水量 20～40 mm。大于 100 mm、50 mm 雨区面积分别为 2 490 km²、3 960 km²。

(三)黄河中游"1967.08"暴雨

1967 年 8 月 5 日 20:00～6 日 8:00,河曲以南至窟野河口以北沿黄两岸发生暴雨,降水历时约 12 h,降水过程分布为单峰,以 5 日 23:00～6 日 4:00 降水强度最大。雨带呈东西走向,暴雨中心在府谷周围地区,中心最大点桥头站降水量 106.5 mm。大于 50 mm 雨区面积为 3 410 km²。

(四)黄河中游"1976.08"暴雨

1976 年 8 月 1～2 日,黄河中游北部发生大范围降水。该降水过程主要发生在内蒙古鄂尔多斯市境内。降雨范围从鄂尔多斯市延伸到黄河以东地区,雨区面积近 7 万 km²。暴雨中心在鄂托克旗的乌兰镇,单站最大过程降水量为 248 mm,最大 24 h 降水量为 207.9 mm(2 日 4:00～3 日 4:00),最大 1 h 降水量为 51.7 mm(2 日 7:00～8:00)。次降水中心在鄂尔多斯市东胜区的泊江海子和伊旗的纳林塔一线,降水量分别为 162 mm、147 mm。降水量 100 mm 等值线包围的面积为 6 000 km²,其中窟野河占 4 000 km²。

(五)延水"1977.07"暴雨

1977 年 7 月 5 日,无定河、延水、泾河、北洛河、渭河一带发生东北—西南向大范围暴雨,波及四川、甘肃、宁夏、陕西和山西等省区。陕北志丹、安塞、子长等县发生了特大暴雨,在陕西境内雨量大于 100 mm 的范围达 9 000 多 km²,在延水流域延安以上达 3 580 km²,雨量大于 150 mm 的在延水流域达 1 050 km²。这次暴雨大于 100 mm 和 150 mm 的范围,西南伸至甘肃、东北伸向山西境内。暴雨中心在陕西省安塞县招安乡王庄,调查的 9 h (5 日 20:00～6 日 5:00)暴雨量为 310 mm。王庄距招安雨量站约 2.5 km,招安 5 日 2:55～20:00 观测雨量为 99.4 mm,若将招安 5 日 20:00 以前的雨量移植到王庄,则王庄 24 h 降水量接近 400 mm。

(六)黄河中游"1977.08"暴雨

1977 年 8 月 1 日晚至 2 日晨,在内蒙古自治区和陕西省交界地区出现了一次罕见的特大暴雨,调查暴雨中心最大雨量达 1 000～1 400 mm。整个雨区位于东经 107°30′～111°40′、北纬 38°30′～39°40′的范围内,包括内蒙古自治区的乌审旗、鄂托克旗、伊金霍洛旗、杭锦旗、准格尔旗,陕西省的神木、府谷、榆林和山西省的偏关、河曲、保德等 11 个县、旗所属的部分地区。暴雨中心在陕西省的榆林县小壕兔乡、神木县尔林兔乡,内蒙古自治区的乌审旗呼吉尔特乡、图克乡以及伊金霍洛旗台格庙乡、乌兰什巴尔台乡等,大于 1 000 mm 的有木多才当、要刀兔、葫芦素、什拉淖海等 4 个调查点。50 mm 雨区范围 2.5 万 km²,

200 mm 以上雨区范围 2 000 km²。

该次暴雨为黄河流域最大暴雨、我国第二大暴雨、世界沙漠区最大暴雨。其中木多才当 9 h 降水量达 1 400 mm,强度之大是同历时降水量世界之最。

(七)窟野河"1989.07"暴雨

1989 年 7 月 21 日 0:00～8:00,府谷—吴堡区段有强度不同的降水。暴雨区主要在河曲、皇甫川、窟野河。暴雨中心在窟野河特牛川的五坝塔,10 h 降水量 136.3 mm;次降水中心在清水川的大路峁,6 h 降水量 100.1 mm。大于 100 mm、50 mm 的雨区面积分别为 107 km²、2 930 km²。

(八)清涧河"2002.07"暴雨

2002 年 7 月 4～5 日,清涧河上游地区受高空低涡影响形成局部特大暴雨,子长县城附近子长水文站降水量 283 mm,最大 24 h 降水量 274.4 mm,较同时段历史实测最大的 1977 年的 165.7 mm 超出 108.7 mm,为 500 年一遇特大暴雨。50 mm、100 mm 及 150 mm 雨区范围分别为 1 360 km²、411 km² 及 111 km²。

(九)黄河中游"2003.07"暴雨

2003 年 7 月 29 日 23:10～30 日 8:00,沙圪堵、古城、皇甫、河曲、旧县、府谷等站陆续开始降雨,降雨由西北向东南逐渐推进,整个降水过程历时 6～8 h。本次降水,府谷、皇甫、旧县、大路峁等站的日降水量均达到或超过 100 mm,最大降水量为皇甫站的 136.0 mm,超过该站历史同期最大值 1997 年的 132.5 mm;府谷、旧县等站日降水量均是本站历史同期的次大降水量。大于 50 mm、100 mm 的雨区面积分别为 11 100 km²、1 271 km²。

三、暴雨特性

(一)暴雨特征值

对以上 9 次典型暴雨特征值进行统计,见表 2-11。

表 2-11 典型暴雨特征值统计表

暴雨编号	暴雨中心	暴雨中心降水强度(mm)				暴雨笼罩面积(km²)				暴雨梯度
		2 h	6 h	12 h	24 h	>200 mm	>150 mm	>100 mm	>50 mm	(mm/km)
195907	裴家川		105		191.0		105	2 470	9 320	1.89
196607	马莲河			125.0				2 490	3 960	6.94
196708	桥头		106.5						3 410	1.39
197608	乌兰镇				207.9			6 000		
197707	王庄			310	400		1 050			
197708	孙家岔		114.4	171.6				428	3 280	2.26
	木多才当			1 400		2 000			25 000	
198907	五坝塔	40.5	108	136.3				107	2 930	2.03
200207	子长				274.4		111	411	1 360	5.34
200307	皇甫	49.8	135.4	136.0				1 270	11 100	1.27

(二)暴雨特性

根据上述对区间历年不同区域典型暴雨的分析,初步归纳区间暴雨特性如下:

(1)暴雨中心较明显。一般区间暴雨区可分为北部中心和南部中心两个。

北部中心位于窟野河中上游一带。主要暴雨区多覆盖在窟野河、孤山川和皇甫川 3 个流域。有时向南延伸至秃尾河、佳芦河流域；有时向西延伸到内流区、无定河上游一带；有时还可向东延伸跨越黄河到朱家川、岚漪河和蔚汾河一带。

南部中心位于清涧河上游和延水上游一带，主要暴雨区多在无定河中下游、清涧河中上游、延水中上游一带。

(2)暴雨强度大。一般 2 h 降雨量在 75 ~ 150 mm 之间，24 h 降雨量在 200 ~ 1 000 mm 之间。

(3)暴雨笼罩面积小。50 mm 以上暴雨笼罩面积一般在 1 300 ~ 12 000 km² 之间，100 mm 以上暴雨笼罩面积一般在 100 ~ 6 000 km² 之间。

(4)暴雨梯度大。一般次暴雨平均梯度在 1.20 mm/ km 以上，最大的达到 6.94 mm/ km。次暴雨平均梯度是指将雨区等雨量线概化为同心圆。

(5)暴雨量分布不均匀。主要表现在因受地形、局部强对流等影响，暴雨中心往往不止一个，暴雨的时空分布差异很大。

第六节　　水面蒸发量年际变化

目前，黄河河龙区间共有黄河水利委员会所属水面蒸发站 7 个，即新庙、温家川、申家湾、靖边、白家川、大村和大宁，7 站设站时间分别为 1976 年 1 月、1953 年 7 月、1975 年 1 月、1975 年 1 月、1975 年 1 月和 1954 年 12 月，站网密度为 18 522 km²/站。1977 年前均采用 20 cm 口径蒸发皿观测，1978 年后 4 ~ 10 月采用 E-601 型蒸发器，1、2、3、11、12 月采用 20 cm 口径蒸发皿观测。本次分析采用蒸发资料系列为 1970 ~ 1999 年。

一、变化范围

表 2-12 为河龙区间各蒸发站历年年蒸发量变化统计表。从表中可以看出，河龙区间各站历年最大蒸发量平均为 1 848.2 mm，各站历年最小年蒸发量平均为 1 025.7 mm，前者

表 2-12　　河龙区间各站历年年蒸发量变化统计表

站名	最大年蒸发量		最小年蒸发量		E_{max}/E_{min}	变差系数 C_v
	蒸发量 E_{max} (mm)	占多年均值 (%)	蒸发量 E_{min} (mm)	占多年均值 (%)		
新　庙	2 266.4	164.9	1 070.0	77.9	2.1	0.23
温家川	1 720.3	124.2	1 172.2	84.6	1.5	0.11
申家湾	2 021.1	184.2	869.8	79.3	2.3	0.26
靖　边	1 830.8	145.6	1 057.7	84.1	1.7	0.16
白家川	1 652.8	147.7	922.4	82.5	1.8	0.14
大　村	1 925.1	160.3	972.4	81.0	2.0	0.19
大　宁	1 589.4	141.5	792.1	70.5	2.0	0.17
河龙区间	1 848.2	151.2	1 025.7	83.9	1.8	0.17

是后者的 1.8 倍,历年年蒸发量变差系数为 0.17。各站历年最大年蒸发量在 1 589.4 ~ 2 266.4 mm 之间,其中新庙站最大,大宁站最小;各站历年最小年蒸发量在 792.1 ~ 1 172.2 mm 之间,其中温家川站最大,大宁站最小;各站历年最大年蒸发量与最小年蒸发量的比值在 1.5 ~ 2.3 之间,年蒸发量变差系数在 0.11 ~ 0.26 之间,其中申家湾站年蒸发量年际变化最大,温家川年际变化最小。

二、历年变化趋势

统计河龙区间各站分时段年蒸发量及其距平均值的百分数见表 2-13。从表中可以看出:区间 70、80 年代和 90 年代平均年蒸发量分别为 1 568.7 mm、1 158.9 mm 和 1 147.5 mm,距平百分数分别为 28.3%、-5.2% 和 -6.1%。由此可见,区间年蒸发量总体呈递减趋势,70 年代蒸发量较多年平均值明显偏大,而 80 年代和 90 年代蒸发量均较多年平均值偏小。

表 2-13　河龙区间各站分时段年蒸发量变化统计表

年代	项　目	新　庙	温家川	申家湾	靖　边	白家川	大　村	大　宁	河龙区间
70	年蒸发量(mm)	1 912.7	1 513.6	1 600.3	1 594.0	1 319.2	1 589.8	1 451.7	1 568.7
	距平(%)	39.2	9.3	45.8	26.8	17.9	32.4	29.3	28.3
80	年蒸发量(mm)	1 254.4	1 314.4	1 005.1	1 198.1	1 082.7	1 147.3	1 110.2	1 158.9
	距平(%)	-8.7	-5.1	-8.4	-4.7	-3.2	-4.5	-1.1	-5.2
90	年蒸发量(mm)	1 279.0	1 404.9	988.7	1 182.3	1 074.5	1 098.6	1 004.6	1 147.5
	距平(%)	-6.9	1.4	-9.9	-6.0	-3.9	-8.5	-10.5	-6.1

各蒸发站点 70 年代平均年蒸发量均大于多年平均值,其距平百分数在 9.3% ~ 45.8% 之间;80 年代平均年蒸发量均小于多年平均值,其距平百分数在 -1.1% ~ -8.7% 之间;90 年代,除温家川站外,其他各站平均年蒸发量均小于多年平均值,其距平百分数在 -3.9% ~ -10.5% 之间。

第七节　水面蒸发量年内变化

通过对河龙区间各蒸发站多年平均月、年蒸发量统计计算,得出区间多年平均年蒸发量为 1 222.4 mm,见表 2-14。

图 2-10 为河龙区间蒸发量年内分配柱状图。从图中可以看出,蒸发量年内变化呈单峰型。其中 5、6 月蒸发量最大;从 1 月到 6 月,蒸发量逐月递增;从 6 月到 12 月,蒸发量逐月递减。根据统计,河龙区间 5、6 月蒸发量分别为 159.3 mm、161.5 mm,分别占多年平均年蒸发量的 13.0%、13.2%;1、12 月蒸发量分别为 35.6 mm、34.9 mm,仅各占多年平均年蒸发量的 2.9%。

表 2-14　河龙区间各站多年平均月、年蒸发量统计表

序号	站名	蒸发量（mm）												
		1月	2月	3月	4月	5月	6月	7月	8月	9月	10月	11月	12月	年
1	新庙	30.8	47.6	97.5	194.7	211.2	192.2	172.1	138.6	112.4	85.6	58.4	33.1	1 374.3
2	温家川	29.1	45.3	103.5	179.6	205.8	207.3	190.5	150.3	116.3	78.8	49.8	29.0	1 385.3
3	申家湾	24.2	38.7	96.1	162.5	169.5	157.3	136.0	106.3	81.0	59.6	43.7	22.6	1 097.4
4	靖边	39.3	54.6	113.8	158.4	167.3	171.0	153.8	122.9	95.9	70.5	68.1	41.8	1 257.5
5	白家川	25.6	42.3	97.6	121.0	159.8	166.0	145.9	125.6	95.3	68.2	47.2	24.2	1 118.7
6	大村	46.8	63.5	111.9	125.5	159.2	160.1	133.8	116.3	92.6	74.7	68.2	48.3	1 200.8
7	大宁	34.4	48.1	94.9	124.8	158.9	158.4	141.8	121.2	87.3	68.3	52.9	32.1	1 123.1
河龙区间	蒸发量	32.9	48.6	102.2	152.4	176.0	173.2	153.4	125.9	97.3	72.2	55.5	33.0	1 222.4
	占年(%)	2.7	4.0	8.4	12.5	14.4	14.2	12.5	10.3	8.0	5.9	4.5	2.7	100.0

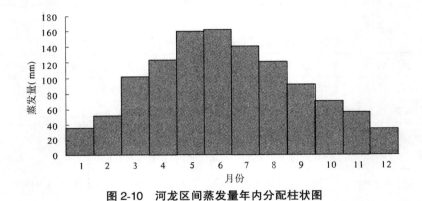

图 2-10　河龙区间蒸发量年内分配柱状图

第八节　水面蒸发量空间分布

河龙区间多年平均年水面蒸发量为 1 222.4 mm,大于黄河流域多年平均年水面蒸发量 1 098 mm。

多年平均年蒸发量最大的站为温家川站,蒸发量为 1 385.3 mm,比区间面平均值大 13.3%;多年平均年蒸发量最小的站为申家湾站,蒸发量为 1 097.4 mm,比区间面平均值小 10.2%。两站蒸发量相差 287.9 mm,占区间多年平均年蒸发量的 23.6%。

从表 2-12、表 2-13 统计看出,河龙区间各站多年平均年水面蒸发量、历年最大年蒸发量、历年最小年蒸发量大体上由西北向东南递减,其主要原因是西北部靠近毛乌素沙地,气候干旱、风速大、降水量少等。各种特征值之间变化幅度不大。

第九节　结　语

一、降水量少且时空分布不均

(1)降水量偏少。区间多年平均年降水量为 431.2 mm,比黄河流域多年年均值 451.2

mm 偏少 4.4%。

(2)降水量时空分布不均。降水量年内分布呈单峰型,主要集中在汛期 5～10 月,降水量为 380.2 mm,占全年降水量的 88.2%。其中以 7、8 月两月为最大,降水量为 208.2 mm,占全年降水量的 48.3%。

降水量年际变化大,各站历年最大年降水量与最小年降水量的比值在 2.2～2.8 之间,其中蔚汾河流域最大,无定河、昕水河流域最小。

年降水量从西北向东南呈递增趋势。北部窟野河和南部昕水河流域年降水量分别为 348.1 mm 和 497.1 mm,两者相差 149.0 mm。

(3)区间 70、80 年代和 90 年代年降水量分别为 445.7 mm、432.8 mm 和 415.1 mm,历年降水量呈递减趋势。

二、暴雨强度大但笼罩面积小

(1)区间为黄河流域四大暴雨中心之一,有两个比较明显的暴雨区。一个位于窟野河、孤山川和皇甫川一带,以窟野河中上游为中心,暴雨大且多发,是形成黄河中下游大洪水的主要暴雨区;另一个在无定河中下游、清涧河中上游和延水中上游一带,以清涧河上游和延水上游为中心。

(2)暴雨强度大。一般 2 h 降水量在 75～150 mm 之间,24 h 降水量在 200～1 000 mm 之间。木多才当 9 h 降水量达 1 400 mm(调查值)。

(3)暴雨笼罩面积小,梯度大,分布不均匀。降水 50 mm 以上笼罩面积一般在 1 300～12 000 km² 之间,100 mm 以上笼罩面积一般在 100～6 000 km² 之间;次暴雨平均梯度一般在 1.20 mm/km 以上,最大的达到 6.94 mm/km;暴雨中心往往不止一个,暴雨的时空分布差异很大。

三、蒸发量大且时空分布不均

(1)水面蒸发量大。区间多年平均年水面蒸发量为 1 222 mm,是黄河流域多年年均值 1 098 mm 的 1.11 倍。

(2)水面蒸发量时空分布不均。蒸发量年内分布呈单峰型,主要集中在汛期 3～8 月,蒸发量为 807.6 mm,占全年蒸发量的 66.1%。其中以 5、6 月两月最大,蒸发量为 320.8 mm,占年蒸发量的 26.2%;1、12 月两月最小,蒸发量为 70.5 mm,仅占年蒸发量的 5.8%。

蒸发量年际变化大,各站历年最大年蒸发量与最小年蒸发量的比值在 1.5～2.3 之间,其中申家湾站最大,温家川站最小。

年蒸发量、历年最大年蒸发量、历年最小年蒸发量大体上由西北向东南递减,但变化幅度不大。

(3)区间 70、80、90 年代年水面蒸发量分别为 1 568.7 mm、1 158.9 mm、1 147.5 mm,历年蒸发量呈递减趋势。

第三章　径　流

河川径流是水资源的重要组成部分。河龙区间径流由地表径流和地下径流组成。地表径流由降水的超渗产流部分形成,产流则受降水量及降水强度和下垫面组成的共同影响,形成比较复杂,变化较大,是雨洪期洪水径流的主要组成部分;地下径流由降水的下渗部分形成,入渗过程也是受降水量及降水强度和下垫面组成的共同影响,十分复杂,是平水期径流的主要组成部分、洪水期径流的基流部分。人类活动对径流的影响主要表现在对下垫面的改变方面。对下垫面的改变将影响降水的下渗条件,从而影响地表径流和地下径流的分配,使径流的组成和过程发生变化。

径流的时空变化是河流的重要水文特征。本章以河龙区间河口镇、府谷、吴堡和龙门等干流控制站和较大的支流控制站、区域代表站资料为依据,分析其径流量的时空分布和变化特征。

第一节　径流量年际变化

径流量的年际变化主要受降水量年际变化的影响,同时是下垫面和人类活动等影响的综合反映。河龙区间径流量的年际变化除围绕多年平均值上下随机跳动外,还显现出连续多年丰枯水交替循环变化的特征,并有呈逐年减少的总趋势。

某一断面某一年份的年径流量是属于丰水、平水还是枯水年,一般要根据该断面该年份的年径流量在频率统计分析中所在的累积频率(P)按下列标准确定:

$P \leqslant 12.5\%$　　　　　　丰水

$12.5\% < P \leqslant 37.5\%$　　　偏丰水

$37.5\% < P \leqslant 62.5\%$　　　平水

$62.5\% < P \leqslant 87.5\%$　　　偏枯水

$87.5\% < P$　　　　　　枯水

一、区间干流

(一)单站变化

河口镇、龙门站及河龙区间历年年径流量变化过程见图 3-1,河口镇、府谷、吴堡和龙门等黄河干流站年径流量年际变化情况统计见表 3-1。

河口镇站位于黄河上中游的交界处,集水面积 36.8 万 km²,控制流域面积的 48.9%,至河口距离 2 002 km。该站反映了黄河上游来水情况。河口镇站多年平均年径流量227.2 亿 m³,是花园口年径流量的 55.6%。1967 年年径流量最大,为 444.9 亿 m³;1997 年年径流量最小,为 101.8 亿 m³。最大年径流量是最小年径流量的 4.4 倍,年径流量变差系数 C_v 值为 0.33。

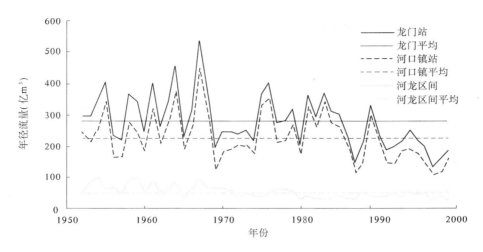

图 3-1 河口镇站、龙门站及河龙区间历年年径流量变化过程线

表 3-1 黄河干流站年径流量年际变化统计表

站 名	平均年径流量（亿 m³）	C_v	最大年径流量（亿 m³）	出现年份	最小年径流量（亿 m³）	出现年份	最大与最小比值	最大年径流量模比系数（$K_丰$）	最小年径流量模比系数（$K_枯$）	资料系列
兰 州	316.9	0.22	517.9	1967	203.8	1997	2.5	1.63	0.64	1950~1999 年
河口镇	227.2	0.33	444.9	1967	101.8	1997	4.4	1.96	0.45	1952~1999 年
府 谷	235.4	0.33	460.5	1967	95.06	1997	4.8	1.96	0.40	1952~1999 年
吴 堡	253.3	0.32	504.8	1967	111.0	1997	4.5	1.99	0.44	1952~1999 年
龙 门	280.5	0.30	539.4	1967	132.7	1997	4.1	1.92	0.47	1952~1999 年
三门峡	371.8	0.33	685.3	1964	139.6	1997	4.9	1.85	0.38	1950~1999 年
花园口	408.4	0.36	973.0	1964	142.6	1997	6.0	2.38	0.35	1950~1999 年

  龙门、吴堡和河口镇站年径流量累积过程线见图 3-2。由图可见,河口镇站 1969 年以前点据趋势基本一致,斜率没有明显转折变化。1969 年、1975 年、1987 年、1997 年等年份点据趋势发生明显转折变化,其中 1975~1986 年点据趋势与 1952~1971 年平行,即斜率大致接近;1969~1974 年、1987~1996 年、1997~1999 年 3 个系列点据趋势斜率都偏小,这与 1969 年和 1987 年刘家峡、龙羊峡水库先后投入运行有关,这两年是河口镇 1997 年之外的两个次小水年。但 1997 年以后点据趋势较 1987~1996 年点据趋势斜率进一步减小,说明黄河上游来水进一步减少。

  府谷站是天桥水库的出库站,集水面积 40.4 万 km²,至河口距离 1 786 km。多年平均年径流量 235.4 亿 m³。1967 年年径流量最大,为 460.5 亿 m³;1997 年年径流量最小,为 95.06 亿 m³。最大年径流量是最小年径流量的 4.8 倍,年径流量变差系数 C_v 值为 0.33。

河口镇以上来水量占 96.6%,说明府谷站年径流量主要由河口镇以上来水组成。

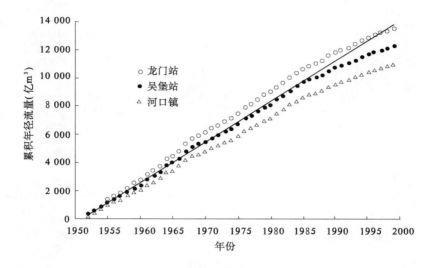

图 3-2　龙门、吴堡、河口镇站年径流量累积过程线

　　吴堡站是黄河北干流的重要控制站,集水面积 43.4 万 km²,至河口距离 1 544 km。多年平均年径流量 253.3 亿 m³。1967 年年径流量最大,为 504.8 亿 m³;1997 年径流量最小,为 111.0 亿 m³。最大年径流量是最小年径流量的 4.5 倍,年径流量变差系数 C_v 值为 0.32。河口镇以上来水量占 89.7%,说明吴堡站年径流量也主要由河口镇以上来水组成。

　　吴堡站 1969 年以前点据趋势基本一致,斜率没有明显转折变化(见图 3-2)。1969 年、1975 年、1987 年、1997 年等年份点据趋势发生明显转折变化,其中 1975~1986 年点据趋势与 1952~1971 年平行,即斜率大致接近;1969~1974 年、1987~1996 年、1997~1999 年 3 个系列点据趋势斜率都偏小。但 1997 年以后点据趋势斜率比 1987~1996 年进一步减小。显然,这 3 个系列是连续枯水时段。1987~1999 年平均年径流量为 182.4 亿 m³,比 1952~1986 年平均年径流量 282.5 亿 m³ 偏少 100.1 亿 m³,比多年平均值偏小 28.0%;比 1952~1968 年平均年径流量 301.8 亿 m³ 偏少 119.4 亿 m³,仅占 1952~1968 年系列的 60.4%。1997~1999 年系列年径流量最小,平均年径流量为 133.6 亿 m³,比 1952~1986 年平均年径流量偏少 148.9 亿 m³,仅占其 47.3%,比多年平均值偏小 47.3%;比 1952~1968 平均年径流量偏少 168.2 亿 m³,仅占其 44.3%。万家寨水库 1998 年 10 月投入运行对该站年径流量减小有一定影响,但主要是河口镇以上来水较少所致。

　　龙门站是黄河北干流的把口站,集水面积 49.76 万 km²,至河口距离 1 269 km。多年平均年径流量 280.5 亿 m³,是花园口站年径流量的 68.6%。年径流量最大的 1967 年达 539.4 亿 m³,1997 年年径流量最小,仅为 132.7 亿 m³。最大年径流量是最小年径流量的 4.1 倍,年径流量变差系数 C_v 值为 0.30。该站年径流量构成见图 3-3。河口镇以上来水占龙门站年径流量的 81.0%,河龙区间来水仅占龙门站年径流量的 19.0%,说明龙门站年径流量组成仍以河口镇以上来水为主。

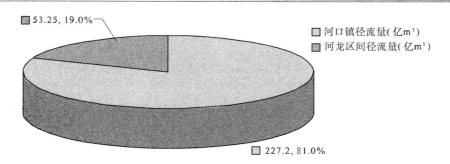

图 3-3 龙门站年径流量构成示意图

龙门站 1967 年以前点据趋势基本一致,斜率没有明显转折变化(见图 3-2)。1967 年、1969 年、1987 年、1997 年等年份点据趋势发生明显转折变化,其中 1987～1996 年、1997～1999 年 2 个系列点据趋势斜率都偏小。1997 年以后点据趋势斜率比 1987～1996 年点据趋势进一步减小,说明 1997 年以后年径流量进一步减少。

(二)沿程变化

河口镇—龙门年径流量沿程变化情况见图 3-4。

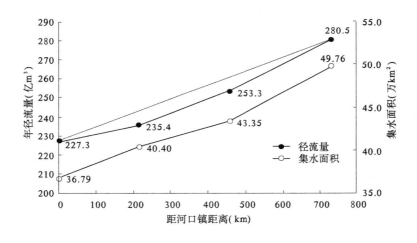

图 3-4 河口镇—龙门年径流量沿程变化图

河口镇—府谷距离与相应区段年径流量关系线斜率比河口镇—龙门距离与相应区段年径流量关系线斜率小;府谷—吴堡距离与相应区段年径流量关系线斜率和河口镇—龙门距离与相应区间年径流量关系线斜率基本相同;吴堡—龙门距离与相应区段年径流量关系线斜率比府谷—龙门距离与相应区段年径流量关系线斜率大。

府谷、吴堡、龙门比河口镇年径流量分别增加 3.6%、11.4%、23.4%。吴堡年径流量比府谷增加 7.6%,龙门年径流量比吴堡增加 10.7%。由此可见,在河龙区间,河口镇—府谷区段加水较少,吴堡—龙门区段加水较多,府谷—吴堡区段居中。这同河龙区间多年平均年降水量由南向北递减的分布规律是一致的。

(三)综合分析

1.基本特性

府谷、吴堡和龙门站年径流量的大小主要由河口镇以上来水的多少决定,河龙区间加水影响较小。最大年径流量与最小年径流量的比值反映了年径流量多年变化的幅度。河口镇等4站年径流量年际变化较大,远比兰州大,但比花园口小。河龙区间各站年径流量变化幅度差别不大,在4.1~4.8倍之间,府谷最大,吴堡次之,河口镇和龙门最小,属同一量级。年径流量变差系数 C_v 值4站也很接近,从北到南略有减小,符合 C_v 值沿流程变化的一般规律。

图3-1所示河口镇、龙门站历年年径流量变化过程线表明,两站(也包括府谷和吴堡站)年径流量大小变化基本一致,丰、平、枯水变化具有时程上的交替性和上下游的同步性;4站最大年径流量均发生在1967年,最小年径流量均发生在1997年,表现出同步特征。说明4站年径流量年际变化规律的接近主要是由于其年径流量的组成均以河口镇以上来水为主。

2.丰、枯水变化特性

按照丰水年和枯水年的判别标准,挑选出持续时间最长且均值最大的连续丰水期和持续时间最长且均值最小的连续枯水期见表3-2。河口镇与龙门两站1966~1968年和1975~1976年均为连续丰水期,1991~1999年均为连续枯水期。

表3-2　河口镇、龙门和河龙区间连续丰水期、连续枯水期年径流量统计表

站名	多年平均年径流量(亿 m³)	连续丰水期				连续枯水期			
		年径流量(亿 m³)	起止年份	年径流量模比系数($K_丰$)	年数	年径流量(亿 m³)	起止年份	年径流量模比系数($K_枯$)	年数
河口镇	227.2	344.6	1966~1968	1.52	3	152.2	1991~1999	0.67	9
		340.5	1975~1976	1.50	2	154.6	1986~1988	0.68	3
		300.2	1981~1985	1.32	5				
龙门	280.5	378.1	1954~1955	1.35	2	240.1	1970~1974	0.86	5
		418.6	1966~1968	1.49	3	198.1	1990~1999	0.71	10
		382.5	1975~1976	1.36	2				
河龙区间	53.25	76.99	1953~1956	1.45	4	37.97	1974~1975	0.71	2
		96.68	1958~1959	1.82	2	38.89	1980~1987	0.73	8
		73.51	1967~1970	1.38	4	30.73	1997~1999	0.58	3

注:1.表中 $K_丰$ 为连续丰水期平均年径流量与多年平均年径流量之比;$K_枯$ 为连续枯水期平均年径流量与多年平均年径流量之比。
　　2.多年平均年径流量统计系列为1952~1999年。

连续丰水期比连续枯水期持续时间短,但连续丰水期比连续枯水期距平均值差别大。1952~1999年河口镇连续丰水期共发生3个系列,分别为1966~1968年、1975~1976年、1981~1985年,时间为2~5年;龙门连续丰水期共发生3个系列,分别为1954~1955年、1966~1968年、1975~1976年,时间为2~3年;河龙区间连续丰水期共发生3个系列,分

别为 1953～1956 年、1958～1959 年、1967～1970 年,时间为 2～4 年;龙门 1990～1999 年为连续枯水期,时间长达 10 年。

河口镇与龙门两站最大丰水期系列平均年径流量模比系数分别为 1.52 和 1.49;最小枯水期系列平均年径流量模比系数分别为 0.67 和 0.71。两站连续丰水期平均年径流量比多年平均年径流量多 50% 左右;连续枯水期平均年径流量比多年平均年径流量少 30% 左右。河龙区间这一特性差别更大,最大丰水期系列平均年径流量模比系数为 1.82;最小枯水期系列平均年径流量模比系数为 0.58。连续丰水期平均年径流量比多年平均年径流量多 80%;连续枯水期平均年径流量比多年平均年径流量少 40%。

最大丰水年年径流量模比系数 4 站相差不大,在 1.92～1.99 之间。即 4 站最大丰水年年径流量都是多年平均年径流量的近 2 倍。

最小枯水年年径流量模比系数 4 站也很接近,在 0.40～0.48 之间。府谷站最小,河口镇站最大。府谷最小枯水年年径流量是多年平均年径流量的 40%,河口镇最小枯水年年径流量是多年平均年径流量的 48%。

受降水量年际变化大的影响,径流量丰、平、枯水发生的概率相差很大。枯水年出现的概率大于丰水年和平水年出现的概率,见表 3-3。来水非枯即丰,平水年较少,枯水年份的概率达 50% 左右。

表 3-3　河口镇、龙门及河龙区间年径流量情况统计表

来水情况	河口镇		龙　门		河龙区间	
	出现年数	概率(%)	出现年数	概率(%)	出现年数	概率(%)
丰水年	18	35.3	17	33.3	15	29.4
平水年	8	15.7	7	13.7	13	25.5
枯水年	25	49.0	27	52.9	23	45.1

注:资料统计系列为 1952～2002 年。

二、各区段

河龙区间各区段年径流量年际变化统计见表 3-4。

表 3-4　河龙区间各区段年径流量年际变化统计表

区段	平均年径流量(亿 m³)	C_v	最大年径流量(亿 m³)	出现年份	最小年径流量(亿 m³)	出现年份	最大与最小比值	最丰水年年径流量模比系数($K_丰$)	最枯水年年径流量模比系数($K_枯$)	年径流深度(mm)
河口镇—府谷	8.109	0.98	26.61	1954	0	1997		3.28		44.8
府谷—吴堡	17.88	0.45	44.30	1966	4.734	1986	9.4	2.48	0.26	60.7
吴堡—龙门	27.18	0.31	46.06	1958	5.510	1983	8.4	1.69	0.20	42.4
河龙区间	53.15	0.37	98.59	1959	24.49	1997	4.0	1.85	0.46	47.7

(一)河口镇—府谷区段

河口镇—府谷区段黄河河长 216 km,集水面积 1.81 万 km²,占河龙区间集水面积的

16.2%,占龙门集水面积的 3.6%,占府谷集水面积的 4.5%。多年平均年径流量为 8.109 亿 m³,占河龙区间年径流量的 16.1%,占龙门年径流量的 3.1%,占府谷年径流量的 3.7%。该区段最大年径流量是 1954 年的 26.61 亿 m³。有 4 年府谷站年径流量小于河口镇站年径流量,其中 1975 年受天桥水库蓄水影响;1996~1998 年连续 3 年为特枯水年。区段多年平均年径流深为 44.8 mm,年径流量变差系数 C_v 值为 0.98。

(二)府谷—吴堡区段

府谷—吴堡区段黄河河长 242 km,集水面积 2.95 万 km²,占河龙区间集水面积的 26.4%,占龙门集水面积的 5.9%,占吴堡集水面积的 6.8%。其中黄河河西部分集水面积 17 225 km²,河东部分集水面积 12 250 km²。该区段流域面积大于 1 000 km² 的支流有 8 条,河东为朱家川、岚漪河、蔚汾河、湫水河;河西为孤山川、窟野河、秃尾河、佳芦河。截至 2003 年末,各支流把口水文站控制总面积为 19 942 km²(包括清凉寺沟的杨家坡,不包括岚漪河的裴家川),占区段总面积的 67.7%;未控制区域总面积达 9 533 km²,占区间总面积的 32.3%。

区段多年平均年径流量为 17.88 亿 m³,占吴堡年径流量的 7.1%,占河龙区间年径流量的 33.2%,占龙门年径流量的 6.4%。区段最大年径流量是 1966 年的 44.3 亿 m³,是最小年径流量 4.734 亿 m³(1986 年)的 9.4 倍。多年平均年径流深为 60.7 mm,年径流量变差系数 C_v 值为 0.45。区段 1967 年年径流量 38.2 亿 m³,占吴堡当年年径流量的 12.8%,而 1986 年年径流量仅占吴堡当年年径流量的 2.3%。

区段已控制区域多年平均年径流量为 13.21 亿 m³,占府谷—吴堡区段多年平均年径流量的 73.9%;未控制区域多年平均年径流量为 4.67 亿 m³,占区段年径流量的 26.1%。未控区来水量比较大。

河龙区间、府谷—吴堡区段历年年径流量累积过程线见图 3-5。由图可见,府谷—吴堡区段 1972 年以前点据趋势基本一致,斜率没有明显转折变化。1972 年以后点据趋势发生明显转折变化,斜率减小。1986 年以后点据趋势再次发生转折变化,斜率进一步减小。显然,这两个系列是连续枯水时段。1986~1999 年平均年径流量为 12.47 亿 m³,比 1952~1971 年平均年径流量 23.74 亿 m³ 少 1.27 亿 m³。

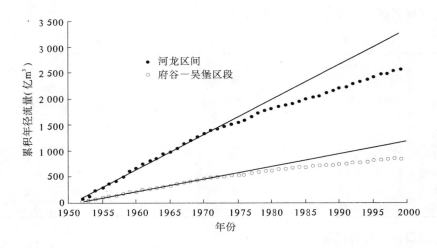

图 3-5   河龙区间和府谷—吴堡区段历年年径流量累积过程线

(三)吴堡—龙门区段

吴堡—龙门区段黄河河长 275 km,集水面积 6.40 万 km²,占河龙区间集水面积的 57.3%,占龙门集水面积的 12.9%。区段多年平均年径流量为 27.18 亿 m³,占河龙区间年径流量的 50.7%,占龙门年径流量的 9.8%。区段最大年径流量为 1958 年的 46.06 亿 m³,是最小年径流量 5.510 亿 m³(1983 年)的 8.4 倍。多年平均年径流深为 42.4 mm,年径流量变差系数 C_v 值为 0.31。

(四)河龙区间

河龙区间黄河河长 723 km,集水面积 11.16 万 km²,占龙门集水面积的 22.4%。区间多年平均年径流量为 53.15 亿 m³,仅占龙门年径流量的 19.0%,占三门峡年径流量的 14.3%,占花园口年径流量的 13.0%。区间最大年径流量是 1959 年的 98.59 亿 m³,是最小年径流量 1997 年 24.49 亿 m³ 的 4 倍。多年平均年径流深为 50.3 mm,年径流量变差系数 C_v 值为 0.37。

河龙区间历年年径流量累积过程线见图 3-5。由图可见,河龙区间 1972 年以前点据趋势基本一致,斜率没有明显转折变化。1972 年、1976 年、1979 年、1987 年等年份点据趋势发生明显转折变化,其中 1976~1978 年与 1952~1971 年点据趋势基本一致,即斜率大小很接近;1972~1975 年、1979~1986 年、1987~1999 年 3 个系列点据趋势斜率都偏小。但 1986 年以后点据趋势斜率比 1979~1986 年点据趋势斜率有所增大。这说明,1979~1986 年系列平均年径流量最小,为 37.03 亿 m³,比 1952~1971 年平均年径流量 69.11 亿 m³ 少 32.08 亿 m³。1987~1999 年系列平均年径流量为 41.31 亿 m³,比 1979~1986 年系列平均年径流量多 4.28 亿 m³。

(五)综合分析

各区段平均年径流量差别较大,河口镇—府谷、府谷—吴堡、吴堡—龙门各区段面积比是 16.2:26.4:57.4,如图 3-6 所示;年径流量比是 15.3:33.6:51.1,如图 3-7 所示。河口镇—府谷区段面积大于府谷—吴堡区段,年径流量前者却只有后者的 45.4%。可见 3 段中河口镇—府谷区段平均年径流量最小,府谷—吴堡区段平均年径流量相对较大,吴堡—龙门区段居中。河口镇—府谷区段年径流量年际变化较大。

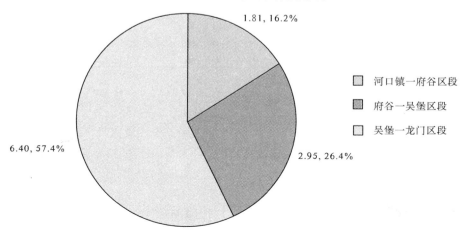

图 3-6 河龙区间集水面积构成图

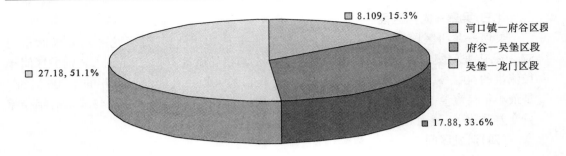

图 3-7　河龙区间年径流量构成图

三、区间支流

(一)单站分析

区间较大支流及泾渭河、汾河、北洛河年径流量年际变化情况统计见表 3-5。

表 3-5　河龙区间较大支流及泾渭河、汾河、北洛河年径流量年际变化情况统计表

河名	站名	平均年径流量(亿 m³)	C_v	最大年径流量(亿 m³)	年份	最小年径流量(亿 m³)	年份	最大与最小比值	最丰水年年径流量模比系数($K_丰$)	最枯水年年径流量模比系数($K_枯$)	年径流深(mm)	资料系列
皇甫川	皇甫	1.582	0.70	5.078	1954	0.147 3	1999	34.5	3.21	0.09	49.6	1954~1999 年
孤山川	高石崖	0.824 5	0.65	2.374	1959	0.092 8	1993	25.6	2.88	0.11	65.3	1954~1999 年
窟野河	温家川	6.351	0.42	13.68	1959	1.678	1999	8.2	2.15	0.26	73.5	1954~1999 年
秃尾河	高家川	3.576	0.21	5.385	1967	2.096	1999	2.6	1.51	0.59	109.9	1956~1999 年
佳芦河	申家湾	0.674 2	0.52	1.688	1970	0.265 8	1999	6.4	2.55	0.40	60.1	1957~1999 年
无定河	白家川	12.13	0.26	20.15	1964	7.178	1993	2.8	1.66	0.59	40.9	1956~1999 年
清涧河	延川	1.467	0.38	3.113	1964	0.683	1997	4.6	2.12	0.47	43.0	1954~1999 年
延水	甘谷驿	2.168	0.34	5.021	1964	1.238	1997	4.1	2.32	0.57	36.4	1952~1999 年
湫水河	林家坪	0.807 3	0.64	2.903	1967	0.266	1999	10.9	3.60	0.33	42.1	1954~1999 年
三川河	后大成	2.401	0.41	4.809	1959	0.941 4	1999	5.1	2.00	0.39	58.5	1954~1999 年
昕水河	大宁	1.419	0.57	4.140	1958	0.283 3	1999	14.6	2.92	0.20	35.5	1955~1999 年
泾渭河	华县	72.80	0.46	187.6	1964	16.83	1997	11.2	2.58	0.23		1950~1999 年
汾河	河津	11.51	0.66	33.56	1964	1.87	1999	18.0	2.92	0.16		1950~1999 年
北洛河	洑头	7.07	0.44	19.17	1964	3.09	1974	6.2	2.71	0.44		1950~1999 年

　　皇甫川流域位于黄河河西河曲—府谷区段,流域面积 3 264 km²。皇甫站集水面积 3 175 km²。该站多年平均年径流量 1.582 亿 m³,占河曲—府谷区段年径流量的 19.5%,占河龙区间年径流量的 3.0%,占府谷站年径流量的 0.7%。最大年径流量 5.078 亿 m³ (1954 年),最小年径流量 0.147 3 亿 m³(1999 年),最大是最小的 34.5 倍,年径流量变差系数 C_v 值为 0.70。多年平均年径流深为 49.6 mm,该流域属少水带,年径流深接近过渡带的下限。历年年径流量过程线图见图 3-8。皇甫川年径流量年际变化大。

　　孤山川流域位于黄河河西府谷—吴堡区段,流域面积 1 272 km²,高石崖站集水面积 1 263 km²。该站历年年径流量过程线见图 3-8,多年平均年径流量 0.824 5 亿 m³,占府谷—

吴堡区段年径流量的 4.5%,占河龙区间年径流量的 1.5%。最大年径流量 2.374 亿 m³ (1959 年),最小年径流量 0.092 8 亿 m³(1993 年),最大是最小的 25.6 倍。该流域多年平均年径流深为 65.3 mm,属过渡带。年径流量变差系数 C_v 值为 0.65。年径流量年际变化大。

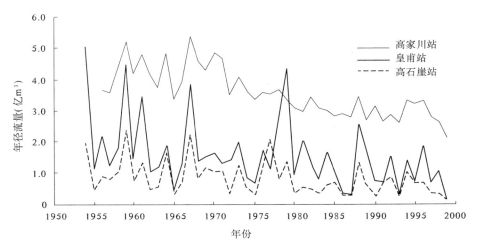

图 3-8 皇甫、高石崖、高家川三站历年年径流量过程线

窟野河流域位于黄河河西府谷—吴堡区段,流域面积 8 706 km²,是府谷—吴堡区段的最大支流,是河龙区间第二大支流。温家川(二)站集水面积为 8 645 km²。该站历年年径流量过程线见图 3-9,多年平均年径流量为 6.351 亿 m³,占府谷—吴堡区段年径流量的 35.5%,占河龙区间年径流量的 11.9%,占吴堡站年径流量的 2.5%,占龙门站年径流量的 2.3%。最大年径流量 13.68 亿 m³(1959 年),最小年径流量 1.678 亿 m³(1999 年),最大是最小的 8.2 倍。该流域多年平均年径流深为 73.5 mm,属过渡带。年径流量变差系数 C_v 值为 0.42,年径流量年际变化较皇甫川和孤山川小。

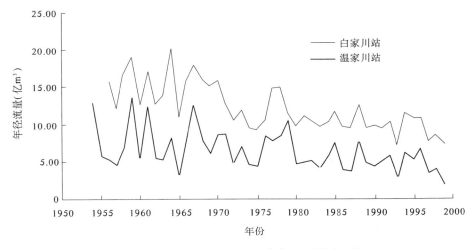

图 3-9 温家川、白家川两站历年年径流量过程线

温家川站年径流量累积过程线见图 3-10。由图可见,该站 1980 年以前点据趋势基本一致,斜率没有明显转折变化。1980 年以后点据趋势发生明显转折,1980~1999 年系列点据趋势斜率明显减小,说明该流域 1980 年以后年径流量减少。

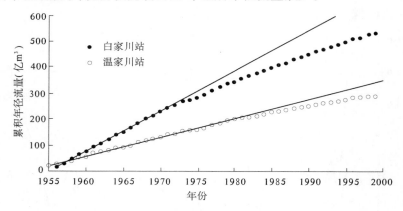

图 3-10　温家川、白家川两站年径流量累积过程线

秃尾河流域位于黄河河西府谷—吴堡区段,流域面积 3 294 km²,是府谷—吴堡区段第二大支流。高家川站集水面积 3 253 km²。该站多年平均年径流量 3.576 亿 m³,占府谷—吴堡区段年径流量的 20.0%,占河龙区间年径流量的 6.7%,占吴堡站年径流量的 1.4%。流域面积为河龙区间第 6 位,年径流量为河龙区间第 3 位。最大年径流量 5.385 亿 m³(1967 年),最小年径流量 2.096 亿 m³(1999 年),最大是最小的 2.6 倍。该流域多年平均年径流深为 109.9 mm,属过渡带。年径流量变差系数 C_v 值为 0.21,秃尾河年径流量最大与最小的比值以及年径流量变差系数 C_v 值在河龙区间均为最小,说明秃尾河年径流量年际变化较小。由图 3-8 历年年径流量过程线也可看出,秃尾河年径流量年际变化相对较小。

佳芦河流域位于黄河河西府谷—吴堡区段,流域面积 1 134 km²。申家湾站集水面积 1 121 km²。该站多年平均年径流量 0.674 2 亿 m³,占府谷—吴堡区段年径流量的 3.8%,占河龙区间年径流量的 1.3%,占吴堡站年径流量的 0.3%。最大年径流量 1.688 亿 m³(1970 年),最小年径流量 0.265 8 亿 m³(1999 年),最大是最小的 6.4 倍。该流域多年平均年径流深为 60.1 mm,属过渡带。年径流量变差系数 C_v 值为 0.52。年径流量年际变化较大。

无定河流域位于黄河河西吴堡—龙门区段,流域面积 30 261 km²,是区间的最大支流,年径流量年际变化较小。白家川站集水面积 29 662 km²。无定河流域多年平均年径流量 12.13 亿 m³,占吴堡—龙门区段年径流量的 44.6%,占河龙区间年径流量的 22.8%,占龙门站年径流量的 4.3%。历年年径流量过程线见图 3-9。最大年径流量 20.15 亿 m³(1964 年),最小年径流量 7.178 亿 m³(1993 年),最大是最小的 2.8 倍。该流域多年平均年径流深为 40.9 mm,属少水带。年径流量变差系数 C_v 值为 0.26。由于该流域有近 1/3 的面积属风沙区,加之流域面积较大,所以年径流量年际变化相对较小。

白家川站年径流量累积过程线见图 3-10。从图中可以看出,该站 1972 年以前点据趋势基本一致,斜率没有明显转折变化。1972 年、1976 年、1979 年、1997 年等年份点据趋势发生明显转折变化,其中 1976~1978 年点据趋势与 1952~1971 年点据趋势接近,斜率大小相近;1972～1975 年、1979～1986 年、1997～1999 年 3 个系列点据趋势斜率都偏小。1997 年以后点据趋势斜率比 1979～1996 年点据趋势斜率进一步减小。1997～1999 年系列年径流量最小,平均为 7.80 亿 m^3,比 1956～1971 年平均年径流量 15.26 亿 m^3 少 7.46 亿 m^3,仅占其 51.1%,比多年平均值偏小 35.7%。1979～1999 年系列平均年径流量为 9.47 亿 m^3,比 1956～1971 年平均值少 5.79 亿 m^3,占其 62.1%,比多年平均值偏小 21.9%。

清涧河流域位于黄河河西吴堡—龙门区段,流域面积 4 080 km^2。延川站集水面积 3 468 km^2。该站多年平均年径流量 1.467 亿 m^3,占吴堡—龙门区段年径流量的 5.4%,占河龙区间年径流量的 2.8%,占龙门站年径流量的 0.5%。最大年径流量 3.113 亿 m^3 (1964 年),最小年径流量 0.683 亿 m^3(1997 年),最大是最小的 4.6 倍。多年平均年径流深为 43.0 mm,年径流量变差系数 C_v 值为 0.38。年径流量年际变化较大。

延水流域位于黄河河西吴堡—龙门区段,属吴堡—龙门区段第二大支流,流域面积 7 687 km^2,是河龙区间的第 3 位,年径流量是河龙区间第 5 位。甘谷驿站集水面积 5 891 km^2。该站多年平均年径流量 2.168 亿 m^3,占吴堡—龙门区段年径流量的 8.0%,占河龙区间年径流量的 4.1%,占龙门站年径流量的 0.8%。最大年径流量 5.021 亿 m^3(1964 年),最小年径流量 1.238 亿 m^3(1997 年),最大是最小的 4.1 倍。多年平均年径流深为 36.4 mm,年径流量变差系数 C_v 值为 0.34。年径流量年际变化较大。

湫水河流域位于黄河河东府谷—吴堡区段,流域面积 1 989 km^2。林家坪站集水面积 1 873 km^2。该站多年平均年径流量 0.807 3 亿 m^3,占府谷—吴堡区段年径流量的 4.5%,占河龙区间年径流量的 1.5%,占吴堡站年径流量的 0.3%。最大年径流量 2.903 亿 m^3(1967 年),最小年径流量 0.266 亿 m^3(1999 年),最大是最小的 10.9 倍。该流域多年平均年径流深为 42.1 mm,属少水带。年径流量变差系数 C_v 值为 0.64,年径流量年际变化较大。

三川河流域位于黄河河东吴堡—龙门区段,流域面积 4 161 km^2。后大成站集水面积 4 102 km^2。该站多年平均年径流量 2.401 亿 m^3,占吴堡—龙门区段年径流量的 8.8%,占河龙区间年径流量的 4.5%,占龙门站年径流量的 0.9%。最大年径流量 4.809 亿 m^3(1959 年),最小年径流量 0.941 4 亿 m^3(1999 年),最大是最小的 5.1 倍。该流域多年平均年径流深为 58.5 mm,属过渡带,是区间黄河河东惟一一条属于过渡带的支流。年径流量变差系数 C_v 值为 0.41。三川河年径流量变差系数 C_v 值以及年径流量最大与最小的比值均为区间河东最小,说明三川河是区间河东年径流量年际变化最小的支流。

昕水河流域位于黄河河东吴堡—龙门区段,流域面积 4 326 km^2。大宁站集水面积 3 992 km^2。该站多年平均年径流量为 1.448 亿 m^3,占吴堡—龙门区段年径流量的 5.3%,占河龙区间年径流量的 2.7%,占龙门站年径流量的 0.5%。最大年径流量 4.140 亿 m^3(1958 年),最小年径流量 0.283 3 亿 m^3(1999 年),最大是最小的 14.6 倍。多年平均年径流深为 35.5 mm,年径流量变差系数 C_v 值为 0.57。年径流量年际变化较大。

(二)综合分析

1.基本特性

河龙区间各支流年径流量差异大、年际变化大。21 条支流总径流量为 37.41 亿 m^3,占河龙区间年径流量的 70.4%,占龙门站年径流量的 13.3%。目前设站控制的 19 条支流总径流量为 36.18 亿 m³,占河龙区间年径流量的 68.0%,占龙门站年径流量的 12.9%。较大支流最大年径流量都发生在 50～60 年代,最小年径流量都发生在 80～90 年代。无定河、窟野河等 11 条较大支流总径流量为 33.41 亿 m³,占河龙区间年径流量的 62.9%,占龙门站年径流量的 11.9%。无定河、窟野河 2 条大支流总径流量为 18.48 亿 m³,占河龙区间年径流量的 34.8%,占龙门站年径流量的 6.6%。

区间各支流由于气候和下垫面因素的差异,年径流深相差较大,见图 3-11。其中年径流深最大的是秃尾河,多年平均年径流深为 109.9 mm;年径流深最小的是县川河,多年平均年径流深仅为 8.3 mm,前者是后者的 13.2 倍。年径流深次大的是窟野河,多年平均年径流深为 73.5 mm;年径流深次小的支流是朱家川,多年平均年径流深为 10.8 mm。县川河和朱家川流域黄土层下为石灰岩,渗漏水严重,加上降水量也较少,所以径流深就小。75% 的支流年径流深在 30～60 mm 之间。不同支流历年年径流深差别更大,年径流深最大的是支流秃尾河高家川站 1967 年的 165.5 mm,年径流深最小的是支流县川河 1993 年的 0.3 mm。

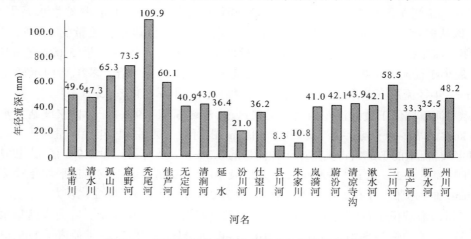

图 3-11　河龙区间各支流多年平均年径流深柱状图

区间处于过渡带(年径流深在 50～200 mm 之间)的支流有 5 条。其中孤山川、窟野河、秃尾河和佳芦河 4 条支流都集中在府谷—吴堡区段,说明府谷—吴堡区段支流的产流条件较好。处于少水带(年径流深在 10～50 mm 之间)的支流有 15 条;处于干涸带(年径流深小于 10 mm)的支流只有县川河。

区间年径流深等值线图见图 3-12。从图中可见,区间 50 mm 径流深等值线所包围的范围较小,只有区间西北部窟野河流域附近和中东部三川河流域两个区域。即区间所处过渡带的范围较小,大部分地区处于少水带,个别地区处于干涸带。

2.年径流量变化

年径流量最大与最小的比值反映了年径流量多年变化的幅度,各支流年径流量最大与最小的比值差别很大,在 2.6～476 之间,见表 3-5 和表 3-6。

其中,比值为 1 位数的支流有 12 条,比值为两位数的支流有 8 条,比值为 3 位数的支流有 1 条。年径流量多年变化幅度最大的是朱家川,最丰年径流量是多年平均年径流量的 7.5 倍,最枯年径流量是多年平均年径流量的 1.6%;年径流量变化幅度最小的是秃尾河,最丰年径流量是多年平均年径流量的 1.5 倍,最枯年径流量是多年年平均径流量的 59%。

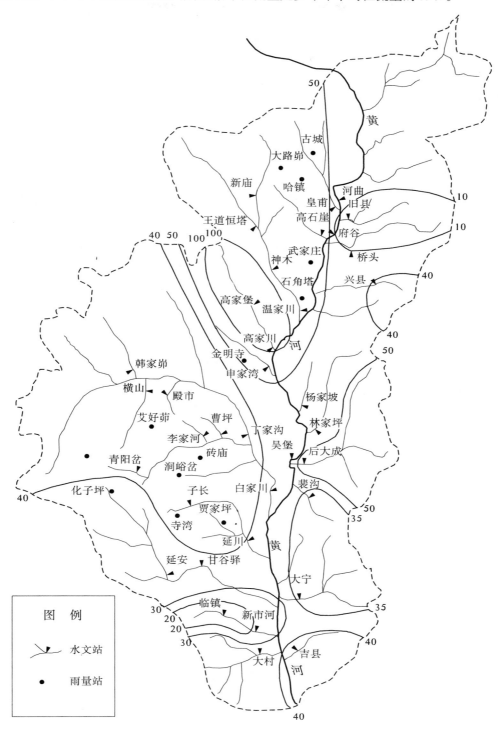

图 3-12　河龙区间年径流深等值线

表 3-6　河龙区间较小支流把口站年径流量年际变化统计表

河名	站名	平均年径流量(亿 m³)	C_v	最大年径流量(亿 m³)	年份	最小年径流量(亿 m³)	年份	最大与最小比值	最丰水年年径流量模比系数($K_丰$)	最枯水年年径流量模比系数($K_枯$)	年径流深(mm)	资料系列
清水川	清　水	0.347 9	0.63	0.865	1979	0.071 8	1998	12.0	2.49	0.21	47.3	1977~1998年
汾川河	新市河	0.349 0	0.35	0.744	1988	0.144 4	1997	5.2	2.13	0.41	21.0	1967~1999年
仕望川	大　村	0.774 6	0.51	2.193	1964	0.218 2	1995	10.1	2.83	0.28	36.2	1959~1999年
县川河	旧　县	0.129 8	0.98	0.496 7	1995	0.004 9	1993	101.4	3.83	0.038	8.3	1977~1999年
朱家川	桥　头	0.311 6	1.26	2.334	1967	0.004 9	1999	476.3	7.49	0.016	10.8	1956~1999年
岚漪河	裴家川	0.884 7	0.86	3.979	1967	0.180 0	1984	22.1	4.50	0.20	41.0	1956~1985年
蔚汾河	兴　县	0.537 0	0.89	2.611	1967	0.052 0	1987	50.2	4.86	0.10	42.1	1956~1999年
清凉寺沟	杨家坡	0.124 2	0.53	0.280 7	1977	0.038 4	1989	7.3	2.26	0.31	43.9	1958~1999年
屈产河	裴　沟	0.340 3	0.61	1.150	1977	0.141 0	1983	8.2	3.38	0.41	33.3	1963~1999年
州川河	吉　县	0.210 0	0.45	0.487 8	1970	0.046 4	1995	10.5	2.32	0.22	48.2	1959~1999年

各支流把口站年径流量变差系数 C_v 值在 0.21~1.26 之间,见表 3-5 和表 3-6。其中在 0.2~0.3 之间的支流有秃尾河、无定河,风沙区占流域面积 62.7%的秃尾河年径流量变差系数最小,仅为 0.21。无定河风沙区占流域面积的 31.8%,又是区间流域面积最大的支流,年径流量变差系数为次小。年径流量变差系数在 0.3~0.5 之间的支流有 6 条,在 0.5~0.7 之间的支流有 9 条,在 0.8~1.0 之间的支流有 3 条,大于 1.0 的支流有 1 条。年径流量变差系数在 0.3~0.7 之间的支流共有 15 条,占支流总数的 71.4%;超过 0.8 的支流有 4 条,占支流总数的 19%,这 4 条支流都在晋西北。朱家川的年径流量变差系数最大,为 1.26;县川河的年径流量变差系数次大,为 0.98。

各支流年径流量变差系数与历年最大年径流量和最小年径流量之比值有一定的相关性。最大年径流量与最小年径流量的比值大,则年径流量变差系数也大,反之亦然,如图 3-13 所示。

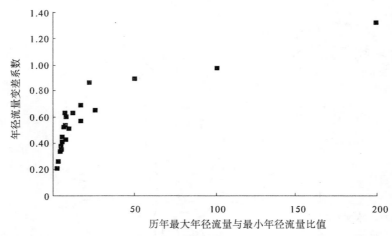

图 3-13　年径流量变差系数~历年最大年径流量与最小年径流量比值相关图

所以,用年径流量变差系数和最大年径流量与最小年径流量的比值都可以反映年径流量的年际变化。

河龙区间年径流量变差系数等值线见图 3-14,同样说明区间各支流年径流量年际变

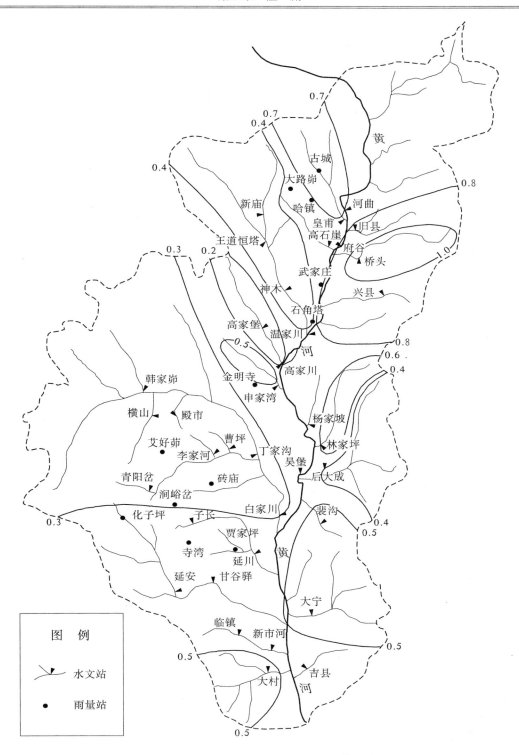

图 3-14 河龙区间年径流量变差系数等值线

化较大,晋西北支流年径流量变差系数最大,秃尾河、无定河年径流量变差系数较小。

3.径流组成

由于区间各支流下垫面条件的差异,在不同支流之间即使年降水量比较接近,其年径流组成也可能差异较大。有的支流以地表径流为主、地下径流为辅;有的支流以地下径流为主、地表径流为辅;有的支流地表径流与地下径流基本相当。见表3-7统计情况。

表3-7　河龙区间主要支流年径流量组成情况统计表

河名	站名	年径流总量 (亿 m³)	年地表径流量 (亿 m³)	年地表径流量占 年径流量百分数(%)
皇甫川	皇甫	1.582	1.176	74.3
孤山川	高石崖	0.830 5	0.479 8	57.8
窟野河	温家川	6.351	2.944	46.4
秃尾河	高家川	3.576	0.582 7	16.3
佳芦河	申家湾	0.674 2	0.251 2	37.3
湫水河	林家坪	0.807 3	0.519 3	64.3
三川河	后大成	2.401	0.867 3	36.1
无定河	白家川	12.13	2.955	24.4
清涧河	延川	1.467	0.760 1	51.8
延水	甘谷驿	2.168	1.081	49.9
昕水河	大宁	1.419	0.788 9	55.6

各支流年径流组成差异较大。皇甫川、湫水河、孤山川、昕水河、清涧河等5条支流年径流量组成以地表径流为主、地下径流为辅;秃尾河、无定河、三川河、佳芦河、窟野河等5条支流年径流量组成以地下径流为主、地表径流为辅;延水年径流量组成地表径流与地下径流各占一半,二者相当。

年径流量以地下径流补给为主的支流,因基流稳定,年际变化较小。例如秃尾河和无定河等支流。年径流量以地表径流为主的支流,由于地表径流受降雨和下垫面条件的影响,年际变化较大。例如皇甫川、湫水河和孤山川等支流。

综上所述,河龙区间干支流年径流量年际变化总体讲是支流大、干流小。黄河干流河口镇等4站年径流量年际变化幅度从北到南变小。支流年径流量年际变化是南部小、北部大。变幅由小到大的顺序是秃尾河、无定河较小,延水、汾川河等支流到县川河、朱家川最大。年径流量以地下径流为主的支流,年际变化较小;年径流量以地表径流为主的支流,年际变化较大。河龙区间不同区段年径流量年际变化的幅度是吴堡—龙门区段较小,府谷—吴堡区段居中,河口镇—府谷区段最大。

第二节 历年径流量变化趋势

一、区间干流

黄河干流重要控制站不同时期年径流量变化情况统计见表3-8。

表3-8 黄河干流重要控制站不同时期年径流量变化情况统计表

站名	1952~1959年		1960~1969年		1970~1979年		1980~1989年		1990~1999年		1952~1999年
	年径流量（亿 m³）	距平（%）	年径流量（亿 m³）	距平（%）	年径流量（亿 m³）	距平（%）	年径流量（亿 m³）	距平（%）	年径流量（亿 m³）	距平（%）	年径流量（亿 m³）
兰 州	315.3	-0.5	357.9	12.9	333.5	5.2	318.0	0.34	259.8	-18.0	316.9
河口镇	238.4	4.9	271.0	19.2	233.1	2.6	239.0	5.1	155.9	-31.4	227.2
府 谷	255.1	8.4	282.6	20.1	239.0	1.5	245.3	4.2	159.4	-32.3	235.4
吴 堡	279.0	10.1	305.8	20.7	256.5	1.3	258.0	1.9	172.4	-31.9	253.3
龙 门	313.7	11.8	336.6	20.0	284.5	1.4	276.2	-1.5	198.1	-29.4	280.5
三门峡	434.0	16.7	453.8	22.1	358.2	-3.7	370.9	-0.2	242.3	-34.8	371.8
花园口	485.7	18.9	505.9	23.9	381.6	-6.6	411.7	0.8	256.9	-37.1	408.4

由表3-8可见,河口镇站50~90年代各年代平均年径流量分别为238.4亿 m³、271.0亿 m³、233.1亿 m³、239.0亿 m³、155.9亿 m³。60年代是丰水期;50、70、80年代是平水期,比60年代偏小13%左右;90年代是枯水期,比60年代偏小42.2%,比50、70、80年代偏小34%左右,比多年平均年径流量偏小31.4%。年径流量总的呈逐年减少趋势。

府谷站50~90年代各年代平均年径流量分别为255.1亿 m³、282.6亿 m³、239.0亿 m³、245.3亿 m³、159.4亿 m³。60年代水量最丰,90年代来水最枯。其中70、80年代比60年代减少15.0%左右,90年代年径流量减少更明显,比60年代偏小43.6%,比70、80年代偏小33%左右,比多年平均值偏小32.3%。年径流量总的呈逐年减少趋势。

吴堡站50~90年代平均年径流量分别为279.0亿 m³、305.8亿 m³、256.5亿 m³、258.0亿 m³、172.4亿 m³。60年代水量最丰,90年代来水最枯。其中70、80年代比60年代减少15.0%左右,90年代年径流量减少更明显,比60年代偏小43.6%,比70、80年代偏小33%左右,比多年平均值偏小31.9%。河口镇站年径流量占吴堡站多年年径流量的90%左右,两站不同年代年径流量变化趋势完全一致。年径流量总的呈逐年减少趋势。

龙门站50~90年代平均年径流量分别为313.7亿 m³、336.6亿 m³、284.5亿 m³、276.2亿 m³、198.1亿 m³。该站50、60年代是偏丰期,70、80年代是平水期,90年代是偏枯期,比60年代偏小41%,比70、80年代偏小31%左右,比多年平均值偏小29.7%。90年代汛期和7~8月径流量占年径流量的比例最小。河口镇以上来水50~90年代分别占龙门来水的76.0%、80.5%、81.9%、86.5%、79.1%。年径流量总的呈逐年减少趋势。

在丰、平、枯水范围内,找出相应频率的模比系数值(K_p = 某年年径流量/多年平均年径流量),便可以分析多年模比系数过程的丰、平、枯水段。黄河河口镇、龙门两站的 K_p 值见表3-9。

表3-9　河龙区间丰、平、枯水年年径流量模比系数 K_p 值范围统计表

站名	年径流量模比系数 K_p 值				
	丰水年		平水年	枯水年	
	特丰年	偏丰年		偏枯年	特枯年
河口镇	≥1.47	1.11 ~ 1.47	0.84 ~ 1.11	0.62 ~ 0.84	< 0.64
龙 门	≥1.42	1.08 ~ 1.42	0.86 ~ 1.08	0.70 ~ 0.86	< 0.70
河龙区间	≥1.57	1.06 ~ 1.57	0.84 ~ 1.06	0.62 ~ 0.84	< 0.62

50年代河口镇为平水期,龙门及河龙区间为偏丰水期;60年代均为偏丰水期;70年代均为平水期;80年代河口镇与龙门两站为平水期,河龙区间为偏枯水期;90年代均为偏枯水期。见表3-10。河口镇和龙门除了50年代来水丰枯性不一致外,其他4个年代两站来水的丰枯性均一致。

表3-10　河口镇、龙门和区间不同年代来水情况统计表

站名	1952 ~ 1959 年		1960 ~ 1969 年		1970 ~ 1979 年		1980 ~ 1989 年		1990 ~ 1999 年	
	K_p	来水情况	K_p	来水情况	K_p	来水情况	K_p	来水情况	K_p	来水情况
河口镇	1.05	平水	1.19	偏丰	1.03	平水	1.05	平水	0.69	偏枯
龙 门	1.12	偏丰	1.20	偏丰	1.01	平水	0.98	平水	0.71	偏枯
河龙区间	1.42	偏丰	1.23	偏丰	0.97	平水	0.70	偏枯	0.78	偏枯

河口镇各时期年径流量平水期出现的概率大于枯水期与丰水期出现的概率,3个平水期、1个丰水期、1个枯水期;龙门有2个平水期、2个丰水期、1个枯水期;区间有2个枯水期、2个丰水期、1个平水期。

某一年代虽属丰水段(平水段、枯水段也如此),主要是以丰水年为主,但也有平水年或枯水年。区间60年代为丰水段,但1965年为枯水年,1960年、1962年、1963年又是平水年。河口镇、龙门1989年以后再没有出现丰水年,区间1978年以后再没有出现丰水年。说明某年代平均为丰水但未必每年都丰水,某年代平均为枯水但未必每年都枯水,年代内多为丰枯交替,但年径流量总的趋势是逐年减少,90年代减少最多。

综上所述,黄河干流各站历年年径流量变化基本一致,50年代除兰州属平水外,其余各站都偏丰,从60年代起总体上呈现逐年递减的趋势,60年代年径流量偏多20%左右,70、80年代持平,90年代偏少30%左右,花园口达37.1%。各站年径流量总的呈现逐年减少趋势。见表3-8。

二、各区段

河龙区间各区段不同时期年径流量变化情况统计见表3-11。

表3-11　河龙区间各区段不同时期年径流量变化情况统计表

区段	1952～1959 年		1960～1969 年		1970～1979 年		1980～1989 年		1990～1999 年		1952～1999 年
	年径流量（亿 m³）	距平（%）	年径流量（亿 m³）	距平（%）	年径流量（亿 m³）	距平（%）	年径流量（亿 m³）	距平（%）	年径流量（亿 m³）	距平（%）	年径流量（亿 m³）
河口镇—府谷	16.7	106.2	11.6	43.2	5.9	−27.2	6.3	−22.2	2.8	−65.4	8.1
府谷—吴堡	23.9	33.5	23.2	29.6	17.5	−2.2	12.7	−29.1	13.0	−27.4	17.9
吴堡—龙门	34.7	27.6	30.8	13.2	28.0	2.9	18.2	−33.1	25.7	−5.5	27.2
河龙区间	75.3	41.5	65.6	23.3	51.4	−3.4	37.2	−30.1	41.5	−22.0	53.2

府谷—吴堡区段 50～90 年代年径流量分别为 23.9 亿 m³、23.2 亿 m³、17.5 亿 m³、12.7 亿 m³、13.0 亿 m³，呈逐年递减趋势。50～90 年代年径流量分别占龙门年径流量的 7.6%、6.9%、6.2%、4.6%、6.6%。50、60 年代是丰水期，70 年代是平水期，80、90 年代是偏枯水期。年径流量最小的 80 年代是 50 年代的 53.1%，比多年平均值偏小 29.1%。

河龙区间 50～90 年代年径流量分别为 75.3 亿 m³、65.6 亿 m³、51.4 亿 m³、37.2 亿 m³、41.5 亿 m³，分别占龙门年径流量的 24.0%、19.5%、18.1%、13.5%、20.9%。50、60 年代是偏丰水期，70 年代是平水期，80、90 年代是偏枯水期。年径流量最小的 80 年代还不足 50 年代的一半，比多年平均值偏小 30.1%。区间 50～80 年代年径流量是递减的，90 年代年径流量比 80 年代偏多 11.6%。

各区段不同年代年径流量最大与最小的比值分别是河口镇—府谷区段 6.0、府谷—吴堡区段 1.9、吴堡—龙门区段 1.9。年径流量变化最大的是河口镇—府谷区段，50 年代年径流量比多年平均值偏多 106.2%，90 年代年径流量比多年平均值偏小 65.4%。

各区段年径流量总的呈逐年递减趋势。

三、区间支流

河龙区间与邻近主要支流控制站不同时期年径流量变化情况统计见表3-12。

皇甫川皇甫站 50～90 年代平均年径流量分别为 2.700 亿 m³、1.723 亿 m³、1.757 亿 m³、1.272 亿 m³、0.903 亿 m³，总的变化趋势是逐年减小的。其中 60 年代和 70 年代年径流量基本持平，50 年代是丰水期，60 年代是平水期，70 年代偏丰，80 年代偏枯，90 年代为枯水期。后者仅仅是前者的 1/3，比多年平均值偏小 42.9%。50 年代来水最丰，年径流量比多年平均偏多 70.7%。年径流量总的呈逐年递减趋势。

孤山川高石崖站 50～90 年代平均年径流量分别为 1.254 亿 m³、1.014 亿 m³、0.979 亿 m³、0.552 亿 m³、0.523 亿 m³，变化趋势是减小的。50 年代是丰水期，60、70 年代偏丰，80、90 年代来水明显减少，都属枯水系列。50 年代年径流量比多年平均偏多 51.0%。90 年代来水最枯，是 50 年代的 41.7%，比多年平均值偏小 37.0%。年径流量总的呈逐年递减趋势。

窟野河温家川站 50～90 年代平均年径流量分别为 8.231 亿 m³、7.357 亿 m³、7.231 亿

m³、5.206 亿 m³、4.482 亿 m³,变化趋势是减小的。50 年代是丰水期,60、70 年代偏丰,80、90 年代来水明显减少,都属偏枯水系列。80 年代比 70 年代以前偏小 28.1%,比多年平均值偏小 21.3%。90 年代水量减小的趋势更加明显,比 70 年代以前偏小 32.4%,比枯水系列的 1980 年代还偏小 13.9%,比多年平均值偏小 29.4%。年径流量总的呈逐年递减趋势。

表 3-12　　河龙区间与邻近主要支流控制站不同时期年径流量变化情况统计表

站名	起始~1959 年		1960~1969 年		1970~1979 年		1980~1989 年		1990~1999 年		起始~1999 年
	年径流量(亿 m³)	距平(%)	年径流量(亿 m³)	距平(%)	年径流量(亿 m³)	距平(%)	年径流量(亿 m³)	距平(%)	年径流量(亿 m³)	距平(%)	年径流量(亿 m³)
皇　甫	2.700	70.7	1.723	8.9	1.757	11.1	1.272	−19.6	0.903	−42.9	1.582
高石崖	1.254	51.0	1.014	22.1	0.979	17.9	0.552	−33.6	0.523	−37.0	0.830
温家川	8.231	29.6	7.357	15.8	7.231	13.9	5.206	−18.0	4.482	−29.4	6.351
高家川	4.235	18.4	4.326	21.0	3.826	7.0	3.027	−15.4	2.861	−20.0	3.576
申家湾	1.077	59.8	0.968	43.6	0.771	14.4	0.462	−31.5	0.404	−40.1	0.674
白家川	15.82	30.4	15.21	25.4	12.11	−0.2	10.36	−14.6	9.338	−23.0	12.13
延　川	1.599	9.0	1.520	3.6	1.504	2.5	1.167	−20.4	1.598	8.9	1.467
甘谷驿	2.138	−1.3	2.479	14.4	2.062	−4.8	2.080	−4.0	2.075	−4.2	2.168
林家坪	1.166	44.4	1.232	52.6	0.832	3.1	0.520	−35.6	0.430	−46.8	0.807
后大成	2.932	22.1	3.252	35.4	2.475	3.1	1.910	−20.4	1.652	−31.2	2.401
大　宁	2.089	44.3	2.058	42.1	1.455	0.5	1.011	−30.2	0.949	−34.4	1.448
华　县	85.53	17.5	96.17	32.11	59.41	−18.4	79.15	8.72	43.73	−39.9	72.80
河　津	17.57	52.7	17.87	55.32	10.36	−10.0	6.640	−42.2	5.080	−55.8	11.51
洑　头	6.700	−5.2	8.760	23.90	5.910	−16.4	6.980	−1.2	6.990	−1.1	7.070

秃尾河高家川站 50~90 年代平均年径流量分别为 4.235 亿 m³、4.326 亿 m³、3.826 亿 m³、3.027 亿 m³、2.861 亿 m³。1956~1959 年和 60 年代是偏丰水期,70 年代是平水期,80、90 年代是偏枯水期,分别比多年平均值偏小 15.4% 和 20.0%。图 3-8 中历年年径流量过程线表明,年径流量变化趋势是从 60 年代起逐年代递减,但减小的幅度较相邻的窟野河和佳芦河小。1956~1971 年是偏丰水期,平均年径流量为 4.358 亿 m³,1980~1999 年平均年径流量为 2.944 亿 m³,前者是后者的 1.48 倍。年径流量总的呈逐年递减趋势。

佳芦河申家湾站 50~90 年代平均年径流量分别为 1.077 亿 m³、0.968 亿 m³、0.771 亿 m³、0.462 亿 m³、0.404 亿 m³。1957~1959 年和 60 年代属于丰水期,70 年代属偏丰期,80、90 年代属于枯水期,年径流量呈逐年代减少的变化趋势。1957~1959 年来水最丰,年径流量比多年平均值偏多 59.8%。80、90 年代年径流量分别比多年平均值偏小 31.5% 和 40.1%。年径流量总的呈逐年递减趋势。

湫水河林家坪站 50~90 年代平均年径流量分别为 1.166 亿 m³、1.232 亿 m³、0.832 亿

m³、0.520 亿 m³、0.430 亿 m³，50 年代和 60 年代属于丰水期，70 年是平水期，80、90 年代属于枯水期，年径流量变化趋势是从 60 年代起逐年代减少。50 年代来水最丰，年径流量比多年平均值偏多 54.4%。80、90 年代年径流量分别比多年平均值偏小 35.6% 和 46.8%。90 年代来水最枯，年径流量是丰水期 60 年代年径流量的 34.9%。年径流量总的呈逐年递减趋势。

三川河后大成站 50～90 年代平均年径流量分别为 2.932 亿 m³、3.252 亿 m³、2.475 亿 m³、1.910 亿 m³、1.652 亿 m³，50 年代是偏丰，60 年代属于丰水期，70 年是平水期，80 年代是偏枯水期，90 年代是枯水期。年径流量变化趋势是从 60 年代起逐年代减少。60 年代来水最丰，年径流量比多年平均值偏多 35.4%。90 年代来水最枯，年径流量是 60 年代的 50.8%，比多年平均值偏小 31.2%。年径流量总的呈逐年递减趋势。

无定河白家川站 50～90 年代平均年径流量分别为 15.82 亿 m³、15.21 亿 m³、12.11 亿 m³、10.36 亿 m³、9.338 亿 m³，1956～1959 年是丰水期，60 年代是偏丰水期，70 年是平水期，80、90 年代是偏枯水期。年径流量变化是逐年代递减的。1956～1959 年年径流量比多年平均值偏多 30.4%。80、90 年代年径流量分别比 1956～1969 年年径流量偏小 32.6% 和 39.3%，分别比多年平均年径流量偏小 14.6% 和 23.0%。年径流量总的呈逐年递减趋势。

清涧河延川站 50～90 年代平均年径流量分别为 1.599 亿 m³、1.520 亿 m³、1.504 亿 m³、1.167 亿 m³、1.598 亿 m³，除了 80 年代年属于偏枯水期外，其余时段均属平水期，大小很接近，相差无几。50～80 年代年径流量逐年代递减，80 年代年径流量比多年平均年径流量偏小 20.4%，其余时段年径流量比多年平均年径流量略有偏多，但最多不超过 9.0%。清涧河与其他支流年径流量变化的不同点是 90 年代年径流量比 80 年代没有减少，反而大于 60～80 年代，比 80 年代偏多 36.9%，比多年平均年径流量偏多 8.9%。90 年代前年径流量呈逐年递减趋势。

延水甘谷驿站 50～90 年代平均年径流量分别为 2.138 亿 m³、2.479 亿 m³、2.062 亿 m³、2.080 亿 m³、2.075 亿 m³，除 60 年代来水偏丰外，其余各时段年径流量基本持平，都属平水期。60 年代年径流量比多年平均值偏多 14.4%，其他年代年径流量比多年平均值略有偏少，但最多偏少不超过 4.8%。说明延水年径流量历年变化趋势不太明显。

昕水河大宁站 50～90 年代平均年径流量分别为 2.089 亿 m³、2.058 亿 m³、1.455 亿 m³、1.011 亿 m³、0.949 亿 m³，50 年代和 60 年代属于丰水期，70 年是平水期，80 是偏枯水期，90 年代是枯水期，年径流量逐年代递减。50 年代来水最丰，年径流量比多年平均值偏多 44.3%。80、90 年代年径流量分别比多年平均值偏小 30.2% 和 34.4%。90 年代来水最枯，年径流量是丰水期 50 年代年径流量的 45.4%。年径流量总的呈逐年递减趋势。

综上所述，各支流年径流量年代变化规律既有相似性，又有特殊性。分析各代表站不同年代年径流量变化情况见图 3-15。

河龙区间支流皇甫川、孤山川、窟野河、无定河、昕水河年径流量从 50 年代起逐年代递减；支流秃尾河、三川河、佳芦河、湫水河年径流量从 60 年代起逐年代递减；清涧河与其他支流的不同之处在于 90 年代年径流量比 80 年代不但没有减少，反而有较多增加，除了 80 年代年属于偏枯水期外，其余时段均属平水期，大小很接近；延水除了 60 年代来水偏丰外，其余各时段年径流量基本持平，都属平水期。11 条支流中，皇甫川年径流量年代间

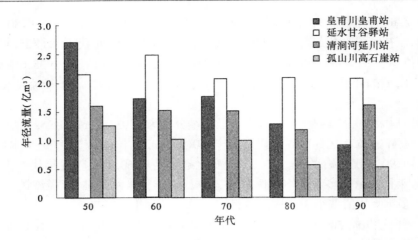

图3-15　皇甫、高石崖、甘谷驿、延川站不同年代年径流量变化柱状图

变化最大,丰水期的50年代年径流量是枯水期90年代年径流量的2.99倍;延水年径流量年代间变化最小,来水最多的60年代年径流量是来水最少的90年代的1.19倍。

尽管区间南部部分支流90年代年径流量比80年代有增加,但年径流量总的仍呈逐年递减趋势。也就是说,河龙区间各支流年径流量总的均呈逐年递减趋势。

第三节　径流量年内分配

径流量年内分配随季节而变化,主要受降水量年内分配情况的影响,同时也与地表径流与地下径流的组成情况、上游水利工程的调蓄影响等有较大关系。

一、区间干流

河龙区间干流站径流量年内分配情况统计见表3-13。

河口镇汛期(6~9月,下同)径流量为107.2亿 m^3,占全年径流量的47.2%,最大可达62.5%(1967年),最小只有19.6%(1971年);7~8月径流量占全年径流量的26.9%,最大可达43.1%(1984年),最小只有6.9%(1971年)。非汛期径流量为120.1亿 m^3,占全年径流量的52.8%。年径流量逐月分配见图3-16。径流量平均每年9月最大、8月次大,5月最小、12月次小,最大是最小的3.9倍。历年最大月径流量是1967年9月的112.0亿 m^3,占当年年径流量的25.2%,是多年平均年径流量的49.3%。汛期和7~8月径流量占年径流量的比重呈逐年代递减趋势,汛期由50年代的53.9%减至90年代的37.9%,减少了16%,表明径流量年内分配趋向均匀。

府谷汛期径流量为110.0亿 m^3,占全年径流量的46.7%,最大可达63.2%(1967年),最小只有21.8%(1971年);7~8月径流量占年径流量的27.0%,最大可达42.5%(1984年),最小只有9.2%(1971年)。非汛期径流量为125.4亿 m^3,占全年径流量的53.3%。年径流量平均每年8月最大、9月次大,5月最小、6月次小。历年最大月径流量是1967年9月的114.8亿 m^3,占当年年径流量的24.9%,是多年平均年径流量的48.8%。汛期和

7～8月径流量占年径流量的比重呈逐年代递减趋势,汛期由50年代的53.0%减至90年代的38.0%,减少了15%,表明径流量年内分配趋向均匀。这与降水变化和上游水库调节有关。

表 3-13　河龙区间干流站径流量年内分配统计表

站名	资料系列	汛期径流量占年径流量(%)	距平(%)	非汛期径流量占年径流量(%)	7～8月径流量占年径流量(%)	7～8月径流量占汛期径流量(%)	距平(%)
河口镇	1952～1959 年	53.9	19.1	46.1	30.9	57.3	20.5
	1960～1969 年	52.0	30.4	48.0	28.8	55.5	27.9
	1970～1979 年	43.2	−6.7	56.8	23.3	53.8	−11.3
	1980～1989 年	46.4	2.6	53.6	26.8	57.9	4.9
	1990～1999 年	37.9	−45.1	62.1	22.6	59.7	−42.1
	1952～1999 年	47.2		52.8	26.9	57.0	
府谷	1952～1959 年	53.0	12.9	47.0	30.7	57.9	12.0
	1960～1969 年	51.0	20.4	49.0	28.7	56.3	16.2
	1970～1979 年	42.8	−14.6	57.2	23.4	54.6	−20.0
	1980～1989 年	45.9	−6.1	54.1	27.0	58.8	−5.2
	1990～1999 年	38.0	−49.4	62.0	23.0	60.4	−47.6
	1952～1999 年	46.7		53.3	27.0	57.9	
吴堡	1952～1959 年	53.1	23.7	46.9	31.3	58.9	25.0
	1960～1969 年	50.7	29.4	49.3	29.0	57.2	27.0
	1970～1979 年	43.2	−7.4	56.8	24.3	56.3	−10.7
	1980～1989 年	45.5	−1.9	54.5	27.1	59.6	0.2
	1990～1999 年	39.0	−43.9	61.0	23.7	60.8	−41.5
	1952～1999 年	46.8		53.2	27.6	58.9	
龙门	1952～1959 年	53.6	25.9	46.4	32.5	60.6	28.8
	1960～1969 年	50.5	27.4	49.5	29.4	58.3	25.3
	1970～1979 年	44.1	−6.1	55.9	25.3	57.4	−9.0
	1980～1989 年	45.0	−6.9	55.0	26.9	59.8	−6.0
	1990～1999 年	40.1	−40.5	59.9	24.4	60.9	−38.8
	1952～1999 年	47.1		52.9	28.2	59.9	

吴堡汛期径流量为 118.6 亿 m³,占全年径流量的 46.8%,最大可达 63.2%(1967 年),最小只有 20.3%(1965 年);7～8 月径流量占年径流量也达 27.6%,最大可达 41.5%(1984 年),最小只有 12.5%(1971 年)。非汛期径流量为 134.7 亿 m³,占全年径流量的 53.2%。年径流量逐月分配见图 3-16。径流量平均每年 8 月最大,占年径流量的 16.0%,9 月次大;平均最小月径流量出现在 6 月,占年径流量的 4.5%,1 月次小。历年最大月径流量是 1967 年 9 月的 121.8 亿 m³,占当年径流量的 24.1%,是多年平均年径流量的 48.1%。汛期径流量占年径流量的比重也呈递减趋势,由 50 年代的 53.1%减至 90 年代的 39.0%,减少了 14.1%。

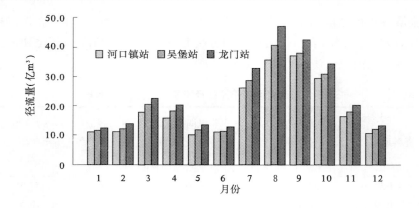

图 3-16　河口镇、吴堡、龙门站径流量年内分配柱状图

　　龙门站汛期径流量为 132.0 亿 m³,占全年径流量的 47.1%,最大可达 63.8%(1959年),最小只有 27.4%(1971 年);7～8 月径流量占年径流量也达 28.2%,最大达 42.5%(1959 年),最小只有 15.1%(1971 年)。非汛期径流量为 148.5 亿 m³,占全年的 52.9%。年径流量逐月分配见图 3-16。径流量平均每年 8 月最大、9 月次大,1 月最小、6 月次小。历年最大月径流量是 1967 年 9 月的 126.1 亿 m³,占当年年径流量的 23.3%,是多年平均年径流量的 45.0%。汛期径流量占年径流量的比重也呈递减趋势,由 50 年代的 53.6% 减至 90 年代的 40.1%,减少了 13.5%。

　　综上所述,黄河干流 4 站汛期径流量占年径流量比重比较接近,在 46.7%～47.2% 之间,接近年径流量的一半。汛期径流量占年径流量比重最大值也很接近,在 62.5%～63.8% 之间;汛期径流量占年径流量比重最小值差别较大,在 19.6%～27.4% 之间,由北到南递增。7～8 月径流量占年径流量比重从北到南略有增加,由河口镇的 26.9% 增加到龙门的 28.2%。7～8 月径流量占年径流量比重最大值也很接近,在 41.5%～43.1% 之间;7～8 月径流量占年径流量比重最小值差别较大,在 6.9%～15.1% 之间,由北到南递增。7～8 月径流量占汛期径流量比重也是从北到南略有增加,由河口镇的 57.0% 增加到龙门的 59.9%,这一比重的最大值是吴堡站 1984 年的 76.7%。

　　最大平均月径流量河口镇出现在 9 月,府谷、吴堡和龙门出现在 8 月,最大平均月径流量占年径流量的比重在 16.0% 左右;最小平均月径流量河口镇和府谷出现在 5 月,吴堡出现在 6 月,龙门出现在 1 月,最小平均月径流量占年径流量的比重在 4.1%～4.5% 之间;最大平均月径流量是最小平均月径流量的将近 4 倍。

　　径流量在逐年代递减的同时,汛期和 7～8 月径流量以及占年径流量的比重也在递减,但减小的幅度不同。干流 4 站 90 年代径流量比多年平均值偏小 29.4%～32.3%,汛期和 7～8 月径流量的这一变化大于年径流量的变化。汛期径流量比多年平均值偏小 40.5%～49.4%,7～8 月径流量比多年平均值偏小 38.8%～47.6%,其中府谷站变化最大,龙门站变化最小。

　　各站多年平均月径流量 1、2、5、6、12 接近,3、4、11 月接近,7、10 月接近,8、9 接近,见图 3-16。

二、各区段

河龙区间各区段径流量年内分配统计见表3-14。

表 3-14　河龙区间各区段径流量年内分配统计表

区段	汛期径流量占年径流量（%）	非汛期径流量占年径流量（%）	7~8月径流量占年径流量（%）	7~8月径流量占汛期径流量（%）
河口镇—府谷	37.0	63.0	31.1	84.0
府谷—吴堡	49.2	50.8	34.9	70.9
吴堡—龙门	50.4	49.6	34.0	67.4
河龙区间	47.9	52.1	33.8	70.6

府谷—吴堡区段汛期径流量为8.6亿m³,占年径流量的49.2%;非汛期径流量为9.3亿m³,占年径流量的50.8%。7~8月径流量占年径流量的34.9%,占汛期径流量的70.9%。

河龙区间汛期径流量为24.8亿m³,占年径流量的47.9%;非汛期径流量为28.4亿m³,占年径流量的52.1%。7~8月径流量占年径流量的33.8%,占汛期径流量的70.6%。

汛期径流量占年径流量的比重由北到南递增,7~8月径流量占年径流量的比重由北到南递减。

府谷—吴堡区段和河龙区间丰水的50年代汛期径流量占全年径流量都超过50%,分别为54.4%和52.5%;最枯水的80年代汛期径流量占全年径流量都不足40%,分别为39.4%和36.3%。

丰水的50年代7~8月径流量占全年径流量分别为38.1%和37.5%,枯水的80年代7~8月径流量占全年径流量的比重小于50年代,分别为29.9%和27.7%。丰水的50年代7~8月径流量占汛期径流量的比重分别为70.0%和71.5%,枯水的80年代7~8月径流量占汛期径流量的比重却超过了50年代,分别为76.0%和76.2%。枯水年7~8月径流量占汛期径流量的比重比丰水年的大,说明枯水年汛期径流量更集中于7、8月两月。

三、区间支流

(一)河口镇—吴堡区段支流

河龙区间河口镇—吴堡区段主要支流站径流量年内分配统计见表3-15。

皇甫川皇甫站汛期径流量平均达1.273亿m³,占全年径流量的80.5%,最大可达99.6%(1994年),最小只有34.3%(1965年);7~8月径流量占年径流量的64.9%,最大可达91.1%(1998年),最小只有19.8%(1986年);7~8月径流量占汛期径流量的80.6%;非汛期径流量只占全年的径流量的19.5%。径流量年内分配见图3-17,最大平均月径流量出现在8月,占年径流量的37.7%;最小平均月径流量出现在1月,占年径流量的0.1%。

表 3-15　河龙区间河口镇—吴堡区段主要支流站径流量年内分配统计表

站名	资料系列	汛期径流量占年径流量（%）	距平（%）	非汛期径流量占年径流量（%）	7~8月径流量占年径流量（%）	7~8月径流量占汛期径流量（%）	距平（%）
皇甫	1954~1959年	79.4	59.6	20.6	57.6	72.5	45.5
	1960~1969年	71.7	−8.0	28.3	56.1	78.3	−9.6
	1970~1979年	85.5	11.9	14.5	69.3	81.0	13.9
	1980~1989年	82.8	−21.6	17.2	73.1	88.2	−13.1
	1990~1999年	86.4	−41.9	13.6	74.7	86.5	−36.9
	1954~1999年	80.5		19.5	64.9	80.6	
高石崖	1954~1959年	78.5	50.9	21.5	58.7	74.8	41.1
	1960~1969年	68.9	7.1	31.1	55.9	81.2	8.7
	1970~1979年	76.6	14.9	23.4	62.4	81.6	17.1
	1980~1989年	74.1	−37.3	25.9	61.7	83.2	−34.8
	1990~1999年	80.4	−35.6	19.6	68.2	84.9	−31.6
	1954~1999年	75.1		24.9	60.7	80.8	
温家川	1954~1959年	64.5	38.7	35.5	47.8	74.2	34.5
	1960~1969年	55.4	6.7	44.6	42.1	75.9	5.8
	1970~1979年	59.1	11.7	40.9	46.1	78.0	13.9
	1980~1989年	55.6	−24.5	44.4	42.9	77.2	−23.7
	1990~1999年	57.4	−32.8	42.6	45.4	79.1	−30.5
	1954~1999年	58.2		41.8	46.1	79.2	
高家川	1956~1959年	46.6	34.9	53.4	32.5	69.8	49.8
	1960~1969年	39.9	17.9	60.1	24.6	61.8	15.9
	1970~1979年	38.8	1.6	61.2	24.2	62.3	0.7
	1980~1989年	35.8	−25.8	64.2	20.0	55.8	−34.2
	1990~1999年	36.5	−28.6	63.5	21.9	59.9	−32.0
	1956~1999年	39.0		61.0	25.7	66.0	
申家湾	1957~1959年	66.1	91.4	33.9	55.0	83.2	117.5
	1960~1969年	57.1	48.5	42.9	42.0	73.6	49.4
	1970~1979年	55.1	14.2	44.9	42.9	77.8	21.5
	1980~1989年	43.4	−46.0	56.6	27.2	62.6	−53.9
	1990~1999年	55.8	−39.3	44.2	35.4	63.4	−47.4
	1957~1999年	55.1		44.9	41.4	75.1	
林家坪	1954~1959年	72.1	42.0	27.9	52.8	73.3	33.6
	1960~1969年	72.5	51.0	27.5	56.3	77.6	50.4
	1970~1979年	76.0	6.9	24.0	63.4	83.4	14.3
	1980~1989年	71.6	−37.1	28.4	53.5	74.8	−39.6
	1990~1999年	74.3	−46.0	25.7	58.8	79.1	−45.2
	1954~1999年	73.3		26.7	57.1	77.9	

历年最大月径流量是 1979 年 8 月的 2.812 亿 m³,占当年年径流量的 64.3%,是多年平均

年径流量的 1.8 倍。最大 1 日径流量为 0.890 亿 m³,是多年平均年径流量的 56.3%,说明该流域年径流量的分布十分集中。

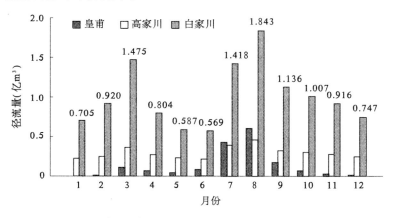

图 3-17　皇甫、高家川、白家川站径流量年内分配柱状图

该流域径流量年内分配在不同年代的变化是:90 年代汛期径流量占年径流量的比重略有增大,7～8 月径流量占全年径流量的比重显著增大,由 50、60 年代的 57.6%、56.1% 增加到 80、90 年代的 73.1% 和 74.7%。说明该流域年径流量的分布随着年径流量的逐年减少更加集中于 7、8 月两月。

孤山川高石崖站汛期径流量平均达 0.624 亿 m³,占全年径流量的 75.1%,最大可达 92.8%(1994 年),最小只有 20.3%(1965 年);7～8 月径流量占年径流量的 60.7%,最大可达 84.2%(1994 年),最小只有 17.8%(1975 年),7～8 月径流量占汛期径流量的 80.8%;非汛期径流量只占全年水量的 24.9%。最大平均月径流量出现在 8 月,占年径流量的 36.7%;最小平均月径流量出现在 1 月,占年径流量的 0.2%。最大月径流量为 1.470 亿 m³(1977 年 8 月),占当年年径流量的 71.0%,是多年平均年径流量的 1.8 倍。该流域径流量年内分配在不同年代的变化是:90 年代汛期径流量占年径流量的比重略有增大,7～8 月径流量占全年径流量的比重显著增大,由 50、60 年代的 58.7%、55.9% 增加到 90 年代的 68.2%。说明该流域年径流量的分布随着年径流量的逐年减少更加集中于 7、8 月两月。

窟野河温家川站汛期径流量 3.695 亿 m³,占全年径流量的 58.2%,最大为 78.3%(1959 年,丰水年),最小只有 17.8%(1965 年,枯水年);7～8 月径流量占年径流量的 46.1%,最大可达 69.9%(1959 年),最小只有 9.8%(1965 年),7～8 月径流量占汛期径流量的 79.2%;非汛期径流量占全年径流量的 41.8%。最大平均月径流量出现在 8 月,占年径流量的 26.6%;最小平均月径流量出现在 1 月,占年径流量的 2.0%。最大 1 次洪水径流总量可达 3.09 亿 m³(1971 年 7 月 23～26 日),是当年年径流量的 35.6%。最大 30 日径流量 9.135 亿 m³(1959 年),最大 1 日径流量 1.979 亿 m³(1976 年 8 月 2 日),分别是当年年径流量的 66.8% 和 23.7%,分别是多年平均年径流量的 1.4 倍和 31.2%。说明该流域年径流量的年内分布相当集中。

秃尾河高家川站汛期径流量为 1.393 亿 m³,占全年径流量的 39.0%,最大可达

53.6%(1967年,丰水年),最小只有25.2%(1999年,枯水年),7～8月径流量占年径流量的25.7%,最大为40.3%(1958年),最小只有11.9%(1999年),7～8月径流量占汛期径流量的66.0%;非汛期径流量占全年径流量的61.0%。径流量年内分配见图3-17。最大平均月径流量出现在8月,占年径流量的13.1%;最小平均月径流量出现在6月,占年径流量的6.1%;次小月径流量出现在1月,占年径流量的6.2%。最大月径流量1.620亿m³(1967年8月),占该年径流量的31.0%,是多年平均年径流量的45.3%。该流域中上游位于沙漠区,地下径流比较稳定,径流量年内分配相对比较均匀。该流域不同年代径流量年内分配变化的特点是:80、90年代在年径流量递减的同时,汛期和7～8月径流量占年径流量的比重也都在减小,并且幅度较大,7～8月径流量占全年径流量的比重减小较多。80年代的年、汛期、7～8月径流量分别比多年平均值偏少17.2%、25.8%、34.2%;90年代的年、汛期、7～8月径流量分别比多年平均值偏少21.7%、28.6%、32.0%。说明秃尾河径流量的年内分配随着年径流量的逐年减少正越来越趋于均匀。

佳芦河申家湾站汛期径流量为0.372亿m³,占全年径流量的55.1%,最大可达76.4%(1958年,丰水年),最小为20.1%(1965年,枯水年);7～8月径流量占年径流量的41.4%,最大可达67.0%(1958年),最小只有11.2%(1983年),7～8月径流量占汛期流量的75.1%。最大平均月径流量出现在8月,占年径流量的23.2%;最小平均月径流量出现在1月,占年径流量的3.1%。非汛期径流量占全年径流量的44.9%。该流域不同年代径流量年内分配变化的特点是:80、90年代在年径流量递减的同时,汛期和7～8月径流量占年径流量的比重也都在减小,7～8月径流量占全年径流量的比重减小较显著,占年径流量和汛期径流量的比重由1957～1959年的55.0%、83.2%减小到80年代的27.2%和62.6%。说明佳芦河径流量的年内分配随着年径流量的逐年减少趋向于均匀。

湫水河林家坪站汛期径流量为0.592亿m³,占全年径流量约73.3%,最大可达88.2%(1995年),最小为31.1%(1965年);7～8月径流量占年径流量也达57.1%,最大可达76.3%(1970年),最小只有11.6%(1983年),7～8月径流量占汛期径流量的77.9%。最大平均月径流量出现在8月,占年径流量的29.8%;最小平均月径流量出现在1月,占年径流量的1.3%。非汛期径流量只占全年径流量的26.7%。

(二)吴堡—龙门区段支流

河龙区间吴堡—龙门区段主要支流站径流量年内分配统计见表3-16。

三川河后大成站汛期径流量为1.321亿m³,占全年径流量的55.0%,最大可达74.2%(1988年,丰水年),最小为28.6%(1965年,平水年);7～8月径流量占年径流量的36.3%,最大可达65.0%(1959年),最小只有15.5%(1983年),7～8月径流量占汛期径流量的66.6%;非汛期径流量占全年径流量的45.0%。最大平均月径流量出现在8月,占年径流量的19.7%;最小平均月径流量出现在1月,占年径流量的4.3%。最大月径流量2.630亿m³(1959年8月),占该年年径流量的54.7%,是多年平均年径流量的1.1倍。

无定河白家川站汛期径流量4.965亿m³,占全年径流量的40.9%,最大为59.7%(1959年,丰水年),最小为24.0%(1999年,枯水年);7～8月径流量占年径流量的29.7%,最大为46.2%(1959年),最小只有11.5%(1983年),7～8月径流量占汛期径流量的72.5%;非汛期径流量占多年平均年径流量的59.1%。径流量年内分配见图3-17。最大

平均月径流量出现在 8 月,占年径流量的 15.2%;最小平均月径流量出现在 6 月,占年径

表 3-16　河龙区间吴堡—龙门区段主要支流站径流量年内分配统计表

站名	资料系列	汛期径流量占年径流量（%）	距平（%）	非汛期径流量占年径流量（%）	7~8月径流量占年径流量（%）	7~8月径流量占汛期径流量（%）	距平（%）
后大成	1954~1959 年	66.2	41.6	33.8	46.9	70.8	49.6
	1960~1969 年	53.4	26.6	46.6	35.7	66.8	26.2
	1970~1979 年	53.2	−3.9	46.8	35.0	65.8	−5.7
	1980~1989 年	51.8	−27.9	48.2	32.3	62.4	−32.9
	1990~1999 年	52.7	−36.3	47.3	34.9	66.4	−37.2
	1954~1999 年	55.0		45.0	36.6	66.6	
白家川	1956~1959 年	52.1	53.7	47.9	38.4	73.8	68.9
	1960~1969 年	42.0	19.4	58.0	27.5	65.5	16.4
	1970~1979 年	40.4	−8.6	59.6	27.5	67.9	−7.6
	1980~1989 年	36.0	−30.4	64.0	20.1	56.0	−42.0
	1990~1999 年	37.8	−34.1	62.2	24.7	65.4	−35.8
	1956~1999 年	40.9		59.1	29.7	72.5	
延川	1954~1959 年	78.5	25.9	21.5	61.3	78.0	30.2
	1960~1969 年	63.0	−4.0	37.0	49.3	78.2	−0.5
	1970~1979 年	69.9	5.4	30.1	57.0	81.5	14.0
	1980~1989 年	56.2	−34.3	43.8	36.0	64.0	−44.2
	1990~1999 年	67.0	7.2	33.0	47.2	70.6	0.4
	1954~1999 年	66.5		33.5	49.9	75.0	
甘谷驿	1952~1959 年	73.2	10.6	26.8	58.0	79.3	17.5
	1960~1969 年	63.5	11.3	36.5	47.3	74.4	11.0
	1970~1979 年	66.2	−3.6	33.8	49.7	75.1	−2.9
	1980~1989 年	60.1	−11.7	39.9	39.0	64.8	−23.2
	1990~1999 年	63.7	−6.6	36.3	49.6	78.0	−2.5
	1952~1999 年	65.0		35.0	48.3	74.4	
大宁	1955~1959 年	79.2	58.8	20.8	66.4	83.9	80.1
	1960~1969 年	62.1	22.6	37.9	40.7	65.5	8.6
	1970~1979 年	69.2	−3.4	30.8	49.9	72.1	−5.8
	1980~1989 年	61.2	−40.6	38.8	40.7	66.5	−46.6
	1990~1999 年	68.5	−37.6	31.5	51.8	75.5	−36.3
	1955~1999 年	67.3		32.7	48.5	72.1	

流量的 4.7%。最大月径流量 6.937 亿 m³(1959 年 8 月),占该年年径流量的 36.6%,是多年平均年径流量的 57.5%。无定河径流量年内分配也较均匀。该流域不同年代径流量年内分配变化的特点是:80、90 年代在年径流量递减的同时,汛期和 7~8 月径流量占年径流量的比重也都在减小。80 年代的年、汛期、7~8 月径流量分别比多年平均值偏少14.6%、30.4%、42.0%;90 年代的年、汛期、7~8 月径流量分别比多年平均值偏少23.0%、34.1%、35.8%。说明无定河径流量的年内分配随着年径流量的逐年减少也在趋向于

均匀。

清涧河延川站汛期径流量 0.976 亿 m³,占全年径流量的 66.5%,最大占到 87.8% (1959 年,丰水年),最小占 37.6%(1997 年,枯水年);7~8 月径流量占年径流量的 49.9%,最大占到 77.2%(1959 年),最小只占 11.7%(1983 年),7~8 月径流量占汛期径流量的 75.0%;非汛期径流量占全年径流量的 33.5%。最大平均月径流量出现在 8 月,占年径流量的 26.1%;最小平均月径流量出现在 1 月,占年径流量的 2.0%。最大月径流量 1.902 亿 m³(1959 年 8 月),占该年年径流量的 70.3%,是多年平均年径流量的 1.3 倍。该流域不同年代径流量年内分配变化的特点是:80 年代年径流量比多年平均年径流量偏少 21.0%,汛期和 7~8 月径流量分别比多年平均汛期和 7~8 月径流量偏少 34.3% 和 44.2%。90 年代平均年径流量虽与多年平均值持平,但 7~8 月径流量占年和汛期径流量的比重仍偏小,比 70 年代 7~8 月径流量占年和汛期径流量的比重分别偏小 9.8% 和 10.9%。

延水甘谷驿站汛期径流量为 1.409 亿 m³,占全年径流量的 65.0%,最大占到 81.1% (1956 年,丰水年),最小仅占 37.8%(1997 年,枯水年);7~8 月径流量占年径流量的 48.3%,最大占 69.6%(1958 年,丰水年),最小占 16.2%(1983 年,平水年);7~8 月径流量占汛期径流量的 74.4%;非汛期径流量占全年径流量的 35.0%。最大平均月径流量出现在 8 月,占年径流量的 25.1%;最小平均月径流量出现在 1 月,占年径流量的 1.7%。最大月径流量 2.282 亿 m³(1964 年 7 月),占该年年径流量的 45.4%,是多年平均年径流量的 1.1 倍。该流域不同年代径流量年内分配的特点是:80 年代汛期、7~8 月径流量占年径流量的比重和 7~8 月占汛期径流量的比重比 50 年代明显偏小,分别从 73.2%、58.0% 和 79.3% 减小到 60.1%、39.0% 和 64.8%。90 年代径流量年内分配又接近历年水平。

昕水河大宁站汛期径流量 0.974 亿 m³,占全年径流量的 67.3%,最大占到 87.8% (1958 年,丰水年),最小占 34.2%(1986 年,枯水年);7~8 月径流量占年径流量的 48.5%,最大占到 81.2%(1958 年),最小占 19.8%(1986 年);7~8 月径流量占汛期径流量的 72.1%;非汛期径流量占全年径流量的 32.7%。最大平均月径流量出现在 8 月,占年径流量的 25.9%;最小平均月径流量出现在 1 月,占年径流量的 2.3%。最大月径流量 1.835 亿 m³(1958 年 8 月),占该年年径流量的 44.3%,是多年平均年径流量的 1.3 倍。该流域不同年代径流量年内分配变化的特点是:80 年代在年径流量递减的同时,汛期和 7~8 月径流量占年径流量的比重也在减小,并且有减幅不断增大的趋势,尤其 7~8 月径流量占全年径流量的比重减小较多。80 年代的年、汛期、7~8 月径流量比多年平均值分别偏少 33.1%、40.6%、46.6%。90 年代汛期和 7~8 月径流量占年径流量的比重分别比 80 年代偏多 7.3% 和 10.1%。

(三)综合分析

河龙区间各支流径流量的年内分配差异较大,汛期径流量占年径流量的比重在 39.0%~80.5% 之间,除了无定河和秃尾河汛期径流量占年径流量的比重较小外,其他支流汛期径流量占年径流量的比重都在 55% 以上。其中多年平均汛期径流量占年径流量的比重最大的是皇甫川,其次是孤山川;最小的是秃尾河,其次是无定河。各支流历年最大汛期径流量占年径流量的比重也是皇甫川,为 99.6%(1994 年),最小的是窟野河,为

17.8%（1965 年）。汛期径流量占年径流量的比重变幅最大的是孤山川,在 20.3% ~ 92.8%之间;变幅最小的是秃尾河,在 25.2% ~ 53.6%之间。

各支流汛期径流量占年径流量比重最大的年份一般都是丰水年,汛期径流量占年径流量比重最小的年份一般都是枯水年。说明汛期径流量是决定各支流年径流量丰枯的最主要因素。

各支流 7 ~ 8 月径流量占年径流量的比重多年平均在 25.7% ~ 64.9%之间,其中最大是皇甫川,最小是秃尾河。皇甫川和孤山川 7 ~ 8 月径流量占年径流量的比重都超过了 60%,秃尾河和无定河这一比重却不到 30%。7 ~ 8 月径流量占年径流量历年最大也是皇甫川,为 91.1%（1998 年）,最小是佳芦河,为 11.2%（1983 年）。7 ~ 8 月径流量占汛期径流量多年平均在 66.0% ~ 80.6%之间,其中最大也是皇甫川,最小也是秃尾河。

河龙区间较大支流最大、最小月径流量情况统计见表 3-17。从表中可见,各支流最大平均月径流量占年径流量的比重在 13.1% ~ 37.6%之间,最大是皇甫川,最小是秃尾河。最大平均月径流量都在 8 月,次大平均月径流量都在 7 月。各支流最小平均月径流量占年径流量的比重在 0.1% ~ 6.1%之间,最小是皇甫川,最大是秃尾河。最小平均月径流量除无定河和秃尾河在 6 月外,其他支流都在 1 月。秃尾河最小平均月径流量虽在 6 月,但和次小的 1 月径流量很接近,6 月径流量只比 1 月径流量小 0.1%。次小平均月径流量大都在 12 月。各支流最大平均月径流量与最小平均月径流量相差非常悬殊,其比值在 2.1 ~ 540.1 之间,同样最大也是皇甫川,最小是秃尾河;次大是孤山川,次小是无定河。

表 3-17　河龙区间较大支流最大、最小月径流量情况统计表

| 站名 | 平均年径流量（亿 m³） | 最大 | | | 次大 | | 最小 | | | 次小 | | 月径流量最大与最小比值 |
		平均月径流量（亿 m³）	月份	占年径流量（%）	平均月径流量（亿 m³）	月份	平均月径流量（亿 m³）	月份	占年径流量（%）	平均月径流量（亿 m³）	月份	
皇 甫	1.582	0.594	8	37.6	0.432	7	0.001 1	1	0.1	0.005 1	12	540.1
高石崖	0.830 5	0.282	8	33.9	0.190	7	0.001 5	1	0.2	0.009 1	12	182.1
温家川	6.351	1.691	8	26.6	1.147	7	0.129 9	1	2.0	0.181 0	12	13.0
高家川	3.576	0.467	8	13.1	0.390	7	0.217 8	6	6.1	0.227 0	1	2.1
申家湾	0.674 2	0.157	8	23.2	0.123	7	0.021 0	1	3.1	0.024 8	12	7.5
林家坪	0.807 3	0.241	8	29.8	0.221	7	0.010 4	1	1.3	0.016 0	12	23.1
后大成	2.401	0.474	8	19.7	0.405	7	0.102 3	1	4.3	0.105 0	2	4.6
白家川	12.13	1.843	8	15.2	1.418	7	0.569 1	6	4.7	0.587 0	12	3.2
延 川	1.467	0.383	8	26.1	0.350	7	0.028 9	1	2.0	0.039 0	12	13.2
甘谷驿	2.168	0.544	8	25.1	0.495	7	0.037 2	1	1.7	0.057 0	12	14.6
大 宁	1.419	0.367	8	25.9	0.323	7	0.033 2	1	2.3	0.044 0	2	11.0

年径流量组成以地下径流为主的支流,因地下径流相对稳定,所以年内分配就比较均匀,例如秃尾河和无定河等支流。年径流量组成以地表径流为主的支流,因地表径流主要受降雨及其强度影响,年内分配不均匀,例如皇甫川、湫水河和孤山川等支流。

非汛期径流量占年径流量的比重除无定河和秃尾河在 60% 左右外,其他支流都较小,皇甫川不足 20%,孤山川和湫水河不足 30%。

第四节　径流的区域差异

河龙区间地质地貌和土壤植被等下垫面因素差异较大,有黄土丘陵沟壑区(黄土覆盖区)、风沙区、基岩出露区以及荒漠草滩、土石山林、黄土山林等。在基本相同的气候条件下,流域下垫面条件的差异是造成不同地区径流差异的主要因素。

一、代表区域

(一)风沙区

海流兔河是河龙区间风沙区的典型代表区域、无定河的一级支流,发源于内蒙古乌审旗,在陕西省横山县境内汇入无定河。海流兔河位于无定河的北侧,陕北长城榆林、横山段的外侧,毛乌素沙地的东南端。该区域属半干旱区,多风沙,下垫面大部分为起伏较小的沙漠丘陵区,地势较平坦,树、草稀疏,河滩川道种植农作物。韩家峁站是海流兔河的把口站,控制海流兔河的水沙量变化,集水面积 2 452 km²,距河口距离 6.9 km。

(二)梢林区

汾川河上游植被良好,以天然次生林及灌木林为主,林草面积为 42 880 hm²,覆盖率为 72.4%,是梢林区的典型代表区域。临镇站是汾川河上游的控制站、梢林区的区域代表站。

(三)黄土丘陵沟壑区

芦河是无定河的一级支流,发源于白于山,在陕西省横山县境内无定河上游、海流兔河河口下游 13.5 km 处汇入,位于无定河的南侧,与海流兔河隔无定河相望。该区域属半干旱区,地貌为黄土丘陵沟壑区,植被稀疏。横山站是芦河的把口站,控制芦河的水沙量变化,集水面积 2 415 km²,距河口距离 12 km。

(四)过渡区

佳芦河南北分别与无定河和秃尾河为邻,处于风沙区与黄土区的过渡带,发源于陕西省榆林市榆阳区麻黄镇李家峁,于陕西省佳县汇入黄河。干流长 95.4 km,流域面积 1 136 km²。全流域分为风沙区、黄土丘陵沟壑区和土石山区,以黄土丘陵沟壑地貌为主,风沙区分布在上游,黄土丘陵沟壑区分布在中下游,土石山区分布在下游地段,基岩裸露,土层较薄。申家湾站是佳芦河的把口站,集水面积为 1 121 km²,距河口距离 6.7 km。

申家湾站与临镇站集水面积相当,横山站与韩家峁站集水面积、降水量接近,因此选横山站和申家湾站作为黄土丘陵区和过渡区的典型区域代表站对河龙区间径流量空间分布进行对比分析。

二、径流变化的区域差异

(一)不同区域径流量年际变化

河龙区间各代表区域径流量年际变化情况见表 3-18。高家堡站多年平均年径流量

2.787 亿 m³,最大年径流量 4.472 亿 m³(1967 年),最小年径流量 2.002 亿 m³(1989 年),最大是最小的 2.2 倍。多年平均年径流深为 133.0 mm,年径流量变差系数 C_v 值为 0.24,年径流量年际变化较小。

表 3-18   河龙区间各代表区域径流量年际变化统计表

| 代表区域 | 河名 | 站名 | 集水面积（km²） | 年径流量（亿 m³） | | | | | | | 年径流深（mm） |
				多年平均	C_v	历年最大	出现年份	历年最小	出现年份	历年最大与最小比值	
风沙区	秃尾河	高家堡	2 095	2.787	0.24	4.472	1967	2.002	1989	2.2	133.0
	海流兔河	韩家峁	2 452	0.892	0.23	1.283	1961	0.455 3	1993	2.8	32.6
梢林区	汾川河	临 镇	1 121	0.210	0.36	0.509	1964	0.094 5	1995	5.4	18.7
黄土区	芦 河	横 山	2 415	0.728	0.44	1.728	1964	0.351 7	1993	4.9	30.1
过渡区	佳芦河	申家湾	1 121	0.674	0.52	1.688	1970	0.265 8	1999	6.4	60.1

韩家峁站多年平均年径流量 0.892 亿 m³,最大年径流量是 1964 年的 1.609 亿 m³(上游垮坝),正常来水最大年径流量是 1961 年的 1.283 亿 m³,最小年径流量是 1995 年的 0.455 3 亿 m³,最大是最小的 2.8 倍。多年平均年径流深为 32.6 mm,年径流量变差系数 C_v 值为 0.23,年径流量年际变化较小。

临镇站多年平均年径流量 0.210 亿 m³,最大年径流量是 1964 年的 0.509 亿 m³,最小年径流量是 1995 的 0.094 5 亿 m³,最大是最小的 5.4 倍。多年平均年径流深为 18.7 mm,年径流量变差系数 C_v 值为 0.36,年径流量年际变化比风沙区大。

横山站多年平均年径流量 0.728 亿 m³,最大年径流量是 1964 年的 1.728 亿 m³,最小年径流量是 1989 年的 0.351 7 亿 m³,最大是最小的 4.9 倍。多年平均年径流深为 30.1 mm,年径流量变差系数 C_v 值为 0.44,年径流量年际变化较大。

申家湾站多年平均年径流量 0.674 亿 m³,最大年径流量是 1970 年的 1.688 亿 m³,最小年径流量是 1999 年的 0.265 8 亿 m³,最大是最小的 6.4 倍。多年平均年径流深为 60.1 mm,年径流量变差系数 C_v 值为 0.52,年径流量年际变化较大。

综上所述,风沙区年径流量年际变化最小,梢林区居中,黄土丘陵沟壑区和过渡区较大。风沙区无论是年径流量变差系数还是年径流量最大与最小的比值都较小;梢林区虽然年径流量变差系数较小,但年径流量最大与最小的比值并不是太小;黄土丘陵沟壑区和过渡区年径流量变差系数和年径流量最大与最小的比值都比较大。年径流深是梢林区最小,黄土丘陵沟壑区和过渡区居中,一般在 30～60 mm 之间,风沙区的高家堡站最大。同样是风沙区的韩家峁站年径流深却较小,高家堡站年径流深是韩家峁站年径流深的 4 倍,主要原因是两站以上流域降水量不同和地面坡度差异较大。

(二)不同区域径流量年内分布

1.时段径流量

风沙区的高家堡和韩家峁站汛期径流量占全年径流量的比重分别为 36.3% 和 32.7%(见表 3-19),7～8 月径流量占年径流量的比重分别为 20.9% 和 17.9%,7～8 月径流量占汛期流量的 57.6% 和 54.7%。两站非汛期径流量占全年径流量的 63.7% 和 67.3%。显然,汛期和 7~8 月径流量较小,非汛期径流量较大。

表 3-19　　河龙区间各代表区域不同时段径流量统计表

站名	年径流量（亿 m³）	汛期		非汛期	7~8 月		
		径流量（亿 m³）	占年径流量（%）	占年径流量（%）	径流量（亿 m³）	占年径流量（%）	占汛期径流量（%）
高家堡	2.787	1.012	36.3	63.7	0.583 0	20.9	57.6
韩家峁	0.858 4	0.281 0	32.7	67.3	0.153 7	17.9	54.7
横　山	0.727 8	0.303 3	41.7	58.3	0.190 0	26.1	62.6
临　镇	0.210 0	0.104 1	49.6	51.4	0.064 8	30.9	62.3
申家湾	0.681 0	0.371 8	55.1	44.9	0.279 3	41.4	75.1

梢林区的临镇站汛期径流量占全年径流量的 49.6%,7~8 月径流量占年径流量的 30.9%,7~8 月径流量占汛期流量的 62.3%。梢林区汛期和 7~8 月径流量占年径流量的比重都比风沙区大,黄土丘陵沟壑区和过渡区的比重最大。

2.年内分布

高家堡站与韩家峁站径流量年内分布基本一致,最大平均月径流量出现在 8 月,之后逐月减少至次年的 1 月或 2 月,3 月有所增加,随后又逐月减少至全年最低的 6 月,然后再开始增加到最高的 8 月,见图 3-18 和表 3-20。两站 8 月径流量占年径流量的比重分别为 11.3% 和 10.2%,6 月径流量占年径流量的比重分别为 6.7% 和 6.0%,最大月径流量占年径流量的比重比最小月径流量占年径流量的比重仅多 4.6% 和 4.2%。两站最大月径流量都是最小月径流量的 1.7 倍,风沙区径流量大小受降水的影响不太敏感,径流量年内分配较均匀。两站均没有发生河干现象。

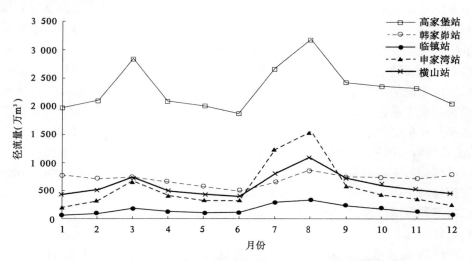

图 3-18　高家堡、韩家峁、临镇、申家湾站及横山站月径流量过程线

表 3-20　代表区域各站径流量年内分配统计表

站名	项目	1月	2月	3月	4月	5月	6月	7月	8月	9月	10月	11月	12月
高家堡	径流量 (万 m³)	1 979	2 101	2 850	2 092	2 005	1 871	2 668	3 162	2 422	2 348	2 321	2 047
	占年(%)	7.1	7.5	10.2	7.5	7.2	6.7	9.6	11.3	8.7	8.4	8.3	7.3
	距平(%)	-14.8	-9.5	22.7	-9.9	-13.6	-19.4	14.9	36.2	4.3	1.1	0.0	-11.9
韩家峁	径流量 (万 m³)	791	725	752	665	576	515	659	878	759	746	733	787
	占年(%)	9.2	8.4	8.8	7.7	6.7	6.0	7.7	10.2	8.8	8.7	8.5	9.2
	距平(%)	10.6	1.4	5.1	-7.0	-19.5	-28.0	-7.9	22.8	6.1	4.3	2.4	10.1
横　山	径流量 (万 m³)	434	518	744	501	446	406	803	1 097	727	614	527	460
	占年(%)	6.0	7.1	10.2	6.9	6.1	5.6	11.0	15.1	10.0	8.4	7.2	6.3
	距平(%)	-28.4	-14.5	22.7	-17.3	-26.3	-33.0	32.5	81.0	19.9	1.3	-13.0	-24.1
临　镇	径流量 (万 m³)	64.6	92.8	189	150	130	124	296	353	267	195	144	94.6
	占年(%)	3.1	4.4	9.0	7.1	6.2	5.9	14.1	16.8	12.8	9.3	6.9	4.5
	距平(%)	-63.1	-47.0	7.9	-14.5	-25.8	-29.2	69.0	101.5	53.5	11.3	-17.8	-46.0
申家湾	径流量 (万 m³)	210	307	683	435	325	332	1 227	1 567	593	443	372	248
	占年(%)	3.1	4.6	10.1	6.5	4.8	4.9	18.2	23.2	8.8	6.6	5.5	3.7
	距平(%)	-62.6	-45.4	21.5	-22.5	-42.1	-40.9	118.2	178.8	5.5	-21.1	-33.8	-55.8

　　临镇站径流量年内分布是最大平均月径流量出现在 8 月,之后逐月减少至次年 1 月的全年最小值,2、3 月逐步增加,随后又逐月减至 6 月,然后再开始增加到最高的 8 月。最大月径流量是最小月径流量的 5.5 倍,临镇也没有出现过河干的现象。申家湾站最大月径流量是最小月径流量的 7.5 倍,佳芦河时有河干现象发生。

三、径流组成的区域差异

　　海流兔河地表径流占径流总量的 10.2%,说明海流兔河的径流组成以地下径流为主。风沙区降水除了蒸发外大部分入渗,所以地下径流比较稳定,地表径流相对较小。
　　秃尾河高家堡以上来水径流量占高家川径流量的 77.9%,高家堡地表径流占径流总量的 10.4%,高家川地表径流占径流总量的 16.3%。秃尾河高家堡—高家川区段径流量0.789 亿 m³,其中地表径流为 0.294 亿 m³,占径流总量的 37.3%。

梢林区降水下渗也较多,也能形成比较稳定的地下径流。临镇地表径流占径流总量的 28.8%。

综上所述,不同区域径流组成差异很大,风沙区径流以地下径流为主,占径流总量的近 90%,地表径流约占径流总量的 10%。梢林区也以地下径流为主,但地表径流所占比重增加,地下径流占径流总量的 70%多,地表径流占径流总量的近 30%。处于过渡区的佳芦河虽以地下径流为主,但地表径流又有所增加,地表径流占径流总量的 37.3%,秃尾河高家堡—高家川区段地表径流占径流总量的 37.3%。黄土区径流以地表径流为主,皇甫川地表径流占径流总量的 74.3%。

四、不同区域对产流的影响

鉴于河龙区间各区域下垫面条件的不同,同一降水过程产生的径流过程也各不相同。

在基岩出露区,地面透水性较弱,蓄水能力较低,地下径流量相对较少。如皇甫川支流纳林川,其西侧支流虎石沟、圪秋沟、干昌板沟、尔架麻沟等流域,位于砒砂岩丘陵沟壑区,总面积 915 km²,占纳林川沙圪堵站以上流域面积(1 353 km²)的 67.6%,其多年平均地下径流量仅占年径流总量的 18.7%。

在风沙区,降水除蒸发外大部分转化为地下径流,因而形成了稳定的地下水补给。海流兔河和秃尾河均属此类,地表径流占径流总量的 10%左右。

黄土覆盖地区,其地表径流占年径流量的比例大于地下径流。

由于风沙区地面渗水性极强,加之河网密度低、地面较平缓,更有利于降水的入渗,因而河川径流以地下径流为主,流量变幅较小。基岩出露区地表径流较大。平均月径流量与月降水量呈 1.3 次幂的关系,年径流量与年降水量呈 1.9 次幂的关系。如纳林川沙圪堵站以上流域,最大月平均径流量为最小月平均径流量的 878 倍。黄土覆盖区产流特性介于风沙区和基岩出露区之间。该区域河流平均月径流变幅较基岩区河流小,而远较风沙区河流大。

第五节　断流现象

断流是黄河河龙区间中、小支流的一种常见现象,同时也是该区间河流的重要特征之一。主要表现形式为畅流期河干断流和冰期连底冻断流两种。断流的原因除了自然因素外,与社会因素也是密切相关的。自然因素主要是指降水量的不足导致径流量的不足和径流组成中地下径流的比重较小;社会因素主要是指工农业生产和人类生活用水较大和各种水利工程对径流的调蓄。近年来河龙区间支流断流的情况日趋严重,其原因主要在于这一带水资源的先天不足和各方面用水量的增加。另外,水利工程对径流的调蓄也是一个重要因素。

一、河干的时间分布

河龙区间一级支流河干情况统计分析见表 3-21 和表 3-22。

表 3-21　河龙区间一级支流河干情况统计表

站名	统计时段	首次出现河干时间	河干出现年数(a)	概率(%)	平均每年河干天数(d)	一年最长河干天数(d)	相应年份
皇　甫	1956～1999 年	1959 年	38	86	44.4	187	1994
清　水	1976～1999 年	1978 年	22	92	78.5	217	1994
旧　县	1976～1999 年	1979 年	21	88	96.6	177	1997
高石崖	1956～1999 年	1957 年	31	70	20.9	113	1997
桥　头	1956～1999 年	1959 年	34	77	48.9	180	1999
兴　县	1958～1999 年	1966 年	26	62	12.3	58	1973
温家川	1956～1999 年	1975 年	11	25	3.2	33	1995
申家湾	1956～1999 年	1966 年	7	16	2.2	32	1997
杨家坡	1956～1999 年	1957 年	32	73	15	75	1999
林家坪	1956～1999 年	1957 年	26	59	12.2	71	1999
白家川	1956～2001 年	2001 年	1	2.2	0.15	7	2001
甘谷驿	1956～1999 年	1997 年	1	2.3	0.14	6	1997
平均				54.4	27.8	96.3	

表 3-22　河龙区间一级支流各时期河干情况统计表

站名	河干情况							
	1960～1969 年		1970～1979 年		1980～1989 年		1990～1999 年	
	概率(%)	平均每年河干天数(d)	概率(%)	平均每年河干天数(d)	概率(%)	平均每年河干天数(d)	概率(%)	平均每年河干天数(d)
皇　甫	70	6.4	100	36.0	100	34.1	100	117
清　水			50	15.3	100	59.8	100	123
旧　县			25	12.3	90	74.0	100	153
高石崖	30	4.4	80	17.9	90	15.4	90	53.5
桥　头	70	13.1	100	30.9	60	33.1	100	137
兴　县	20	2.2	100	22.6	80	13.7	60	12.5
温家川	0	0	100	0.3	20	0.9	80	12.9
申家湾	10	0.3	0	0	0	0	60	9.5
杨家坡	60	8.2	90	16.0	70	8.8	70	26.2
林家坪	30	5.0	70	9.6	60	11.8	80	24.2
白家川	0	0	0	0	0	0	8.3	0.58
甘谷驿	0	0	0	0	0	0	10	0.60
平均	29	4	52.1	13.4	55.8	21.0	71.5	55.6

出现河干年的概率最高为清水川清水站，达 92%，一年内出现河干最长历时为 217 d。5～10 月河干最长历时为朱家川桥头站的 180 d，其次为县川河旧县站的 177 d；多年平均年河干历时最长的为旧县站的 96.6 d。

河干历时 90 年代后剧增，这是因为降水量的减少导致径流量的减少，同时人口和经济的快速发展使工农业和居民生活耗水量猛增。

在 1994～2001 年期间，区间 12 站中一年内河干历时较长的就有 11 站，其中碧村(兴县)站 1999 年为 52 d,同 1973 年的 58 d 也比较接近。区间 12 站河干历时每站每年平均 60 年代 4.0 d,70 年代 13.4 d,80 年代 21 d,90 年代 55.6 d,90 年代为 60 年代的 13.9 倍。区间 12 站出现河干平均概率 60 年代 29%,70 年代 52.1%,80 年代 55.8%,90 年代 71.5%,90 年代为 60 年代的 2.5 倍。90 年代无定河白家川站和延水甘谷驿站首次出现河干,皇甫、清水、旧县和桥头 4 站年年发生河干,年平均河干历时 133 d。

二、河干的区域分布

河干是水资源短缺的一种象征。水资源中的河川径流同降水量及其产流特性关系密切。区间降水量少、蒸发量大。降水量大体由南向北递减,植被覆盖率也大体由南向北递减。在区间入黄的 24 个一级支流把口站中,出现过河干的有 14 站(见表 3-23),一般发生在无定河、湫水河以北区域。二级支流或更小支流出现河干现象最为常见。

表 3-23　河龙区间一级支流有无河干、连底冻断流现象统计表

河名	站名	河干	连底冻	河名	站名	河干	连底冻
红河	放牛沟	有	有	清凉寺沟	杨家坡	有	有
偏关河	偏关	有	有	湫水河	林家坪	有	无
皇甫川	皇甫	有	有	三川河	后大成	无	无
清水川	清水	有	有	屈产河	裴沟	无	无
县川河	旧县	有	有	无定河	白家川	有	无
孤山川	高石崖	有	有	清涧河	延川	无	无
朱家川	桥头	有	有	昕水河	大宁	无	无
岚漪河	裴家川	无	无	延水	甘谷驿	无	无
蔚汾河	兴县	有	有	汾川河	新市河	无	无
窟野河	温家川	有	无	仕望川	大村	无	无
秃尾河	高家川	无	无	州川河	吉县	无	无
佳芦河	申家湾	有	无	鄂河	乡宁	无	无

皇甫川流域 86% 的年份发生过断流,平均每年断流 44.4 d。1994 年、1995 年、1997 年全天断流之日分别达 187 d、184 d、181 d。断流时间 90 年代以前一般发生在 5、6 月,90 年代以来一年四季都可能出现断流。皇甫站断面一般年份发生 4 次断流,断流次数最多的 1992 年发生 7 次断流。1 次断流时间短则 1~2 d,长则 100 余 d,1993 年 4 月 24 日~7 月 2 日和 8 月 9 日~11 月 30 日两次断流时间共计 177 d。

孤山川流域 70% 的年份发生过断流,高石崖站 1997 年 8 月 21 日~11 月 9 日连续河干 80 d,全年共计河干 113 d。窟野河 1975 年首次出现河干,1992 年以来年年出现河干。佳芦河申家湾站 90 年代以前只有 1966 年河干 3 d,1992 年以来只有 1993 年和 1994 年未发生过河干,其余年份均发生过河干。

无定河支流马湖峪河 1991 年首次出现河干,进入 90 年代,只有 1993 年和 1998 年未发生过河干,其余年份均发生过河干。无定河白家川站 2001 年 7 月 7 日首次河干,历时 7 天。延水甘谷驿站 1997 年 6 月 23 日首次河干,历时 6 d。

1975 年前窟野河、无定河、延水等支流把口站未出现过河干,进入 70 年代特别是 90 年代以来,因气候变化降水量偏少,河川径流量也随之减少,工农业及城市生活耗水量增多,河干区域扩大。如窟野河温家川站 1975 年 7 月 17 日首次河干,历时 3 d,1992 年后每年都出现河干。清水川和县川河两条支流年年出现河干,仅汛期河干时间平均分别为 90.9 d 和 115.4 d。朱家川桥头站 1998 年全年只有 7 ~ 8 月共 13 d 未河干,1999 年只有 8 月 18 ~ 21 日 4 d 未河干,其余全部河干。

区间植被条件比较好的河流如三川河、昕水河、州川河、汾川河和仕望川等 5 条支流基流较大,未发生过河干断流和连底冻断流。处于沙漠区的支流秃尾河和无定河支流海流兔河基流也较大,也未发生过河干断流和连底冻断流。

河干区域分布大体是北多南少,小支流多大支流少;历时北长南短,小支流长大支流短。

三、连底冻的时间和区域分布

连底冻也是断流的一种形式。冰期连底冻取决于河流的热力因素和动力因素,是气温、水量、河床边界等条件综合影响的结果。

连底冻的形成一般具备低气温、小流量两个主要因素。当气温降至 0 ℃ 以下时,由于河水的紊动作用,水流内部温度也降至 0 ℃ 以下,但并不凝结成冰的液体称过冷却水,这种过冷却水极不稳定,一旦具备了流速减慢的条件,便迅速凝结成冰晶,附着在河床上的冰晶叫河底冻,河底冻是封冻的主要物质条件。在某些小河道降温后几乎看不到流凌就封冻。强寒流导致急剧降温后,甚至全部水体冻结成冰,称为连底冻。河龙区间把口的 24 个一级支流站中,有 10 站出现过连底冻(见表 3-23),二级支流或更小支流站比较常见。连底冻现象区域分布一般在窟野河、湫水河以北的小支流上,其形成的条件一般是平均气温在 - 10 ℃ 以下,流量小于 0.05 ~ 0.2 m³/s,流速小于 0.2 ~ 0.3 m/s,水深小于 0.1 ~ 0.2 m 或 0.05 ~ 0.2 m。连底冻时断面流量为 0。

区间小支流连底冻开始出现时间一般在 12 月下旬,由于气温的负积累,有的河段仍有少量地下径流加入,连底冻冰体缓慢增大,至次年 1 月形成稳定状态。2 月中下旬起,太阳辐射增强,冰层逐渐消融,小支流流量小、流速小、水深小,河道水流动力较弱,连底冻冰体融冰速度缓慢,一般次年 3 月上中旬连底冻消失。在连底冻消融期间,区间没有出现过"武开河"现象。融冰流量一般在 0.2 ~ 1.0 m³/s,最大流量可达 3.0 ~ 4.0 m³/s。连底冻一年内出现历时变化幅度较大,同气温关系密切,历时最长可达 110 d,最少不足 1 d,一般为 40 ~ 60 d。其历时区域分布大体是北长南短,基流小者长,基流大者短。

四、无定河河干分析

无定河白家川站 2001 年 7 月 7 日 16:36 至 14 日 13:36 出现河干,历时 7 d。在有观测记载的 1956 ~ 2000 年 45 年资料中是第一次河干。

白家川站集水面积 29 662 km²,其中 16 446 km² 在风沙区,多年平均年径流量 12.13

亿 m³,最大年径流量 20.14 亿 m³(1964 年),最小年径流量 6.8 亿 m³(2001 年),3、7、8 月的多年平均月径流量占年径流量的比重分别在 11%～15% 之间,其他各月分别占 4.7%～9.3%,比较均匀。无定河年径流量及枯季径流量在河龙区间是最多的。

无定河流域水土流失严重,但治理起步较早,治理程度较高,截至 2002 年,完成水土流失治理面积 1.07 万 km²,占全流域水土流失总面积的 58%,建各类水利水保工程19 331 座,治理程度达 48%。

无定河枯季径流较多,水土流失治理较好,那么,为什么还会出现河干呢? 原因分析如下。

(一)降水量减少

2001 年 5～6 月流域面平均降水量 24.3 mm,比同期多年平均 79.0 mm 偏少 69.2%,丁家沟—白家川区段面平均降水量 19.6 mm,比同期多年平均 85.7 mm 偏少 77.1%,对出现河干有直接关系。一是 5～6 月为农业用水高峰,降水少了,必然从河里大量引水灌溉;二是 5～6 月地表径流因降水严重偏少,造成全流域尤其丁家沟—白家川区段的 6 240 km² 的地表径流产水量基本停止。

1999～2000 年降水量偏少,无定河流域 1999 年面平均降水量 260.6 mm,2000 年面平均降水量 304.4 mm,比多年平均 388.0 mm 分别偏少 32.8% 和 21.5%。无定河流域风沙区占全流域面积的 55.4%,无定河的径流特性之一是风沙区的降水量大多转化为地下径流补给河道,是当年秋冬和次年春夏冰期枯水期无定河基流的来源。其特点一是滞后,二是均匀,所以 1999 年、2000 年来水少,白家川 2000 年径流量为历年最小值,导致无定河 2001 年春夏枯水期径流量偏少,这是造成河干的前期条件。

(二)上游来水减少

无定河白家川站年径流量主要来自丁家沟站以上流域,2001 年 3～6 月丁家沟站以上来水量仅为 1.286 亿 m³,比同期多年平均 2.626 亿 m³ 偏少 51.0%;其中 6 月丁家沟站 0.064 4 亿 m³,比同期多年平均 0.416 9 亿 m³ 偏少 84.6%,比 1999 年以前统计的历年最小值 0.118 5 亿 m³ 还少 45.7%,为新的历年 6 月径流量最小特征值。丁家沟—白家川区间主要支流大理河、淮宁河也几乎无水加入。无定河春夏枯季基流偏少是造成白家川河干的根本原因。

(三)灌区引水量增大

丁家沟—白家川区段水浇地面积较大,灌溉管理比较粗放,浇地都是大水漫灌。估算丁家沟—白家川区段 5～6 月和 7 月上旬灌溉用水量约 662.1 万 m³(见表 3-24),占同期丁家沟径流量 3 302 万 m³ 的 20%。7 月 1～5 日丁家沟—白家川区段灌溉用水量 140.9 万 m³,而同期丁家沟的径流量仅为 140 万 m³,即便还有区间加水,但加上区间蒸发损失和其他零星耗水,很容易造成白家川河干。

(四)降水量和来水量对河干的影响

受区间降水量及来水量的影响,丁家沟站与白家川站的河干不一定相应。

丁家沟站 1997 年 7 月 14～17 日河干,白家川站未河干。1996 年流域面平均雨量 400 mm,比多年平均 388.0 mm 略偏多。白家川站未出现河干的主要原因是 1996 年主要雨区在丁家沟—白家川区段,从而以地下径流方式在 1997 年春夏季补给白家川基流。据绥德站资料统计,仅大理河一条支流,1997 年 5～6 月就注入无定河水量 321 万 m³,加上丁家沟—白家川区段 1997 年 5～6 月少量的降水径流(白家川站 1997 年 5 月 7 日出现小洪峰 96.7 m³/s)等,使丁家沟站出现河干而白家川站未出现河干。

表 3-24 无定河丁家沟—白家川区段灌溉用水量统计表

农作物种类	种植面积 (亩)	灌溉定额 (m³/亩)	5 月 1 日～7 月 10 日		7 月 1～5 日
			浇地次数 (次)	用水量 (万 m³)	用水量 (万 m³)
粮食	5 850	45	7	184.3	39.49
树苗	3 900	35	5	68.25	13.65
蔬菜	9 750	60	7	409.5	87.75
合计	19 500			662.1	140.9

丁家沟站 2000 年 7 月 22～25 日河干,白家川站未河干。1999 年流域面降水量 260.6 mm,比多年平均 388.0 mm 偏少 32.8%,使丁家沟站 2000 年春夏枯季地下径流补给量相应减小,基流变小。同时丁家沟站以上的榆林、米脂等川地灌区用水量因干旱而相应加大,从而引起丁家沟站的河干。但丁家沟—白家川区段 2000 年 5～6 月面平均降水量 84.9 mm,与多年平均 85.7 mm 基本持平。丁家沟—白家川区段有少量地表径流,据绥德站资料统计,仅大理河一条支流,2000 年 5～6 月就注入无定河水量 301 万 m³,从而使丁家沟站河干而白家川站未出现河干。

白家川站 2001 年 7 月 7～14 日河干 7 d,丁家沟站 2001 年 7 月 9 日河干 1 d,同期其余各日流量也很小,在 0.019～0.257 m³/s 之间。前文已经分析,1999 年和 2000 年降水少,影响 2001 年枯季基流小;2001 年 5～6 月流域降水少,丁家沟—白家川区段更少,丁家沟以上地下径流较小,丁家沟—白家川区段地下径流更小,地表径流无补给,大理河 2001 年 5～6 月几乎没有水量加入无定河。所以使丁家沟和白家川均发生河干,白家川河干历时更长。

五、对河干的几点认识

(1)河龙区间出现河干的范围较大、历时较长、频率较高,并有发展蔓延的趋势。这是区间生态环境脆弱、河流的健康生命受到威胁的重要标志。河干是自然因素和社会因素综合作用的结果。

(2)自然因素中主要是降水量少、降水的时空分布严重不均、蒸发大,水资源数量先天不足;下垫面组成的特殊性使少量的降水较难形成较多的地下径流,从而让有限的水资源得到充分利用。这是形成河干的根本原因。近几十年来河干的加剧,自然因素是主要原因之一。据文献记载,在秦代以前黄河中游黄土高原地区曾经林草茂盛、山清水秀,森林覆盖率在60%以上。随着人类繁衍生息,对森林水土资源掠夺式开发,目前黄土高原森林覆盖率不足6%,不及全国平均森林覆盖率的一半,蓄水保土功能大大降低,水土流失严重。河龙区间吴堡以北地区尤为严重,河干大都发生在吴堡以北支流。

(3)社会因素中主要是工农业生产、人民生活等引水,用水管理粗放,浪费严重,超过了河流水资源的承载能力;各种水利工程的建设减少了下游的径流量;掠夺式开发破坏了植被,使降水更难转化为地下径流而得到利用。这是形成河干的重要原因。近几十年来河干的加剧,社会因素也是主要原因之一。近几十年来,区间工农业生产发展迅速。工业方面有窟野河、孤山川和皇甫川流域的东胜、神府煤田等大型煤炭工业;无定河和延水流域的长庆油田、大型石油天然气工业。农业方面有窟野河神木灌区、无定河和延水灌区。各灌区面积增大,经济作物比重增大,灌溉定额也增大。区间人口增长,人民生活水平提高,用水量也会自然增长。加上管理粗放、浪费严重等,使用水量猛增,造成了水危机,导致了河干频发。

(4)据中科院地理所研究,黄河河干古已有之。1638～1642年连续17～19个月无雨,晋陕间黄河干流曾发生河干。另据山西省水资源委员会研究,公元前780年、298年和1876年黄河曾发生河干。近代以来,河龙区间黄河干流未曾出现过河干。但形势不容乐观。吴堡站1935～1937年和1951～2004年共进行水文观测57年,期间虽未发生过河干,但近几十年来枯季流量越来越小,2001年最小流量24.3 m³/s,为历年最小。若非人为利用水库进行调控,恐怕河龙区间黄河干流出现河干在所难免。

第六节　结　语

一、基本特征

(1)在府谷、吴堡和龙门站年径流量构成中,河口镇站以上来水占绝大部分,区间来水较少,为53.25亿 m³,仅占龙门站年径流量280.5亿 m³ 的19.0%。在区间来水中,河口镇—府谷区段最少,府谷—吴堡区段最多。

(2)区间各支流年径流量组成差异较大,有以地面径流为主的,也有以地下径流为主的,多数以地面径流为主。

(3)区间亩均、人均占有水量低于黄河流域水平,更低于全国平均水平,属水资源贫乏地区。

二、径流量年际变化大且呈递减趋势

(1)区间干支流径流量年际变化大,各站历年年径流量最大与最小的比值在2.6～476.3之间。年际变幅总体上讲是支流大、干流小,北部大、南部小,以地表径流为主的支流大、以地下径流为主的支流小。

(2)各站历年年径流量变化总体上均呈现递减趋势。

区间 1970 年前平均年径流量 69.9 亿 m³,1970 年后平均年径流量 43.4 亿 m³,90 年代平均年径流量 41.5 亿 m³。区间来水呈现递减趋势。

龙门站 1970 年前平均年径流量 326.4 亿 m³,1970 年后平均年径流量 252.9 亿 m³,90 年代平均年径流量 198.1 亿 m³。区间干流径流量呈现递减趋势。

在年径流量递减的同时,汛期和 7～8 月径流量及其占年径流量的比重也呈递减趋势。

三、径流量年内分布不均

(1)区间干支流径流量年内分布不均,主要集中在汛期,汛期又主要集中在 7、8 月两月。

(2)干流 4 站汛期径流量占年径流量的比重在 46.7%～47.2%之间;最大多年平均月径流量占年径流量的比重为 16.0%左右;最小多年平均月径流量占年径流量的比重在 4.1%～4.5%之间。最大多年平均月径流量是最小的近 4 倍。

(3)支流径流量年内分配差异较大。在区间 11 条较大支流中,汛期径流量占年径流量的比重在 39.0%～80.5%之间,大都在 55%以上;7～8 月径流量占年径流量的比重在 25.7%～64.9%之间;最大多年平均月径流量占年径流量的比重在 13.1%～37.6%之间,最小多年平均月径流量占年径流量的比重在 0.1%～6.1%之间;各支流最大多年平均月径流量与最小多年平均月径流量相差非常悬殊,其比值在 2.1～540.1 之间。

四、河干多发且日趋严重

(1)河干断流现象一般发生在区间无定河、湫水河以北的较小支流。皇甫川、清水川、县川河、朱家川、孤山川、蔚汾河、窟野河、佳芦河、清凉寺沟、湫水河、延水和无定河等 14 条支流均不同程度地发生过河干断流现象。

(2)冰期连底冻引起的断流一般发生在窟野河、湫水河以北的较小支流。

(3)近几十年来,河干越来越频繁地发生,概率逐渐增大,范围逐渐扩大,历时越来越长,这同降水量的减少、水资源的不足、耗水量的增大等密切相关。

(4)河干频发说明了区间生态环境的脆弱和河流健康生命受到了严重的威胁。

说明:

本文分析径流量采用的均为实测径流量,未进行还原计算。区间的耗水量主要是农业灌溉用水,其他用水量很小。区间灌溉不发达,万亩以上灌区极少,大多为小灌区,耕地灌溉率仅为 8%,区间各区段实灌面积统计见表 3-25。区间农业灌溉耗水量和河川径流还原水量 1952～1990 年年均为 2.67 亿 m³,见表 3-26 统计,占龙门站实测年径流量的 0.95%,对于定性、定量分析径流特性影响很小,所以本文径流量分析时仍采用实测径流量。

表 3-25　河龙区间各区段实灌面积统计表

时段	河口镇—吴堡		吴堡—龙门		河口镇—龙门			
	河西（万亩）	河东（万亩）	河西（万亩）	河东（万亩）	河西（万亩）	河东（万亩）	未控（万亩）	合计（万亩）
1950～1959 年	2.68	2.20	10.44	3.27	13.12	5.92	2.03	21.07
1960～1969 年	7.61	9.57	24.00	4.58	31.61	14.15	3.68	49.44
1970～1979 年	20.28	17.85	59.21	8.67	79.49	26.52	10.17	116.18
1980～1990 年	21.04	20.39	58.97	10.15	80.01	30.54	10.15	120.70
1950～1990 年	13.12	15.18	38.68	7.22	51.7	22.40	6.60	80.80

表 3-26　河龙区间各区段年均农业耗水量统计表

时段	河口镇—吴堡		吴堡—龙门		河口镇—龙门				
	河西（万 m³）	河东（万 m³）	河西（万 m³）	河东（万 m³）	河西（万 m³）	河东（万 m³）	未控（万 m³）	合计（万 m³）	还原（万 m³）
1950～1959 年	1 276	307	4 531	361	5 806	668	894	7 368	8 400
1960～1969 年	3 221	1 464	9 773	715	12 995	2 180	1 464	16 639	16 600
1970～1979 年	7 976	3 689	24 280	1 803	32 256	5 492	3 893	41 641	41 600
1980～1990 年	8 180	4 071	17 976	2 039	26 156	6 110	3 216	35 482	35 500
1950～1990 年	5 237	2 424	14 234	1 249	19 470	3 673	2 387	25 531	26 700

第四章　泥　沙

　　黄河的症结是泥沙问题,形成泥沙问题的根本原因是黄土高原的水土流失,水土流失的重点区域就在河龙区间。黄河泥沙主要来自 43 万 km² 的水土流失区,其中有 15.6 万 km² 的粗沙来源区。粗沙是形成黄河下游河床淤积抬高的主要因素。粗沙来源区内有 1.12 万 km² 被喻为"世界水土流失之最"的泥岩、砂岩、砂页岩组成的结构松散的砒砂岩地区。它遍布黄河一级支流窟野河、皇甫川、清水川流域内,占河龙区间总面积的 10.0%。砒砂岩地区是黄河粗泥沙来源的最为集中的地区。

　　河流泥沙是其流域内岩石土壤经热力、重力、风力和水力等外力作用不断风化剥蚀与侵蚀形成的产物,主要来自坡面和沟道侵蚀。泥沙数量的多少主要取决于外力主要是水力的大小、流域内被侵蚀物的特性等。如降水量及其强度、岩石的坚硬程度、土壤的种类和结构、植被的好坏以及地形陡缓程度等。因此,影响河流泥沙的因素可概括为降水、自然地理、河床组成、人类活动等。河龙区间地质地貌、土壤植被和降水特性等形成了十分有利于产沙的条件。地形沟壑纵横、支离破碎,地面黄土结构疏松,富含碳酸钙,抗蚀力差,垂直节理发育,植被稀疏,加上暴雨集中,容易造成崩塌、片蚀和沟蚀的发生。

　　土壤侵蚀的等级是表示土壤侵蚀的强度、程度的重要指标,其划分方法很多,有按照冲刷深度划分等级的,也有按照侵蚀模数来划分等级的,还有按照侵蚀面积百分比数来划分等级的,但其实质是一样的,只是站的角度不同而已。本文采用我国学者朱显谟用剖面对比法制定的我国黄土地区面蚀程度的分级标准。该标准根据水蚀强度分为五级。

　　第一级为"异常强烈"级。表示在世界上各地区土壤侵蚀特别强烈的区域中也很少达到的程度,其标准是平均年土壤侵蚀量在 10 000 t/km² 以上。

　　第二级为"甚强烈"级。其标准是平均年土壤侵蚀量在 5 000～10 000 t/km² 之间。

　　第三级为"强烈"级。其标准是平均年土壤侵蚀量在 2 000～5 000 t/km² 之间。

　　第四级为"中度"级。其标准是平均年土壤侵蚀量在 1 000～2 000 t/km² 之间。

　　第五级为"微弱"级。其标准是平均年土壤侵蚀量在 1 000 t/km² 以下。

　　泥沙测验是水文测验的重要项目之一,河龙区间截至 1990 年,共有泥沙站 55 站。按管理体系划分,其中内蒙古自治区 6 站、陕西省 6 站、山西省 4 站、黄河水利委员会 39 站。平均泥沙站网密度 4.93 站/万 km²。悬移质单样含沙量测验 55 站;悬移质输沙率测验 19 站。

　　1958～1966 年,曾在区间黄河的河口镇、吴堡、龙门和无定河川口站进行过推移质泥沙测验试验,推移质输沙量占悬移质输沙量的比重很小,如龙门站 4 年资料平均年推移质输沙量 342.9 万 t,仅占汛期悬移质输沙量的 0.4%。河口镇站 5 年资料平均年推移质输沙量 32.9 万 t,仅占汛期悬移质输沙量的 0.29%。因此,本章虽只用了悬移质泥沙资料进行分析,但仍能反映全沙的泥沙特征。

第一节　输沙量年际变化

输沙量的年际变化主要受降水量和径流量年际变化的影响,同时是下垫面和人类活动等影响的综合反映。河龙区间输沙量的年际变化除围绕多年平均值上下随机跳动外,还显现出连续多年多沙少沙交替循环变化的特征,并有呈逐年下降的总趋势。

一、区间干流

(一)单站变化

河口镇、府谷、吴堡和龙门站历年年输沙量变化过程见图 4-1,河口镇、府谷、吴堡和龙门 4 站年输沙量年际变化情况统计见表 4-1。

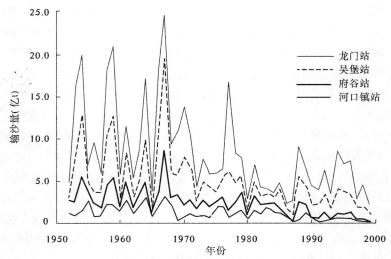

图 4-1　河龙区间干流站历年年输沙量变化过程线

表 4-1　河龙区间干流站历年年输沙量变化情况统计

站　名	平均年输沙量(亿 t)	C_v	最大年输沙量(亿 t)	出现年份	最小年输沙量(亿 t)	出现年份	最大与最小比值	最大年输沙量模比系数($K_丰$)	最小年输沙量模比系数($K_少$)
河口镇	1.163	0.67	3.225	1967	0.168	1987	19.2	2.77	0.144
府　谷	2.437	0.66	8.663	1967	0.194	1999	44.7	3.55	0.079
吴　堡	4.989	0.70	19.50	1967	1.105	1987	17.6	3.91	0.221
龙　门	8.325	0.65	24.61	1967	2.300	1999	10.7	2.96	0.276

河口镇站多年平均年输沙量为 1.163 亿 t,占龙门年输沙量的 14.0%。最大年输沙量是 1967 年的 3.225 亿 t,最小年输沙量是 1987 年的 0.168 亿 t,最大是最小的 19.2 倍,年输沙量变差系数 C_v 值 0.67。最大年输沙量是多年平均年输沙量的 2.8 倍,最小年输沙量是多年平均年输沙量的 14.4%。年输沙量变幅和变差系数远比年径流量变幅和变差系数大。这说明,年输沙量比年径流量的年际变化更大。

　　由图 4-2 龙门、吴堡、河口镇站年输沙量累积过程线可见,河口镇站 1969 年以前点据趋势基本一致,斜率没有明显转折变化。1969 年和 1987 年点据趋势发生明显转折变化,其中 1969~1986 年、1987~1999 年 2 个系列点据斜率都偏小。这与 1969 年、1987 年刘家峡、龙羊峡水库先后投入应用有直接关系。

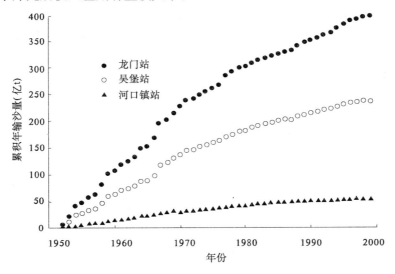

图 4-2　龙门、吴堡、河口镇站历年年输沙量累积过程线

　　府谷站多年平均年输沙量为 2.437 亿 t,最大年输沙量是 1967 年的 8.663 亿 t,最小年输沙量是 1999 年的 0.194 亿 t,最大是最小的 44.7 倍,年输沙量变差系数 C_v 值 0.66。最大年输沙量是多年平均年输沙量的 3.55 倍,最小年输沙量仅是多年平均年输沙量的 7.9%。河口镇以上来沙量占府谷年输沙量的 47.7%,说明府谷年输沙量以河口镇—府谷区段来沙为主,府谷年输沙量年际变幅远较河口镇大。

　　吴堡站多年平均年输沙量为 4.989 亿 t,最大年输沙量是 1967 年的 19.5 亿 t,最小年输沙量是 1987 年的 1.105 亿 t,最大是最小的 17.6 倍,年输沙量变差系数 C_v 值 0.70。最大年输沙量是多年平均年输沙量的 3.91 倍,最小年输沙量是多年平均年输沙量的 22.1%。

　　由图 4-1 和图 4-2 可见,吴堡站年输沙量变化远比河口镇复杂,特别是 50~60 年代年输沙量大小变化剧烈。输沙量累积过程线 1972 年以前点据趋势基本一致,斜率没有明显转折变化。1967 年、1972 年、1980 年、1997 年等年份点据趋势发生明显转折变化,其中 1972~1979 年、1980~1996 年、1997~1999 年 3 个系列点据趋势斜率都偏小。但 1997 年以后点据趋势斜率比 1980~1996 年点据趋势斜率进一步减小。显然,这 3 个系列是年输沙量较小的时期。1980~1999 年平均年输沙量为 2.918 亿 t,比 1952~1971 年平均年输沙量 7.181 亿 t 少 4.263 亿 t,比多年平均值偏小 41.5%;1997~1999 年系列年输沙量最小,平均年输沙量为 1.647 亿 t,比 1952~1971 年平均年输沙量少 5.534 亿 t,仅占其 22.9%,比多年平均年输沙量偏小 67.0%。

　　龙门站多年平均年输沙量为 8.325 亿 t,占三门峡年输沙量的 69.2%。最大年输沙量是 1967 年的 24.61 亿 t,最小年输沙量是 1999 年的 2.30 亿 t,最大是最小的 10.7 倍,年输

沙量变差系数 C_v 值 0.65。最大年输沙量是多年平均年输沙量的 2.96 倍,最小年输沙量是多年平均年输沙量的 27.6%。由图 4-2 可见,该站年输沙量变化又比吴堡站复杂,特别是 1980 年以前年输沙量大小变化更为剧烈。输沙量累积过程线 1972 年以前点据趋势基本一致,斜率没有明显转折变化。1967 年、1972 年、1977 年、1980 年、1988 年、1994 年等年份点据趋势发生明显转折变化,其中 1972~1976 年、1980~1987 年、1997~1999 年 3 个系列点据趋势斜率都偏小。1997 年以后点据趋势斜率比 1980~1996 年点据趋势斜率进一步减小。显然,这 3 个系列是年输沙量较小的时期。

(二)沿程变化

河龙区间输沙量沿程变化情况见图 4-3 和图 4-4。

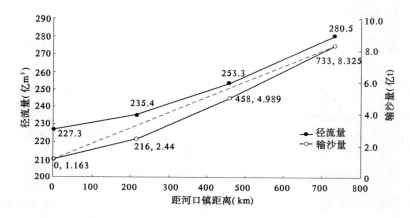

图 4-3　河龙区间年径流量、输沙量沿程变化图

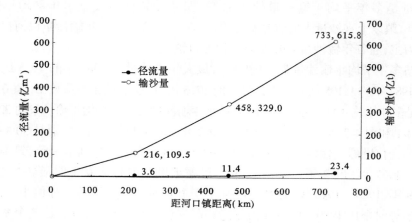

图 4-4　河龙区间年径流量、输沙量沿程变化图

河口镇至府谷距离~相应区段年输沙量关系线的斜率比河口镇至龙门距离~相应区段年输沙量关系线的斜率小。

府谷至吴堡距离~相应区段年输沙量关系线的斜率与河口镇至龙门距离~相应区段年输沙量关系线的斜率基本相同。

吴堡至龙门距离～相应区段年输沙量关系线的斜率比府谷至龙门距离～相应区段年输沙量关系线的斜率大。

府谷、吴堡、龙门比河口镇年输沙量分别增加 109.5%、329.0%、615.8%。吴堡年输沙量比府谷增加 104.7%,龙门年输沙量比吴堡增加 66.9%。由此可见,在河龙区间,河口镇—府谷区段来沙较少,府谷—吴堡区段和吴堡—龙门区段来沙较多,且增加幅度大。从径流特性分析已知,径流量在河龙区间沿程增加较少,吴堡、龙门比河口镇年径流量分别增加 11.4% 和 23.4% 左右,而年输沙量却分别增加了 3.3 倍和 6.2 倍,这在与河龙区间多年平均年降水量、干流年径流量由北向南递增的分布规律一致的同时,其沿程增加的幅度异常显著。

(三)综合分析

1.基本特性

河龙区间干流 4 站年输沙量年际变化较大,各站变化幅度差别也较大,年输沙量变幅在 10.7～44.7 倍之间,其中府谷最大,龙门最小,河口镇、吴堡居中。

年输沙量变差系数 C_v 值在 0.65～0.70 之间,其中吴堡最大,龙门最小。从区间各站历年年输沙量变化过程线图可以看出,年输沙量在区间沿程大幅递增。河口镇以上来水平均占龙门年径流量的 81.0%,区间来水平均占龙门来水的 19.0%;而河口镇以上来沙仅占龙门年输沙量的 14.0%,区间来沙却占龙门年输沙量的 86.0%。龙门年径流量构成以河口镇以上来水为主,年输沙量构成却以区间为主,如图 4-5 所示。年径流量在区间沿程增加较少,而输沙量沿程显著增加。

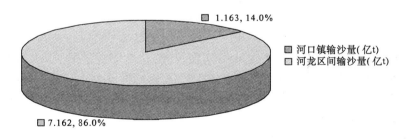

1.163, 14.0%
7.162, 86.0%
河口镇输沙量(亿t)
河龙区间输沙量(亿t)

图 4-5 龙门年输沙量构成图

2.多沙与少沙变化特性

从图 4-1 河口镇、府谷、吴堡和龙门 4 站历年年输沙量变化过程线可见,府谷、吴堡和龙门 3 站年输沙量变化趋势基本一致,河口镇站则与 3 站差异较大。

连续多沙期比连续少沙期持续时间短;连续多沙期平均年输沙量与多年平均年输沙量的差值比连续少沙期平均年输沙量与多年平均年输沙量的差值大。1952～1999 年河口镇连续多沙期共发生 3 个系列(见表 4-2),1958～1959 年、1967～1968 年、1975～1976 年,时间都是 2 年;龙门连续多沙期共发生 2 个系列,1958～1959 年、1967～1968 年,时间也是 2 年;区间连续多沙期共发生 3 个系列,1953～1954 年、1958～1959 年、1966～1967 年,时间也都是 2 年。河口镇、龙门和区间连续少沙期时间都达到或超过了 5 年,龙门站出现了 1989～1999 年长达 11 年的连续少沙期。

表 4-2　河口镇、龙门和河龙区间连续多沙期、连续少沙期年径流量统计表

站　名	多年平均年输沙量(亿t)	连续多沙期				连续少沙期			
		年输沙量(亿t)	起止时间	年输沙量模比系数($K_丰$)	年数	年输沙量(亿t)	起止时间	年输沙量模比系数($K_少$)	年数
河口镇	1.163	2.196	1958～1959 年	1.89	2	0.545	1989～1993 年	0.47	5
		2.447	1967～1968 年	2.10	2	0.306	1997～1999 年	0.26	3
		1.959	1975～1976 年	1.68	2				
龙　门	8.325	19.47	1958～1959 年	2.34	2	5.203	1989～1999 年	0.62	11
		11.45	1967～1968 年	1.38	2				
河龙区间	7.162	16.69	1953～1954 年	2.33	2	2.584	1982～1987 年	0.36	6
		17.27	1958～1959 年	2.41	2	2.960	1997～1999 年	0.41	3
		18.32	1966～1967 年	2.56	2				

注:1. 表中 $K_丰$ 为连续多沙期平均年输沙量与多年平均年输沙量之比;$K_少$ 为连续少沙期平均年输沙量与多年平均年输沙量之比。

　　2. 多年平均年输沙量统计系列为 1952～1999 年。

河口镇和龙门两站最大多沙系列年输沙量模比系数分别为 2.10 和 2.34,最小少沙系列年输沙量模比系数分别为 0.26 和 0.62。两站连续多沙期平均年输沙量是多年平均年输沙量的 2 倍多,连续少沙期平均年输沙量比多年平均年输沙量偏少 64.7% 和 37.5%。区间这一特性差别更大,最大多沙系列年输沙量模比系数为 2.56,最小少沙系列年输沙量模比系数为 0.36。

最多沙年年输沙量模比系数干流 4 站差别较大,在 2.77～3.91 之间,即最多沙年期间平均年输沙量是多年平均年输沙量的 2.8～3.9 倍,吴堡最大,河口镇最小。最少沙年年输沙量模比系数 4 站差别更大,在 0.079～0.276 之间,即最少沙年期间平均年输沙量是多年平均年输沙量的 7.9%～27.6%,龙门最大,府谷最小。

区间各干流站年输沙量多沙年份、少沙年份和平沙年份发生的概率相差很大,与年径流量丰、平、枯水年份的变化不一定相应。丰水年不一定是多沙年,平水年一般不会是多沙年,往往是少沙年,枯水年更不会是多沙年。因此,多沙年比丰水年发生的概率要小(见表 4-3)。

表 4-3　河口镇、龙门及河龙区间年输沙量情况统计表

来沙情况	河口镇		龙　门		河龙区间	
	出现年数	概率(%)	出现年数	概率(%)	出现年数	概率(%)
多沙年	15	29.4	12	23.5	10	19.6
平沙年	10	19.6	11	21.6	17	33.3
少沙年	26	51.0	28	54.9	24	47.1

注:资料统计系列为 1952～2002 年。

二、各区段

河龙区间各区段历年年输沙量变化过程见图 4-6,各区段年输沙量年际变化统计见表 4-4。

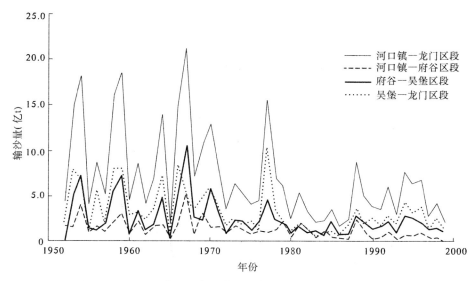

图 4-6 河龙区间各区段历年年输沙量变化过程线

表 4-4 河龙区间各区段年输沙量年际变化统计表

区 段	平均年输沙量（亿 t）	C_v	最大年输沙量（亿 t）	出现年份	最小年输沙量（亿 t）	出现年份	最大与最小比值	最多沙年年输沙量模比系数（$K_丰$）	最少沙年年输沙量模比系数（$K_少$）	年输沙模数（t/km²）
河口镇—府谷	1.274	0.83	5.438	1967				4.3		3 525
府谷—吴堡	2.552	0.82	10.83	1967	0.288	1952	37.6	4.2	0.113	8 658
吴堡—龙门	3.336	0.73	10.51	1977	0.518	1983	20.3	3.2	0.155	5 209
河龙区间	7.162	0.70	21.38	1967	1.606	1986	13.3	3.0	0.224	5 524

河口镇—府谷区段多年平均年输沙量为 1.274 亿 t,占府谷年输沙量的 52.3%,占河龙区间年输沙量的 17.8%,占龙门年输沙量的 15.3%。区段最大年输沙量是 1967 年的 5.438 亿 t,是该区段多年平均年输沙量的 4.3 倍。1999 年年输沙量出现了负值,一是万家寨水库蓄水影响,二是属于特枯水年。最多沙年年输沙量是多年平均年输沙量的 4.3 倍,年输沙量变差系数 C_v 值为 0.83。多年平均年输沙模数为 3 525 t/km²,土壤侵蚀等级属"强烈"。

府谷—吴堡区段多年平均年输沙量为 2.552 亿 t,占吴堡年输沙量的 51.1%,占河龙区间年输沙量的 35.6%,占龙门年输沙量的 30.7%。区段最大年输沙量是 1967 年的 10.83 亿 t,是最小年输沙量 1952 年 0.288 亿 t 的 37.6 倍。最多沙年年输沙量是多年平均年输沙量的 4.2 倍,最少沙年年输沙量是多年平均年输沙量的 11.3%。年输沙量变差系数 C_v 值 0.82。多年平均年输沙模数为 8 658 t/km²,土壤侵蚀等级属"甚强烈"。该区段已设站控制的年输沙量是 2.016 亿 t,占府谷—吴堡区段年输沙量的 79.0%;未设站控制的区域年输沙量为 0.536 亿 t,占区段年输沙量的 21.0%。由图 4-7 可见,府谷—吴堡区段来沙情况复杂,特别是 1968 年以前年输沙量变化剧烈。历年年输沙量累积过程线 1972 年以前点据趋势基本一致,斜率没有明显转折变化。1980~1999 年系列点据趋势斜率偏小。1980~1999 年平均年输沙量为 1.569 亿 t,比 1952~1979 年平均年输沙量 3.255 亿 t 少 1.686 亿 t,仅占其 48.2%,比多年平均年输沙量偏小 38.5%。

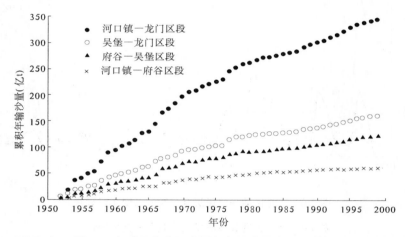

图 4-7　河龙区间各区段历年年输沙量累积过程线

吴堡—龙门区段多年平均年输沙量为 3.336 亿 t,占河龙区间年输沙量的 46.6%,占龙门年输沙量的 40.1%。区段最大年输沙量是 1977 年的 10.51 亿 t,是最小年输沙量 1983 年 0.518 亿 t 的 20.3 倍。最多沙年年输沙量是多年平均年输沙量的 3.2 倍,最少沙年年输沙量是多年平均年输沙量的 15.5%。年输沙量变差系数 C_v 值为 0.73。多年平均年输沙模数为 5 209 t/km²,土壤侵蚀等级属"甚强烈"。

河龙区间多年平均年输沙量为 7.162 亿 t,占龙门年输沙量的 86.0%。区间最大年输沙量是 1967 年的 21.38 亿 t,是最小年输沙量 1986 年 1.606 亿 t 的 13.3 倍。最多沙年年输沙量是多年平均年输沙量的 3.0 倍,最少沙年年输沙量是多年平均年输沙量的 22.4%。年输沙量变差系数 C_v 值 0.70。多年平均年输沙模数为 5 524 t/km²,土壤侵蚀等级属"甚强烈"。由图 4-7 可见,河龙区间 1972 年以前点据趋势基本一致,斜率没有明显转折变化。1972 年以后的 1972 年、1977 年、1980 年、1987 年、1997 年等年份点据趋势发生明显转折变化。其中 1976~1978 年点据趋势与 1952~1971 年的基本一致,即斜率大小接近;1972~1976 年、1980~1987 年、1997~1999 年 3 个系列点据趋势斜率都偏小。但 1988~1996 年系列点据趋势斜率比 1970~1987 年点据趋势斜率有所增大。1980~1987 年系列年输沙量最小,平均年输沙量为 2.917 亿 t,比 1952~1971 年平均年输沙量 10.33 亿 t 少 7.413 亿 t,仅占其 28.2%,比多年平均值偏小 59.2%。1980~1999 年平均年输沙量为 4.202 亿 t,比 1952~1979 年平均年输沙量 10.330 亿 t 少 6.128 亿 t,仅占其 40.7%,比多年平均值偏小 41.3%。

各区段年输沙量差异较大,输沙量年际变化大。河口镇—府谷、府谷—吴堡、吴堡—龙门各区段年径流量比是 15.3:33.6:51.1,而输沙量比是 17.8:35.6:46.6(见图 4-8)。

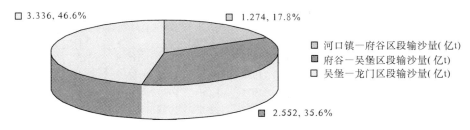

图 4-8 河龙区间年输沙量构成图

河口镇—府谷区段面积大于府谷—吴堡区段,年输沙量前者只有后者的 49.9%,府谷—吴堡区段年输沙模数是河口镇—府谷区段年输沙模数的 2.5 倍。年输沙量变差系数 C_v 值、年输沙量变幅、最大多沙年年输沙量模比系数均为从北到南递减,最小少沙年年输沙量模比系数是从北到南递增。三区段之间河口镇—府谷区段输沙量年际变化最大,年输沙量最少;府谷—吴堡区段输沙量年际变化居中,年输沙量相对较多;吴堡—龙门区段输沙量年际变化最小,年输沙量相对居中。

三、区间支流

(一)单站分析

河龙区间各较大支流年输沙量年际变化情况统计见表 4-5、表 4-6。

表 4-5 河龙区间较大支流年输沙量年际变化统计表

河名	站名	平均年输沙量(亿t)	C_v	最大年输沙量(亿t)	出现年份	最小年输沙量(万t)	出现年份	最大与最小比值	最多沙年年输沙量模比系数($K_丰$)	最少沙年年输沙量模比系数($K_少$)	多年平均年输沙模数(t/km²)
皇甫川	皇甫	0.495 7	0.83	1.710	1959	277	1999	61.7	3.5	0.056	15 600
孤山川	高石崖	0.209 4	0.93	0.839	1977	84.0	1999	99.9	4.0	0.040	16 600
窟野河	温家川	1.025	0.81	3.030	1959	340	1999	89.1	3.0	0.033	11 900
秃尾河	高家川	0.201 2	0.94	0.721	1967	192	1999	37.6	3.6	0.095	6 190
佳芦河	申家湾	0.150 9	1.04	0.770	1970	29.3	1983	263	5.2	0.019	13 500
无定河	白家川	1.276	0.85	4.410	1959	240	1986	18.3	3.5	0.188	4 300
清涧河	延川	0.371 8	0.78	1.228	1959	531	1984	23.1	3.3	0.143	10 700
延水	甘谷驿	0.473 0	0.74	1.820	1964	788	1955	23.0	3.8	0.167	8 030
湫水河	林家坪	0.185 0	0.98	0.888	1967	190	1983	46.7	4.8	0.104	9 770
三川河	后大成	0.194 1	1.00	0.835	1959	86.7	1997	96.3	4.3	0.045	4 730
昕水河	大宁	0.167 5	0.87	0.705	1958	119	1999	59.2	4.2	0.071	4 200

表 4-6　河龙区间较大支流年输沙量年际变化统计表

河 名	站 名	平均年输沙量（万 t）	C_v	最大年输沙量（万 t）	出现年份	最小年输沙量（万 t）	出现年份	最大与最小比值	最多沙年年输沙量模比系数（$K_丰$）	最少沙年年输沙量模比系数（$K_少$）	多年平均年输沙模数（t/km²）
清水川	清 水	730	0.78	2 330	1979	124	1993	18.8	3.2	0.170	9 930
汾川河	新市河	284	1.02	1 450	1988	16.8	1997	86.3	5.1	0.059	1 710
仕望川	大 村	223	1.09	1 020	1971	1.26	1989	810	4.6	0.006	1 040
县川河	旧 县	250	1.17	3 120	1977	12.5	1993	250	12.5	0.050	1 600
朱家川	桥 头	1 340	1.62	12 200	1967	15.9	1972	767	9.1	0.012	4 650
岚漪河	裴家川	1 171	1.39	8 340	1967	66.4	1965	127	7.1	0.057	5 420
蔚汾河	兴 县	883	1.27	6 240	1967	9.73	1991	641	7.1	0.011	6 840
清凉寺沟	杨家坡	278	0.95	1 190	1966	8.43	1989	141	4.3	0.030	9 830
屈产河	裴 沟	920	1.01	5 010	1977	131	1970	38.2	5.4	0.142	8 990
州川河	吉 县	276	1.26	1 640	1969	8.62	1981	190	5.9	0.031	6 330

　　皇甫川皇甫站多年平均年输沙量 0.495 7 亿 t,最大年输沙量是 1959 年的 1.710 亿 t,最小年输沙量是 1999 年的 0.027 7 亿 t,最大是最小的 61.7 倍。最大年输沙量是多年平均年输沙量的 3.5 倍,最小年输沙量是多年平均年输沙量的 5.6%。年输沙量变差系数 C_v 值 0.83。可见皇甫川输沙量年际变化大。多年平均年输沙模数为 1.56 万 t/km²,流域土壤侵蚀属"异常强烈"。由图 4-9 历年年输沙量变化过程线可见,皇甫川年输沙量年际变化大。

　　孤山川高石崖站历年年输沙量变化过程线见图 4-11。多年平均年输沙量为 0.209 4 亿 t,最大年输沙量是 1977 年的 0.839 亿 t, 最小年输沙量是 1999 年的 0.008 4 亿 t,最大是最小的 99.9 倍。最大年输沙量是多年平均年输沙量的 4.0 倍,最小年输沙量是多年平均年输沙量的 4.0%。年输沙量变差系数 C_v 值 0.93,输沙量年际变化大。多年平均年输沙模数为 1.66 万 t/km²,流域土壤侵蚀属"异常强烈"。

　　窟野河温家川站历年年输沙量过程线见图 4-9,多年平均年输沙量为 1.025 亿 t,最大年输沙量是 1959 年的 3.03 亿 t,最小年输沙量是 1999 年的 0.034 0 亿 t,最大是最小的 89.1 倍。最大年输沙量是多年平均年输沙量的 3.0 倍,最小年输沙量是多年平均年输沙量的 3.3%。年输沙量变差系数为 0.81,输沙量年际变化较皇甫川和孤山川为小。多年平均年输沙模数为 1.19 万 t/km²,流域土壤侵蚀属"异常强烈"。

　　由图 4-10 历年年输沙量累积过程线可见,温家川站 1980 年以前点据趋势基本一致,斜率没有明显转折变化。1980 年、1997 年点据趋势发生明显转折,1980~1996 年系列点据趋势斜率明显减小,1997~1999 年系列点据趋势斜率进一步减小,即 1980 年以后输沙量减少。1980~1996 年平均年输沙量为 0.658 亿 t,较 1952~1979 年平均年输沙量 1.307 亿 t 少 0.649 亿 t,比多年平均值偏小 35.8%;1997~1999 年系列年输沙量最小,平均年输沙量为 0.215 亿 t,较 1952~1979 年平均年输沙量少 1.092 亿 t,仅占其 16.4%,比多年平均值偏小 79.0%。

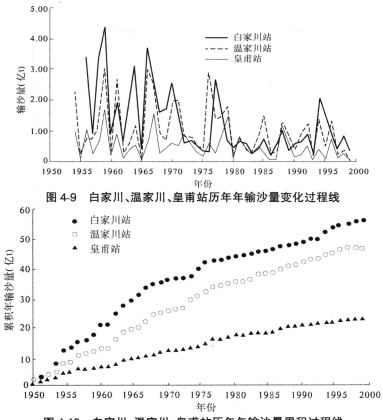

图 4-9　白家川、温家川、皇甫站历年年输沙量变化过程线

图 4-10　白家川、温家川、皇甫站历年年输沙量累积过程线

　　秃尾河高家川站历年年输沙量变化过程线见图 4-11。多年平均年输沙量 0.201 2 亿 t，最大年输沙量是 1967 年的 0.721 0 亿 t，最小年输沙量是 1999 年的 0.019 2 亿 t，最大是最小的 37.6 倍。最大年输沙量是多年平均年输沙量的 3.6 倍，最小年输沙量是多年平均年输沙量的 9.5%。年输沙量变差系数 C_v 值 0.94。多年平均年输沙模数为 6 190 t/km²，流域土壤侵蚀属"甚强烈"。

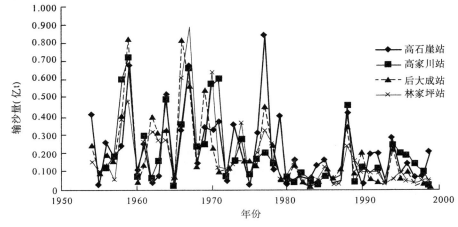

图 4-11　高石崖、高家川、后大成、林家坪站历年年输沙量变化过程线

佳芦河申家湾站历年年输沙量变化过程线见图 4-12。多年平均年输沙量 0.150 9 亿 t，最大年输沙量是 1970 年的 0.770 亿 t，最小年输沙量是 1983 年的 29.3 万 t，最大是最小的263 倍。最大年输沙量是多年平均年输沙量的 5.2 倍，最小年输沙量是多年平均年输沙量的 1.9%。年输沙量变差系数 C_v 值 1.04，输沙量年际变化大。多年平均年输沙模数为1.35 万 t/km²，流域土壤侵蚀属"异常强烈"。

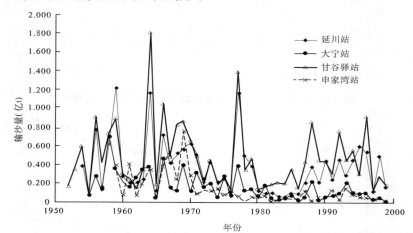

图 4-12　延川、大宁、甘谷驿、申家湾站历年年输沙量变化过程线

湫水河林家坪站历年年输沙量变化过程线见图 4-11。多年平均年输沙量 0.185 亿 t，最大年输沙量是 1967 年的 0.888 亿 t，最小年输沙量是 1983 年的 190 万 t，最大是最小的46.7 倍。最大年输沙量是多年平均年输沙量的 4.8 倍，最小年输沙量是多年平均年输沙量的 10.4%。年输沙量变差系数 C_v 值 0.98，输沙量年际变化较大。多年平均年输沙模数为 9 770 t/km²，流域土壤侵蚀属"甚强烈"。

三川河后大成站历年年输沙量变化过程线见图 4-11。多年平均年输沙量 0.194 1 亿 t，最大年输沙量是 1959 年的 0.835 亿 t，最小年输沙量是 1997 年的 86.7 万 t，最大是最小的96.3 倍。最大年输沙量是多年平均年输沙量的 4.3 倍，最小年输沙量是多年平均年输沙量的 4.5%。年输沙量变差系数 C_v 值 1.00，输沙量年际变化大。多年平均年输沙模数为4 730 t/km²，流域土壤侵蚀属"强烈"。

无定河白家川站历年年输沙量过程线见图 4-9。多年平均年输沙量为 1.276 亿 t，最大年输沙量是 1959 年的 4.41 亿 t，最小年输沙量是 1986 年的 0.240 亿 t，最大是最小的18.4 倍。最大年输沙量是多年平均年输沙量的 3.5 倍，最小年输沙量是多年平均年输沙量的 18.8%。年输沙量变差系数 C_v 值 0.85，输沙量年际变化相对较小。多年平均年输沙模数为 4 300t/km²，流域土壤侵蚀属"强烈"。

由图 4-10 历年年输沙量累积过程线可见，白家川站 1972 年以前点据趋势基本一致，斜率没有明显转折变化。1972 年、1977 年、1979 年、1994 年等年份点据趋势发生明显转折变化，其中 1976~1978 年点据趋势与 1952~1971 年的基本一致，即斜率大小接近；1972~1976 年、1979~1993 年、1997~1999 年 3 个系列点据趋势斜率都偏小。1997 年以后点据趋势斜率较 1979~1996 年点据趋势斜率进一步减小。可见，1997~1999 年系列年输沙量最小，平均年输沙量为 0.532 亿 t，比 1956~1971 年平均年输沙量 2.172 亿 t 少 1.64 亿 t，仅占其 24.5%,比多年平均值偏小 58.3%。

清涧河延川站历年年输沙量变化过程线见图 4-12。多年平均年年输沙量 0.371 8 亿 t,最大年输沙量是 1959 年的 1.228 亿 t,最小年输沙量是 1984 年的 0.053 1 亿 t,最大是最小的 23.1 倍。最大年输沙量是多年平均年输沙量的 3.3 倍,最小年输沙量是多年平均年输沙量的 14.3%。年输沙量变差系数 C_v 值 0.78。多年平均年输沙模数为 1.07 万 t/km²,流域土壤侵蚀属"异常强烈"。

延水甘谷驿站历年年输沙量变化过程线见图 4-12。多年平均年输沙量 0.473 亿 t,最大年输沙量是 1964 年的 1.820 亿 t,最小输沙量是 1955 年是 0.078 8 亿 t,最大是最小的 23.0 倍。最大年输沙量是多年平均年输沙量的 3.8 倍,最小年输沙量是多年平均年输沙量的 16.7%。年输沙量变差系数 C_v 值 0.74。多年平均年输沙模数为 8 030 t/km²,流域土壤侵蚀属"甚强烈"。

昕水河大宁站历年年输沙量变化过程线见图 4-12。多年平均年输沙量为 0.167 5 亿 t,最大年输沙量是 1958 年的 0.705 亿 t,最小年输沙量是 1999 年的 119 万 t,最大是最小的 59.2 倍。最大年输沙量是多年平均年输沙量的 4.2 倍,最小年输沙量是多年平均年输沙量的 7.1%。年输沙量变差系数 C_v 值 0.87。多年平均年输沙模数为 4 200 t/km²,流域土壤侵蚀属"强烈"。

(二)综合分析

1. 基本特性

河龙区间设站控制的 21 条支流年输沙量差异大,年际变化也大。大小沙年份交替变化。21 条支流年总输沙量为 5.380 亿 t,占河龙区间年输沙量的 75.1%,占龙门年输沙量的 64.6%。目前设站控制的 19 条支流年总输沙量为 5.190 亿 t,占河龙区间年输沙量的 72.5%,占龙门年输沙量的 62.3%。各支流最大年输沙量均发生在 50~60 年代,最小年输沙量均发生在 80~90 年代。无定河、窟野河等 11 条较大支流年总输沙量为 4.744 亿 t,占河龙区间年输沙量的 66.2%,占龙门年输沙量的 57.0%。无定河和窟野河两条支流年总输沙量为 2.30 亿 t,占河龙区间年输沙量的 32.1%,占龙门年输沙量的 27.6%。

2. 年输沙量变化

历年年输沙量最大与最小的比值反映了年输沙量历年变化的幅度。各支流历年年输沙量最大与最小的比值差别很大,在 18.8~810 之间。其中比值为 2 位数的支流有 12 条,较大支流占 9 条;比值为 3 位数的支流有 9 条,较大支流占 2 条。年输沙量多年变化幅度最大的是仕望川大村站,最小的是无定河白家川站。最大年输沙量是多年平均年输沙量的 3.0~12.5 倍,最小是窟野河的温家川站,最大是县川河的旧县站;最小年输沙量是多年平均年输沙量的 0.1%~18.8%,最小是仕望川、朱家川、蔚汾河等支流,最大是无定河白家川站。

各支流年输沙量变差系数差异较大,见图 4-13。各支流控制站年输沙量变差系数在 0.74~1.62 之间,其中在 0.7~1.0 之间的支流有 11 条,在 1.0~1.2 之间的支流有 6 条,大于 1.2 的支流有 4 条。较大支流年输沙量变差系数基本都不超过 1.0,较小支流年输沙量变差系数大都在 1.0 以上。朱家川年输沙量变差系数最大,裴家川的年输沙量变差系数次大,为 1.39,延水年输沙量变差系数最小。

3. 输沙模数

河流输沙模数大小主要取决于降水量、降水强度、地形、植被、土壤、地质等因素。区间各支流由于上述条件差异较大,所以年输沙模数相差很大。其中年输沙模数最大的支流是孤山川,该河高石崖站多年平均年输沙模数为 1.66 万 t/km^2;年输沙模数最小的支流是仕望川,该河大村站多年平均年输沙模数仅为 0.104 万 t/km^2,前者是后者的 16 倍。年输沙模数次大的支流是皇甫川,该河皇甫站多年平均年输沙模数为 1.56 万 t/km^2;年输沙模数次小的支流是汾川河,该河新市河站多年平均年输沙模数为 0.171 万 t/km^2。

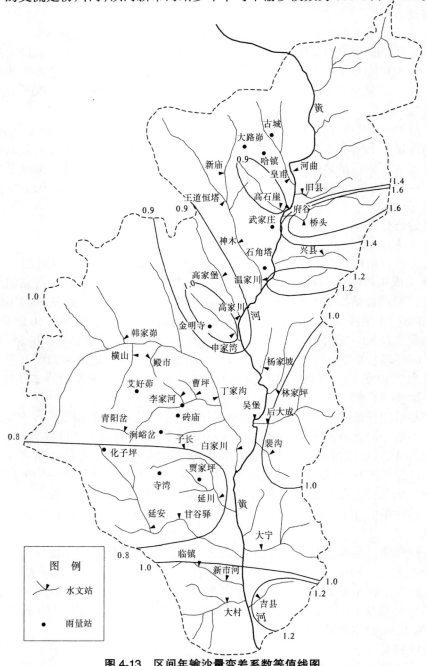

图 4-13　区间年输沙量变差系数等值线图

土壤侵蚀属"异常强烈"的支流有 5 条,府谷—吴堡区段有孤山川、窟野河、秃尾河和佳芦河,吴堡—龙门区段有清涧河;属"甚强烈"的支流有 9 条;属"强烈"的支流有 4 条,属"中度"的支流有 3 条。

土壤侵蚀属"异常强烈"的有皇甫川、孤山川、清涧河的全流域,窟野河、佳芦河、无定河的中下游,见图 4-14。土壤侵蚀属"强烈"的有佳芦河、秃尾河、无定河和三川河的上中游以及昕水河、州川河、汾川河和仕望川等支流。其他区域为"甚强烈"土壤侵蚀区。

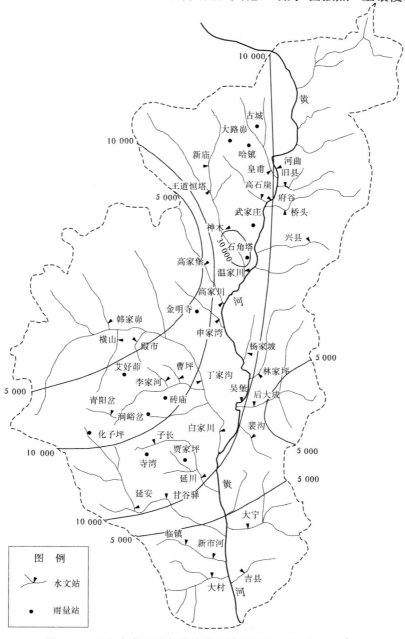

图 4-14 区间多年平均年输沙模数等值线图 (单位:t/km²)

　　综上所述,区间年输沙量年际变化幅度由小到大的顺序是黄河干流、各区段、较大支流、较小支流。干流河口镇等4站年输沙量年际变化幅度是龙门最小,府谷和吴堡较大,河口镇居中。各区段年输沙量年际变化幅度由小到大的顺序是吴堡—龙门区段较小,府谷—吴堡区段居中,河口镇—府谷区段最大,即南部小、北部大。支流年际变化幅度由小到大的顺序是延水、无定河较小,县川河、朱家川等支流较大。在较大支流中,佳芦河申家湾站年输沙量年际变化幅度最大。

　　年输沙量年际变化幅度远远大于年径流量的年际变化幅度。年输沙量变幅和年输沙量变差系数 C_v 值均分别为年径流量变幅和年径流量变差系数 C_v 值的数倍。例如,支流年径流量年际变化幅度最小的秃尾河高家川站,输沙量年际变化也较大,最大年径流量是最小的2.6倍,而最大年输沙量却是最小的38.4倍;年径流量变差系数 C_v 值是0.21,而年输沙量变差系数 C_v 值是0.94,后者是前者的4.5倍。干流吴堡站年输沙量年际变化也较大,最大年径流量是最小的4.5倍,而最大年输沙量却是最小的17.6倍;年径流量变差系数 C_v 值是0.32,而年输沙量变差系数 C_v 值是0.70,后者是前者的2.2倍。

第二节　历年输沙量变化趋势

一、区间干流

区间干流控制站不同时期年输沙量变化统计见表4-7。

表 4-7　河龙区间干流站不同时期年输沙量变化情况统计表

站名	1952~1959 年		1960~1969 年		1970~1979 年		1980~1989 年		1990~1999 年		1952~1999 年
	年输沙量(亿 t)	距平(%)	年输沙量(亿 t)	距平(%)	年输沙量(亿 t)	距平(%)	年输沙量(亿 t)	距平(%)	年输沙量(亿 t)	距平(%)	年输沙量(亿 t)
河口镇	1.522	30.9	1.825	56.9	1.152	-0.9	0.977	-16.0	0.410	-64.7	1.163
府　谷	3.607	48.0	3.671	50.6	2.445	0.3	1.901	-22.0	0.797	-67.3	2.437
吴　堡	7.373	47.8	7.038	41.1	5.179	3.8	3.280	-34.3	2.555	-48.8	4.989
龙　门	12.70	52.6	11.32	36.0	8.69	4.4	4.701	-43.5	5.093	-38.8	8.325

　　河口镇站50~90年代平均年输沙量分别为1.522亿 t、1.825亿 t、1.152亿 t、0.977亿 t、0.410亿 t。60年代年输沙量最大,90年代年输沙量最小,从60年代起总体呈逐年递减趋势,见图4-15。60年代年输沙量比多年平均年输沙量偏多56.9%,90年代年输沙量是60年代年输沙量的22.5%,比多年平均年输沙量偏少64.7%。

　　府谷站50~90年代平均年输沙量分别为3.607亿 t、3.671亿 t、2.445亿 t、1.901亿 t、0.797亿 t。60年代年输沙量最大,90年代年输沙量最小,从60年代起总体呈逐年递减趋势,见图4-15。80年代和90年代年输沙量分别比多年平均年输沙量偏小22.0%和67.3%,分别只是60年代的51.8%和21.7%。

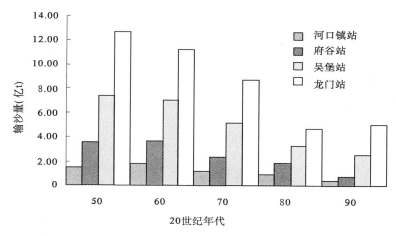

图 4-15　河口镇、府谷、吴堡、龙门四站不同年代年输沙量变化图

吴堡站 50~90 年代平均年输沙量分别为 7.373 亿 t、7.038 亿 t、5.179 亿 t、3.280 亿 t、2.555 亿 t。50 年代年输沙量最大,90 年代年输沙量最小,年输沙量总体呈逐年递减趋势,见图 4-15。80 年代和 90 年代年输沙量分别比多年平均年输沙量偏小 34.3% 和 48.8%,分别只是 50 年代的 44.5% 和 34.7%。

龙门站 50~90 年代平均年输沙量分别为 12.70 亿 t、11.32 亿 t、8.69 亿 t、4.701 亿 t、5.093 亿 t。50 年代年输沙量最大,80 年代年输沙量最小。50~80 年代输沙量总体呈逐年递减趋势,90 年代年输沙量较 80 年代略有增加,见图 4-15。80 年代和 90 年代年输沙量分别比多年平均年输沙量偏小 43.5% 和 38.8%;分别只有 50 年代的 37.0% 和 39.6%,90 年代较 80 年代增加 8.3%。

综上所述,河口镇站和府谷站从 60 年代起年输沙量总体呈逐年递减趋势,吴堡站和龙门站 50~80 年代年输沙量总体呈逐年递减趋势。各站 60 年代年输沙量比多年平均年输沙量偏多 36.0%~56.9%,幅度从北到南递减;70 年代持平,80 年代年输沙量偏少 16.0%~43.5%,幅度从北到南递增;90 年代年输沙量偏少 38.8%~67.3%,从大到小依次为府谷、河口镇、吴堡和龙门。显然,区间干流年输沙量较年径流量变幅大。

二、各区段

河龙区间各区段不同时期年输沙量变化情况统计见表 4-8。

表 4-8　河龙区间各区段不同时期年输沙量变化情况统计表

站 名	1952~1959 年		1960~1969 年		1970~1979 年		1980~1989 年		1990~1999 年		1952~1999 年
	年输沙量(亿 t)	距平(%)	年输沙量(亿 t)	距平(%)	年输沙量(亿 t)	距平(%)	年输沙量(亿 t)	距平(%)	年输沙量(亿 t)	距平(%)	年输沙量(亿 t)
河口镇—府谷	2.085	63.7	1.846	44.9	1.293	1.5	0.924 3	−27.4	0.386 6	−69.7	1.274
府谷—吴堡	3.766	47.6	3.367	31.9	2.734	7.1	1.379	−46.0	1.758	−31.1	2.552
吴堡—龙门	5.327	59.7	4.282	28.4	3.511	5.2	1.421	−57.4	2.538	−23.9	3.336
河龙区间	11.18	56.1	9.495	32.6	7.538	5.2	3.724	−48.0	4.683	−34.6	7.162

　　府谷—吴堡区段 50～90 年代年输沙量分别为 3.766 亿 t、3.367 亿 t、2.734 亿 t、1.379 亿 t、1.758 亿 t。50～80 年代年输沙量总体呈逐年递减趋势,见图 4-16。50～90 年代年输沙量分别占龙门年输沙量的 46.4%、6.9%、6.2%、4.6%、6.6%。50、60 年代是多沙期,70 年代属平沙时期,80、90 年代是偏少沙期。年输沙量最小的 80 年代是 50 年代的 36.6%,比多年平均值偏小 46.0%。90 年代较 80 年代增加 27.6%。

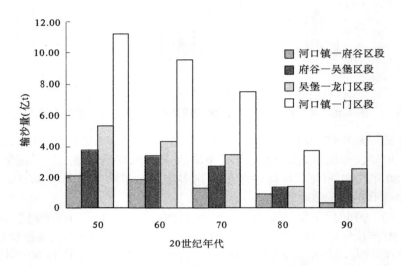

图 4-16　河龙区间各区段不同年代年输沙量变化图

　　河龙区间 50～90 年代年输沙量分别为 11.18 亿 t、9.495 亿 t、7.538 亿 t、3.724 亿 t、4.683 亿 t,分别占龙门年输沙量的 88.0%、83.9%、86.7%、79.2%、91.9%。区间最大年输沙量 21.39 亿 t(1967 年),最小年输沙量 1.605 亿 t(1986 年),最大是最小的 13.3 倍。50～80 年代年输沙量总体呈逐年递减趋势,见图 4-16。90 年代年输沙量较 80 年代增加 25.8%。年输沙量最小的 80 年代只有 50 年代的 33.3%,比多年平均值偏少 48.0%。河口镇以上来沙平均占龙门年输沙量的 13.8%,50～90 年代年输沙量分别占龙门年输沙量的 12.0%、16.1%、13.3%、20.8%、9.1%。

　　各区段不同年代年输沙量最大与最小的比值分别是河口镇—府谷区段 5.4,府谷—吴堡区段 2.7,吴堡—龙门区段是 3.7。年输沙量年代变化最大的是河口镇—府谷区段,50 年代年输沙量比多年平均值偏多 63.7%,90 年代年输沙量比多年平均值偏小 69.6%。各区段年输沙量总体均呈逐年递减趋势。

三、区间支流

　　河龙区间主要支流控制站不同时期年输沙量变化情况统计见表 4-9,不同年代年输沙量变化见图 4-17、图 4-18 和图 4-19。

表4-9　河龙区间主要支流控制站不同时期年输沙量变化情况统计表

站　名	起始~1959年		1960~1969年		1970~1979年		1980~1989年		1990~1999年		起始~1999年
	年输沙量（亿t）	距平（%）	年输沙量（亿t）	距平（%）	年输沙量（亿t）	距平（%）	年输沙量（亿t）	距平（%）	年输沙量（亿t）	距平（%）	年输沙量（亿t）
皇　甫	0.781	57.5	0.504	1.6	0.625	26.0	0.428	-13.7	0.278	-44.0	0.496
高石崖	0.294	40.7	0.249	19.1	0.297	42.1	0.128	-38.8	0.113	-45.9	0.209
温家川	1.352	31.9	1.185	15.6	1.399	36.5	0.671	-34.5	0.646	-37.0	1.025
高家川	0.406	102.0	0.261	29.4	0.234	16.4	0.100	-50.3	0.126	-37.3	0.201
申家湾	0.474	213.9	0.256	69.5	0.178	17.9	0.046	-69.5	0.069 2	-54.2	0.151
白家川	2.973	133.0	1.867	46.3	1.16	-9.1	0.527	-58.7	0.840	-34.2	1.276
延　川	0.541	45.4	0.438	17.7	0.427	14.8	0.145	-61.0	0.372	0	0.372
甘谷驿	0.523	10.6	0.635	34.2	0.468	-1.1	0.319	-32.6	0.429	-9.3	0.473
林家坪	0.222	20.0	0.336	81.6	0.229	23.8	0.093	-49.7	0.067 2	-63.7	0.185
后大成	0.322	66.0	0.339	74.7	0.183	-5.7	0.096 3	-50.4	0.081 5	-58.0	0.194
大　宁	0.307	82.7	0.256	52.4	0.186	10.7	0.074 2	-55.8	0.083 3	-50.4	0.168

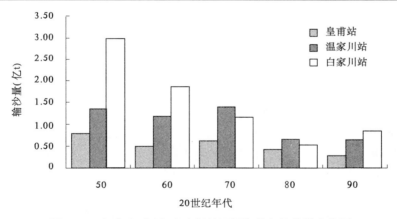

图4-17　皇甫、温家川、白家川站不同年代年输沙量变化图

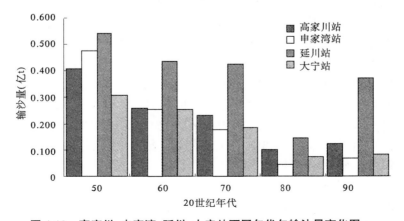

图4-18　高家川、申家湾、延川、大宁站不同年代年输沙量变化图

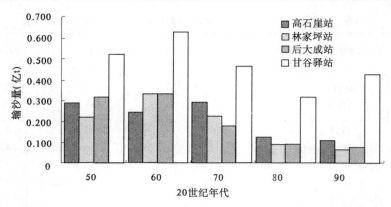

图 4-19　高石崖、林家坪、后大成、甘谷驿站不同年代年输沙量变化图

皇甫川皇甫站 50～90 年代平均年输沙量分别为 0.781 亿 t、0.504 亿 t、0.625 亿 t、0.428 亿 t、0.278 亿 t,年输沙量总体呈逐年递减趋势,见图 4-17。其中 50 年代是多沙期,70 年代是偏多沙期,60 年代是平沙期,80 年代是偏少沙期,90 年代是少沙期。90 年代年输沙量分别是 50 年代和多年平均年输沙量的 35.6% 和 53.2%;70 年代年输沙量比 60 年代增加 23.9%,90 年代年输沙量比多年平均值偏小 44.0%。50 年代年输沙最多,比多年平均年输沙量偏多 57.5%。

孤山川高石崖站 50～90 年代平均年输沙量分别为 0.294 亿 t、0.249 亿 t、0.297 亿 t、0.128 亿 t、0.113 亿 t,年输沙量总体呈逐年递减趋势,见图 4-19。50、70 年代是多沙期,60 年代是偏多沙期,80、90 年代是少沙期。70 年代年输沙量最多,年输沙量比多年平均值偏多 42.1%。90 年代年输沙量分别是 70 年代年输沙量的 38.0%,比多年平均值偏小 45.9%。

窟野河温家川站 50～90 年代平均年输沙量分别为 1.352 亿 t、1.185 亿 t、1.399 亿 t、0.671 亿 t、0.646 亿 t,年输沙量总体呈逐年递减趋势,见图 4-17。50、70 年代是多沙期,60 年代是偏多沙期,80、90 年代是少沙期。70 年代年输沙最多,年输沙量比多年平均值偏多 36.5%。80 年代和 90 年代年输沙量分别比多年平均值偏小 34.5% 和 37.0%。

秃尾河高家川站 1956～1959 年、60～90 年代平均年输沙量分别为 0.406 亿 t、0.261 亿 t、0.234 亿 t、0.100 亿 t、0.126 亿 t,年输沙量总体呈逐年递减趋势,见图 4-18。60、70 年代是偏多沙期;80、90 年代来沙偏少,1956～1959 年是多沙期,80、90 年代年输沙量分别比多年平均值偏小 50.3% 和 37.3%。90 年代比 80 年代增加 8.3%。1956～1971 年是偏多沙期,平均年输沙量 4.358 亿 t,1980～1999 年平均年输沙量 2.944 亿 t,前者是后者的 1.48 倍。

佳芦河申家湾站 50～90 年代平均年输沙量分别为 0.474 亿 t、0.256 亿 t、0.178 亿 t、0.046 亿 t、0.069 2 亿 t,年输沙量总体呈逐年递减趋势,见图 4-18。1958～1959 年和 60 年代属于多沙期,70 年代是偏多沙期,80、90 年代是少沙期。1958～1959 年年输沙量最多,年输沙量比多年平均值偏多 59.8%。80、90 年代年输沙量分别比多年平均值偏小 31.5% 和 40.1%,90 年代较 80 年代增加 50.4%。

湫水河林家坪站 50～90 年代平均年输沙量分别为 0.222 亿 t、0.336 亿 t、0.229 亿 t、0.093 亿 t、0.067 2 亿 t,年输沙量总体呈逐年递减趋势,见图 4-19。60 年代属于多沙期,70 年代是平沙期,80、90 年代是少沙期。60 年代年输沙量最多,年输沙量比多年平均值偏多

81.6%。80、90年代年输沙量分别比多年平均值偏小49.7%和63.7%。90年代年输沙量最少,年输沙量是丰水期60年代的20.0%。

　　三川河后大成站1954～1959年、60～90年代平均年输沙量分别为0.322亿t、0.339亿t、0.183亿t、0.096 3亿t、0.081 5亿t,年输沙量总体呈逐年递减趋势,见图4-19。60年代年输沙量最多,比多年平均值偏多74.7%。90年代年输沙量最少,是60年代的24.0%,比多年平均值偏小58.0%。

　　无定河白家川站1956～1959年、60～90年代平均年输沙量分别为2.973亿t、1.867亿t、1.16亿t、0.527亿t、0.840亿t,年输沙量总体呈逐年递减趋势,见图4-17。60年代是偏多沙期,70年代是平沙期,80、90年代是偏少沙期。1956～1959年输沙量比多年平均值偏多133%。80、90年代年输沙量分别比多年平均年输沙量偏小58.7%和34.2%,90年代较80年代增加59.5%。

　　清涧河延川站1954～1959年、60～90年代平均年输沙量分别为0.541亿t、0.438亿t、0.427亿t、0.145亿t、0.372亿t,年输沙量总体呈逐年递减趋势,见图4-18。80年代年输沙量最小,比多年平均年输沙量偏少61.0%。90年代又有明显增加,是80年代的2.6倍。

　　延水甘谷驿站1952～1959年、50～90年代平均年输沙量分别为0.523亿t、0.635亿t、0.468亿t、0.319亿t、0.429亿t,年输沙量总体呈逐年递减趋势,见图4-19。60年代是多沙期,80年代是少沙期,比多年平均年输沙量偏少32.6%。90年代年输沙量比80年代增加34.5%。

　　昕水河大宁站1955～1959年、50～90年代平均年输沙量分别为0.307亿t、0.256亿t、0.186亿t、0.074 2亿t、0.083 3亿t,年输沙量总体呈逐年递减趋势,见图4-18。80年代以前年输沙量是递减的,90年代略有增加,比80年代增加12.3%。1955～1959年是多沙期,年输沙量比多年平均值偏多82.7%。80、90年代年输沙量分别比多年平均值偏小55.8%和50.4%。1980年代是少沙期,年输沙量是多沙期1955～1959年年输沙量的24.2%。

　　综上所述,各支流年输沙量年代变化规律既有相似性,又有特殊性。皇甫川、窟野河年输沙量从50年代起是逐年代递减的;秃尾河、佳芦河、无定河、清涧河、昕水河年输沙量从50年代至80年代是逐年代递减的,90年代较80年代略有增加,清涧河增加较大;三川河、湫水河、延水年输沙量从60年代起是逐年代递减的,延水90年代较80年代略有增加;孤山川与其他支流年输沙量变化的不同特点是70年代输沙量最大,70～90年代逐年代递减。

　　无定河、佳芦河年输沙量变化较大,无定河白家川站和佳芦河申家湾站50年代年输沙量分别是80年代年输沙量的5.6倍和10.3倍;延水年输沙量变化最小,甘谷驿站年输沙量最多的60年代是最少的80年代的1.99倍。

　　孤山川高石崖站、无定河白家川站、三川河后大成站等水沙变化还表现在枯水年沙量更少,而大水年沙量更大的所谓"两极分化"的特点。

第三节　输沙量年内分配

　　输沙量年内分配随季节而变化,主要受降水量、径流量年内分配和下垫面情况的影响,同时也与降水强度、地表径流与地下径流的组成情况、上游水利工程的拦排沙影响等有较大关系。

一、区间干流

河龙区间干流站输沙量年内分配统计见表4-10。

表4-10 河龙区间干流站输沙量年内分配统计表

站名	资料系列	汛期输沙量占年输沙量(%)	距平(%)	非汛期输沙量占年输沙量(%)	7~8月输沙量占年输沙量(%)	7~8月输沙量占汛期输沙量(%)	距平(%)
河口镇	1952~1959年	72.5	45.0	27.5	46.0	63.4	50.8
	1960~1969年	64.9	55.5	35.1	37.5	57.7	47.3
	1970~1979年	60.5	−8.4	39.5	33.8	55.8	−16.2
	1980~1989年	65.7	−15.7	34.3	42.9	65.3	−9.7
	1990~1999年	60.7	−67.3	39.3	42.9	70.7	−62.1
	1952~1999年	65.5		34.5	39.9	61.0	
府谷	1952~1959年	82.1	25.8	17.9	59.4	72.3	51.5
	1960~1969年	77.1	22.7	22.9	56.0	72.6	45.4
	1970~1979年	75.4	−1.1	24.6	56.8	75.3	−1.8
	1980~1989年	72.6	−12.2	27.4	59.1	81.4	−20.5
	1990~1999年	80.1	−30.1	19.9	62.9	78.6	−64.5
	1952~1999年	77.5		22.5	58.0	74.8	
吴堡	1952~1959年	87.5	58.9	12.5	66.1	75.5	53.1
	1960~1969年	82.1	42.3	17.9	63.5	77.4	40.5
	1970~1979年	80.4	2.4	19.6	65.5	81.5	6.7
	1980~1989年	74.9	−39.6	25.1	59.3	79.2	−38.9
	1990~1999年	75.9	−52.3	24.1	61.3	80.8	−50.8
	1952~1999年	81.4		18.6	63.8	78.3	
龙门	1952~1959年	90.2	58.8	9.8	70.9	78.6	53.0
	1960~1969年	87.1	36.8	12.9	71.5	82.1	37.6
	1970~1979年	86.8	4.7	13.2	74.0	85.2	9.2
	1980~1989年	80.1	−47.7	19.9	64.8	80.8	−48.2
	1990~1999年	83.8	−40.8	16.2	68.3	81.4	−40.9
	1952~1999年	86.6		13.4	70.7	81.6	

河口镇站汛期输沙量为0.7615亿t,占全年输沙量的65.5%,最大可达88.2%(1959年),最小只有9.7%(1971年);7、8两个月输沙量占全年输沙量的39.9%,最大可达72.6%(1986年),最小只有16.2%(1978年)。非汛期输沙量为0.4015亿t,占全年输沙量的34.5%。平均月输沙量8月最大、9月次大,12月最小、1月次小。最大平均月输沙量是最小平均月输沙量的26.5倍。历年最大月输沙量是1967年8月的0.873亿t,占当年年输沙量的40.6%,是多年平均年输沙量的75.1%。汛期和7、8月输沙量占年输沙量的比重变化较大,50年代汛期输沙量占年输沙量的72.5%,90年代汛期输沙量占年输沙

量 60.7%,90 年代汛期输沙量比同期多年平均输沙量偏少 67.3%。

府谷站汛期输沙量为 1.888 亿 t,占全年输沙量的 77.5%,最大可达 92.5%(1959 年),最小只有 24.6%(1980 年);7、8 两个月输沙量占年输沙量也达 58.0%,最大可达 88.2%(1969 年),最小只有 13.9%(1980 年)。非汛期输沙量为 0.549 亿 t,占全年输沙量的 22.5%。输沙量年内分配见图 4-20。平均月输沙量 8 月最大,为 0.847 6 亿 t,占年输沙量的 34.8%,7 月次大;最小平均月输沙量出现在 1 月,为 0.004 9 亿 t,占年输沙量的 0.2%,2 月次小。最大平均月输沙量是最小平均月输沙量的 173 倍。历年最大月输沙量是 1967年 8 月的 4.04 亿 t,占当年输沙量的 46.8%,是多年平均年输沙量的 1.7 倍。50～80 年代汛期输沙量占年输沙量的比重逐年代递减,由 50 年代的 82.1%减至 80 年代的 72.6%,减少了 9.5%,说明输沙量年内分配趋于均匀。90 年代较 80 年代汛期输沙量占年输沙量的比重略有增加。

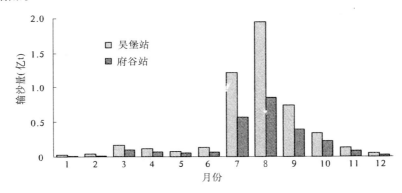

图 4-20　吴堡、府谷站输沙量年内分配图

吴堡站汛期输沙量为 4.063 亿 t,占全年输沙量的 81.4%,最大可达 93.8%(1959 年),最小为 44.1%(1999 年);7、8 两个月输沙量占全年输沙量的 63.8%,最大可达 85.7%(1969 年),最小为 35.1%(1999 年)。非汛期输沙量为 0.926 亿 t,占全年输沙量的 18.6%。输沙量年内分配见图 4-20。平均月输沙量 8 月最大,为 1.954 亿 t,占年输沙量的 39.2%,7 月次大;最小平均月输沙量出现在 1 月,为 0.023 3 亿 t,占年输沙量的 0.5%,2 月次小。最大平均月输沙量是最小平均月输沙量的 88.3 倍。历年最大月输沙量是 1967年 8 月的 11.8 亿 t,占当年输沙量的 60.5%,是多年平均年输沙量的 2.4 倍。50～80 年代汛期输沙量占年输沙量的比重也在逐年代递减,由 50 年代的 87.5%减至 80 年代的 74.9%,减少了 12.6%。90 年代较 80 年代汛期输沙量占年输沙量的比重略有增加。

龙门站汛期输沙量为 7.209 亿 t,占全年输沙量的 86.6%,最大可达 95.3%(1977 年),最小也达 70.2%(1999 年);7、8 两个月输沙量占全年输沙量的 70.7%,最大可达 88.9%(1977 年),最小也有 43.3%(1991 年)。非汛期输沙量为 1.116 亿 t,占全年输沙量的 13.4%。平均月输沙量 8 月最大、7 月次大,1 月最小、6 月次小,最大平均月输沙量是最小平均月输沙量的 121 倍。历年最大月输沙量是 1967 年 8 月的 14.5 亿 t,占当年输沙量的 58.9%,是多年平均年输沙量的 1.7 倍。50～80 年代汛期输沙量占年输沙量的比重也在逐年代递减,由 50 年代的 90.2%减至 80 年代的 80.1%,减少了 10.1%。90 年代较 80 年代汛期输沙量占年输沙量的比重略有增加。

综上所述,输沙量较径流量年内分配更不均匀,主要集中在汛期。4 个站汛期 4 个月输沙量占年输沙量的比重在 65.5% ~ 86.6% 之间,由北到南递增。各站汛期输沙量占年输沙量的比重的最大值比较接近,在 88.2% ~ 95.2% 之间,也由北到南递增。汛期输沙量占年输沙量的比重的最小值差别较大,由北到南分别为 34.2%、24.6%、44.1%、65.2%。7 ~ 8 月输沙量占年输沙量的比重从北到南有较大增加,由河口镇的 39.9% 增加到龙门的70.7%。7 ~ 8 月输沙量占年输沙量的比重的最大值也很接近,由北到南分别为 72.6%、88.2%、85.7%、88.9%。7 ~ 8 月输沙量占年输沙量比重的最小值差别较大,由北到南分别为 16.2%、13.9%、35.1%、43.3%。7 ~ 8 月输沙量占汛期输沙量的比重也是从北到南增加,由河口镇的 61.0% 增加到龙门的 81.6%,这一比重的最大值是龙门站 1998 年的94.6%。

四站最大平均月输沙量均出现在 8 月,最小平均月输沙量河口镇出现在 12 月,其余 3个站出现在 1 月。

输沙量在逐年代递减的同时,汛期和 7 ~ 8 月输沙量以及占年输沙量的比重也在递减,但减小的幅度不同。干流 4 站年输沙量 90 年代比多年平均值偏小 38.8% ~ 67.3%,由北到南分别为 64.7%、67.3%、48.8%、38.8%。同期汛期输沙量比多年平均值偏小30.1% ~ 67.3%,7 ~ 8 月输沙量比多年平均值偏小 40.9% ~ 64.5%,其中府谷站变化最大,龙门站变化最小。

二、各区段

河龙区间各区段输沙量年内分配统计见表 4-11。

表 4-11　河龙区间各区段输沙量年内分配统计表

区　段	汛　期		非汛期		7 ~ 8 月		
	输沙量 (亿 t)	占年输沙量 (%)	输沙量 (亿 t)	占年输沙量 (%)	输沙量 (亿 t)	占年输沙量 (%)	占汛期输沙量 (%)
河口镇—府谷	1.126	88.4	0.148	11.6	0.948 8	74.5	84.3
府谷—吴堡	2.175	85.2	0.377	14.8	1.769	69.3	81.3
吴堡—龙门	3.146	94.3	0.190	5.7	2.702	81.0	85.9
河龙区间	6.447	90.0	0.715	10.0	5.420	75.7	84.1

区间各区段汛期输沙量占年输沙量的比重在 85.2% ~ 94.3% 之间,最大最小相差9.1%。7 ~ 8 月输沙量占年输沙量的比重相差较大,在 69.3% ~ 81.0% 之间;7 ~ 8 月输沙量占汛期输沙量的比重相差不大,在 81.3% ~ 85.9% 之间。

府谷—吴堡区段汛期输沙量为 2.175 亿 t,占年输沙量的 85.2%;非汛期输沙量为0.377 亿 t,占年输沙量的 14.8%。7 ~ 8 月输沙量占年输沙量的 69.3%,占汛期输沙量的81.3%。

河龙区间汛期输沙量为 6.447 亿 t,占年输沙量的 90.0%;非汛期输沙量为 0.715 亿 t,占年输沙量的 10.0%。7 ~ 8 月输沙量占年输沙量的 75.7%,占汛期输沙量的 84.1%。

三、区间支流

(一)河口镇—吴堡区段支流

河龙区间河口镇—吴堡区段主要支流站输沙量年内分配统计见表4-12。

表4-12　河龙区间河口镇—吴堡区段主要支流站输沙量年内分配统计表

站名	资料系列	汛期输沙量占年输沙量（%）	距平（%）	非汛期输沙量占年输沙量（%）	7~8月输沙量占年输沙量（%）	7~8月输沙量占汛期输沙量（%）	距平（%）
皇甫	1954~1959年	98.7	56.4	1.3	73.1	74.0	29.8
	1960~1969年	96.1	-1.8	3.9	83.4	86.8	-4.5
	1970~1979年	99.7	26.2	0.3	90.3	90.6	28.2
	1980~1989年	98.9	-14.2	1.1	93.0	94.0	-9.6
	1990~1999年	99.1	-44.0	0.9	88.5	89.3	-44.0
	1954~1999年	98.5		1.5	88.8	89.2	
高石崖	1954~1959年	99.8	41.0	0.2	79.5	79.7	24.7
	1960~1969年	98.7	18.2	1.3	88.2	89.3	17.2
	1970~1979年	99.7	42.3	0.3	90.4	90.7	43.3
	1980~1989年	98.3	-39.6	1.7	90.8	92.4	-38.0
	1990~1999年	99.9	-45.6	0.1	87.5	87.5	-47.1
	1954~1999年	99.3		0.7	87.7	90.1	
温家川	1954~1959年	98.4	32.6	1.6	81.9	83.3	18.4
	1960~1969年	97.9	15.3	2.1	89.6	91.6	13.2
	1970~1979年	98.6	37.1	1.4	94.6	96.0	41.2
	1980~1989年	97.3	-35.1	2.7	92.0	94.5	-34.2
	1990~1999年	98.1	-37.0	1.9	89.0	90.7	-38.7
	1954~1999年	98.1		1.9	91.5	93.3	
高家川	1956~1959年	94.4	105.6	5.6	90.8	96.2	90.2
	1960~1969年	93.7	31.0	6.3	83.6	89.2	12.4
	1970~1979年	93.0	17.0	7.0	88.3	94.9	6.8
	1980~1989年	85.5	-54.2	14.5	74.7	87.4	-61.5
	1990~1999年	94.7	-36.0	5.3	79.8	84.3	-48.1
	1956~1999年	92.6		7.4	84.4	91.1	
申家湾	1957~1959年	96.3	190.5	3.7	89.4	92.9	218.9
	1960~1969年	97.7	59.5	2.3	84.0	86.1	62.2
	1970~1979年	99.0	12.6	1.0	93.8	94.8	26.1
	1980~1989年	93.9	-72.5	6.1	79.3	84.5	-72.5
	1990~1999年	98.0	-56.8	2.0	89.7	91.6	-53.2
	1957~1999年	97.6		2.4	88.0	90.1	
林家坪	1954~1959年	99.0	22.4	1.0	83.5	84.3	15.5
	1960~1969年	91.9	72.2	8.1	81.8	89.1	71.5
	1970~1979年	99.6	27.1	0.4	93.6	94.0	33.7
	1980~1989年	95.9	-50.3	4.1	83.8	87.3	-51.4
	1990~1999年	99.9	-62.6	0.1	88.2	88.4	-63.0
	1954~1999年	97.2		2.8	86.9	89.4	

皇甫川皇甫站汛期输沙量平均达 0.488 3 亿 t,占全年输沙量的 98.5%,最大可达 100%(1970 年、1994 年),最小也达 86.4%(1955 年);7、8 月两个月输沙量占全年输沙量的 88.8%,最大可达 98.7%(1974 年),最小为 22.1%(1991 年)。非汛期输沙量只占全年输沙量的 1.5%。输沙量年内分配见图 4-21。最大平均月输沙量出现在 7 月,占年输沙量的 53.2%;最小平均月输沙量出现在 1 月,占年输沙量的比例几乎为 0。历年最大月输沙量是 1979 年 8 月的 1.21 亿 t,占当年年输沙量 1.475 亿 t 的 82.0%,是多年平均年输沙量的 2.4 倍。最大 1 日输沙量是 1988 年 8 月 5 日的 0.858 亿 t,占该年年输沙量的 70.3%,是多年平均年输沙量的 1.7 倍。以上分析说明,皇甫川皇甫站输沙量的年内分配十分集中,比年径流量的年内分配更为集中。

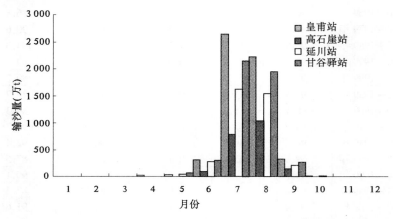

图 4-21　皇甫、高石崖、延川、甘谷驿站输沙量年内分配柱状图

孤山川高石崖站汛期输沙量 0.207 9 亿 t,占全年输沙量约 99.3%,最大可达 100% (共出现 18 年),最小也有 63.5%(1962 年);7、8 月两个月输沙量占全年输沙量的 87.7%, 最大可达 99.8%(1970 年),最小为 24.4%(1962 年)。非汛期输沙量只占全年输沙量的 0.7%。输沙量年内分配见图 4-21。最大平均月输沙量出现在 8 月,占年输沙量的 49.6%;最小平均月输沙量出现在 1 月,占年输沙量的比例几乎为 0。最大月输沙量是 1977 年 8 月的 0.774 亿 t,占当年年输沙量 0.839 亿 t 的 92.3%,是多年平均年输沙量的 4 倍。最大 1 日输沙量是 1977 年 8 月 2 日的 0.683 亿 t,占该年年输沙量的 81.4%,是多年 平均年输沙量的 3.3 倍。

窟野河温家川站汛期输沙量 1.006 亿 t,占全年输沙量的 98.1%,最大可达 99.4% (1976 年), 最小为 63.8%(1965 年);7、8 月两个月输沙量占全年输沙量的 91.5%,最大可达 98.5%(1992 年),最小也达 52.9%(1956 年)。7、8 月两个月输沙量占汛期输沙量的 93.3%。非汛期输沙量占全年输沙量的 1.9%。输沙量年内分配见图 4-22。最大平均月输沙量出现在 8 月,占年输沙量的 49.2%;最小平均月输沙量出现在 1 月,占年输沙量的 0.01%。最大月输沙量发生在 1976 年 8 月,为 2.00 亿 t,最大 1 日输沙量发生在 1976 年 8 月 2 日,达 1.76 亿 t,分别是多年平均年输沙量的 2.0 倍和 1.7 倍,占当年年输沙量的 69.4% 和 61.1%。说明该流域输沙量的年内分配十分集中,比年径流量的年内分配更为集中。

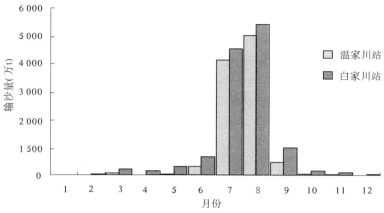

图 4-22 温家川、白家川站输沙量年内分配柱状图

秃尾河高家川站汛期输沙量为 0.186 3 亿 t,占全年输沙量的 92.6%,最大可达 100%（如 1958 年等共有 5 年）,最小也有 41.2%（1965 年）;7、8 月两个月输沙量占全年输沙量的 84.4%,最大可达 96.2%（1970 年）,最小为 25.0%（1983 年）。非汛期输沙量仅占全年输沙量的 7.4%。输沙量年内分配见图 4-23。最大平均月输沙量出现在 8 月,占年输沙量的 43.1%;最小平均月输沙量出现在 1 月,占年输沙量的 0.16%。最大月输沙量是 1971 年 7 月的 0.570 亿 t,占该年年输沙量的 94.2%,是多年平均年输沙量的 2.8 倍。最大 1 日输沙量是 1959 年 7 月 21 日的 0.384 亿 t,占该年年输沙量的 53.3%,是多年平均年输沙量的 1.9 倍。输沙量年内分配变化的特点是 80、90 年代在年输沙量逐年递减的同时,汛期和 7~8 月输沙量占年输沙量的比重也均在减少,并且幅度较大,7~8 月输沙量占全年输沙量的比重减少的幅度较大。80 年代的年、汛期、7~8 月输沙量比多年平均年输沙量分别偏少 50.3%、54.2%、61.5%;90 年代的年、汛期、7~8 月输沙量比多年平均年输沙量分别偏少 37.3%、36.0%、48.1%。

佳芦河申家湾站汛期输沙量为 0.147 3 亿 t,占全年输沙量的 97.6%,最大可达 100%（如 1969 年等共发生 9 年）,最小为 16.1%（1965 年,枯水年）;7~8 月输沙量占年输沙量的 88.0%,最大可达 99.9%（1958 年）,最小只有 13.5%（1992 年和 1993 年）;7~8 月输沙量占汛期输沙量的 90.1%。最大平均月输沙量出现在 8 月,占年输沙量的 46.8%;最小平均月输沙量出现在 1 月,占年输沙量的比例几乎为 0。非汛期输沙量只占全年输沙量的 2.4%。

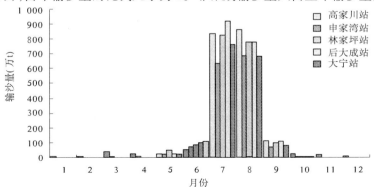

图 4-23 高家川、申家湾、林家坪、后大成、大宁站输沙量年内分配柱状图

　　淑水河林家坪站汛期输沙量为 0.179 3 亿 t,占全年输沙量的 97.2%,最大可达 100%(如 1958 年等共发生 22 年),最小为 70.1%(1962 年);7~8 月输沙量占年输沙量的86.9%,最大可达 100%(1998 年),最小也有 40.1%(1983 年);7~8 月输沙量占汛期输沙量的 89.4%。最大平均月输沙量出现在 7 月,占年输沙量的 45.1%;最小平均月输沙量出现在 1 月,占年输沙量的比例几乎为 0。非汛期输沙量只占全年输沙量的 2.8%。

(二)吴堡—龙门区段支流

　　河龙区间吴堡—龙门区段主要支流站输沙量年内分配统计见表 4-13。

表 4-13　河龙区间吴堡—龙门区段主要支流站输沙量年内分配统计表

站名	资料系列	汛期输沙量占年输沙量(%)	距平(%)	非汛期输沙量占年输沙量(%)	7~8 月输沙量占年输沙量(%)	7~8 月输沙量占汛期输沙量(%)	距平(%)
后大成	1954~1959 年	99.5	67.6	0.5	88.1	88.6	58.3
	1960~1969 年	97.1	72.0	2.9	87.5	90.0	65.1
	1970~1979 年	99.6	− 4.7	0.4	89.8	90.1	− 8.4
	1980~1989 年	98.3	− 50.5	1.7	84.1	85.6	− 54.8
	1990~1999 年	100.0	− 57.4	0.0	87.7	87.8	− 60.1
	1954~1999 年	98.5		1.5	92.4	93.8	
白家川	1956~1959 年	94.1	138.2	5.9	83.6	88.8	110.2
	1960~1969 年	89.8	42.8	10.2	75.6	84.2	19.5
	1970~1979 年	93.9	− 7.2	6.1	86.6	92.3	− 15.0
	1980~1989 年	90.1	− 59.6	9.9	69.7	77.3	− 68.9
	1990~1999 年	95.8	− 31.4	4.2	76.6	80.0	− 45.5
	1956~1999 年	92.0		8.0	78.8	85.6	
延川	1954~1959 年	99.2	41.7	0.8	83.2	83.8	37.7
	1960~1969 年	96.2	11.2	3.8	87.5	91.0	17.3
	1970~1979 年	99.0	11.5	1.0	92.0	92.9	20.2
	1980~1989 年	98.9	− 62.2	1.1	78.7	79.6	− 65.1
	1990~1999 年	99.9	− 2.1	0.1	79.0	79.2	− 10.1
	1954~1999 年	98.3		1.7	84.8	89.4	
甘谷驿	1952~1959 年	99.5	12.0	0.5	89.9	90.4	15.1
	1960~1969 年	96.8	32.4	3.2	83.9	86.7	30.4
	1970~1979 年	99.7	0.5	0.3	89.2	89.5	2.2
	1980~1989 年	97.1	− 33.3	2.9	78.5	80.9	− 38.6
	1990~1999 年	98.5	− 9.2	1.5	86.8	88.1	− 9.0
	1952~1999 年	98.2		1.8	86.4	88.0	
大宁	1955~1959 年	97.0	80.6	3.0	90.9	93.7	75.4
	1960~1969 年	99.6	54.6	0.4	88.2	88.5	41.9
	1970~1979 年	99.1	11.8	0.9	85.8	86.5	0.3
	1980~1989 年	95.8	− 56.9	4.2	81.0	84.6	− 62.2
	1990~1999 年	99.4	− 49.9	0.6	85.2	85.8	− 55.4
	1955~1999 年	98.5		1.5	95.0	96.4	

三川河后大成站汛期输沙量为 0.194 1 亿 t,占全年输沙量的 98.5%,最大可达 100%(如 1958 年等共 21 年),最小也有 73.4%(1984 年);7、8 两个月输沙量占全年输沙量的 92.4%,最大可达 100%(如 1993 年等共 4 年),最小也有 29.1%(1983 年)。7～8 月输沙量占汛期输沙量的 93.8%;非汛期输沙量占全年输沙量的 1.5%。最大平均月输沙量出现在 7 月,占年输沙量的 47.5%;最小平均月输沙量出现在 12 月,占年输沙量的比例几乎为 0。最大月输沙量 0.715 亿 t(1959 年 8 月),占该年年输沙量的 85.6%,是多年平均年输沙量的 3.7 倍。最大 1 日输沙量是 1959 年 8 月 20 日的 0.492 亿 t,占该年年输沙量的 58.9%,是多年平均年输沙量的 2.5 倍。

无定河白家川站汛期输沙量为 1.174 亿 t,占全年输沙量的 92.0%,最大可达 98.7%(1994 年),最小也有 65.0%(1965 年);7、8 两个月输沙量占全年输沙量的 78.8%,最大可达 95.4%(1994 年),最小只有 14.9%(1991 年)。7～8 月输沙量占汛期输沙量的 85.6%;非汛期输沙量占多年平均年输沙量的 8.0%。输沙量年内分配见图 4-22。最大平均月输沙量出现在 8 月,占年输沙量的 42.8%;最小平均月输沙量出现在 1 月,占年输沙量的 0.05%。最大月输沙量 3.24 亿 t(1959 年 8 月),占该年年输沙量的 73.6%,是多年平均年输沙量的 2.5 倍。最大 1 日输沙量是 1966 年 7 月 18 日的 1.27 亿 t,占该年年输沙量的 33.9%,是多年平均年输沙量的 99.5%。输沙量年内分配变化的特点是 80、90 年代在年输沙量逐年递减的同时,汛期和 7～8 月输沙量占年输沙量的比重也均在减少,并且幅度比年大。80 年代的年、汛期、7～8 月输沙量比多年平均年输沙量分别偏少 50.9%、59.6%、68.9%;90 年代的年、汛期、7～8 月输沙量比多年平均年输沙量分别偏少 29.6%、31.4%、45.5%。

清涧河延川站汛期输沙量为 0.365 5 亿 t,占全年输沙量的 98.3%,最大可达 100%(共有 5 年),最小也有 84.3%(1969 年);7、8 两个月输沙量占全年输沙量的 84.8%,最大可达 99.9%(1994 年),最小只有 15.9%(1983 年)。7～8 月输沙量占汛期输沙量的 89.4%;非汛期输沙量仅占全年输沙量的 1.7%。输沙量年内分配见图 4-21。最大平均月输沙量出现在 7 月,占年输沙量的 43.6%;最小平均月输沙量出现在 1 月,占年输沙量的比例几乎为 0。最大月输沙量 1.060 亿 t(1959 年 8 月),占该年年输沙量的 86.2%,是多年平均年输沙量的 2.8 倍。最大 1 日输沙量是 1959 年 8 月 20 日的 0.505 亿 t,占该年年输沙量的 41.1%,是多年平均年输沙量的 1.3 倍。输沙量年内分配变化的特点是 80 年代年输沙量比多年平均年输沙量偏小 62.4%,90 年代输沙量与多年平均年输沙量持平。

延水甘谷驿站汛期输沙量为 0.464 7 亿 t,占全年输沙量的 98.2%,最大可达 100%(共有 8 年),最小为也有 65.8%(1997 年);7、8 两个月输沙量占全年输沙量的 86.4%,最大可达 99.9%(1993 年),最小为 32.2%(1991 年)。7～8 月输沙量占汛期流量的 88.0%,非汛期输沙量占全年输沙量的 1.8%。输沙量年内分配见图 4-21。最大平均月输沙量出现在 7 月,占年输沙量的 45.3%;最小平均月输沙量出现在 1 月,占年输沙量的比例几乎为 0。最大月输沙量是 1964 年 7 月的 1.370 亿 t,占该年年输沙量 1.820 亿 t 的 75.3%,是多年平均年输沙量的 3.8 倍。最大 1 日输沙量是 1972 年 7 月 19 日的 0.505 亿 t,占该年年输沙量的 41.1%,是多年平均年输沙量的 1.1 倍。

昕水河大宁站汛期输沙量为 0.165 1 亿 t,占全年输沙量的 98.5%,最大可达 100%(共有 19 年),最小也达 72.9%(1984 年);7、8 两个月输沙量占全年输沙量的 95.0%,最

大可达 100%（1997 年），最小只有 15.9%（1983 年）。非汛期输沙量占全年输沙量的
1.5%。最大平均月输沙量出现在 7 月，占年输沙量的 45.7%；最小平均月输沙量出现在 1
月，占年输沙量的比例几乎为 0。最大月输沙量为 0.346 亿 t（1958 年 7 月），占该年年输沙
量的 49.1%，是多年平均年输沙量的 2.1 倍。最大 1 日输沙量是 1963 年 8 月 29 日的
0.229 亿 t，占该年年输沙量的 64.0%，是多年平均年输沙量的 1.4 倍。输沙量年内分配变
化的特点是 80 年代年输沙量在递减的同时，汛期和 7~8 月输沙量占年输沙量的比重均
在减少，并且减幅增大。7~8 月输沙量占全年输沙量的比重减少较多，80 年代的年、汛
期、7~8 月输沙量比多年平均年输沙量分别偏少 33.1%、40.6%、46.6%。90 年代汛期和
7~8 月输沙量占年输沙量的比重分别比 80 年代偏多 7.3% 和 10.1%。

（三）综合分析

河龙区间较大支流输沙量年内分配都很不均匀，汛期 4 个月输沙量占年输沙量的比
重在 92.0%~99.3% 之间，其中汛期输沙量占年输沙量最大的是孤山川，次大的是皇甫
川、三川河；最小的是无定河，次小的是秃尾河。在汛期输沙量占年输沙量的比重中，各支
流历年最大除了无定河和窟野河分别为 98.7% 和 99.4% 外，其余较大支流都曾多年达到
100%。在历年汛期输沙量占年输沙量的比重变幅中，最大的是佳芦河，在 16.1%~100%
之间；最小的是皇甫川，在 86.4%~100% 之间。

各站 7~8 月输沙量占年输沙量的比重在 78.8%~95.0% 之间，最大的是湫水河，最
小的是无定河。7~8 月输沙量占汛期输沙量的比重在 85.6%~96.4% 之间，最大的是昕
水河，最小的是无定河。

11 条较大支流最大平均月输沙量占年输沙量的比重在 42.8%~53.2% 之间，见
表 4-14。发生时间在 7 月或 8 月，最大的是皇甫川，最小的是无定河。次大月平均输沙量
都发生在 7 月或 8 月。最小月平均输沙量占年输沙量的比重在 0.2% 以下，最大的是秃尾
河。发生时间除了三川河在 12 月外，皇甫川等 10 条支流都在 1 月。各支流最大月平均
输沙量与最小月平均输沙量相差非常悬殊，其比值范围在 267 和数百万之间，最大的是孤
山川，最小的是秃尾河。

表 4-14　河龙区间较大支流最大、最小月输沙量情况统计表

站 名	平均年输沙量（亿 t）	最　大			次　大		最　小			次　小		月输沙量最大与最小比值
		平均月输沙量（万 t）	月份	占年输沙量（%）	平均月输沙量（万 t）	月份	平均月输沙量（万 t）	月份	占年输沙量（%）	平均月输沙量（万 t）	月份	
皇　甫	0.495 7	2 636	7	53.2	2 221	8	0.012 4	1	0.00	0.040 2	12	212 254
高石崖	0.209 4	1 039	8	49.6	793.8	7	0.000 2	1	0.00	0.009 7	12	4 592 781
温家川	1.025	5 047	8	49.2	4 180	7	0.571 0	1	0.01	1.713	12	8 839
高家川	0.201 2	867.6	8	43.1	835.8	7	3.247	1	0.16	4.337	2	267
申家湾	0.147 6	690.3	8	46.8	637.8	7	0.055 8	1	0.00	0.056 0	12	12 364
林家坪	0.183	825.8	7	45.1	778.6	8	0.001 2	1	0.00	0.003 0	12	687 500
后大成	0.194 1	922.9	7	47.5	780.1	8	0.027 2	12	0.00	0.047 2	1	33 993
白家川	1.276	5 466	8	42.8	4 584	7	5.795	1	0.05	21.11	2	943
延　川	0.371 8	1 620	7	43.6	1 542	8	0.001 5	1	0.00	0.008 0	12	1 064 962
甘谷驿	0.473	2 142	7	45.3	1 942	8	0.002 6	1	0.00	0.027 5	12	828 726
大　宁	0.167 5	765.4	7	45.7	682.3	8	0.000 3	1	0.00	0.001 4	12	2 870 437

非汛期输沙量占年输沙量的比重除了无定河和秃尾河分别为 8.0% 和 7.4% 外,其他支流的这一比重都较小,皇甫川、窟野河、三川河、清涧河、延水、昕水河等支流不足 2%,皇甫川只有 0.5%。

综上所述,河龙区间各较大支流输沙量年内分配都很不均匀,输沙量主要集中在汛期。汛期输沙量占年输沙量的比重均在 90% 以上,这种集中程度远远超过了径流量。而汛期输沙量又主要集中在 7～8 月。7～8 月输沙量占汛期输沙量在 85% 以上,最大平均月输沙量占年输沙量的比重均超过了 40%。

第四节　输沙量的区域差异

泥沙的区域特性与径流基本相似,即在基本相同的气候条件下,流域下垫面条件的差异是造成不同地区输沙差异的主要因素。但也有与径流不同之处。由于不同河流径流的组成不同,泥沙与径流变化的相应程度就不同。以地表径流为主的河流,泥沙与径流变化的相应程度就好;以地下径流为主的河流,泥沙与径流变化的相应程度就差。

一、输沙量变化的区域差异

(一)不同区域输沙量年际变化

河龙区间各代表区域输沙量年际变化统计见表 4-15、图 4-24、图 4-25。

表 4-15　河龙区间各代表区域输沙量年际变化统计表

代表区域	河名	站名	集水面积(km²)	年输沙量(万 t)							输沙模数(t/(km²·a))
				多年平均	C_v	历年最大	出现年份	历年最小	出现年份	历年最大与最小比值	
风沙区	秃尾河	高家堡	2 095	678.4	1.05	2 980	1967	56.7	1999	52.6	3 238
	海流兔河	韩家峁	2 452	26.9	1.17	178	1964	1.62	1999	110	110
梢林区	汾川河	临镇	1 121	47.2	0.99	208	1975	0.106	1997	1 962	421
黄土区	芦河	横山	2 415	767.9	1.52	5 320	1959	6.27	1993	848.5	3 180
过渡区	佳芦河	申家湾	1 121	1 509	1.04	770	1970	29.5	1983	26.1	13 167

高家堡站多年平均年输沙量 678.4 万 t,最大年输沙量是 1967 年的 2 980 万 t,最小年输沙量是 1999 年的 56.7 万 t,最大是最小的 52.6 倍。多年平均年输沙模数为 3 238 t/km²,年输沙量变差系数 C_v 值 1.05,输沙量年际变化较大。

横山站多年平均年输沙量是 767.9 万 t,最大年输沙量是 1959 年的 5 320 万 t,最小年输沙量是 1993 年的 6.27 万 t,最大是最小的 848.5 倍。多年平均年输沙模数为 3 180 t/km²,年输沙量变差系数 C_v 值 1.52,输沙量年际变化较大。

韩家峁站多年平均年输沙量是 26.9 万 t,最大年输沙量是 1964 年的 178 万 t(上游垮坝),最小年输沙量是 1999 年的 1.62 万 t,最大是最小的 110 倍。多年平均年输沙模数为 110 t/km²,年输沙量变差系数 C_v 值 1.17,输沙量年际变化较大。

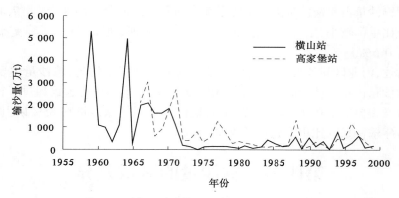

图 4-24　横山、高家堡站历年年输沙量过程线

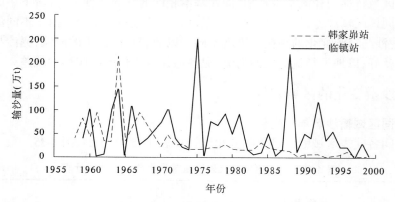

图 4-25　韩家峁、临镇站历年年输沙量过程线

临镇站多年平均年输沙量是 47.2 万 t,最大年输沙量是 1975 年的 208 万 t,最小年输沙量是 1997 年的 0.106 万 t,最大是最小的 1 962 倍。多年平均年输沙模数为 421 t/km²,年输沙量变差系数 C_v 值 0.99,输沙量年际变化比风沙区大。

综上所述,风沙区输沙量年际变化相对较小,梢林区、黄土丘陵沟壑区和过渡区都较大。风沙区无论是输沙量变差系数还是输沙量变幅都较小;梢林区虽然输沙量变差系数较小,但输沙量变幅很大;黄土丘陵沟壑区和过渡区输沙量变差系数和输沙量变幅都比较大。输沙模数是风沙区的韩家峁站最小,梢林区居中,黄土丘陵沟壑区和过渡区最大。但同样是风沙区的高家堡站输沙模数却较大,高家堡站输沙模数是韩家峁站输沙模数的29.4 倍,主要原因是两站以上流域降水量、降雨强度不同和地面坡度差异较大。

(二)不同区域输沙量年内分布

1.时段输沙量

河龙区间各代表区域不同时段输沙量统计见表 4-16。风沙区的高家堡和韩家峁站汛期输沙量占全年输沙量的比重分别为 85.9% 和 51.6%,7～8 月输沙量占年输沙量的比重分别为 79.7% 和 35.7%,7～8 月输沙量占汛期输沙量的比重分别为 92.8% 和 69.2%。显然,汛期和 7～8 月输沙量较小。两站非汛期输沙量占全年输沙量的的比重分别为 14.1% 和 48.4%,说明非汛期输沙量的比重较大。

表 4-16　河龙区间各代表区域不同时段输沙量统计表

站 名	年输沙量 (万 t)	汛 期		非汛期	7～8 月		
		输沙量 (万 t)	占年输沙量 (%)	占年输沙量 (%)	输沙量 (万 t)	占年输沙量 (%)	占汛期输沙量 (%)
高家堡	678.4	582.7	85.9	14.1	540.6	79.7	92.8
韩家峁	26.9	13.88	51.6	48.4	9.602	35.7	69.2
横 山	767.9	709.8	92.4	7.6	592	77.1	83.4
临 镇	47.2	45.55	96.5	3.5	37.94	80.4	83.3
申家湾	1 509	1 473	97.6	2.4	1 328	88.0	90.2

　　梢林区的临镇站汛期输沙量占全年输沙量的 96.5%,7～8 月输沙量占年输沙量的比重为 80.4%、占汛期输沙量的比重为 83.3%。梢林区汛期和 7～8 月输沙量占年输沙量的比重均比风沙区大,与黄土丘陵沟壑区和过渡区基本一致。

　　2.年内分布

　　风沙区的高家堡和韩家峁站全年有沙,最大平均月输沙量均出现在 8 月。高家堡站平均 8 月输沙量占年输沙量的 40.7%,次大平均月输沙量 7 月与 8 月值接近,占年输沙量的 39.0%。最小平均月输沙量出现在 6 月,占年输沙量的 0.3%。历年最大平均月输沙量是最小月平均输沙量的 142 倍。韩家峁站平均 8 月输沙量占年输沙量的 25.8%,次大平均月输沙量出现在 9 月,输沙量远小于 8 月,占年输沙量的 9.9%。最小平均月输沙量出现在 6 月,占年输沙量的 2.8%,历年最大平均月输沙量是最小平均月输沙量的 9.3 倍。输沙量年内分配见图 4-26、图 4-27 和表 4-17。

　　临镇站最大平均月输沙量出现在 7 月,占年输沙量的 42.0%,次大平均月输沙量出现在 8 月,占年输沙量的 38.4%。1～4 月和 11～12 月输沙量甚小,可以忽略不计。见图 4-27。

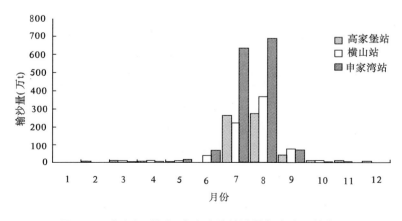

图 4-26　高家堡、横山、申家湾站输沙量年内分配柱状图

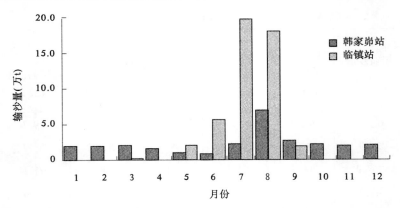

图 4-27　临镇、韩家峁站输沙量年内分配柱状图

表 4-17　代表区域各站输沙量年内分配统计表

站　名	项目	1 月	2 月	3 月	4 月	5 月	6 月	7 月	8 月	9 月	10 月	11 月	12 月
高家堡	输沙量（万 t）	2.013	2.551	13.89	8.130	8.167	1.948	264.4	276.1	40.19	11.88	11.35	6.930
	占年(%)	0.3	0.4	2.0	1.2	1.2	0.3	39.0	40.7	5.9	1.8	1.7	1.0
韩家峁	输沙量（万 t）	1.882	1.895	2.056	1.526	1.052	0.749	2.179	6.947	2.654	2.097	1.835	2.053
	占年(%)	7.0	7.0	7.6	5.7	3.9	2.8	8.1	25.8	9.9	7.8	6.8	7.6
横　山	输沙量（万 t）	0.653 5	0.823 4	14.06	10.76	13.39	42.71	222.5	369.6	74.98	12.08	5.558	1.889
	占年(%)	0.1	0.1	1.8	1.4	1.7	5.6	29.0	48.1	9.8	1.6	0.7	0.2
临　镇	输沙量（万 t）	0.000 2	0.007 9	0.087 4	0.016 5	2.050	5.701 4	19.82	18.11	1.911	0.038 2	0.000 7	0.000 1
	占年(%)	0.0	0.0	0.2	0.0	4.3	12.1	42.0	38.4	4.0	0.1	0.0	0.0
申家湾	输沙量（万 t）	0.055 8	0.108 2	4.282	8.825	22.55	71.19	637.7	690.3	73.18	6.060	0.516	0.056
	占年(%)	0.0	0.0	0.3	0.6	1.5	4.7	42.2	45.7	4.8	0.4	0.0	0.0

横山站全年有沙，最大平均月输沙量出现在 8 月，8 月输沙量占年输沙量的 48.1%。次大平均月输沙量出现在 7 月，占年输沙量的 29.0%。最小平均月输沙量出现在 1 月，占年输沙量的 0.1%。历年最大平均月输沙量是最小平均月输沙量的 566 倍。

二、输沙模数的区域差异

不同区域产沙的差异很大。风沙区韩家峁站多年平均年输沙模数为 110 t/km²，流域土壤侵蚀属"微弱"。梢林区临镇站多年平均年输沙模数为 421 t/km²，流域土壤侵蚀属

"微弱"。横山站多年平均年输沙模数为 3 180 t/km²,流域土壤侵蚀属"强烈"。

同一河流不同区域产沙差异也很大。根据表 4-18 统计,窟野河神木—温家川区间多年平均年输沙模数为 3.27 万 t/km²,最大年输沙模数竟高达 10.0 万 t/km²,土壤侵蚀属"异常强烈"。

表 4-18 不同区域输沙对比统计表

河 名	区间名称	集水面积 (km²)	输沙量 (万 t)	多年平均 年输沙模数 (万 t/km²)	历年最大 年输沙模数 (万 t/km²)	发生年份	资料年限
窟野河	神木—温家川	1 347	4 403	3.27	10.0	1959	1954～1989 年
秃尾河	高家堡—高家川	1 158	1 258	1.09	3.68	1970	1956～1999 年
无定河	丁家沟—白家川	6 264	5 470	0.872	3.60	1977	1974～1999 年
	丁家沟—川口	6 795	10 910	1.61	4.16	1959	1959～1973 年
延 水	延安—甘谷驿	2 683	1 307	0.487	1.93	1964	1952～1999 年
汾川河	临镇—新市河	541	287	0.531	2.33	1988	1959～1999 年

秃尾河高家堡—高家川区间多年平均年输沙模数为 1.09 万 t/km²,是高家堡以上流域多年平均年输沙模数的 3.4 倍,最大年输沙模数达 3.68 万 t/km²(1970 年),土壤侵蚀属"异常强烈"。

无定河丁家沟—白家川区间多年平均年输沙模数为 0.872 万 t/km²(1974～1999 年),最大年输沙模数达 3.60 万 t/km²(1977 年)。丁家沟—川口区间多年平均年输沙模数为 1.61 万 t/km²(1959～1973 年),最大年输沙模数达 4.16 万 t/km²(1959 年)。丁家沟以上流域多年平均年输沙模数仅为 0.185 万 t/km²,最大年输沙模数是 0.692 万 t/km²(1966 年),土壤侵蚀属"中度",丁家沟以下区域土壤侵蚀属"异常强烈"。

延水延安—甘谷驿区间多年平均年输沙模数为 0.487 万 t/km²,最大年输沙模数为 1.93 万 t/km²(1964 年),土壤侵蚀属"强烈"。延安以上区域多年平均年输沙模数为 1.07 万 t/km²,是延安—甘谷驿区间多年平均年输沙模数的 2.2 倍,最大年输沙模数 4.15 万 t/km²(1964 年),土壤侵蚀属"异常强烈"。

汾川河临镇—新市河区间多年平均年输沙模数为 0.531 万 t/km²,是临镇以上区域多年平均年输沙模数 421 t/km² 的 12.6 倍。该区间最大年输沙模数达 2.33 万 t/km²(1988 年)。临镇以上梢林区流域土壤侵蚀属"微弱",临镇—新市河区间土壤侵蚀属"甚强烈"。

综上所述,不同区域输沙量年际变化和年内分配差异很大,输沙模数是风沙区的韩家峁站最小,梢林区较小,黄土丘陵沟壑区最大。黄土丘陵沟壑区的窟野河神木—温家川区间、高家堡—高家川区间、丁家沟—川口区间、延安以上区域等土壤侵蚀属"异常强烈"。同样是风沙区的高家堡站年输沙模数较大,是韩家峁站年输沙模数的近 30 倍,主要原因是两站以上流域降水量、降雨强度不同和地面坡度差异较大。

第五节　含沙量特征

　　黄河上游来水多、来沙少,含沙量小;河龙区间来水少、来沙多,含沙量大。龙门站多年平均含沙量是河口镇站多年平均含沙量的近 5 倍。区间各支流含沙量更大,洪水一般都是高含沙水流,但各支流间含沙量大小差别较大。

一、区间干流

(一)单站变化

　　河口镇站多年平均含沙量为 5.12 kg/m³(见表 4-19),实测最大含沙量 40.0 kg/m³(1989 年 7 月 23 日),最大年平均含沙量是 8.87 kg/m³(1959 年)。汛期和 7～8 月平均含沙量分别为 7.10 kg/m³ 和 7.60 kg/m³,7～8 月平均含沙量是年平均含沙量的 1.5 倍。50～90 年代平均含沙量分别为 6.38 kg/m³、6.73 kg/m³、4.94 kg/m³、4.09 kg/m³、2.62 kg/m³,60 年代含沙量最大,90 年代最小。平均来沙系数为 0.007 11 kg·s/m⁶。从该站历年累积径流量与累积输沙量相关曲线(见图 4-28)可知,在 1969 年、1986 年关系点处二者关系线斜率有明显变化。这种水沙量关系的变化主要是受了刘家峡水库 1969 年建成投入运用和 1986 年龙羊峡水库建成投入运用后水沙调控的影响。1952～1968 年、1969～1986 年和 1987～1999 年平均含沙量分别为 6.72 kg/m³、4.62 kg/m³、2.73 kg/m³,后者只有前者的 40.6%。

表 4-19　区间干流站不同时段含沙量统计表

站名	资料系列	含沙量(kg/m³)			站名	资料系列	含沙量(kg/m³)		
		年	汛期	7～8月			年	汛期	7～8月
河口镇	1952～1959年	6.38	8.58	9.51	吴堡	1952～1959年	26.4	43.6	55.8
	1960～1969年	6.73	8.41	8.75		1960～1969年	23.0	37.3	50.4
	1970～1979年	4.94	6.92	7.18		1970～1979年	20.2	37.5	54.4
	1980～1989年	4.09	5.79	6.54		1980～1989年	12.7	20.9	27.8
	1990～1999年	2.62	4.20	4.97		1990～1999年	14.8	28.8	38.3
	1952～1999年	5.12	7.10	7.60		1952～1999年	19.7	34.3	45.6
府谷	1952～1959年	14.1	21.9	27.4	龙门	1952～1959年	40.5	68.1	88.3
	1960～1969年	13.0	19.6	25.3		1960～1969年	33.6	58.0	81.7
	1970～1979年	10.2	18.0	24.8		1970～1979年	30.5	60.2	89.3
	1980～1989年	7.75	12.3	17.0		1980～1989年	17.0	30.3	40.9
	1990～1999年	5.00	10.5	13.7		1990～1999年	25.7	53.8	71.8
	1952～1999年	10.4	17.2	22.2		1952～1999年	29.7	54.6	74.4

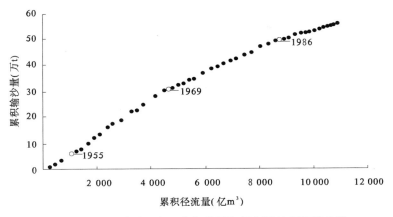

图 4-28   河口镇站历年累积径流量与累积输沙量相关曲线

府谷站多年平均含沙量为 10.4 kg/m³,是河口镇平均含沙量的 2 倍。平均来沙系数为 0.013 9 kg·s/m⁶,是河口镇平均来沙系数的 2 倍。实测最大含沙量 1 190 kg/m³(1971 年 7 月 23 日),最大年平均含沙量是 24.0 kg/m³(1969 年)。汛期和 7～8 月平均含沙量分别为 17.2 kg/m³ 和 22.2 kg/m³,7～8 月平均含沙量是年平均含沙量的 2.1 倍。该站历年累积径流量与累积输沙量相关曲线见图 4-29。从关系图可知,在 1974 年、1986 年二者关系线斜率有明显变化。这种水沙量关系的变化主要是受了天桥水库建成投入运用后水沙调控的影响。50～90 年代平均含沙量分别为 14.1 kg/m³、13.0 kg/m³、10.2 kg/m³、7.75 kg/m³、5.00 kg/m³,说明府谷站含沙量呈逐年递减趋势。

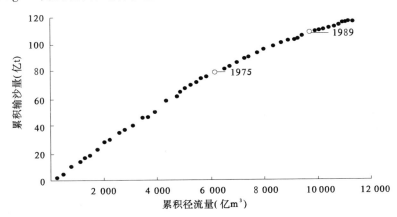

图 4-29   府谷站历年累积径流量与累积输沙量相关曲线

吴堡站多年平均含沙量为 19.7 kg/m³,是河口镇平均含沙量的 3.9 倍。平均来沙系数为 0.024 9 kg·s/m⁶,是河口镇平均来沙系数的 3.5 倍。实测最大含沙量 888 kg/m³(1970 年 8 月 2 日),最大年平均含沙量 42.8 kg/m³(1959 年)。汛期和 7～8 月平均含沙量分别为 34.3 kg/m³ 和 45.6 kg/m³,7～8 月平均含沙量是年平均含沙量的 2.3 倍。该站历年累积径流量与累积输沙量相关曲线见图 4-30。从关系图可知,在 1965 年、1970 年、1980 年、1990 年前后二者关系线斜率有明显变化。50～90 年代平均含沙量分别为 26.4 kg/m³、

23.0 kg/m³、20.2 kg/m³、12.7 kg/m³、14.8 kg/m³,50~80 年代吴堡站含沙量逐年递减,进入 90 年代以来含沙量略有增加,在水沙量均减小的同时,沙量比水量减小的幅度小,造成含沙量增大。

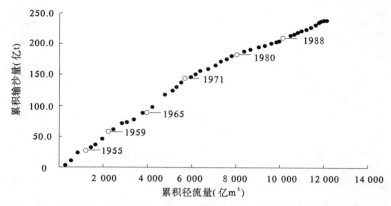

图 4-30　吴堡站历年累积径流量与累积输沙量相关曲线

龙门站多年平均含沙量为 29.7 kg/m³,是河口镇平均含沙量的 5.8 倍。平均来沙系数为 0.033 8 kg·s/m⁶,是河口镇平均来沙系数的 4.7 倍。实测最大含沙量 933 kg/m³(1966 年 7 月 18 日),最大年平均含沙量是 61.3 kg/m³(1959 年)。汛期和 7~8 月平均含沙量分别为 54.6 kg/m³ 和 74.4 kg/m³,7~8 月平均含沙量是年平均含沙量的 2.5 倍。该站历年累积径流量与累积输沙量相关曲线见图 4-31。从关系图可知,该站 1980 年以前不同时段水沙关系变化较为复杂,是因为受不同地区来水来沙差异较大影响的结果。在 1980 年和 1988 年关系线斜率有明显变化,1980~1987 年关系线斜率减小;1988 年以后关系线斜率又增大,基本上恢复到了 1980 年以前的趋势。经计算,1952~1979 年、1980~1987 年、1988~1999 年平均含沙量分别为 34.5 kg/m³、14.2 kg/m³、26.4 kg/m³。50~90 年代平均含沙量分别为 40.5 kg/m³、33.6 kg/m³、30.5 kg/m³、17.0 kg/m³、25.7 kg/m³,50~80 年代龙门站含沙量逐年递减,1988 年以来含沙量又有明显增加。90 年代与 80 年代相比,径流量减小了 28.3%,输沙量却增加了 8.3%,因而使含沙量增加了 51.2%。

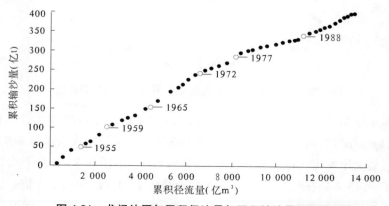

图 4-31　龙门站历年累积径流量与累积输沙量相关曲线

(二)沿程变化

区间河口镇、府谷、吴堡和龙门 4 站多年平均含沙量分别为 5.12 kg/m³、10.4 kg/m³、19.7 kg/m³、29.7 kg/m³。府谷、吴堡、龙门较河口镇含沙量分别增加 102%、285%、480%;吴堡含沙量比府谷增加 89.4%,龙门含沙量比吴堡增加 50.7%。从图 4-32 和图 4-33 可见,全年、汛期、7~8 月含沙量均沿程大幅增加。

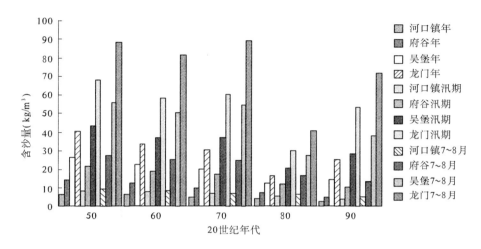

图 4-32 区间干流站各年代年、汛期、7~8 月平均含沙量柱状图

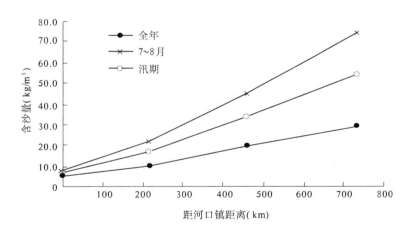

图 4-33 区间年、汛期、7~8 月含沙量沿程变化图

(三)水沙关系

区间干流 4 站年径流量与年输沙量相关关系见图 4-34,汛期径流量与汛期输沙量相关关系见图 4-35。无论全年还是汛期,同级年径流量河口镇与府谷输沙量相差较小,与吴堡相差较大,与龙门相差最大。二者关系从河口镇开始,越往南越显散乱,也反映了水沙异源的明显特征。

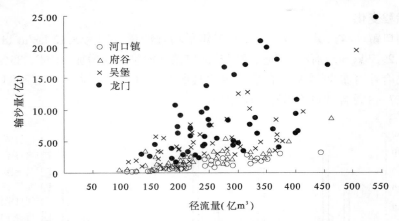

图 4-34　干流 4 站年径流量与年输沙量相关关系图

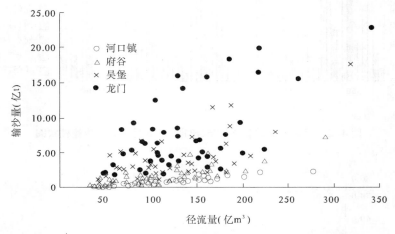

图 4-35　干流 4 站汛期径流量与汛期输沙量相关关系图

综上所述,区间干流 4 站含沙量总体呈逐年递减趋势;7~8 月平均含沙量与年平均含沙量的比值从北到南递增;区间来水来沙使各站水沙的年内分配更不均匀;含沙量沿程大幅增加。刘家峡、龙羊峡和天桥等水库的建成运用,使各站水沙关系的趋势发生变化;区间来水来沙使各站水沙关系趋于复杂。

二、各区段

河龙区间各区段各时期来水的平均含沙量统计见表 4-20。区间来水的多年平均含沙量为 135 kg/m³;汛期来水的多年平均含沙量为 260 kg/m³。50~70 年代平均含沙量与多年平均值基本持平;80 年代平均含沙量显著减小,比多年平均含沙量偏小 35.0%;90 年代平均含沙量比 80 年代增加 13.0%。河口镇—府谷、府谷—吴堡、吴堡—龙门各区段来水的多年平均含沙量分别为 157 kg/m³、143 kg/m³、123 kg/m³,从北到南是递减的。府谷—吴堡区段来水的平均含沙量 90 年代比 80 年代年、汛期、7~8 月都有所增加,其中汛期增加 27.9%;吴堡—龙门区段来水的平均含沙量 90 年代与 80 年代基本持平,其中年平均含沙量增加 26.5%。

表 4-20　区间各区段各时期来水的平均含沙量统计表

区段	资料系列	含沙量(kg/m³)			区段	资料系列	含沙量(kg/m³)		
		年	汛期	7~8月			年	汛期	7~8月
河口镇—府谷	1952~1959年	125	282	315	府谷—吴堡	1952~1959年	158	269	300
	1960~1969年	159	484	453		1960~1969年	145	273	320
	1970~1979年	219	764	591		1970~1979年	156	270	308
	1980~1989年	147	435	336		1980~1989年	109	215	216
	1990~1999年	138	290	269		1990~1999年	135	197	250
	1952~1999年	157	409	376		1952~1999年	143	252	284
吴堡—龙门	1952~1959年	153	251	283	河龙区间	1952~1959年	148	262	210
	1960~1969年	139	270	348		1960~1969年	145	296	253
	1970~1979年	125	233	318		1970~1979年	147	278	245
	1980~1989年	78.1	193	251		1980~1989年	100	231	194
	1990~1999年	98.8	191	254		1990~1999年	113	200	164
	1952~1999年	123	234	292		1952~1999年	135	260	218

　　区间来水的径流量与输沙量有较好的相关关系,见图 4-36。河口镇—府谷、府谷—吴堡区段来水的含沙量比吴堡—龙门区段大,吴堡—龙门区段径流量与输沙量关系点据呈较宽的带状,区段加水使龙门站水沙关系的点据较为散乱。

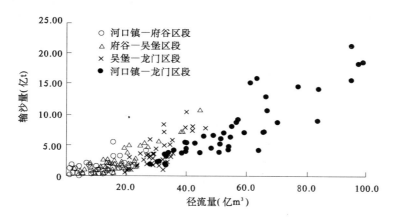

图 4-36　各区段年径流量与输沙量相关关系图

三、区间支流

(一)单站分析

　　区间各较大支流站各时期平均含沙量统计见表 4-21。

表 4-21　区间各较大支流站各时期平均含沙量统计表

站名	资料系列	含沙量(kg/m³)			站名	资料系列	含沙量(kg/m³)		
		年	汛期	7~8月			年	汛期	7~8月
皇甫	1954~1959年	289	360	367	高石崖	1954~1959年	234	298	317
	1960~1969年	293	392	435		1960~1969年	246	352	387
	1970~1979年	356	414	463		1970~1979年	303	395	439
	1980~1989年	336	402	428		1980~1989年	232	307	341
	1990~1999年	308	354	365		1990~1999年	216	269	277
	1954~1999年	313	387	429		1954~1999年	257	333	372
温家川	1954~1959年	165	251	282	高家川	1956~1959年	95.8	194	267
	1960~1969年	161	284	343		1960~1969年	60.2	141	204
	1970~1979年	193	323	397		1970~1979年	61.2	147	223
	1980~1989年	129	226	276		1980~1989年	33.0	78.71	123
	1990~1999年	144	247	283		1990~1999年	44.0	114	161
	1954~1999年	161	272	321		1956~1999年	56.3	134	185
申家湾	1958~1959年	440	640	715	林家坪	1954~1959年	190	261	301
	1960~1969年	265	453	530		1960~1969年	273	346	397
	1970~1979年	231	416	507		1970~1979年	275	361	407
	1980~1989年	99.5	215	291		1980~1989年	179	240	280
	1990~1999年	171	301	434		1990~1999年	156	210	235
	1958~1999年	222	392	483		1954~1999年	229	303	348
后大成	1954~1959年	110	165	207	白家川	1956~1959年	188	340	409
	1960~1969年	104	190	255		1960~1969年	123	262	337
	1970~1979年	73.9	138	190		1970~1979年	95.8	222	302
	1980~1989年	50.4	95.71	131		1980~1989年	50.8	127	176
	1990~1999年	49.4	93.71	124		1990~1999年	90.0	228	279
	1954~1999年	80.8	145	204		1956~1999年	105	236	279
延川	1954~1959年	339	428	459	甘谷驿	1952~1959年	245	333	379
	1960~1969年	288	440	512		1960~1969年	256	391	455
	1970~1979年	284	402	458		1970~1979年	227	342	408
	1980~1989年	124	218	272		1980~1989年	154	248	309
	1990~1999年	233	347	389		1990~1999年	207	320	361
	1954~1999年	263	374	446		1952~1999年	218	330	390
大宁	1955~1959年	147	180	201					
	1960~1969年	124	200	270					
	1970~1979年	128	183	220					
	1980~1989年	73.4	115	146					
	1990~1999年	87.8	127	144					
	1955~1999年	118	170	227					

皇甫站多年平均含沙量是 313 kg/m³,是区间支流多年平均含沙量中最大的站。该站实测最大含沙量 1 570 kg/m³(1974 年 7 月 23 日),最大年平均含沙量 391 kg/m³(1966 年)。50~90 年代平均含沙量分别为 289 kg/m³、293 kg/m³、356 kg/m³、336 kg/m³、308 kg/m³,70年代含沙量最大,而丰水、多沙系列的 50 年代反而含沙量最小。总体上讲,该站不同年代

含沙量相差不大,从该站历年累积径流量与累积输沙量相关关系(见图 4-37)同样反映出这一特性。

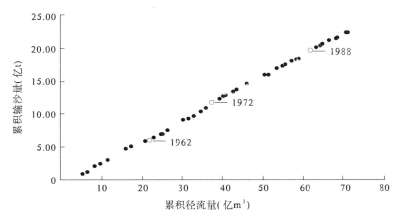

图 4-37 皇甫川皇甫站历年累积径流量与累积输沙量相关关系图

高石崖站多年平均含沙量是 257 kg/m³,实测最大含沙量是 1 300 kg/m³(1976 年 6 月 28 日),最大年平均含沙量 405 kg/m³(1977 年)。1954~1959 年、60~90 年代平均含沙量分别为 234 kg/m³、246 kg/m³、303 kg/m³、232 kg/m³、216 kg/m³。该站不同年代含沙量变化是,70 年代含沙量最大,90 年代最小。从该站历年累积径流量与累积输沙量相关关系图反映出,1954~1959 年、1964~1977 年两个系列含沙量大,1960~1963 年、1978~1999 年两个系列含沙量小。

温家川站多年平均含沙量是 161 kg/m³,实测最大含沙量高达 1 700 kg/m³(1958 年 7 月 10 日),最大年平均含沙量 391 kg/m³(1966 年)。1954~1959 年、60~90 年代平均含沙量分别为 165 kg/m³、161 kg/m³、193 kg/m³、129 kg/m³、144 kg/m³。该站不同年代含沙量变化是,70 年代含沙量最大,80 年代最小,90 年代比 80 年代增加 11.6%。从该站历年累积径流量与累积输沙量相关关系图可知,二者关系比较散乱,1980 年以后二者关系线斜率明显变小,窟野河来水来沙年际变化较大,1980 年以后含沙量明显减小。

高家川站多年平均含沙量是 56.3 kg/m³,实测最大含沙量是 1 440 kg/m³(1971 年 7 月 23 日),最大年平均含沙量 139 kg/m³(1971 年)。1956~1959 年、60~90 年代平均含沙量分别为 95.8 kg/m³、60.2 kg/m³、61.2 kg/m³、33.0 kg/m³、44.0 kg/m³。该站不同年代含沙量变化是,1956~1959 年含沙量最大,80 年代最小,90 年代比 80 年代增加 68.6%。从该站历年累积径流量与累积输沙量相关关系图可知,二者关系 1978 年以前比较散乱,1978~1987 年二者关系线斜率明显变小,该时段含沙量最小仅为 22.2 kg/m³,是多年平均值的 36.0%。1988~1993 年二者关系线斜率又变大,1994 年起二者关系线斜率明显变大,说明含沙量增大。

申家湾站多年平均含沙量是 222 kg/m³,实测最大含沙量达 1 480 kg/m³(1963 年 6 月 3 日),最大年平均含沙量 455 kg/m³(1970 年)。1958~1959 年、60~90 年代平均含沙量分别为 440 kg/m³、265 kg/m³、231 kg/m³、99.5 kg/m³、171 kg/m³。该站不同年代含沙量变化是,80 年代以前是逐年代递减的,80 年代最小,90 年代比 80 年代增加 71.9%。从该站历年累积径流量与累积输沙量相关关系图可知,1973 年、1980 年、1991 年关系线斜率发生明显变化,表明佳芦河 1980~1990 年含沙量明显减小,90 年以后含沙量又明显增大。

林家坪站多年平均含沙量是 229 kg/m³,实测最大含沙量是 1 010 kg/m³(1992 年 7 月 23 日),最大年平均含沙量是 406 kg/m³(1966 年)。1954~1959 年、60~90 年代平均含沙量分别为 190 kg/m³、273 kg/m³、275 kg/m³、179 kg/m³、156 kg/m³。该站不同年代含沙量变化是,从 60 年代起是逐年代递减的。从该站历年累积径流量与累积输沙量相关关系图可知,1979 年以前二者关系趋势比较一致,从 1979 年起关系线斜率明显变小,表明湫水河从 1979 年起含沙量明显减小。

后大成站多年平均含沙量是 80.8 kg/m³,实测最大含沙量是 876 kg/m³(1955 年 7 月 28 日),最大年平均含沙量是 200 kg/m³(1966 年)。1954~1959 年、60~90 年代平均含沙量分别为 110 kg/m³、104 kg/m³、73.9 kg/m³、50.4 kg/m³、49.4 kg/m³。该站不同年代含沙量变化是逐年代递减的。从该站历年累积径流量与累积输沙量相关关系图可知,二者关系 1970 年以前趋势比较一致,1970~1977 年关系线斜率明显变小,1978~1987 年关系线斜率变得更小,该时段含沙量最小仅为 38.4 kg/m³,是多年平均值的 45.9%。从 1988 年起关系线斜率明显变大,说明含沙量增大。

白家川站多年平均含沙量是 105 kg/m³,实测最大含沙量是 1 290 kg/m³(1966 年 6 月 27 日),最大年平均含沙量 235 kg/m³(1966 年)。1956~1959 年、60~90 年代平均含沙量分别为 188 kg/m³、123 kg/m³、95.8 kg/m³、50.8 kg/m³、90.0 kg/m³。该站不同年代含沙量变化是,80 年代以前是逐年代递减的,80 年代含沙量最小,90 年代比 80 年代增加 77.2%。从该站历年累积径流量与累积输沙量相关关系图 4-38 可知,1959 年以前二者关系线斜率最大,1978~1986 年关系线斜率明显变小,该时段含沙量最小,1988~1993 年关系线斜率又变大,从 1994 年起关系线斜率明显变大,说明含沙量增大。

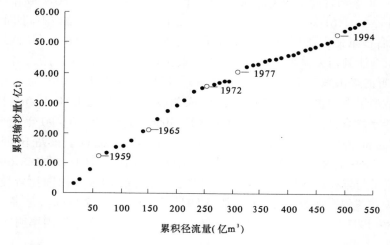

图 4-38　无定河白家川站历年累积径流量与累积输沙量相关关系图

延川站多年平均含沙量是 263 kg/m³,实测最大含沙量是 1 150 kg/m³(1964 年 6 月 24 日),最大年平均含沙量是 455 kg/m³(1959 年)。1954~1959 年、60~90 年代平均含沙量分别为 339 kg/m³、288 kg/m³、284 kg/m³、124 kg/m³、233 kg/m³。该站不同年代含沙量变化

是,80年代以前是逐年代递减的,80年代含沙量最小,90年代比80年代增加87.9%。从该站历年累积径流量与累积输沙量相关关系图可知,二者关系1981年以前趋势比较一致,1982～1986年关系线斜率明显变小,该时段含沙量最小,仅为78.9 kg/m³,是多年平均值的30.3%,从1987年起,关系线斜率又变大,说明含沙量增大。

甘谷驿站多年平均含沙量是218 kg/m³,实测最大含沙量是1 200 kg/m³(1963年6月17日),最大年平均含沙量383 kg/m³(1966年)。1952～1959年、60～90年代平均含沙量分别为245 kg/m³、256 kg/m³、227 kg/m³、154 kg/m³、207 kg/m³。该站不同年代含沙量变化是,60年代含沙量最大,80年代最小,90年代比80年代增加34.4%。从该站历年累积径流量与累积输沙量相关关系图可知,二者关系1971年以前趋势比较一致,1980～1986年关系线斜率明显变小,1987～1996年关系线斜率又变大,1997～1999年关系线斜率又明显变小,含沙量锐减至124 kg/m³,仅仅是多年平均含沙量的56.6%。

昕水河大宁站多年平均含沙量是118 kg/m³,实测最大含沙量是741 kg/m³(1966年6月26日),最大年平均含沙量234 kg/m³(1966年)。1955～1959年、60～90年代平均含沙量分别为147 kg/m³、124 kg/m³、128 kg/m³、73.4 kg/m³、87.8 kg/m³。该站不同年代含沙量变化是,70年代含沙量最大,80年代最小,90年代比80年代增加19.6%。从该站历年累积径流量与累积输沙量相关关系图可知,二者关系1982年以前趋势基本一致,1983～1987年关系线斜率明显变小,1988～1996年关系线斜率又变大,1997～1999年关系线斜率又变小,反映了该站不同时期含沙量变化的特点。

(二)综合分析

1.基本特性

河龙区间各支流实测最大含沙量是发生在窟野河温家川站1958年7月10日的1 700 kg/m³,有15条支流实测最大含沙量在1 000 kg/m³以上。地处陕北的10条支流中有8条支流实测最大含沙量在1 000 kg/m³以上(见前文所述和表4-22),另外汾川河新市河站和仕望川大村站实测最大含沙量也分别达745 kg/m³和854 kg/m³。晋西及晋西北的11条支流中,三川河以北6条支流实测最大含沙量均在1 000 kg/m³以上,另外岚漪河裴家川、三川河后大成、屈产河裴沟、昕水河大宁站和州川河吉县站实测最大含沙量也分别达975 kg/m³、876 kg/m³、814 kg/m³、741 kg/m³和926 kg/m³。

表4-22　区间较小支流含沙量特征值统计表

河　名	站　名	历年平均含沙量 (kg/m³)	最大年平均含沙量 (kg/m³)	年份	实测最大含沙量 (kg/m³)	年份	历年实测最大含沙量中最小值 (kg/m³)	年份
清水川	清　水	210	295	1981	1 120	1982	441	1995
县川河	旧　县	193	726	1981	1 430	1977	494	2001
朱家川	桥　头	430	592	1969	1 260	1964	96.5	2001
岚漪河	裴家川	132	241	1966	975	1972	15.9	1965
蔚汾河	兴　县	164	253	1958	1 110	1967	254	1989
清凉寺沟	杨家坡	224	444	1966	1 050	1968	256	1989
屈产河	裴　沟	270	438	1977	814	1977	539	1997
州川河	吉　县	131	335	1971	926	1988	418	1999
汾川河	新市河	81.4	195	1988	745	1966	352	1997
仕望川	大　村	28.8	105	1971	854	1972	16.3	2001

各支流多年平均含沙量只有秃尾河、三川河、汾川河、仕望川等4条支流在100 kg/m³以下,秃尾河流域62.8%的面积在沙漠区,三川河、汾川河、仕望川3条支流中上游植被较好,所以这几条支流多年平均含沙量也较小。处于晋西北的县川河和朱家川最大年平均含沙量是区间支流的最大和次大,分别达726 kg/m³和592 kg/m³;朱家川多年平均含沙量达430 kg/m³,是区间支流多年平均含沙量之最大。

2.水沙关系

从图4-39和图4-40可见,区间较大支流站年径流量与输沙量和汛期径流量与输沙量相关关系都比较散乱,关系点据呈较宽带状分布,反映了区间不同流域水沙比重的差异较大。

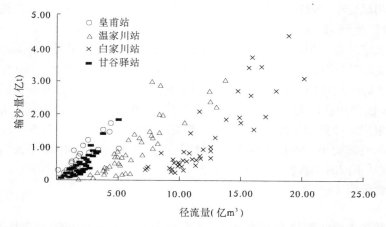

图4-39　皇甫、温家川、白家川、甘谷驿四站年径流量与输沙量相关关系图

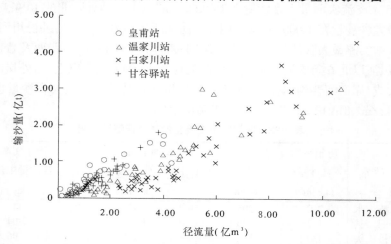

图4-40　皇甫、温家川、白家川、甘谷驿四站汛期径流量与输沙量相关关系图

各支流泥沙主要是从汛期特别是主汛期较大强度暴雨和洪水对地面的侵蚀中所产生的,所以对于同一支流来说,汛期径流量与输沙量相关关系一般好于年径流量与输沙量相关关系,7~8月径流量与输沙量相关关系好于汛期径流量与输沙量相关关系,见图4-41。高石崖站7~8月径流量与输沙量相关关系最好,见图4-42。

一些较小的支流基流很小,水沙量都是来自暴雨洪水,所以年径流量与输沙量有较好的相关关系,朱家川桥头站年径流量与输沙量相关关系见图 4-43。

各支流站多年平均年径流量与输沙量相关曲线见图 4-44。从图中可见,秃尾河、三川河、昕水河、仕望川等支流相对来水多、来沙少,含沙量就小;皇甫川、朱家川、县川河等支流相对来水少、来沙多,含沙量就大。

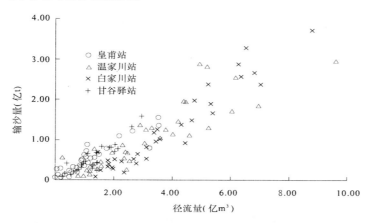

图 4-41 皇甫、温家川、白家川、甘谷驿四站 7~8 月径流量与输沙量相关关系图

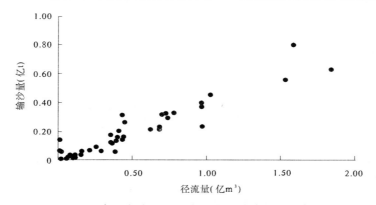

图 4-42 高石崖站 7~8 月径流量与输沙量相关关系图

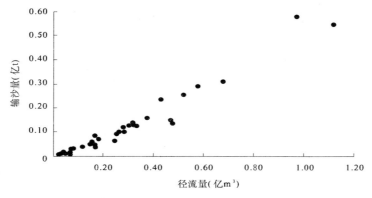

图 4-43 朱家川桥头站年径流量与输沙量相关关系图

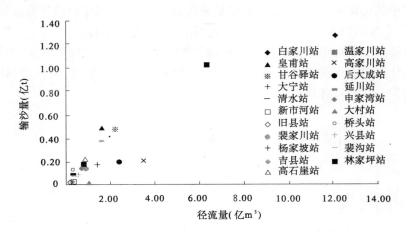

图 4-44　各支流站多年平均年径流量与输沙量相关关系图

　　孤山川高石崖站、秃尾河高家川站、三川河后大成站、无定河白家川站、清涧河延川站、延水甘谷驿站、昕水河大宁站等水沙变化规律基本一致。即随年代的推移水沙量均有所减小,只是减小的量不同而已,90年代以来含沙量虽比80年代有所增加,但仍比多年平均值偏小。孤山川高石崖站90年代以来,无定河白家川站、三川河后大成站等80年代以来水沙变化还表现在枯水年沙量更少、大水年沙量更大的所谓沙量"两极分化"的特点。90年代从表面现象看,来水来沙量同时在减小,但水量的减小更加突出,因此使含沙量比80年代增大。

第六节　泥沙粒径组成

　　河流泥沙粒径的组成与来水来沙区下垫面条件和气候条件密切相关。河龙区间特殊的下垫面和气候条件使其成了黄河泥沙特别是粗泥沙的主要来源区。泥沙粒径的组成与水沙来源地及其径流组成、暴雨洪水特性等相对应。一般丰水多沙年粗泥沙占全沙的比重大,泥沙粒径较粗;平水年粗泥沙占全沙的比重小,泥沙粒径较细;枯水少沙年则泥沙组成比较复杂,可能是粗泥沙占全沙的比重大,泥沙粒径较粗,也可能是粗泥沙占全沙的比重小,泥沙粒径较细。河口镇以上来水粗泥沙含量较少,占全沙的比重也较小,泥沙平均粒径也较细;河龙区间来水粗泥沙含量较多,占全沙的比重也较大,秃尾河高家川站粗沙占全沙的比重达54.5%,皇甫川皇甫站泥沙平均粒径达0.146 9 mm。因此,当黄河流经河龙区间时,黄河的粗泥沙含量随之增加,泥沙平均粒径也就随之变粗。

一、区间干流

　　区间干流站粗泥沙组成情况统计见表4-23,泥沙粒径情况统计见表4-24。

表 4-23 区间干流站粗泥沙组成情况统计表

站 名	资料系列	年输沙量（亿 t）	年粗沙量（亿 t）	占年输沙量（%）	站 名	资料系列	年输沙量（亿 t）	年粗沙量（亿 t）	占年输沙量（%）
河口镇	1960~1969 年	1.825	0.305	16.7	府谷	1966~1969 年	4.663	1.426	30.6
	1970~1979 年	1.152	0.169	14.7		1970~1979 年	2.445	0.745	30.5
	1980~1989 年	0.977	0.213	21.8		1980~1989 年	1.901	0.534	28.1
	1990~1999 年	0.410	0.119	29.0		1990~1999 年	0.797	0.147	18.4
	多年平均	1.091	0.202	18.5		多年平均	2.061	0.587	28.5
吴堡	1960~1969 年	7.308	2.189	30.0	龙门	1960~1969 年	11.320	3.219	28.4
	1970~1979 年	5.179	1.628	31.4		1970~1979 年	8.690	2.502	28.8
	1980~1989 年	3.280	1.045	31.8		1980~1989 年	4.701	1.223	26.0
	1990~1999 年	2.555	0.717	28.0		1990~1999 年	5.093	1.346	26.4
	多年平均	4.581	1.394	30.4		多年平均	7.451	2.073	27.8

表 4-24 区间干流站不同时期泥沙粒径特征值统计表

站 名	资料系列	中数粒径（mm）	平均粒径（mm）	站 名	资料系列	中数粒径（mm）	平均粒径（mm）
河口镇	1960~1969 年	0.016 4	0.026 9	府谷	1966~1969 年	0.026 5	0.043 5
	1970~1979 年	0.015 8	0.025 2		1970~1979 年	0.026 9	0.049 0
	1980~1989 年	0.017 6	0.035 2		1980~1989 年	0.025 0	0.047 7
	1990~1999 年	0.016 0	0.032 0		1990~1999 年	0.015 5	0.027 8
	多年平均	0.016 3	0.028 9		多年平均	0.022 9	0.040 9
吴堡	1960~1969 年	0.026 9	0.043 2	龙门	1960~1969 年	0.029 1	0.045 6
	1970~1979 年	0.027 5	0.047 7		1970~1979 年	0.026 9	0.044 6
	1980~1989 年	0.029 1	0.045 4		1980~1989 年	0.026 8	0.037 9
	1990~1999 年	0.027 3	0.042 2		1990~1999 年	0.028 4	0.037 6
	多年平均	0.027 9	0.044 2		多年平均	0.028 2	0.041 7

　　河口镇站平均年粗沙输沙量占年输沙总量的 18.5%，最大为 32.2%（1971 年，平水平沙年），最小为 10.2%（1970 年）。60~90 年代平均年粗沙输沙量占年输沙总量的比重分别为 16.7%、14.7%、21.8%、29.0%。枯水少沙的 90 年代粗沙所占比重比 50、60 年代大，高出多年平均值的 10.5%。

　　从历年年输沙量、粗沙量过程线（见图 4-45）可见，输沙量大的年份粗沙量虽也较大，但不明显。

　　河口镇站年输沙总量和年粗沙输沙量关系见图 4-46。由图可见，1968 年以前和 1980 年以后关系点趋势不同，不属一个系列，同一年输沙量级明显后者粗沙量大。虽然输沙量大的年份粗沙所占比重较大，细沙所占比重较小，但这一规律不是很明显。该站不同时期悬移质泥沙中数粒径和平均粒径变化情况统计见表 4-24。80、90 年代泥沙平均粒径比 50、60 年代粗。

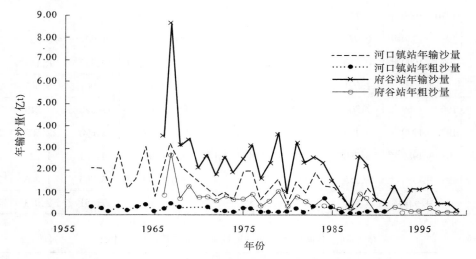

图 4-45　河口镇、府谷站历年年输沙量、粗沙量过程线

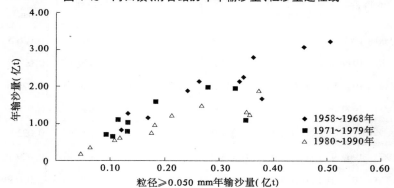

图 4-46　河口镇站年输沙总量和年粗沙输沙量相关图

　　府谷站平均年粗沙输沙量占年输沙总量的 28.5%，最大为 37.7%（1969 年），最小为 12.7%（1993 年）。60～90 年代平均年粗沙输沙量占年输沙总量的比重分别为 30.6%、30.5%、28.1%、18.4%。1969 年粗沙所占比重最大，是偏多沙年。90 年代粗沙比重小，比多年平均值偏小 10.1%，泥沙平均粒径明显偏细，见图 4-47。

　　吴堡站平均年粗沙输沙量占年输沙总量的 30.4%，最大达 50%（1999 年），最小为 24% 以上。60～90 年代平均年粗沙输沙量占年输沙总量的比重分别为 30.0%、31.4%、31.8%、28.0%。尽管 1999 年是枯水少沙年，但粗沙所占比重却是该站最大，总体来讲，90 年代粗沙所占比重还是最小。

　　从历年年输沙量、粗沙量过程线（见图 4-48）可见，吴堡站输沙量大的年份粗沙量也较

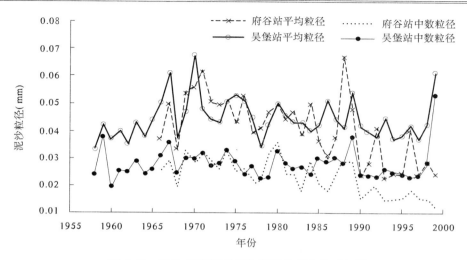

图 4-47　府谷、吴堡两站历年泥沙粒径变化过程线

大,不同年代粗沙量和输沙量的变化规律基本一致,具有明显的减小趋势。吴堡站年输沙总量和年粗沙输沙量相关关系见图 4-49。不同年代关系点放在一起,没有明显的点带分选,说明泥沙组成没有明显的粗化或细化趋势。90 年代系列比 80 年代系列系统偏左,说明 90 年代与 80 年代相比粗沙量比重减小。

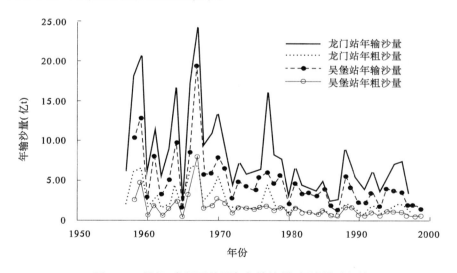

图 4-48　吴堡、龙门两站历年年输沙量、粗沙量过程线

　　该站历年悬移质泥沙中数粒径和平均粒径变化过程见图 4-47。二者都没有很明显的变粗或变细趋势,只有 90 年代由于是较枯水系列泥沙有细化的趋势,粗沙比重减小和来水来沙较小有关。泥沙粒径变化比较复杂,不一定输沙量大泥沙颗粒就粗。1967 年、1970年年输沙量分别为 19.5 亿 t、7.7 亿 t,而年平均泥沙粒径却分别为 0.061 mm、0.063 mm。

　　龙门站平均年粗沙输沙量占年输沙总量的 27.8%,最大达 40%（1970 年）,最小为19.4%（1970 年）。60～90 年代平均年粗沙输沙量占年输沙总量的比重分别为28.4%、

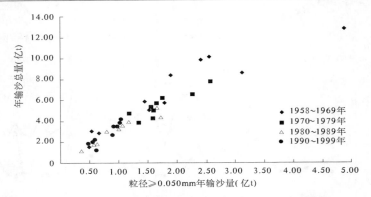

图 4-49　吴堡站年输沙总量和年粗沙输沙量相关关系图

28.8%、26.0%、26.4%。总体来讲,80、90 年代粗沙所占比重比 50、60 年代要小。

　　龙门站年输沙总量和年粗沙输沙量相关分析见图 4-50。不同年代关系点交织在一起,没有明显的点带分选,说明泥沙组成没有明显的粗化或细化趋势。一般来水来沙量大的年份粗沙所占比重较大,细沙所占比重较小。该站历年悬移质泥沙中数粒径和平均粒径的变化是,80、90 年代比 60、70 年代泥沙平均粒径细。

　　综上所述,受河龙区间来水来沙的影响,年输沙总量在区间干流沿程增加的同时,年粗沙输沙量也在区间干流沿程增加,泥沙粒径沿程变粗。区间干流站泥沙粒径沿程对比见图 4-51。

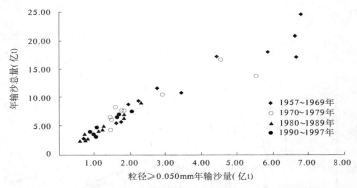

图 4-50　龙门站年输沙总量和年粗沙输沙量相关关系图

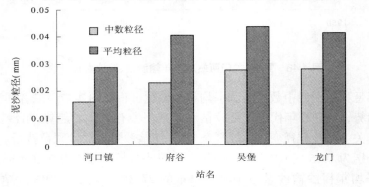

图 4-51　区间干流站泥沙粒径沿程对比柱状图

二、区间支流

(一)单站分析

区间主要支流站粗泥沙组成情况统计见表 4-25。区间支流站不同时期泥沙粒径特征值统计见表 4-26。

表 4-25　区间主要支流站粗泥沙组成情况统计表

站　名	资料系列	年输沙量（万 t）	年粗沙量（万 t）	占年输沙量（％）	站　名	资料系列	年输沙量（万 t）	年粗沙量（万 t）	占年输沙量（％）
皇甫	1966～1969 年	7 085	3 533	49.9	高石崖	1966～1969 年	3 728	1 382	37.1
	1970～1979 年	6 250	3 290	52.6		1970～1979 年	2 970	1 278	43.0
	1980～1989 年	4 280	2 060	48.1		1980～1989 年	1 280	436	34.0
	1990～1999 年	2 780	1 221	43.9		1990～1999 年	1 130	332	29.3
	多年平均	4 748	2 348	49.5		多年平均	2 021	764	37.8
温家川	1960～1969 年	11 850	5 900	49.8	高家川	1966～1969 年	3 783	2 129	56.3
	1970～1979 年	13 990	7 170	51.3		1970～1979 年	2 340	1 263	54.0
	1980～1989 年	6 710	3 510	52.3		1980～1989 年	999	550	55.0
	1990～1999 年	6 460	3 090	47.9		1990～1999 年	1 260	665	52.8
	多年平均	9 750	4 920	50.4		多年平均	1 798	979	54.5
后大成	1962～1969 年	4 006	790	19.7	白家川	1960～1969 年	18 670	6 390	34.2
	1970～1979 年	1 830	361	19.7		1970～1979 年	11 600	3 860	33.3
	1980～1989 年	963	160	16.6		1980～1989 年	5 270	1 610	30.6
	1990～1999 年	815	125	15.4		1990～1999 年	8 400	2 060	24.6
	多年平均	1 371	253	18.5		多年平均	10 980	3 480	31.7
延川	1960～1969 年	4 380	1 323	30.2	大宁	1966～1969 年	2 835	355	12.5
	1970～1979 年	4 270	1 073	25.1		1970～1979 年	1 860	333	17.9
	1980～1989 年	1 450	270	18.6		1980～1989 年	742	118	15.9
	1990～1999 年	3 720	733	19.7		1990～1999 年	833	111	13.3
	多年平均	3 455	850	24.6		多年平均	1 344	207	15.4
甘谷驿	1960～1969 年	6 350	1 903	30.0					
	1970～1979 年	4 680	1 346	28.8					
	1980～1989 年	3 190	852	26.7					
	1990～1999 年	4 290	977	22.8					
	多年平均	4 628	1 269	27.0					

皇甫川皇甫站平均年粗沙输沙量占年输沙总量的 49.5％,最大达 80.3％(1972 年),最小为 15.9％(1997 年)。60～90 年代平均年粗沙输沙量占年输沙总量的比重分别为 49.9％、52.6％、48.1％、43.9％。90 年代粗沙所占比重比 50、60 年代小。

皇甫川流域为多沙粗沙区,泥沙平均粒径达 0.146 9 mm(见表 4-26),1966 年 7 月平均粒径达 0.322 mm。皇甫站历年泥沙粒径变化过程线见图 4-52,泥沙平均粒径围绕均值上下波动,粗细交替变化。

昕水河大宁站平均年粗沙输沙量占年输沙总量的 15.4%,最大为 24.1%(1973 年),最小为 8.8%(1990 年)。60 ~ 90 年代平均年粗沙输沙量占年输沙总量的比重分别为 12.5%、17.9%、15.9%、13.3%。总体来讲,从 70 年代起粗沙所占比重逐渐减小。大宁站泥沙平均粒径为 0.026 9 mm,为区间实测最小。从该站历年悬移质泥沙粒径过程线可见,70 ~ 90 年代泥沙粒径有逐年变细的趋势(见图 4-52)。

表 4-26　区间支流站不同时期泥沙粒径特征值统计表

站 名	资料系列	中数粒径 (mm)	平均粒径 (mm)	站 名	资料系列	中数粒径 (mm)	平均粒径 (mm)
皇甫	1966 ~ 1969 年	0.052 0	0.154 8	高石崖	1966 ~ 1969 年	0.035 3	0.058 5
	1970 ~ 1979 年	0.066 0	0.154 0		1970 ~ 1979 年	0.041 4	0.065 6
	1980 ~ 1989 年	0.050 7	0.149 9		1980 ~ 1989 年	0.031 4	0.061 4
	1990 ~ 1999 年	0.042 6	0.133 7		1990 ~ 1999 年	0.023 1	0.042 1
	多年平均	0.053 0	0.146 9		多年平均	0.032 4	0.056 6
温家川	1960 ~ 1969 年	0.046 0	0.090 0	高家川	1966 ~ 1969 年	0.059 5	0.113 3
	1970 ~ 1979 年	0.061 6	0.115 4		1970 ~ 1979 年	0.055 1	0.107 0
	1980 ~ 1989 年	0.055 7	0.138 8		1980 ~ 1989 年	0.054 0	0.096 3
	1990 ~ 1999 年	0.041 9	0.102 7		1990 ~ 1999 年	0.052 3	0.112 6
	多年平均	0.051 3	0.111 7		多年平均	0.054 5	0.106 2
后大成				白家川	1958 ~ 1959 年	0.034 0	0.043 5
	1962 ~ 1969 年	0.023 0	0.033 9		1960 ~ 1969 年	0.034 6	0.050 2
	1970 ~ 1979 年	0.022 6	0.033 0		1970 ~ 1979 年	0.035 9	0.051 9
	1980 ~ 1989 年	0.021 3	0.029 1		1980 ~ 1989 年	0.035 5	0.049 3
	1990 ~ 1999 年	0.016 7	0.023 7		1990 ~ 1999 年	0.028 1	0.041 0
	多年平均	0.020 8	0.029 7		多年平均	0.033 5	0.047 9
延川	1958 ~ 1959 年	0.030 5	0.036 5	大宁			
	1960 ~ 1969 年	0.030 2	0.044 2		1966 ~ 1969 年	0.017 3	0.025 5
	1970 ~ 1979 年	0.029 4	0.039 5		1970 ~ 1979 年	0.017 8	0.030 0
	1980 ~ 1989 年	0.027 2	0.032 4		1980 ~ 1989 年	0.017 8	0.026 0
	1990 ~ 1999 年	0.025 0	0.031 8		1990 ~ 1999 年	0.016 3	0.025 1
	多年平均	0.027 8	0.036 2		多年平均	0.017 3	0.026 9
甘谷驿	1959 年	0.030 0	0.045 0				
	1960 ~ 1969 年	0.030 0	0.046 6				
	1970 ~ 1979 年	0.031 4	0.048 1				
	1980 ~ 1989 年	0.029 6	0.043 6				
	1990 ~ 1999 年	0.026 0	0.040 5				
	多年平均	0.029 3	0.044 7				

孤山川高石崖站平均年粗沙输沙量占年输沙总量的 37.8%,最大达 55.1%(1972 年),最小为 15.8%(1999 年)。60 ~ 90 年代平均年粗沙输沙量占年输沙总量的比重分别为 37.1%、43.0%、34.0%、29.3%。总体来讲,80、90 年代粗沙所占比重比 50、60 年代要小。80 年代以来同一年输沙量级粗沙有所减小,90 年代粗沙比 80 年代又有所增加。孤

山川高石崖站泥沙平均粒径为 0.056 6 mm。从历年泥沙粒径变化过程线（见图 4-52）可见,泥沙平均粒径有变细的趋势。

　　窟野河是多沙粗沙的最主要来源区之一,泥沙平均粒径达 0.111 7 mm。温家川站粗沙占输沙量平均达 50.4%,最大达 70.4%（1966 年）,最小为 17.5%（1999 年）。60～90 年代平均年粗沙输沙量占年输沙总量的比重分别为 49.8%、51.3%、52.3%、47.9%。从年输沙总量和年粗沙输沙量相关关系图可见,温家川站 80 年代以来,同一年输沙量级粗沙比重有所增加（见图 4-53）。

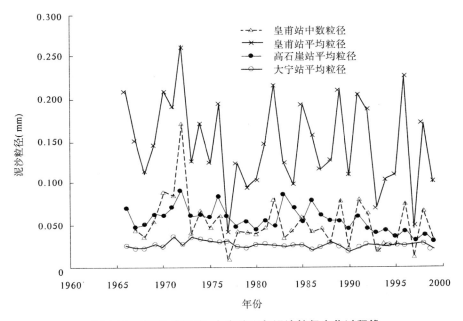

图 4-52　皇甫、高石崖、大宁站历年泥沙粒径变化过程线

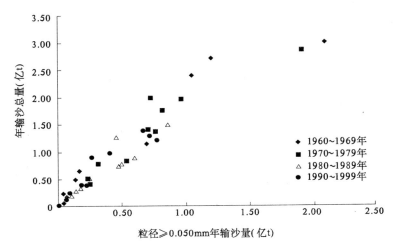

图 4-53　窟野河温家川站年输沙总量和年粗沙输沙量相关关系图

1966 年粗沙输沙量达 2.12 亿 t,占当年输沙总量的 70.4%。1976 年 8 月 2 日一次洪

水输沙量为 1.82 亿 t,其中粗沙占 82.4%,达 1.50 亿 t,洪峰峰顶附近粗沙达 89.9%,泥沙粒径大于或等于 0.1 mm 的最粗沙占 77.3%,粗沙比重及粗沙量如此之大实属罕见。温家川站历年悬移质泥沙粒径变化过程线见图 4-54。泥沙粒径变化与输沙量变化有一定相应性,但相应性并不太好。1965 年是枯水少沙年,粗沙量占当年输沙量的 49.5%;1989 年是平水平沙年,粗沙量占当年输沙量的 65.5%。

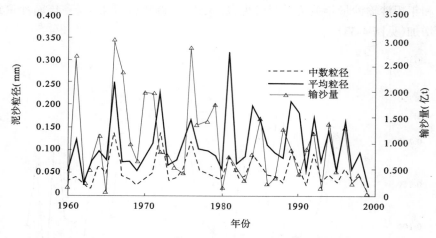

图 4-54　窟野河温家川站历年泥沙粒径变化过程线

秃尾河高家川站平均年粗沙输沙量占年输沙总量的 54.5%,最大达 61.6%(1972 年),最小也达 42.7%(1992 年)。60～90 年代平均年粗沙输沙量占年输沙总量的比重分别为 56.3%、54.0%、55.0%、52.8%,略呈逐年递减趋势。从该站年输沙总量和年粗沙输沙量相关关系图(见图 4-55)可见,同一年输沙量级 90 年代粗沙比 80 年代有所减小。高家川站泥沙平均粒径达 0.106 2 mm。

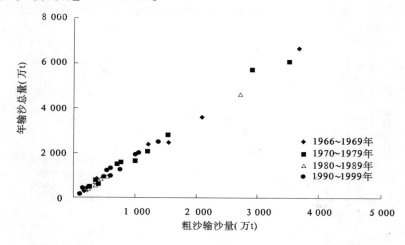

图 4-55　秃尾河高家川站年输沙总量和年粗沙输沙量相关关系图

三川河后大成站平均年粗沙输沙量占年输沙总量的 18.5%,最大为 27.3%(1971 年),最小只 6.0%(1999 年)。60～90 年代平均年粗沙输沙量占年输沙总量的比重分别为

19.7%、19.7%、16.6%、15.4%。总体来讲,不同年代粗沙所占比重趋于减小。后大成站泥沙平均粒径为 0.029 7 mm。

无定河白家川站平均年粗沙输沙量占年输沙总量的 31.7%,最大达 46.9%(1966年),最小为 16.6%(1997 年)。1966 年粗沙输沙量达 1.76 亿 t,占当年输沙量的 46.9%。60～90 年代平均年粗沙输沙量占年输沙总量的比重分别为 34.2%、33.3%、30.6%、24.6%。总体来讲,粗沙比重变化呈逐年减小趋势。泥沙平均粒径 0.047 9 mm。70 年代以来,该站粗沙比重有所减小。从历年悬移质泥沙粒径变化过程线(见图 4-56)可见,1966年以来泥沙粒径趋于变细。

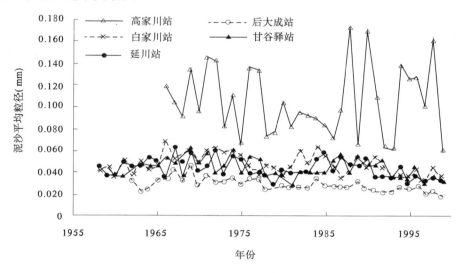

图 4-56　高家川站等 5 站历年泥沙粒径变化过程线

清涧河延川站平均年粗沙输沙量占年输沙总量的 24.6%,最大为 34.3%(1974 年),最小为 14.6%(1964 年)。60～90 年代平均年粗沙输沙量占年输沙总量的比重分别为 30.2%、25.1%、18.6%、19.7%。总体来讲,80、90 年代粗沙所占比重比 50、60 年代要小。同一年输沙量级在不同年代粗沙趋于减小。延川站泥沙平均粒径 0.036 2 mm。从该站历年悬移质泥沙粒径变化过程线(见图 4-56)可见,1966～1976 年较粗,泥沙粒径变化总的呈逐年变细的趋势。

延水甘谷驿站平均年粗沙输沙量占年输沙总量的 27.0%,最大为 42.2%(1969 年),最小为 16.3%(1993 年)。60～90 年代平均年粗沙输沙量占年输沙总量的比重分别为 30.0%、28.8%、26.7%、22.8%。总体来讲,粗沙比重有逐渐减小的变化趋势。甘谷驿站泥沙平均粒径 0.044 7 mm。从历年悬移质泥沙粒径变化过程线可见,该站泥沙粒径呈逐年变细的趋势(见图 4-56)。

(二)综合分析

综上所述,河龙区间最北部的皇甫川流域泥沙粒径最粗,秃尾河平均年粗沙输沙量占年输沙总量的比重最大(见图 4-57、图 4-58)。昕水河流域位于区间南部,泥沙粒径最细,平均年粗沙输沙量占年输沙总量的比重最小。泥沙粒径组成地区分布的基本规律是:从北到南泥沙粒径变细,平均年粗沙输沙量占年输沙总量的比重减小。1990年以来孤山川高石崖站、无定河白家川站、三川河后大成站等悬移质泥沙中数粒径、平均粒径明显变细小。从表面现象看,90年代来水来沙量同时在减小,但水量减小相对突出,因而使含沙量比80年代增大。

区间不仅泥沙来源集中,而且粗泥沙更为集中。区间河口镇以上平均年粗沙量为0.215亿t(1952~1999年系列),龙门站平均年粗沙量为2.314亿t(1952~1999年系列),河口镇以上平均年粗沙量仅占龙门站平均年粗沙量的9.3%,区间平均年粗沙量占龙门站平均年粗沙量的90.7%(1952~1999年系列)。区间主要支流粗沙情况统计见表4-27。窟野河是区间最主要的粗沙来源区,温家川站集水面积仅占区间面积的6.7%,粗沙量却占到区间的24.6%。陕北温家川、白家川、皇甫、甘谷驿、高家川5条较大支流控制站控制面积占区间面积的39.0%,粗沙量占区间的66.9%;温家川、白家川、皇甫、甘谷驿、高家川、延川、高石崖7条较大支流控制站控制面积占区间面积的42.9%,粗沙量占区间的75.0%;温家川、白家川、皇甫、甘谷驿、高家川、延川、高石崖、后大成、大宁9条较大支流控制站控制面积占区间面积的49.1%,粗沙量占区间的77.9%。皇甫川、窟野河、无定河3条支流粗沙总量达1.166亿t,占龙门站粗沙量的50.4%,占区间粗沙量的55.6%。

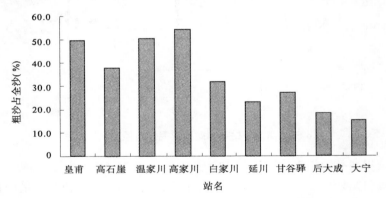

图4-57　区间各支流粗沙占输沙总量比重分布柱状图

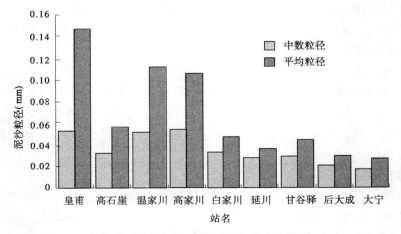

图4-58　区间各支流泥沙粒径分布柱状图

表 4-27　区间主要支流粗沙情况统计表

序号	站名	年输沙量（亿 t）	年粗沙输沙量（亿 t）	年粗沙输沙量占年输沙量（%）	集水面积（km²）	集水面积占区间面积（%）	年粗沙输沙量占龙门年粗沙输沙量（%）	年粗沙输沙量占区间年粗沙输沙量（%）
1	温家川	1.025	0.516 6	50.4	8 645	6.7	22.3	24.6
2	白家川	1.276	0.404 5	31.7	29 662	22.9	17.5	19.3
3	皇　甫	0.495 7	0.245 4	49.5	3 175	2.4	10.6	11.7
4	甘谷驿	0.473	0.127 7	27.0	5 891	4.5	5.5	6.1
5	高家川	0.201 2	0.109 7	54.5	3 253	2.5	4.7	5.2
6	延　川	0.371 8	0.091 5	24.6	3 468	2.7	4.0	4.4
7	高石崖	0.209 4	0.079 2	37.8	1 263	1.0	3.4	3.8
8	后大成	0.194 1	0.035 9	18.5	4 102	3.2	1.6	1.7
9	大　宁	0.167 5	0.025 8	15.4	3 992	3.1	1.1	1.2
10	∑1～5	3.471	1.404	40.4	50 626	39.0	60.7	66.9
11	∑1～7	4.052	1.575	38.7	55 357	42.7	68.0	75.0
12	∑1～9	4.414	1.636	36.9	63 451	48.9	70.7	77.9
13	河龙区间	7.162	2.099	29.3	111 586			
14	龙　门	8.325	2.314	27.8				

第七节　结　语

一、基本特征

(1)河龙区间是黄河泥沙特别是粗颗粒泥沙的最主要来源区,水少沙多、干支流高含沙水流频发是其重要的区域特征。

(2)区间多年平均年输沙量 7.16 亿 t,占龙门站多年平均年输沙量 8.32 亿 t 的86.1%。

二、输沙量年际变化大且呈递减趋势

(1)区间输沙量年际变幅由小到大的顺序是干流、各区段、较大支流、较小支流;干流各站历年最大年输沙量是历年最小的 10.7～44.7 倍,府谷最大,龙门最小;各区段输沙量年际变幅由小到大的顺序是吴龙、府吴、河府,即南部小、北部大;各支流历年年输沙量最大与最小的比值差别很大,在 18.4～810 之间,无定河最小,仕望川最大。

(2)输沙量年际变幅、年输沙量变差系数远远大于径流量年际变幅、年径流量变差系数。如径流量年际变幅最小的支流秃尾河高家川站,最大年径流量是最小的 2.6 倍,最大年输沙量是最小的 38.4 倍,年径流量变差系数 0.21,年输沙量变差系数 0.94;干流吴堡站最大年径流量是最小的 4.5 倍,最大年输沙量是最小的 17.6 倍,年径流量变差系数 0.32,年输沙量变差系数 0.70。

(3)干支流历年输沙量变化总体上均呈现逐年递减趋势。

区间 1970 年前平均年输沙量 10.2 亿 t,1970 年后平均年输沙量 5.32 亿 t,90 年代平均年输沙量 4.68 亿 t。区间来沙呈现递减趋势。

龙门站 1970 年前平均年输沙量 11.9 亿 t,1970 年后平均年输沙量 6.16 亿 t,90 年代平均年输沙量 5.09 亿 t。区间干流输沙量呈现递减趋势。

三、输沙量年内分布不均

(1)区间干支流输沙量年内分布比径流量更趋集中。

(2)干流 4 站汛期输沙量占年输沙量比重在 65.5% ~ 86.6% 之间。

(3)支流输沙量年内分配差异较大。在区间 11 条较大支流中,汛期输沙量占年输沙量比重在 51.6% ~ 99.3% 之间;7 ~ 8 月输沙量占汛期输沙量比重在 69.2% ~ 96.4% 之间,占年输沙量比重在 35.7% ~ 95.0% 之间;最大多年平均月输沙量占年输沙量的比重在 42.8% ~ 53.2% 之间;最小多年平均月输沙量占年输沙量的比重一般在 0.2% 以下;各支流最大多年平均月输沙量与最小多年平均月输沙量相差更加悬殊,其比值范围在 26.1 和数百万之间。

四、干支流含沙量大

(1)河口镇、府谷、吴堡和龙门站多年平均含沙量分别为 5.12 kg/m³、10.4 kg/m³、19.7 kg/m³、29.7 kg/m³,含沙量沿程显著增加。

(2)区间总来水多年平均含沙量为 135 kg/m³,汛期来水多年平均含沙量为 260 kg/m³。在陕北 10 条较大支流中,有 8 条实测最大含沙量在 1 000 kg/m³ 以上;在晋西及晋西北 11 条较大支流中,有 6 条实测最大含沙量在 1 000 kg/m³ 以上。

(3)区间实测最大含沙量 1 700 kg/m³,1958 年 7 月 10 日发生在窟野河温家川站,是目前河流实测最大含沙量。

五、粗沙量大且分布集中

(1)区间支流泥沙粒径组成的地区分布大致是从北到南泥沙粒径变小、年粗沙($d \geqslant 0.05$ mm)量占年输沙总量的比重减小。皇甫川泥沙粒径最粗,平均粒径达 0.146 9 mm;秃尾河年粗沙量占年输沙总量的比重最大,达 54.5%;昕水河泥沙粒径最细,平均粒径为 0.026 9 mm,年粗沙量占年输沙总量的比重最小,仅 15.4%。

(2)粗泥沙来源集中。区间年粗沙输沙量占龙门年粗沙输沙量的 90.7%。窟野河粗沙量占区间粗沙量的 24.6%;陕北 5 条较大支流粗沙量占区间粗沙量的 66.9%;皇甫川、窟野河和无定河 3 条支流是河龙区间也是黄河流域粗泥沙最集中、最主要的来源区,年粗沙总量达 1.166 亿 t,占龙门站年粗沙量的 50.4%。

第五章　洪　水

　　河龙区间干流洪水由两部分构成,一部分来自河口镇站以上,一部分来自区间支流。河口镇站平水期流量相对较大;发生的洪水比较小;次数比较少;洪水过程涨落缓慢、持续时间长、含沙量小。因此,河口镇站流量相对比较稳定,构成了河龙区间干流洪水的基流部分。区间支流大都属于山溪性河流,平水期流量较小,但发生洪水的次数较多,突发性较强;受暴雨和下垫面特性的影响,支流洪水的大小和时空分布相差很大,洪水一般都具有暴涨暴落、峰形尖瘦、历时短、含沙量大的特点。支流洪水汇入黄河后构成了河龙区间干流洪水的洪流部分。

　　区间干流较大洪水、大洪水、特大洪水均由支流来水形成。1976 年 8 月 2 日吴堡站24 000 m³/s 特大洪水就是由区间皇甫川、孤山川和窟野河来水形成的。据实测资料记载,区间支流共发生 10 000 m³/s 以上大洪水 8 次,其中窟野河 6 次、皇甫川和孤山川各 1次;实测最大洪水为 1976 年 8 月 2 日窟野河的 14 000 m³/s。

第一节　区间干流洪水

　　河口镇、河曲、府谷、吴堡和龙门站 100 年一遇洪水洪峰流量分别为 6 370 m³/s、7 250 m³/s、15 400 m³/s、25 200 m³/s 和 30 400 m³/s,见表 5-1。由此可见,黄河在进入河龙区间后,不但洪水次数增多,洪峰流量也显著增大。区间在进入汛期特别是 7~8 月后暴雨洪水频频发生,往往会形成干流较大的洪水。河曲站洪水主要由河口镇—河曲区段支流红河、偏关河洪水汇入形成。红河洪水过程还受万家寨水库的调蓄影响。府谷站洪水主要由河曲站以上来水和河口镇—府谷区段支流皇甫川、清水川、县川河洪水汇入形成。其洪水过程还受天桥水库的调蓄影响。吴堡站洪水主要由府谷站以上来水和府谷—吴堡区段支流孤山川、朱家川、岚漪河、蔚汾河、窟野河、秃尾河、佳芦河和湫水河洪水汇入形成。龙门站洪水主要由吴堡站以上来水和吴堡—龙门区段支流三川河、屈产河、无定河、清涧河、昕水河、延水、汾川河、仕望川、州川河和鄂河洪水汇入形成。

表 5-1　河龙区间干流各站不同频率洪水成果表

站名	实测最大流量(m³/s)	发生时间(年-月-日)	不同频率 $P(\%)$ 的年最大洪峰流量(m³/s)				
			0.1	0.2	1	2	10
河口镇	5 420	1967-09-19	8 200	7 610	6 370	5 800	4 220
河　曲	5 120	1984-07-31	9 420	8 790	7 250	6 550	4 830
府　谷	12 800	2003-07-30	20 500	19 000	15 400	13 800	9 940
吴　堡	24 000	1976-08-02	35 400	32 500	25 200	22 000	14 600
龙　门	21 000	1967-08-11	42 600	38 700	30 400	26 500	17 900

一、河曲站洪水

河曲站位于万家寨水库坝下 49 km、天桥水库上游 45 km 处,是天桥水库入库专用站。河口镇—河曲区段较大支流有红河和偏关河。红河在万家寨库区左岸汇入,调查最大历史洪水年份是 1896 年,洪峰流量在 6 600 ~ 9 000 m³/s 之间。受上游水库影响,现在红河入黄洪水较少且较小,同时还要受到万家寨水库的调蓄影响。偏关河在万家寨下游左岸汇入,偏关站是其控制站,该站 1958 ~ 1999 年最大实测洪峰流量为 2 140 m³/s,100 年一遇洪水洪峰流量为 3 160 m³/s。

河曲站发生较大洪水的概率较小,设站以来仅 1981 年和 1984 年发生过两次较大洪水,其余均在 5 000 m³/s 以下。河曲站洪水一般峰小、量大、涨落缓慢、持续时间长、峰形矮胖、含沙量较小。

1999 年万家寨水库建成蓄水后,改变了河曲站原有的自然洪水特性,已完全受控于水库调蓄的影响,形成了以天为周期的涨落变幅在 1 000 ~ 2 000 m³/s 之间的电站调峰型人为洪水。

(一)"1981.09"洪水

1981 年洪水水位从 9 月 9 日 8:00 开始上涨,9 月 26 日 20:00 到达峰顶,10 月 16 日 8:00 落平。整个洪水过程为单峰,历时 37 d,涨坡历时 17 d;水位变幅为 2.54 m;洪峰流量为 5 080 m³/s;洪水径流量为 124.0 亿 m³,是该站当年径流量的 38.5%;含沙量小且变化不大,没有明显的沙峰,最大含沙量为 9.49 kg/m³。

(二)"1984.07"洪水

这次洪水是从 1984 年 7 月 18 日 12:00 水位开始上涨,31 日 3:42 到达峰顶,8 月 31 日落平。整个洪水过程历时 44 d,涨坡历时 13 d;水位变幅为 3.13 m;洪峰流量为 5 120 m³/s;最大含沙量为 65.2 kg/m³,沙峰滞后水峰 2 h;洪水径流量为 97.96 亿 m³,是该站当年径流量的 35.2%。

二、府谷站洪水

府谷站洪水主要由河曲站以上来水和皇甫川、清水川、县川河 3 条主要支流来水形成。其中支流中又主要来自皇甫川和清水川 2 条支流。该站位于天桥水库坝下 8 km 处,是天桥水库的出库站,其洪水受天桥水库的影响较大。另外,河曲—府谷区段其他区域来水也对该站洪水有较大影响。因此,府谷站洪水与一般天然河道洪水不同,具有明显的特殊性。再加上该站河道冲淤变化较大,常受下游支流孤山川回水顶托影响,其洪水特性就更趋复杂。

1981 年 9 ~ 10 月,河曲—府谷区段出现一次洪水过程。这次洪水过程在河曲站是一个孤立的单峰。在区段支流没有洪水加入的情况下,府谷站洪水过程却出现了 24 个流量在 1 000 m³/s 以上的连续洪峰,其中最大的出现在 10 月 1 日 2:00,是整个洪水过程的洪峰,比河曲站洪峰时间晚了 4 d 零 6 h,洪峰流量 7 050 m³/s,比河曲站洪峰流量大了 1 970 m³/s。显然,这是天桥水库调控所致。

府谷站历年大洪水水沙量情况统计见表 5-2。该站洪峰流量超过 8 000 m³/s 的洪水均发生在当年的 7 月 15 日 ~ 8 月 15 日期间。最大含沙量一般在 800 kg/m³ 以下，平均含沙量在 300 kg/m³ 以下。一次洪水输沙量占全年输沙量的比重均在 20% 以上，一次洪水径流量占全年径流量的比重均不大于 4.0%。天桥水库泄洪调度方式一般是在洪峰即将到来之前首先打开排沙洞，随后再陆续打开各个泄洪闸，所以府谷站洪水沙峰一般超前于水峰。

表 5-2　府谷站历年大洪水水沙量情况统计表

时间 (年-月-日)	洪峰 流量 (m³/s)	相应 含沙量 (kg/m³)	最大 含沙量 (kg/m³)	相应 流量 (m³/s)	沙峰比水峰 出现时间 (h)	洪水 输沙量 (亿 t)	占年 输沙量 (%)	洪水 径流量 (亿 m³)	占年 径流量 (%)	洪水平均 含沙量 (kg/m³)
1972-07-19	10 700	709	792	10 200	超前 0.2	0.668 5	37.3	3.637	1.8	184
1977-08-02	11 100	271	517	6 060	滞后 1.3	0.509 8	31.9	1.944	0.9	262
1979-08-11	8 410	348	1 070	3 900	超前 5.0	1.028	27.9	4.26	1.6	241
1979-08-13	9 490	348	363	9 160	超前 0.5	0.788 1	21.4	3.434	1.3	230
1988-08-05	9 000	612	717	8 770	超前 0.5	1.436	55.2	4.866	3.1	295
1989-07-21	11 400	717	754	9 200	超前 0.3	0.523	22.9	2.488	0.9	210
1992-08-08	9 200	722	746	8 460	超前 0.2	0.390	30.0	2.488	1.6	157
2003-07-30	12 800	344	344	10 300	同步	0.376 7	77.4	1.446	1.2	261

(一)"1977.08"洪水

1977 年 8 月 2 日，府谷站发生了洪峰流量为 11 100 m³/s 的洪水。该次洪水过程水位变幅 5.54 m，历时 16 h。这次洪水径流量较小，仅占当年年径流量的 0.9%。

"1977.08"洪水是府谷站 1952 ~ 2004 年实测水位最高的一次洪水，洪水位为 816.89 m；洪峰流量 11 100 m³/s，在历史洪水中排位第三。该站"1989.07"洪水洪峰流量为 11 400 m³/s，相应水位 814.52 m，比本次洪水洪峰流量大 300 m³/s，最高水位却低 2.37 m。出现这一反常现象主要是孤山川高石崖站 8 月 2 日 8:48 洪峰流量 10 300 m³/s 的洪水回水顶托所致。受下游洪水的顶托影响，府谷站洪水过程最高水位与最大流量不相应。8:06 ~ 8:57 水位快速上涨，流量反而迅速减小，51 min 内水位上涨 1.91 m，流量由 3 660 m³/s 减小到 220 m³/s；随后的 8:57 ~ 9:30 水位缓慢上涨，流量却急剧增加，33 min 内水位上涨 0.5 m，流量由 220 m³/s 增加到 10 600 m³/s。水位、流量变化过程见表 5-3、图 5-1。

8 月 2 日皇甫川、清水川等支流相继发生洪水，但都不是很大。皇甫站 8:18、清水站 8:00 洪峰流量分别为 910 m³/s、1 780 m³/s，偏关站 9:40 洪峰流量 717 m³/s。

府谷站受顶托影响期间的水位 ~ 流量关系十分反常(见图 5-2)。在涨水段，水位快速上涨，流量缓慢增加，较正常情况相同水位的流量偏小；顶托影响严重时段，水位上涨，流量反而迅速减小，洪水下泄严重受阻，形成大量槽蓄水量(如果上游来水较小，府谷站水位即使上涨，流量不仅会迅速减小，甚至还会发生倒流现象，流量为负值)；孤山川洪水开始消退时，阻水影响渐渐减小，上游来水和槽蓄水量同时下泄，府谷站水位缓慢上涨，流量却急剧增加(如果上游来水较小，府谷站水位即使下降，流量也会增大)；孤山川洪水消退到不影响干流洪水下泄后，府谷站洪水下泄转入正常。

表 5-3 1977 年 8 月 2 日高石崖站和府谷站洪水水文要素摘录表

站名	时间 (时:分)	水位 (m)	流量 (m³/s)	站名	时间 (时:分)	水位 (m)	流量 (m³/s)
高石崖	03:00	44.78	1.63	府谷	04:30	811.99	565
	03:30	45.40	70.3		05:00	812.55	1 020
	04:00	46.46	752		06:12	814.53	3 750
	04:30	47.91	2 500		06:54	814.13	3 060
	05:30	48.82	5 070		07:30	814.80	4 250
	06:00	48.97	5 620		08:06	814.48	3 660
	06:40	47.61	2 000		08:36	815.53	920
	07:00	48.14	2 980		08:57	816.39	220
	07:30	47.81	2 320		09:15	816.64	4 200
	08:00	48.79	4 980		09:30	816.89	10 600
	08:48	50.32	10 300		09:40	816.44	11 100
	09:00	50.32	10 300		10:00	815.80	9 880
	09:24	49.12	6 200		10:30	814.99	7 610
	09:36	47.89	2 320		12:00	813.17	4 030

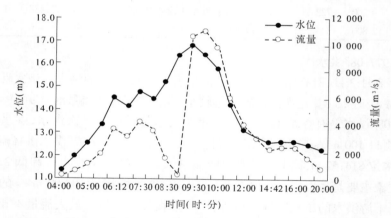

图 5-1 府谷站"1977.08"洪水水位、流量过程线图

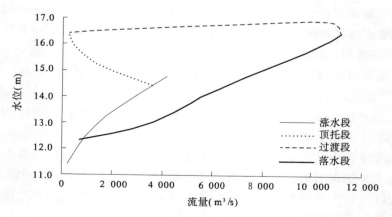

图 5-2 府谷站"1977.08"洪水水位～流量关系曲线

8 月 2 日 9:42 之前,河口镇—河曲区段的红河、清水河无洪水,偏关河 6:30 仅有 15.1 m³/s 的小洪水。河曲—府谷区段降大雨,皇甫站 8:18 洪峰流量 910 m³/s,清水站 8:00 洪峰流量 1 780 m³/s,旧县站 9:12 洪峰流量 672 m³/s,加上其他小支沟及河曲站基流,干支流合成洪峰流量 4 000 ~ 5 000 m³/s。8:48,府谷站下游约 3.5 km 处支流孤山川洪峰流量 10 300 m³/s 的特大洪水汇入黄河,回水顶托至府谷站断面以上 3.5 km,发生壅水现象如同水坝,形成大量槽蓄水量,使府谷站断面产生 1952 ~ 2004 年系列最高水位。9:30 突然退水,如同水坝溃决,从而在府谷站断面形成洪峰流量 11 100 m³/s 的特大洪水。

(二)"2003.07"洪水

府谷站 2003 年 7 月 30 日发生洪峰流量为 12 800 m³/s 的洪水,是该站近 50 年一遇的大洪水,也是该站设站以来发生的最大洪水。该次洪水以其峰顶含沙量小、洪峰流量比上游来水大、洪水过程反常、同流量相应水位低而受到大家的关注。该次洪水出现的这些特殊水文现象是否符合该站实际情况,需作较深入的分析方可弄清楚。

1.基本雨水情

2003 年 7 月 30 日凌晨,河龙区间北部自西北向东南降暴雨,局部降大暴雨。本次降水的特点是强度大、历时短、范围较小。30 日 0:00 ~ 2:00,皇甫川流域上中游的大路峁、古城、沙圪堵站降水量均超过 40 mm。最大 1 h 和 2 h 降水量都发生在高石崖站,5:00 ~ 7:00 降水 52.4 mm,5:00 ~ 8:00 降水 71.4 mm。2 h 降水量大于 40 mm 的有 11 站次,其中皇甫站 2:00 ~ 4:00 降水 59.4 mm,4:00 ~ 6:00 降水 50 mm,4 h 降水 110 mm,8 h 降水 136 mm;府谷站 6 h 降水 133 mm;路家村站 6 h 降水 133 mm;高石崖站 6 h 降水 131 mm。

府谷站此次洪水由支流皇甫川、县川河、清水川、河曲站以上来水和区段未控区来水组成。洪水峰形尖瘦,陡涨陡落,与"1989.07"洪水比较同流量水位偏低、峰顶含沙量偏小。7 月 30 日皇甫川、清水川、县川河等支流相继发生洪水,府谷站 5:24 洪水起涨,流量 630 m³/s,相应水位 809.72 m;7:00 水位上升到 812.92 m,相应流量 6 790 m³/s;8:00 洪水到达峰顶,洪峰流量 12 800 m³/s,相应水位 813.80 m;8:24 以后水位开始回落。整个洪水过程水位涨幅为 4.12 m,最大含沙量为 344 kg/m³,洪水径流量为 1.446 亿 m³,洪水输沙量为 3 594 万 t。皇甫川来水占洪水径流量的 41.7%,来沙占洪水输沙量的 54.8%。

2.峰顶含沙量分析

府谷站这次洪水峰顶含沙量为 344 kg/m³,与历次大洪水比明显偏小,但洪水平均含沙量并不小(见表 5-2)。峰顶含沙量较小主要是皇甫川来水峰顶含沙量较小所致。另外,暴雨中心位于天桥水库—府谷站区段的黄河两岸,而这一带基岩裸露,为高产流低产沙区,使皇甫川来水的含沙量又得到稀释而减小。所以府谷站洪水峰顶含沙量较小。洪水平均含沙量并不小,是由于本次洪水以皇甫川来水、来沙为主,干流河曲站流量较小。皇甫川虽然峰顶含沙量较小,但洪水平均含沙量并不小。以往历史洪水中河曲站来水的稀释作用对洪水含沙量的影响比较显著,但在本次洪水中由于河曲站流量较小而影响较小。暴雨中心区因暴雨持续时间短,来水只对沙峰起到了稀释作用,但远没有历史洪水中河曲站稳定来水对沙峰过程的稀释作用来得明显。所以府谷站这次洪水平均含沙量相对较大。

3.洪峰流量分析

引起此次洪水的降雨范围主要集中在河曲—府谷区段未控区的晋陕峡谷,这里基岩出露,山势陡峭,自 30 日凌晨起至府谷站洪峰流量出现时止,整个河曲—府谷区段普降大到暴雨,降水强度很大,下垫面前期雨量多,土壤含水量已基本饱和,产流比率很大,产生了较多的地面径流而注入黄河,所以加大了府谷站的洪峰流量。再加上天桥水库泄洪量查算值偏小的影响,形成了府谷站洪峰流量 12 800 m³/s 大于上游来水的现象。

1)流量合成

7 月 30 日各支流相继涨水,雨区走向和洪水遭遇有利于形成大洪水。天桥水库泄洪调度是:7 月 30 日 4:00~8:00 坝上水位由 832.3 m 下降到 820.65 m,共下降了 11.65 m,库内 1 000 万 m³ 的蓄水全部泄完。其中 7:00~8:00 坝上水位下降了 7.65 m,形成了府谷站 12 800 m³/s 的洪峰流量。

天桥水库—府谷站区段是降雨超过 130 mm 的暴雨中心,区段 5 条未控区支流都发生了较大洪水,根据各支沟河道特点和河床组成特征,通过调查测量,计算各支流洪峰流量,得出未控区段 5 条支流的合成洪峰流量为 1 840 m³/s。

河曲—府谷区段"2003.07"洪水特征值统计见表 5-4。以皇甫站为主的黄河干支流来水和天桥水库的放水与区段 7:00 前后的强降水遭遇(府谷站 6:40~7:25 的 45 min 内降水达 53.6 mm,之前的 4.5 h 内已降水 78.8 mm),加之区段有利于产流的下垫面条件(此时降水损失很小,产流很大),形成了府谷站 12 800 m³/s 的大洪水。

表 5-4　河曲—府谷区段"2003.07"洪水特征值统计表

序号	河名	站名	洪峰流量 (m³/s)	发生时间 (时:分)	最大含沙量 (kg/m³)	发生时间 (时:分)	备注
1	皇甫川	皇甫	6 660	04:30	517	04:36	实测
2	县川河	旧县	588	07:24	623	06:18	实测
3	清水川	清水	906	06:12	410	05:30	实测
4	黄河	河曲	762	03:30			实测
5	未控区段	河曲—天桥	4 260 (2 000)	07:00			调查值 (天桥预报值)
6		天桥—府谷	1 800	07:00~08:00			调查值
7	1+2+3+4+5+6		15 000				最大之和
8	黄河	府谷	12 800	08:00	344	7:30	实测

2)水量平衡分析

河龙区间"2003.07"洪水水量对照见表 5-5。

府谷站以上来水量为 1.459 亿 m³,府谷站实测洪水径流量为 1.446 亿 m³,基本平衡合理;吴堡站以上来水量为 2.425 亿 m³(不完全统计),吴堡站实测洪水径流量为 2.595 亿 m³,水量也是基本平衡合理。说明府谷站实测 12 800 m³/s 的洪峰流量也是基本合理的。

未控区来水量(W)的估算方法为未控区来水量 W = 未控区集水面积 × 径流模数 K。径流模数根据区段支流次洪水水量和控制面积求得。

清水站径流模数 $K_清$

$$K_清 = 2\,004/735 = 2.73(万 \ m^3/km^2)$$

表5-5 河龙区间"2003.07"洪水水量对照表

序号	河名	站名	水量 (亿 m^3)	序号	河名	站名	水量 (亿 m^3)
1	黄河	河曲	0.381 9	9	黄河	府谷	1.446
2	皇甫川	皇甫	0.603 2	10	孤山川	高石崖	0.220 2
3	县川河	旧县	0.079 1	11	朱家川	桥头	0.276 7
4	清水川	清水	0.200 4	12	窟野河	温家川	0.482 0
5		1 + 2 + 3 + 4	1.265	13	秃尾河	高家川	
6		未控区域	0.187 2	14		9 + 10 + 11 + 12	2.425
7		天桥水库	0.006 5	15	黄河	吴堡	2.595
8		5 + 6 + 7	1.459				

用清水站径流模数推算未控区来水量 $W_清$

$$W_清 = 909 \times 2.73 = 2\,482(万 \ m^3)$$

皇甫站径流模数 $K_皇$

$$K_皇 = 6\,032/3\,175 = 1.90(万 \ m^3/km^2)$$

用皇甫站径流模数推算未控区来水量 $W_皇$

$$W_皇 = 909 \times 1.90 = 1\,727(万 \ m^3)$$

皇甫、清水、旧县3站平均径流模数 $K_均$

$$K_均 = 3站总水量/3站总集水面积 = 8\,827/5\,472 = 1.61(万 \ m^3/km^2)$$

用3站径流模数推算未控区来水量 $W_{3站}$

$$W_{3站} = 909 \times 1.61 = 1\,463(万 \ m^3)$$

皇甫、清水站平均径流模数 $K_{皇、清}$

$$K_{皇、清} = 8\,036/3\,910 = 2.06(万 \ m^3/km^2)$$

用皇甫、清水站平均径流模数推算未控区来水量 $W_{皇、清}$

$$W_{皇、清} = 909 \times 2.06 = 1\,872(万 \ m^3)$$

这次洪水过程县川河中上游降水量较小,单寨、楼沟、八角堡等雨量站次降水量分别为 67 mm、49 mm、57 mm,所以县川河旧县站洪峰流量和次洪水水量都较小。而未控区降水量在 100 mm 以上,来水应较大。所以计算未控区水量不应考虑县川河,而以皇甫站和清水站的平均径流模数估算未控区水量较为合理。为此,推算未控区来水量应采用皇甫、清水站平均径流模数 $K_{皇、清}$。以此模数推算未控区来水量 $W_{皇、清}$ 为 1 872 万 m^3。

3)天桥水库泄洪量查算分析

天桥水库在 4:40 开始到 7:30 已开启了 7 个弧形闸门、3 个排沙洞和 7 个上层堰。根据 7:00 库上水位($Z_上 = 828$ m)和库下水位($Z_下 = 816.5$ m),查算泄流量为

$$Q_{弧形门} = 1\,150 \ m^3/s \times 7 = 8\,050 \ m^3/s$$

$$Q_{排沙洞} = 600 \text{ m}^3/\text{s} \times 3 = 1\ 800 \text{ m}^3/\text{s}$$

弧形闸门和排沙洞总泄流量为 9 850 m³/s,弧形闸门和排沙洞泄流表是 70 年代初期天桥水库设计时提供的用模型实验率定的泄流查算表,30 多年来从未进行过实际比测和校正。天桥水库 834 m 高程原有总库容 6 734 万 m³,到 2003 年汛前剩余库容为 1 550 万 m³,天桥水库淤积是很严重的,并且水库淤积都有翘尾巴现象。设计实验为空库容,坝前行近速度较小。当水库淤积近满时,库尾翘尾巴就比较严重,水库泄流时行近流速就比较大。因此,用原实验率定制作的泄流查算表所得结果就会偏小。

4)天桥—府谷区段来水分析

天桥—府谷区段河段长 8 km,区段面积 162 km²。从降雨等值线看出,天桥—府谷区段是本次洪水的暴雨中心之一。从区段支沟洪水调查和洪峰模数估算等途径综合分析认为,天桥—府谷区段未控区域约有 1 800 m³/s 的洪水直接加在了府谷站洪水的峰顶上。

天桥—府谷 8 km 河段左岸(即山西境内)有黄石崖沟、铁匠铺沟、张家沟、戴家沟和康家滩沟等 5 条较大支沟直接入黄。经调查 5 条支沟 7:00～8:00 水最大,持续时间半小时左右。对 5 条支沟洪水情况调查计算结果见表 5-6。5 条支沟洪峰流量之和为 1 840 m³/s,这个数值还未包括区段的所有沟道。

表 5-6　"2003.07"洪水天桥—府谷区段左岸支沟洪水调查成果表

沟名	洪峰流量 (m³/s)	水道断面面积 (m²)	断面平均流速 (m/s)	平均水深 (m)	水面比降 (‰)	糙率	流域面积 (km²)	河道特征及河床组成
黄石崖沟	710	60.2	11.8	1.80	253	0.020	47.5	护岸为光滑水泥墙,河道顺直
戴家沟(腰庄沟)	482	89.8	5.37	2.92	36.6	0.023	74.5	左岸毛石头护岸,右岸部分石头、部分土坡,河宽有变化
康家滩沟	161	32.2	5.00	1.88	43.3	0.020		石头砌墙护岸(光滑),河道顺直
张家沟	254	36.6	6.95	1.76	142	0.025	17.7	岸壁为土坡,河道顺直
铁匠铺沟	236	30.0	7.86	2.07	135	0.024		左岸毛石头护岸,右岸长草土坡,河道顺直
合计	1 840							各支沟均为卵石淤泥河床

在调查的 5 条支沟中,保德县水保局对两条沟量算过控制面积,黄石崖沟为 47.5 km²、戴家沟为 74.5 km²。戴家沟上有一些小库坝,而黄石崖沟基本上没有库坝工程,利用黄石崖沟洪峰模数估算天桥—府谷区段洪峰如下。

黄石崖洪峰模数为

$$\frac{710 \text{ m}^3/\text{s}}{47.5 \text{ km}^2} = 15\ (\text{m}^3/(\text{s·km}^2))$$

保德县量算的面积是入黄面积,而实际洪水调查必须在入黄口的上游沟道顺直的地方进行,计算洪峰模数的面积是略偏大的,因而洪峰模数略偏小。

黄石崖沟、戴家沟以外区域洪峰流量为

$$15 \times (162 - 47.5 - 74.5) = 600(\text{m}^3/\text{s})$$

天桥—府谷区段洪峰为

$$710 + 482 + 600 = 1\ 792(\text{m}^3/\text{s})$$

前面说到,因计算的洪峰模数略偏小,由此计算天桥—府谷的洪峰也可能是略偏小的。

从高石崖、府谷和路家村雨量站降水强度分布图(见图 5-3、图 5-4、图 5-5)可以看出,3 站 7:00 前后 1 h 又降雨 58.8 mm(府谷站 6:25 ~ 7:25)、63.8 mm(高石崖站 6:15 ~ 7:15)和 43 mm(路家村站 6:15 ~ 7:15),平均 55.2 mm,为 6 h 降雨过程中雨强最大的一小时。此时 土壤前期降水量已接近饱和。假定这部分降水全部为净雨量,则相应产流量为

$$\triangle W = 55.2\ \text{mm} \times 162\ \text{km}^2 = 0.055\ 2\ \text{m} \times 162 \times 10^6\ \text{m}^2 = 8.94 \times 10^6\ \text{m}^3$$

出流过程按三角形概化,则有

$$\triangle W = \frac{1}{2}\triangle t \cdot Q_\text{m}$$

$$Q_\text{m} = 2 \times \triangle W/\triangle t$$

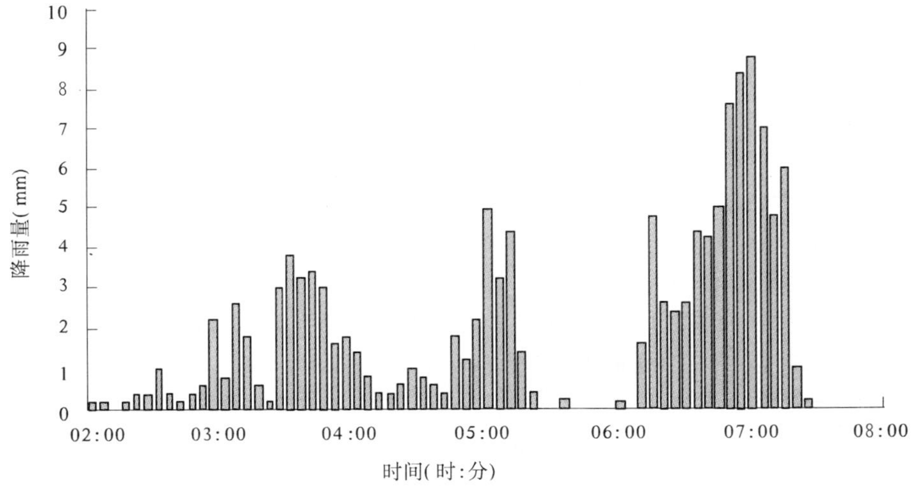

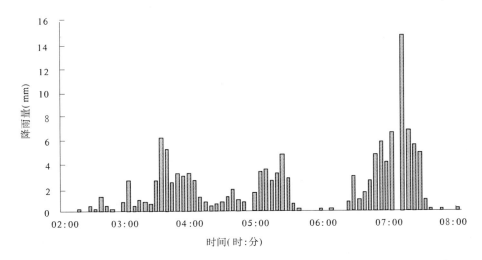

图 5-3　高石崖站降水过程强度分布柱状图

图 5-4　府谷站降水过程强度分布柱状图

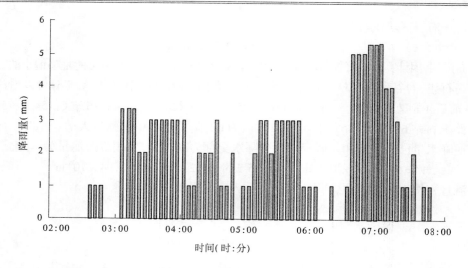

图 5-5　路家村站降水过程强度分布柱状图

式中：Q_m 为区段 7:00～8:00 汇入干流洪水过程的洪峰流量；Δt 为汇流时间，按 2.5 h（借岔巴沟"1966.08"洪水过程出流时间）考虑，则

$$Q_m = 2 \times 8.94 \times 10^6 / (2.5 \times 3\ 600) = 1\ 990 (\text{m}^3/\text{s})$$

按照以上三种方法分析成果取其下限，天桥—府谷区段汇入干流洪水过程的洪峰流量约为 1 800 m³/s。

5）1 800 m³/s 洪峰合理性分析

通过对比天桥—府谷区段"2003.07"暴雨洪水和岔巴沟流域"1966.08"暴雨洪水情况，来分析天桥—府谷区段洪峰流量 1 800 m³/s 的合理性如下。

天桥水库—府谷区段面积 162 km²，岔巴沟曹坪水文站控制面积 187 km²，两者集水面积相当；天桥—府谷区段"2003.07"暴雨面平均雨量比岔巴沟"1966.08"暴雨大 10%；岔巴沟前期雨量接近于 0，天桥—府谷区段为 90 mm；岔巴沟平均雨强为 26.7 mm/h，天桥—府谷区段为 40.0 mm/h；天桥—府谷区段下垫面产汇流条件比岔巴沟流域好。两区域对比统计见表 5-7。

表 5-7　天桥—府谷区段与岔巴沟洪水对比分析表

集水区域	集水面积（km²）	面平均雨量（mm）	前期影响雨量（mm）	降雨历时（h）	平均雨强（mm/h）	下垫面特点	洪峰流量（m³/s）	出现时间（年-月-日）
岔巴沟流域	187	36	0	1.5	26.7	黄土多、水域小、比降小、汇流慢	1 520	1966-08-15
天桥—府谷	162	40	90	1.0	40	黄土少、水域大、比降大、汇流快	1 800	2003-07-30

由此来看，岔巴沟"1966.08"暴雨能产生 1 520 m³/s 的洪水，天桥—府谷区段"2003.07"暴雨产生 1 800 m³/s 的洪水是可能的、合理的。

4. 洪水过程分析

府谷站这次洪水在涨水坡施测第 67 次流量和第 68 次流量之间,水位涨了 1.11 m,而流量只增加了 460 m³/s,这似乎有些不太合理。因为两次流量相应断面面积分别为 1 100 m² 和 1 590 m²,增加了 490 m²。断面平均流速按 3 m/s 保守估计,则流量增幅应该有 1 500 m³/s 左右,远远超过了实测的 460 m³/s,这显然是不合理的。现将这种不合理现象分析如下。

府谷站在 5:35~5:52 施测第 67 次流量时,天桥水库坝上水位是较高水头泄流。此前 4:40 已打开了 7 个上层堰,5:05 又打开了 3 个泄洪闸,当时,府谷站断面水流流速较大。6:18~6:36 施测第 68 次流量时,水库坝上水位降低,上层堰泄水渐渐减少。此时,先前(5:35~5:54)打开的 3 个排沙洞泄流(是淹没出流,坝下水位是 815.1~815.8 m,排沙洞底坎高程是 811 m)已到达断面,水流流速较小。6:30~7:30 又陆续打开了 4 个泄洪闸,排沙洞泄流影响减小,泄流来水到达断面后,水流流速又逐渐增大。类似的现象在府谷站历史上类有发生,"1992.08"洪水就是其中一例,并且都发生在涨水坡,流量级也一致,两次洪水水位涨幅和流量涨幅很接近。见表 5-8 统计情况。

表 5-8　府谷站"1992.08"洪水和"2003.07"洪水涨坡实测流量对照表

洪号	测次号	水位 (m)	流量 (m³/s)	平均流速 (m/s)	水位涨幅 (m)	流量涨幅 (m³/s)	洪峰流量 (m³/s)
1992.08	90	811.16	2 810	4.44	1.04	450	9 200
	91	812.20	3 260	3.37			
2003.07	67	811.18	4 430	3.43	1.11	460	12 800
	68	812.29	4 890	3.08			

由图 5-6 府谷站两场洪水水位~流速相关曲线对比可见,两次洪水涨水坡水位在 811.2~812.3 m 之间,曲线变化趋势完全一致,即水位在升高,流速在减小。所以,在此期间流量增幅自然会比正常情况偏小,甚至小得多。

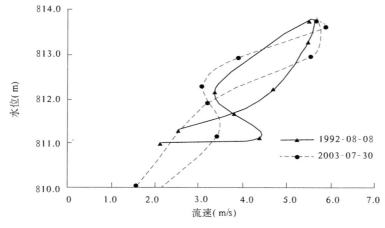

图 5-6　府谷站"1992.08"洪水和"2003.07"洪水水位~流速相关曲线图

由此可见,"2003.07"洪水过程涨水坡水位与流量变化的不相应现象是由天桥水库在洪水过程中运用不同泄洪排沙方式所造成的。与天然河道洪水过程比较是不太合理的,但确属实际情况。

5. 同流量水位偏低现象分析

府谷站是 1991 年 1 月 1 日由府谷(二)站下迁 134 m 改为现在的府谷(三)站的,但测流断面一直未变。府谷站"2003.07"洪水与"1989.07"和"1977.08"洪水相比,出现同流量水位偏低现象。"2003.07"洪水洪峰流量为 12 800 m³/s,相应水位为 813.80 m;"1989.07"洪水洪峰流量为 11 400 m³/s,相应水位为 814.52 m。"2003.07"洪水洪峰流量比"1989.07"洪水洪峰流量大 1 400 m³/s,而相应水位却低了 0.72 m。从府谷站历年大洪水水位～流量关系套绘图(见图 5-7)可以看出,该站同流量水位(或同水位流量)相差较大。

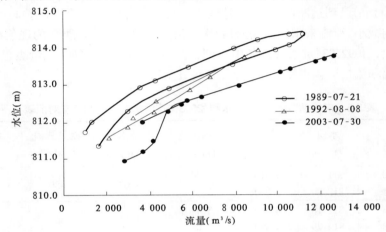

图 5-7　府谷站历年大洪水水位～流量关系套绘图

府谷站"1989.07"洪水前期断面淤积,河床较高,同水位过水断面面积较小。"2003.07"洪水同流量水位偏低,是由于此次洪水之前河床就较低,再加上洪水期间断面又发生冲刷,同水位过水断面面积较大。该站大洪水断面套绘图见图 5-8。

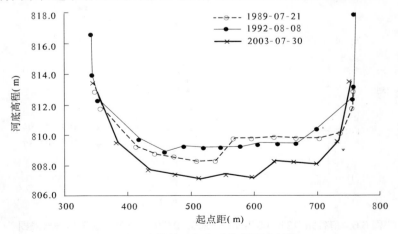

图 5-8　府谷站历年大洪水断面套绘图

由图 5-8 和表 5-9 可见,"2003.07"洪水起涨时比"1989.07"洪水河床低(相应流量分别为 588 m³/s 和 1 150 m³/s),在 813.00 m 的相同水位下,断面面积相差 464 m²,平均河底高程相差 1.26 m。假如"2003.07"洪水断面仍然是较高的"1989.07"洪水时的河床断面,再考虑较小的河床坡降(河床较高时坡降较小),那么,"2003.07"洪水最高水位就应该是 814.94 m,高出"1989.07"洪水最高水位 0.42 m。

综上所述,"2003.07"洪水峰顶含沙量小主要是由于皇甫川峰顶含沙量小;在天桥—府谷区段产生了 1 800 m³/s 洪水,天桥水库最大泄流量 9 850 m³/s 定性偏小的情况下,府谷站发生 12 800 m³/s 的洪水是基本合理的;在断面冲淤变化较大的府谷站出现水位流量变化过程不相应、同流量水位偏低现象是正常的,符合实际的。

表 5-9　"2003.07"、"1989.07"洪水断面对照表

洪号	同水位面积 (m²)	平均水深 (m)	平均河底高程 (m)	高程差 (m)	面积差 (m²)	最高水位 (m)	洪峰流量 (m³/s)
1989.07	1 422	3.29	809.71	1.26	464	814.52	11 400
2003.07	1 886	4.55	808.45			813.80	12 800

(三)大洪水来源

府谷站在 1952～2003 年期间共发生大于 8 000 m³/s 的洪水 8 次,均为河府区段暴雨洪水所形成。在这些洪水所中,皇甫站来水所占比重在 50% 以上的有 7 次。其中大于 10 000 m³/s 的洪水有 4 次,皇甫站来水所占比重在 50% 以上的有 3 次。这说明皇甫川是府谷站大洪水最主要的来源区。府谷、皇甫站大洪水洪峰流量对照情况见表 5-10。

表 5-10　府谷、皇甫站大洪水洪峰流量对照表

府谷站		皇甫站		皇甫站洪峰流量占
时间 (年-月-日 T 时:分)	洪峰流量 (m³/s)	时间 (年-月-日 T 时:分)	洪峰流量 (m³/s)	府谷站洪峰流量 (%)
1972-07-19T20:00	10 700	1972-07-19T18:00	8 400	78.5
1977-08-02T09:42	11 100	1977-08-02T07:00	910	8.2
1979-08-11T05:00	8 160	1979-08-11T03:00	4 660	55.1
1979-08-13T04:30	9 490	1979-08-13T02:00	5 990	63.1
1988-08-05T08:30	900	1988-08-05T05:06	6 790	75.4
1989-07-21T12:36	11 400	1989-07-21T10:10	10 600	93.0
1992-08-08T10:30	9 200	1992-08-08T07:00	4 700	51.1
2003-07-30T08:00	12 800	2003-07-30T04:30	6 660	51.6

三、吴堡站洪水

吴堡站洪水主要由府谷站以上来水和府谷—吴堡区段孤山川、朱家川、岚漪河、蔚汾河、窟野河、秃尾河、佳芦河和湫水河 8 条主要支流来水形成。其中府谷—吴堡区段又主要来自窟野河、孤山川、佳芦河和湫水河 4 条支流。府谷—吴堡区段是河龙区间最主要的暴雨洪水来源区,也是黄河流域主要的暴雨洪水来源区之一。吴堡站洪水频发且具有涨落快、洪峰流量大、含沙量高等特点。

(一)历年实测大洪水

吴堡站历年实测大洪水水沙情况统计见表5-11。1976年8月2日,该站发生洪峰流量为24 000 m³/s的特大洪水,是该站和河龙区间各干支流站历年实测最大洪水,也是黄河流域各干支流站历年实测最大洪水。

表5-11 吴堡站历年实测大洪水水沙情况统计表

时间 (年-月-日)	洪峰流量 (m³/s)	相应含沙量 (kg/m³)	最大含沙量 (kg/m³)	相应流量 (m³/s)	沙峰相对水峰出现时间 (h)	径流量 (亿 m³)
1954-09-02	14 300					5.997
1958-07-13	12 600	67.6	386	7 050	滞后 1.8	5.213
1959-07-20	14 600	362	432	10 500	滞后 1.7	3.430
1964-08-13	17 500					4.770
1966-07-29	11 100	431	566	9 400	滞后 0.5	2.324
1967-08-06	15 100	137	436	11 500	滞后 4.3	3.642
1967-08-10	19 500	392	471	16 100	滞后 1.8	6.152
1967-08-20	11 000	199	309	7 280	滞后 3.0	7.828
1967-08-22	11 600	141	300	5 440	滞后 5.0	5.189
1967-09-01	11 600	121	388	7 860	滞后 6.5	4.535
1970-08-02	17 000	870	888	9 630	超前 0.5	4.115
1971-07-25	14 600	461	496	6 810	滞后 4.5	5.522
1972-07-20	11 600	161	368	2 620	滞后 9.0	3.909
1976-08-02	24 000	364	631	20 800	滞后 0.5	4.026
1977-08-02	15 000	366	615	8 450	滞后 4.0	4.734
1979-08-11	11 900	286	345	9 650	滞后 2.5	4.547
1979-08-13	10 700	107	264	3 630	滞后 5.3	4.783
1989-07-22	12 400	124	406	3 110	滞后 13.5	5.543

1."1953.08"洪水

1953年8月26日,吴堡站发生洪峰流量10 300 m³/s的洪水。当时河曲—吴堡区段只有河曲水文站、义门水位站和沙窝铺水文站。从较少的资料中得知,河曲站年最大流量出现在8月25日,流量为3 460 m³/s;义门站年最高水位出现在8月25日,水位为839.38 m;沙窝铺站年最大流量出现在8月25日,流量为5 830 m³/s。可以初步判断吴堡站本次洪水是由府谷站(义门站)以上干流和府谷—吴堡区段共同来水形成的。

2."1954.09"洪水

1954年9月2日14:30,吴堡站出现洪峰流量为14 300 m³/s洪水。本次洪水历时较长,流量大于10 000 m³/s的时间持续了5 h,洪水总量59 970万 m³。洪水主要来自窟野河、义门站以上干流及未控区间。本次洪水涨落较缓慢,持续时间较长,重叠式峰形。

此次吴堡站洪峰主要由温家川站(2日7:30洪峰流量5 100 m³/s)、义门站(相应流量2 890 m³/s)、林家坪站(相应流量808 m³/s)以及府谷—吴堡间未控区洪水组成。义门站洪水总量23 480万 m³,约占吴堡站洪水总量的39%;温家川站洪水总量17 550万 m³,约占吴堡站洪水总量的29%;林家坪站洪水总量843万 m³,约占吴堡站洪水总量的1%;府谷—吴堡间未控区来水约占吴堡站洪水总量的 30%。

3.“1958.07”洪水

1958 年 7 月 13 日 8:00,吴堡站出现洪峰流量 12 600 m³/s 的洪水。洪水总量 52 130 万 m³,洪水主要来自府谷—吴堡区段。7 月 12 日,在义门—吴堡区段有一次较大的降水过程,暴雨中心在高家堡和义门一带,高家堡站降水量 82.5 mm。

吴堡站洪峰主要由义门站(12 日 21:00 洪峰流量 3 220 m³/s)、高家川站(相应流量 2 040 m³/s)、温家川站(相应流量 2 760 m³/s)、申家湾站(相应流量 3 980 m³/s)来水组成。义门站洪水总量 38 570 万 m³,约占吴堡站洪水总量的 74%;高石崖站洪水总量 566 万 m³,约占吴堡站洪水总量的 1%;温家川站洪水总量 5 954 万 m³,约占吴堡站洪水总量的 11%;高家川站洪水总量 2 058 万 m³,约占吴堡站洪水总量的 4%;申家湾站洪水总量 2 784 万 m³,约占吴堡站洪水总量的 5%。

从传播时间看,干流洪水传播到窟野河口较窟野河水晚 1 h 左右,干流与支流洪峰可能在吴堡站以上遭遇。本次洪水涨快落慢,落水持续时间较长。

4.“1959.07”洪水

1959 年 7 月 20 日 22:00～21 日 10:00,府谷—吴堡区段普降暴雨,降水历时约 12 h,降水时程分配为单峰,以 21 日 2:00～8:00 强度最大。雨呈东西走向,暴雨中心位于岚漪河入黄河口裴家川站一带,中心最大点裴家川站降水量为 191 mm。秃尾河口以南降水量较小,在 20～40 mm 之间,80 mm 等值线笼罩北起皇甫川口,南至窟野河口黄河两岸各支流中下游地区并向西延伸至秃尾河中游。7 月 21 日 12:00,吴堡站发生本年最大洪水,洪峰流量 14 600 m³/s,洪水历时约 26 h,峰形为尖瘦单峰,涨坡 6 h,落坡 20 h。吴堡站洪峰主要由窟野河来水(温家川站 6:20 洪峰流量 12 000 m³/s)和秃尾河来水(高家川站 6:00 洪峰流量 2 720 m³/s)组成,两峰相遇形成吴堡站 14 600 m³/s 洪峰流量。其余干流义门站 20 日 13:35 洪峰流量 2 770 m³/s,支流朱家川、岚漪河、佳芦河各有 700 m³/s 左右洪水,时间都在 9:00～10:00,未与窟野河洪水遭遇,仅在落坡形成小的起伏。

本次洪水吴堡站洪水总量 34 300 万 m³。温家川站洪水总量 16 650 万 m³,约占吴堡站洪水总量的 48.5%;高家川站洪水总量 5 310 万 m³,占吴堡站洪水总量的 15.5%。

本次洪水主要产流区为窟野河及秃尾河流域,府谷—温家川区段各支流降水总量大,但强度较小,且时间落后于窟野河及秃尾河流域,洪峰未遭遇。

5.“1964.08”洪水

1964 年 8 月 12～13 日,府谷—吴堡区段普降暴雨,降水历时约 15 h。暴雨中心位于干流以及窟野河和秃尾河一带,中心较大点降水为裴家川站 140 mm、高家堡站 159 mm。80 mm 等值线笼罩北起皇甫川口,南至秃尾河中下游地区。8 月 13 日 8:18 吴堡站发生洪峰流量 17 500 m³/s 洪水,洪水历时约 36 h,峰形为尖瘦单峰,涨坡 12 h,落坡 24 h。洪峰主要由义门站以上干流来水(义门站 12 日 21:06 流量 7 000 m³/s)和孤山川(高石崖站 12 日 21:03 洪峰流量 3 990 m³/s)以及窟野河(温家川站 13 日 2:48 洪峰流量 3 590 m³/s)来水组成。其余支流虽有不同程度的涨水,但未与以上来水遭遇。洪水传播时间,义门站到吴堡站 11.2 h,温家川站到吴堡站 5.5 h,高石崖站到吴堡站 11 h。

本次洪水扣除基流吴堡站洪水总量 47 700 万 m³。义门站洪水总量 14 140 万 m³,占吴堡站洪水总量的 29.6%;温家川站洪水总量 12 270 万 m³,占吴堡站洪水总量的 25.7%;高石崖站洪水总量 4 171 万 m³,占吴堡站洪水总量的 8.7%;高家川站洪水总量 5 060 万 m³,占吴堡站洪水总量的 10.6%。

本次洪水主要产流区为义门站以上干支流、窟野河及秃尾河。各支流站洪水到吴堡站均为单峰。

6. "1966.07" 洪水

1966 年 7 月 28 日 2:00~20:00,府谷—吴堡区段普降暴雨。降雨历时约 18 h,时程分布为单峰,2:00~12:00 强度最大。雨带呈东北—西南走向,暴雨中心位于窟野河与牸牛川交汇点王道恒塔地区,中心最大点降水量 114.8 mm(王道恒塔站)。60 mm 等值线覆盖窟野河上中游地区并向东北延伸至孤山川上游,向西南延伸至秃尾河上游地区。府谷—吴堡间其余地区降水 20~40 mm。洪水历时 28 h,重叠峰形,涨坡 9 h,落坡 19 h。温家川—吴堡间支流来水使得吴堡站从 28 日 16:00 起涨至 29 日 0:00,缓涨至 3 000 m³/s,后窟野河来水(温家川站 28 日 17:00 流量 8 380 m³/s),叠加使得从 0:00 到 1:13 陡涨至峰顶 11 000 m³/s,至 5:00 回落为 3 500 m³/s,6:00 由义门站(28 日 16:42 流量 3 680 m³/s)加高石崖站(28 日 15:36 流量 1 180 m³/s)洪水形成吴堡站第二峰(29 日 8:00 洪峰流量 5 350 m³/s)。洪水传播时间,温家川站到吴堡站 8.2 h,义门站到吴堡站 14.3 h。

本次洪水扣除基流吴堡站洪水总量 23 240 万 m³。温家川站洪水总量 12 790 万 m³,占吴堡站洪水总量的 55%;高石崖站加义门站洪水总量 4 740 万 m³,占吴堡站洪水总量的 20.4%。

本次洪水主要产流区为窟野河流域,义门—吴堡区段各支流来水不大,且时间提前或落后于窟野河来水,洪峰未能遭遇。

7. "1967.08.06" 洪水

1967 年 8 月 5 日 20:00~6 日 8:00,河曲站以南至窟野河口以北沿黄两岸发生暴雨,降水历时约 12 h,降水过程分布为单峰,5 日 23:00~6 日 4:00 强度最大,雨区为东西走向,暴雨中心在府谷周围地区,中心最大点降水量 106.5 mm(桥头站)。8 月 6 日 13:00,吴堡站发生洪峰流量 15 100 m³/s 洪水,洪水历时 25 h,洪峰为单峰,起涨至峰顶仅 2 h,落坡 23 h。洪水主要来自义门站以上干支流、孤山川、朱家川及窟野河。由义门站涨坡(相应流量 5 000 m³/s)加桥头站(相应流量 2 260 m³/s)传播至窟野河口与温家川站(5:36 洪峰流量 6 630 m³/s)洪水遭遇,形成吴堡站涨坡,义门站(4:00 峰顶流量 7 230 m³/s)加高石崖站(3:48 峰顶流量 5 670 m³/s)紧随其后,使得吴堡站 14 000 m³/s 以上流量持续达 4 h。洪水传播时间,温家川到吴堡站 6.4 h,义门站到吴堡站 9 h。

本次洪水扣除基流吴堡站洪水总量 36 420 万 m³。温家川站洪水总量 10 950 万 m³,占吴堡站洪水总量的 30.1%;义门站洪水总量 20 440 万 m³,占吴堡站洪水总量的 56.1%;高石崖站加后会村站洪水总量 6 460 万 m³,占吴堡站洪水总量的 17.7%。

本次洪水主要产流区为河曲—义门各支流、孤山川、朱家川及窟野河流域,其余各支流基本无洪水,各洪峰遭遇形成吴堡站单一洪峰。

8. "1967.08.10" 洪水

1967 年 8 月 9 日 20:00~10 日 20:00,杨家川入黄口以南至秃尾河河口以北沿黄两岸发生暴雨,降水历时约 24 h,降水过程分配为单峰。10 日 2:00 ~ 14:00 强度最大,雨区为东西走向,暴雨中心在府谷至裴家川沿黄河两岸地区,中心最大点降水量为桥头站的 117.5 mm。另外窟野河中游神木站及岚漪河上游岢岚站各有一较小降水中心,降水量亦超过 100 mm。本次降水过程杨家川入黄口以南至秃尾河河口以北沿黄两岸各支流流域大部为 60 mm 等值线所笼罩,降水量大、面广。1967 年 8 月 10 日 20:00,吴堡站发生本年最大洪水,同时亦为本站实测第二大洪水。洪峰流量 19 500 m³/s,洪水历时 25 h,洪峰为单峰,起涨至峰顶 5.2 h,落坡 20 h。洪水由义门站以上干支流来水、孤山川、朱家川、岚漪河、蔚汾河、秃尾河、湫水河及窟野河来水组成。义门站及各支流洪峰均发生在 12:00 ~ 14:00 之间,洪水入黄河遭遇到达吴堡站,形成单一洪峰(20:12 洪峰流量 19 500 m³/s)。本次洪水峰高量大,吴堡站 10 000 m³/s 以上流量持续达 9 h。洪水传播时间,温家川站到吴堡站 7 h,义门站到吴堡站 8 h。

本次洪水扣除基流吴堡站洪水总量 61 520 万 m³。温家川站洪水总量 13 260 万 m³,占吴堡站洪水总量的 21.6%;义门站洪水总量 21 730 万 m³,占吴堡站洪水总量的 35.3%;高石崖站加桥头站洪水总量 11 300 万 m³,占吴堡站洪水总量的 18.4%。

9.“1970.08”洪水

1970 年 7 月 31 日 ~ 8 月 2 日,府谷—吴堡区段普降暴雨,暴雨主要集中在孤山川、窟野河、秃尾河,其中窟野河的草垛山雨量站 8 月 1 日 14:00 ~ 20:00 降水量达 103 mm,强度大。从 7 月 31 日 ~ 8 月 2 日次降水量达 100 mm 的区域占到府谷—吴堡区段右岸支流的大部分流域。

8 月 2 日 11:00,吴堡站出现 17 000 m³/s 的年最大洪峰。此次洪水主要来自孤山川、窟野河、秃尾河和佳芦河。义门站 8 月 1 日 23:24 洪峰流量 1 740 m³/s,高石崖站 8 月 1 日 23:00 洪峰流量 2 700 m³/s,温家川站 8 月 2 日 7:00 洪峰流量 4 450 m³/s,高家川站 8 月 2 日 6:06 洪峰流量 3 500 m³/s,申家湾站 8 月 2 日 6:24 出现历史最大洪水,洪峰流量 5 770 m³/s。

吴堡站洪水总量 41 150 万 m³。义门站洪水总量 10 650 万 m³,占吴堡站洪水总量的 25.9%;温家川站洪水总量 14 670 万 m³,占吴堡站洪水总量的 35.7%;高家川站洪水总量 4 517 万 m³,占吴堡站洪水总量的 11.0%;申家湾站洪水总量 3 531 万 m³,占吴堡站洪水总量的 8.6%。本次洪水主要来自于义门站以上干支流及窟野河,各洪峰到吴堡站后形成单峰。

该次洪水沙峰超前水峰 0.5 h,为吴堡站大洪水较少出现的现象。吴堡站 8 月 2 日 11:00 洪峰流量 17 000 m³/s,温家川站 8 月 2 日 0:01 洪峰流量 4 330 m³/s,最大含沙量 1 040 kg/m³,沙峰超前水峰 46 min,温家川站洪水加在吴堡站洪峰涨水坡;申家湾站 8 月 2 日 6:24 洪峰流量 5 770 m³/s,含沙量较温家川站小,为 847 kg/m³,该站洪水形成吴堡站洪峰。即温家川站洪峰流量小、含沙量大、沙峰超前,洪水加在吴堡站洪峰涨水坡;申家湾站洪峰流量大,含沙量小,形成吴堡站洪峰。所以,吴堡站发生沙峰超前水峰的少见现象。

10.“1971.07”洪水

1971 年 7 月 23 ~ 26 日,府谷—吴堡区段的右岸流域普降暴雨。窟野河的杨家坪站 25 日 2:00 ~ 8:00 降水量 206 mm,8:00 ~ 14:00 降水量 203 mm,强度大。草垛山、高家堡、芦草沟次降水量都在 200 mm 以上,次降水量在 100 mm 以上的面积占到黄河右岸面积的 1/2。

7月25日 15:28 吴堡站发生洪峰流量达 14 600 m³/s 的年最大洪水。由于府谷—吴堡区段普降暴雨,各站都有大小不等的洪水发生,但是形成吴堡站洪水的主要是温家川站 7 月 25 日 9:42 洪峰流量 13 500 m³/s 的洪水,以及高石崖站 25 日 3:06 洪峰流量 1 720 m³/s的洪水。

吴堡站的洪水总量为 55 220 万 m³。义门站洪水总量 15 050 万 m³,占吴堡站洪水总量的 27.3%;温家川站洪水总量 21 520 万 m³,占吴堡站洪水总量的 39.0%;高石崖站洪水总量 3 783 万 m³,占吴堡站洪水总量的 6.9%。府谷—吴堡的洪水总量比吴堡站的洪水总量小 10 500 万 m³,这主要是未控区间来水,7 月 25 日岚漪河、朱家川均有洪水发生。本次洪水主要来自义门站以上干流及窟野河,未控区间也有洪水发生,各洪峰到吴堡站后形成单峰。

11. "1972.07"洪水

1972 年 7 月 20 日 7:00,吴堡站洪峰流量 11 600 m³/s,洪水主要来自干流府谷站以上及窟野河。

7 月 19 日在特牛川、乌兰木伦河、清水川、皇甫川上游出现较大的降水过程,暴雨中心在皇甫川上游的纳林站,19 日 6 h 降水量达 153 mm。降水量大于 60 mm 的分布面积在王道恒塔站和新庙站以上流域面积中占 1/3,在清水、皇甫站以上流域中占 2/3。形成皇甫川皇甫站洪峰流量 8 400 m³/s 的洪水、清水川调查最大流量 1 600 m³/s 的洪水,两支流和黄河干流来水汇合形成府谷站 7 月 19 日 19:42 洪峰流量 10 700 m³/s 的洪水。当时府谷站以下支流相应流量窟野河 3 260 m³/s,其他支沟涨水很小或未涨水。由于槽蓄量大,对洪峰削减较大,所以吴堡站最大流量只有 11 600 m³/s。本次洪水吴堡站洪水总量 39 090 万 m³。府谷站洪水总量 22 500 万 m³,占吴堡站洪水总量的 57.6%;高石崖站洪水总量 633.6 万 m³,占吴堡站洪水总量的 1.6%;温家川站洪水总量 7 861 万 m³,占吴堡站洪水总量的 20%;高家川站洪水总量 669.2 万 m³,占吴堡站洪水总量的 2.0%;申家湾站洪水总量 762.4 万 m³,占吴堡站洪水总量的 2.0%;林家坪站洪水总量 1 642 万 m³,占吴堡站洪水总量的 4.2%。

从传播时间看,干流水比窟野河水晚 1 h 左右到达窟野河口,但由于干流来水较大,所以干流洪水赶上温家川站洪水,两峰在吴堡站以上遭遇。

本次洪水涨落都较缓慢,洪峰历时长。由于高家川、申家湾、林家坪、杨家坡站及未控区来水先到吴堡站,造成了吴堡站 7 月 19 日 22:00 流量 5 000 m³/s 的洪水,形成双峰。

12. "1976.08"洪水

1976 年 8 月 2 日 22:00,吴堡站发生设站以来最大洪水,洪峰流量 24 000 m³/s,也是吴堡站 1842 年以来的最大洪水。洪水主要来自窟野河中上游,其次是孤山川、皇甫川和清水川。

7 月 27～28 日和 8 月 1～2 日,在王道恒塔站和新庙站以上地区出现了两次降水过程。第一次降水使土壤饱和、塘堰蓄满、基流增加,第二次降水笼罩面积大,暴雨中心在新庙站上游 30 km 的纳林站,点降水量 147 mm,大于 100 mm 的分布面积占该区面积的 2/3,

吴堡站洪峰的形成,主要是黄河受窟野河来水的顶托,加上黄河上游干支流的洪水几个方面因素造成的。温家川站 8 月 2 日 14:42 洪峰流量 14 000 m³/s,府谷站洪峰 5 320 m³/s,孤山川高石崖站洪峰 2 330 m³/s,三站最大流量累加也只有 21 500 m³/s。从洪水传播时间看,府谷站加高石崖站洪水到达窟野河口约需 4 h,即 16:30 左右到达窟野河口,比窟野河水晚 1 h 左右,与温家川站洪峰落水坡相遇,再加上温家川站洪水入黄河后造成干流倒流,槽蓄水量大,因而造成大于 20 000 m³/s 的洪峰,流速增大,此峰赶上温家川站洪峰,两峰在吴堡站以上遭遇,造成吴堡站 24 000 m³/s 的高尖瘦洪峰。若两个洪峰不遭遇,吴堡站就不会出现如此大的流量。吴堡站洪峰的形成,主要是窟野河洪水汇入黄河时产生顶托倒流造成黄河河槽大量蓄水,当窟野河洪水回落时,紧接着黄河上游洪水到来,形成洪水与槽蓄水一拥而下,造成反常洪峰。1971 年 7 月 25 日温家川站出现 13 500 m³/s 洪水,黄河同样产生顶托槽蓄,但落水坡黄河流量只有 1 890 m³/s,槽蓄水量缓缓下泄,对洪峰只有削减而不会增大,这次由于干流洪水大,突然宣泄,增大了干流洪峰。

这次洪水吴堡站洪水总量 3.001 亿 m³,洪水输沙量 1.24 亿 t,洪水平均含沙量 413 kg/m³。上游府谷站洪水总量 0.972 亿 m³,约占吴堡站洪水总量的 32.4%;高石崖站洪水总量 0.209 亿 m³,约占吴堡站洪水总量的 7.0%;温家川站洪水总量 2.036 亿 m³,约占吴堡站洪水总量的 67.8%。3 站洪水总量 3.217 亿 m³,比吴堡站大 0.216 亿 m³,吴堡又比龙门站大 0.133 亿 m³。主要是该次洪水含沙量大,使沿程黄河河道淤积严重。府谷—吴堡区段淤 1.16 亿 t,吴堡—龙门区段淤 0.43 亿 t。故从府谷到吴堡,从吴堡到龙门,水量沿程减少是合理的。

13.“1977.08”洪水

1977 年 8 月 1 日 20:00~2 日 8:00,在陕蒙交界地区发生罕见特大暴雨,整个雨区位于北纬 38°30′~39°40′、东经 107°30′~111°40′范围,暴雨中心位于内蒙古乌审旗木多才当,调查 10 h 降水 1 400 mm,雨带呈东西向分布,降水历时约 12 h,降水时程分配为单峰,2 日 2:00~8:00 强度最大。本流域内降水中心在孤山川流域,中心最大点降水为孤山站 160 mm。另外窟野河上游王道恒塔站周围形成又一降水中心,中心最大点降水为孙家岔站 171.6 mm。本次降水过程右岸支流流域大部为 80 mm 等值线笼罩,降水量大、面广、历时短、强度大。8 月 2 日 19:00 吴堡站发生本年最大洪水,洪峰流量 15 000 m³/s,洪水历时 26 h,洪峰为单峰,起涨至峰顶 5 h,落坡 21 h。洪水由府谷站以上干支流来水、孤山川、窟野河来水组成,朱家川、岚漪河、蔚汾河、秃尾河、湫水河、佳芦河洪峰流量均在 300~600 m³/s 之间。府谷站及孤山川、窟野河洪峰均发生在 9:00~10:00 之间,洪峰皆为先小峰后大峰的双峰形态,洪水到达吴堡站形成单一洪峰(19:00 洪峰流量 15 000 m³/s)。本次洪水高石崖站发生设站以来最大洪水(8:48 洪峰流量 10 300 m³/s),该洪水入黄顶托黄河水,使府谷站水位抬高 1.9 m,回水达 6 km。本次洪水峰高量大,吴堡站 14 000 m³/s 以上流量持续达 4 h。洪水从温家川站传播到吴堡站用了 7.1 h,从高石崖站到吴堡站用了 10.2 h。

本次洪水扣除基流吴堡站洪水总量 47 340 万 m³。温家川站洪水总量 13 990 万 m³,占吴堡站洪水总量的 29.6%;府谷站洪水总量 14 220 万 m³,占吴堡站洪水总量的 30.0%;高石崖站洪水总量 10 270 万 m³,占吴堡站洪水总量的 21.7%。本次洪水主要来源于孤山川,洪峰到达吴堡站形成单峰。

14."1979.08"洪水

1979 年 8 月 10 日 14:00 ~ 11 日 14:00,窟野河河口以北黄河右岸发生暴雨,降水历时约 22 h,降水时程分配分为两次降水过程,即 10 日 14:00 ~ 18:00 和 11 日 0:00 ~ 10:00。雨区为东西走向,暴雨中心在窟野河上游地区,中心最大点降水为花亥图站 141 mm。8 月 11 日 16:30 吴堡站发生较大洪水,洪峰流量 11 900 m³/s,洪水历时 27 h,洪峰为单峰,起涨至峰顶 7.5 h,落坡 20 h。

洪水由府谷站以上干支流来水、孤山川及窟野河来水组成。府谷、高石崖、温家川站皆为重叠峰,传播至吴堡站形成缓涨缓落的三角形状洪水过程。洪水从温家川站传播至吴堡站 7 h,从府谷站到吴堡站 11.5 h。

本次洪水扣除基流吴堡站洪水总量 45 470 万 m³。温家川站洪水总量 20 150 万 m³,占吴堡站洪水总量的 44.3%;府谷站洪水总量 21 720 万 m³,占吴堡站洪水总量的 47.8%;高石崖站洪水总量 4 630 万 m³,占吴堡站洪水总量的 10.2%。

15."1989.07"洪水

1989 年 7 月 21 日,府谷—吴堡区段有强度不同的降水。暴雨区主要在河曲、皇甫川、窟野河,其中皇甫川上游,纳林川的乌兰沟站 21 日 5:05 ~ 8:00 降雨 72.0 mm,8:00 ~ 10.32 降雨 7.6 mm;22 日 1:53 ~ 2:54 降雨 37.0 mm,18:17 ~ 20:08 降雨 40.9 mm;该站本次连续降雨 157.5 mm。牸牛川武家沟站 21 日 0:00 ~ 10:00 降雨 136.3 mm,16:00 ~ 18:00 降雨 34.6 mm;22 日 8:00 ~ 12:00 降雨 71.1 mm;该站本次连续降雨 242 mm。

吴堡站这次洪水是重叠峰,有 3 次大的转折变化,最大洪峰流量出现在第一个峰,即 7 月 22 日 0:00,洪峰流量为 12 400 m³/s,11:00 流量回落到 1 740 m³/s,16:24 流量又上涨到 9 300 m³/s,23 日 5:00 流量回落到 1 580 m³/s,13:00 流量又上涨到 5 540 m³/s,整个洪水过程历时 53 h。此次洪水主要来自府谷站以上干支流及窟野河,其余支流未发生大的洪水。府谷站 21 日 21:36 洪峰流量 11 500 m³/s,温家川站 21 日 16:48 洪峰流量 8 370 m³/s。温家川站 16:48 的洪峰到达吴堡站后形成 22 日 0:00 第一个洪峰 12 400 m³/s;府谷站洪峰到达吴堡站后形成 22 日 16:24 的第二个洪峰 9 300 m³/s。第二个峰较第一个峰峰形胖、缓。

此次洪水吴堡站洪水总量 55 430 万 m³。温家川站洪水总量 16 650 万 m³,占吴堡站洪水总量的 30.0%;府谷站洪水总量 16 000 万 m³,占吴堡站洪水总量的 28.9%;高石崖站洪水总量 8 610 万 m³,占吴堡站洪水总量的 15.5%。

(二)调查历史大洪水

根据新中国成立后黄河水利委员会组织的历次历史大洪水调查,吴堡站调查历史大洪水成果共有 4 次:

发生于 1842 年 7 月 23 日洪峰流量为 32 000 m³/s 的特大洪水;

发生于 1933 年 7 月 13 日洪峰流量为 14 000 m³/s 的大洪水;

发生于 1946 年 7 月 19 日洪峰流量为 23 000 m³/s 的特大洪水;

发生于 1951 年 8 月 15 日洪峰流量为 18 000 m³/s 的特大洪水。

(三)洪水的来源与形成

吴堡站洪水由府谷站以上干支流、府谷—吴堡区段 8 条较大支流和区段其他区域来水组成。由于区域较大,支流广布,洪水的来源较多,因此吴堡站洪水的形成比较复杂。有时一条支流来水就可以形成吴堡站 10 000 m³/s 以上大洪水,有时全区域涨水也不一定能形成吴堡站大洪水;有时干流或支流单独涨水,有时干支流全面涨水;有时各支流洪水汇入干流后洪水波的传播相互干扰很小,有时相互干扰却十分严重。另外,区域各支流洪水中挟带着大量的泥沙,往往引起河道剧烈的冲淤变化。这种冲淤变化对洪水的特征、洪峰流量的大小和形成,对洪水总量、输沙总量的大小影响较大。"1976.08"洪水形成的特殊性就足以说明吴堡站洪水来源的多样性和复杂性。

如果将 20 年一遇的洪水作为特大洪水标准,那么吴堡站洪水按其出现概率可分为中小洪水(洪峰流量在 5 000 m³/s 以下)、较大洪水(洪峰流量 5 000 ~ 10 000 m³/s)、大洪水(洪峰流量 10 000 ~ 18 000 m³/s)和特大洪水(洪峰流量在 18 000 m³/s 以上)4 个等级。

将吴堡站大洪水、特大洪水来源进行统计见表 5-12。

表 5-12 吴堡站历年大洪水、特大洪水来源情况统计表

序号	吴堡站洪峰时间(年-月-日)	吴堡站洪峰流量(m³/s)	吴堡站洪水主要来源区		洪水等级
			府谷站相应洪水洪峰流量(m³/s)	府谷—吴堡区段主要来水支流	
1	1953-08-26	10 300			大洪水
2	1954-09-02	14 300		窟野河、湫水河	大洪水
3	1958-07-13	12 600		窟野河、秃尾河、佳芦河	大洪水
4	1959-07-20	14 600		窟野河、秃尾河、朱家川、岚漪河、佳芦河	大洪水
5	1964-08-13	17 500	7 000	窟野河、孤山川、秃尾河、佳芦河	大洪水
6	1966-07-29	11 100	3 680	窟野河、孤山川	大洪水
7	1967-08-06	15 100	7 230	窟野河、孤山川	大洪水
8	1967-08-10	19 500	6 860	窟野河、孤山川、岚漪河、蔚汾河、湫水河	特大洪水
9	1967-08-20	11 000	4 030	窟野河、秃尾河、佳芦河、岚漪河、蔚汾河	大洪水
10	1967-08-22	11 600	3 040	湫水河、乌龙河、佳芦河、秃尾河	大洪水
11	1967-09-01	11 600	2 990	窟野河、孤山川、秃尾河	大洪水
12	1970-08-02	17 000	1 740	佳芦河、窟野河、孤山川	大洪水
13	1971-07-25	14 600	3 900	窟野河、秃尾河	大洪水
14	1972-07-20	11 600	10 700	窟野河、孤山川	大洪水
15	1976-08-02	24 000	5 280	窟野河、孤山川	特大洪水
16	1977-08-02	15 000	11 100	窟野河、孤山川	大洪水
17	1979-08-11	11 900	8 460	窟野河、孤山川	大洪水
18	1979-08-13	10 700	9 450	窟野河	大洪水
19	1989-07-22	12 400	11 400	窟野河	大洪水

从表 5-12 洪水来源情况统计看,吴堡站大洪水和特大洪水以府谷站以上来水为主的

有 5 次,以区段来水为主的有 10 次。区段来水又主要以窟野河、孤山川来水为主。吴堡站所有大洪水和特大洪水几乎都有窟野河、孤山川洪水的加入,说明窟野河、孤山川是吴堡站大洪水和特大洪水最主要的来源区。区段单独来水也能形成像吴堡站 1970 年 8 月 2 日 17 000 m³/s 的大洪水,其中窟野河单独来水形成吴堡站大洪水的就有 3 次。由此可见,吴堡站大洪水和特大洪水大部分以区段来水为主,区段又主要以窟野河、孤山川来水为主;窟野河、干流府谷站以上和孤山川是吴堡站大洪水和特大洪水的三大来源区。

在吴堡站洪峰流量 10 000 m³/s 以下的洪水中,未控区来水有时所占比重不小,对洪水的形成影响较大。据乌龙河董家坪站实测资料记载,吴堡站 1966 年 7 月 26 日 6 120 m³/s 的洪水,仅乌龙河就有洪峰流量为 1 390 m³/s 的洪水汇入黄河干流。董家坪站 1958 年 11 月设立,1968 年被撤销,该站集水面积仅 199 km²。

从表 5-12 洪水等级情况统计看,在吴堡站设站以来的实测资料中,共发生大洪水和特大洪水 19 次,其中大洪水 17 次,特大洪水 2 次。说明吴堡站不但洪水大,而且发生的频次也很高。

通过对实测洪水资料的分析可以看出,吴堡站大洪水都是由高强度、短历时的暴雨形成的。除 1953 年和 1954 年洪水外,其余都发生在 7 月下旬和 8 月上旬。吴堡站大洪水的来源主要是支流窟野河、干流府谷站以上和孤山川,除 1953 年无资料外,在其余的 18 次大洪水中,窟野河来水几乎都占主导地位。

(四)洪水过程的历时

洪水过程历时的长短主要取决于降雨的历时、强度、笼罩面积和流域的产流、汇流特性。受区域降水特性的影响,吴堡站洪水一般也具有山溪性河流涨落急剧的特点,与一般大江大河相比,洪水过程峰高量小、历时较短。一般洪水历时在 15 ~ 68 h 之间,其中洪水上涨历时在 2 ~ 21 h 之间。

(五)发生洪水的时间

吴堡站洪水主要由暴雨形成,暴雨多发生在 7 ~ 9 月,洪水也多出现在这一时期。水量较大的长历时洪水来自河口镇站以上,时间在每年的 3 ~ 4 月和 9 ~ 10 月间。

从洪水发生的时间来看,吴堡站 19 次 10 000 m³/s 以上洪水发生在 7 月中旬 ~ 8 月中旬之间的有 14 次,占 73.7%;9 月初仅有 1954 年和 1967 年 2 次。说明吴堡站 10 000 m³/s 以上洪水基本上都发生在 7 ~ 8 月。

60 年代以来,吴堡站 32 次 5 000 ~ 10 000 m³/s 洪水都发生在 7 月 2 日 ~ 10 月 1 日之间。其中 30 次发生在 7、8 月,占 93.8%;27 次发生在 7 月下旬 ~ 8 月中旬,占 84.4%。说明吴堡站 5 000 ~ 10 000 m³/s 洪水也大都发生在 7 ~ 8 月。见表 5-13 统计。

(六)历年洪水变化情况

吴堡站 1960 年以来 32 次 5 000 ~ 10 000 m³/s 洪水统计见表 5-13。其中 60 年代 11 次,70 年代 8 次,80、90 年代都是 6 次。说明 5 000 ~ 10 000 m³/s 洪水 60 年代最多,80、90 年代偏少。

19 次 10 000 m³/s 以上洪水中,60、70 年代各发生 7 次,其中 1967 年 8 月 6 日 ~ 9 月 1 日就出现了 5 次,80 年代仅出现 1 次,90 年代未出现。

随着降水的减少,特别是暴雨期 7、8 月降水的减少,吴堡站发生洪水特别是较大洪水、大洪水、特大洪水的次数总体呈逐年减少趋势。

表 5-13 吴堡站 5 000～10 000 m³/s 洪水来源统计表

序号	吴堡站洪峰时间（年-月-日）	吴堡站洪峰流量（m³/s）	吴堡站洪水主要来源区	
			府谷站相应洪水洪峰流量（m³/s）	府谷—吴堡区段主要来水区域
1	1961-07-21	8 060	2 000	佳芦河、湫水河、清凉寺沟、未控区
2	1961-07-22	7 690	2 000	窟野河
3	1961-07-31	7 080	2 500	窟野河、秃尾河、佳芦河
4	1963-07-24	5 200	6 000	
5	1964-08-06	6 270	3 100	孤山川、窟野河、秃尾河、未控区
6	1964-08-10	7 120	5 540	窟野河、孤山川
7	1966-07-26	6 120	804	乌龙河、佳芦河、未控区
8	1966-08-14	5 200	2 190	窟野河
9	1966-08-15	8 180	2 270	窟野河、佳芦河、清凉寺沟、湫水河
10	1969-07-30	6 260	1 900	窟野河、孤山川、佳芦河、秃尾河
11	1969-08-02	7 760	7 700	
12	1970-08-09	5 210	1 690	湫水河、孤山川
13	1970-08-28	5 270	3 170	湫水河、窟野河、佳芦河
14	1971-07-05	6 700	440	佳芦河、秃尾河
15	1974-07-31	7 700	572	秃尾河、湫水河、窟野河
16	1976-07-29	5 250	1 860	窟野河、湫水河、秃尾河、孤山川
17	1978-08-08	6 000	2 090	窟野河
18	1978-08-31	7 610	1 060	窟野河
19	1978-09-17	6 000	4 300	窟野河、孤山川、秃尾河
20	1981-07-02	6 160	4 750	孤山川、窟野河
21	1981-07-27	6 810	5 620	孤山川
22	1981-10-01	5 850	7 050	
23	1983-08-05	5 460	4 720	窟野河
24	1988-08-05	9 000	4 770	窟野河、孤山川、秃尾河
25	1989-07-23	5 540	5 080	窟野河、孤山川
26	1992-08-08	9 440	759	窟野河
27	1994-08-05	6 310	1 230	窟野河、未控区
28	1994-08-13	5 100	5 240	窟野河、孤山川、蔚汾河
29	1995-07-29	7 990	4 520	窟野河、孤山川、佳芦河、湫水河
30	1996-08-09	9 700	5 570	窟野河
31	1998-07-13	6 120	337	窟野河、秃尾河
32	2003-07-30	9 450	12 800	窟野河、孤山川、朱家川

四、龙门站洪水

龙门站洪水主要由吴堡站以上来水和吴堡—龙门区段支流三川河、屈产河、无定河、清涧河、昕水河、延水、汾川河、仕望川、州川河和鄂河洪水汇入形成。其中吴堡—龙门区段又主要来自清涧河、无定河、延水、三川河4条支流。吴堡—龙门区段也是河龙区间暴雨洪水的来源区之一,但各支流洪峰流量较小,最大洪峰流量均在10 000 m³/s以下。龙门站大洪水主要来自吴堡站以上,大于10 000 m³/s的洪水以吴堡站以上来水为主的就占90.5%;吴堡站上下同时发生大洪水的机遇很小。与吴堡站一样,龙门站也具有洪水多发、洪峰流量大、洪水历时短、含沙量高等特点。

(一)历年实测大洪水

龙门站历年实测大洪水情况统计见表5-14。1976年8月2日,吴堡站发生洪峰流量为24 000 m³/s的特大洪水,龙门站相应洪峰流量为10 600 m³/s;1967年8月11日,龙门站发生洪峰流量为21 000 m³/s的特大洪水,是该站历年实测最大洪水。

表5-14　龙门站大洪水来源统计表

序号	龙门站洪峰时间(年-月-日)	龙门站洪峰流量(m³/s)	龙门站洪水主要来源区	
			吴堡站相应洪水洪峰流量(m³/s)	主要来水区域
1	1953-08-26	15 500	10 300	吴堡站以上来水为主
2	1954-09-03	16 400	14 300	吴堡站以上来水为主
3	1958-07-13	10 800	12 600	吴堡站以上来水为主
4	1959-07-21	12 400	14 600	吴堡站以上来水为主
5	1964-08-13	17 300	17 500	吴堡站以上来水为主
6	1966-07-18	10 100	3 700	无定河、三川河、昕水河
7	1967-08-07	15 300	15 100	吴堡站以上来水为主
8	1967-08-11	21 000	19 500	吴堡站以上来水加无定河、三川河、昕水河
9	1967-08-20	14 900	11 000	吴堡站以上来水加三川河、昕水河
10	1967-08-22	14 000	11 600	吴堡站以上来水加三川河、无定河、延水
11	1967-09-02	14 800	11 600	吴堡站以上来水加无定河、延水、三川河
12	1970-08-02	13 800	17 000	吴堡站以上来水加无定河、昕水河
13	1971-07-26	14 300	14 600	吴堡站以上来水加无定河、清涧河、三川河
14	1972-07-20	10 900	11 600	吴堡站以上来水加无定河、州川河、清涧河
15	1976-08-03	10 600	24 000	吴堡站以上来水为主
16	1977-07-06	14 500	4 770	延水、清涧河、昕水河、三川河
17	1977-08-03	13 600	15 000	吴堡站以上来水加屈产河、昕水河
18	1979-08-12	13 000	11 900	吴堡站以上来水加无定河
19	1988-08-06	10 200	9 000	吴堡站以上来水加昕水河、三川河、延水
20	1994-08-05	10 600	6 310	吴堡站以上来水加无定河、屈产河
21	1996-08-10	11 100	9 700	吴堡站以上来水加延水、屈产河、三川河

1."1964.08"洪水

1964年8月13日20:30,龙门站发生洪峰流量17 300 m³/s的洪水,洪水历时约30 h,峰形为尖瘦单峰,涨坡8 h,落坡22 h。

洪峰主要由干流吴堡站以上来水(吴堡站 13 日 8:18 洪峰流量 17 500 m³/s)形成。本次洪水扣除基流龙门站洪水总量 48 600 万 m³。吴堡站洪水总量 47 700 万 m³,占龙门站洪水总量的 98.1%。吴堡站到龙门站洪水传播时间为 12.2 h。

2."1967.08"洪水

1967 年 8 月 11 日 6:00,龙门站发生本站实测第一大洪水,洪峰流量 21 000 m³/s,洪水历时 36 h,洪峰为单峰,起涨至峰顶 10 h,落坡 26 h。8 月 10 日 20:00,吴堡站发生本年最大洪水,同时亦为本站实测第二大洪水,洪峰流量 19 500 m³/s,洪水历时 25 h,洪峰为单峰,起涨至峰顶 5.2 h,落坡 20 h。本次洪水峰高量大,龙门站 10 000 m³/s 以上流量持续达 12 h。无定河白家川站 8 月 10 日 22:30 洪峰流量为 1 130 m³/s,昕水河大宁站 8 月 10 日 22:48 洪峰流量为 190 m³/s,其余支流来水较小。吴堡站到龙门站洪水传播时间为 10 h。

本次洪水扣除基流龙门站洪水总量 73 300 万 m³。吴堡站洪水总量 61 520 万 m³,占龙门站洪水总量的 83.9%,吴堡—龙门区段来水占龙门站洪水总量的 16.1%。

该年是多水年,龙门站另外几场大洪水是 7 月 18 日 13:00 洪峰流量为 8 080 m³/s 的较大洪水、8 月 2 日 2:00 洪峰流量为 9 500 m³/s 的较大洪水、8 月 7 日 2:00 洪峰流量为 15 300 m³/s 的大洪水、8 月 20 日 22:00 洪峰流量为 14 900 m³/s 的大洪水、8 月 22 日 22:00 洪峰流量为 14 000 m³/s 的大洪水、8 月 30 日 22:00 洪峰流量为 7 760 m³/s 的较大洪水和 9 月 2 日 0:00 洪峰流量为 14 800 m³/s 的大洪水。

3."1976.08"洪水

1976 年 8 月 2 日 22:00,吴堡站发生设站以来最大洪水,洪峰流量 24 000 m³/s。8 月 3 日 11:00,龙门站洪峰流量 10 600 m³/s。龙门站洪水历时 26 h,洪峰为单峰,起涨至峰顶 3 h,落坡 23 h,这是该站少有的暴涨洪水。龙门站洪水总量为 40 590 万 m³。吴堡站洪水总量为 40 260 万 m³,占龙门站洪水总量的 99.2%。洪水传播时间吴堡站到龙门站约 13 h。

4."1977.07"洪水

1977 年 7 月 6 日 17:00,龙门站洪峰流量 14 500 m³/s。这次洪水主要来自吴堡—龙门区段的延水、清涧河、屈产河、昕水河和无定河等支流,龙门站基流只有 1 230 m³/s。甘谷驿站 7 月 6 日 8:18,洪峰流量 9 050 m³/s;其次是清涧河延川站 7 月 6 日 6:12,洪峰流量 4 320 m³/s;屈产河裴沟站 7 月 6 日 9:00,洪峰流量 2 710 m³/s;昕水河大宁站 7 月 6 日 12:24,洪峰流量 1 820 m³/s;三川河后大成站 7 月 6 日 11:12,洪峰流量 1 350 m³/s;无定河白家川站 7 月 6 日 11:00,洪峰流量 939 m³/s。其他支流州川河、汾川河、仕望川洪峰流量均在 300~600 m³/s 之间。7 月 6 日 9:00,吴堡站洪峰流量 4 770 m³/s,这部分水是加在龙门站的峰后。龙门站洪水总量 59 880 万 m³。甘谷驿站洪水总量 16 150 万 m³,占龙门站洪水总量的 27.0%。龙门站洪水历时 62 h,洪峰为重叠峰,起涨至峰顶 23 h,落坡 39 h。

5."1977.08"洪水

1977 年 8 月 3 日 5:00,龙门站洪峰流量 13 600 m³/s。8 月 2 日 19:00,吴堡站发生本年最大洪水,洪峰流量 15 000 m³/s,洪水历时 26 h,洪峰为单峰,起涨至峰顶 5 h,落坡 21 h;昕水河大宁站 8 月 2 日 21:00,洪峰流量 128 m³/s;无定河白家川站 8 月 2 日 20:18,洪峰流量 108 m³/s;屈产河、州川河、汾川河和仕望川等支流洪峰流量都在 100 m³/s 以下。本次洪水扣除基流龙门站洪水总量 40 780 万 m³。吴堡站洪水总量 47 340 万 m³。洪水传播时间吴堡站到龙门站为 10 h。

（二）调查历史大洪水

根据新中国成立后黄河水利委员会组织的历次历史大洪水调查，龙门站调查历史大洪水成果共有 2 次：发生于清道光年间洪峰流量为 31 000 m³/s 的特大洪水；发生于 1842年 7 月 23 日洪峰流量为 25 400 m³/s 的特大洪水。

（三）大洪水来源

龙门站大洪水一般以吴堡站来水为主组成，以吴堡—龙门区段来水为主组成的很少，吴堡—龙门区段较大洪水与吴堡站以上较大洪水遭遇的机会极少。

在龙门站较大的 21 次实测洪水中，有 19 次是以吴堡站来水为主组成的，出现概率为90.5%。这些洪水可分为三个类型：一是吴堡站洪峰流量比龙门站洪峰流量大 9% ~55.5% 的，吴堡—龙门区段基本没有洪水加入，共发生 6 次，出现概率为 28.6%；二是吴堡站洪峰流量比龙门站洪峰流量小 9.2% ~ 50.5% 的，吴堡—龙门区段有洪水加入，共发生有 6 次，出现概率为 28.6%；三是吴堡站洪峰流量与龙门站洪峰流量大体持平，相差在±9% 以内的，吴堡—龙门区段加入洪水较少，共发生有 7 次，出现概率为 33.3%。

在龙门站较大的 21 次实测洪水中，只有 2 次是以吴堡—龙门区段来水为主组成的，出现概率为 9.5%。这两次就是"1966.07"洪水和"1977.07"洪水。龙门站 1966 年 7 月 18日出现洪峰流量 10 100 m³/s 的洪水，这次洪水主要由无定河、三川河、昕水河和吴堡站3 700 m³/s 洪水组成。龙门站 1977 年 7 月 6 日出现洪峰流量 14 500 m³/s 的洪水，这次洪水主要由延水 9 050 m³/s、清涧河 4 320 m³/s、昕水河 1 820 m³/s、三川河 1 350 m³/s 和吴堡站 4 770 m³/s 洪水组成。

（四）洪水过程的历时

龙门站洪水过程历时比吴堡站略长，一般在 20 ~ 80 h 之间；洪水上涨历时在 2 ~ 30 h之间。龙门站洪水主要以吴堡站来水为主形成，所以与吴堡站一样，龙门站洪水一般也具有山溪性河流涨落急剧的特点，与其他大江大河相比，洪水过程一般峰高量小、历时较短。

（五）发生洪水的时间

龙门站较大洪水多发生在 7 ~ 9 月，7 月 1 日 ~ 8 月 31 日出现的概率为 93.3%，7 月20 日 ~ 8 月 10 日出现的概率为 58.4%。历年最大洪水出现在 1967 年 8 月 11 日。水量较大的长历时洪水来自河口镇站以上，时间在每年的 3 ~ 4 月和 9 ~ 10 月间。

（六）历年大洪水变化情况

龙门站 1953 年以来 21 次 10 000 m³/s 以上洪水统计见表5-14。其中 50 年代 4 次，60年代 7 次，70 年代 7 次，80 年代 1 次，90 年代 2 次。说明龙门站 10 000 m³/s 以上大洪水发生次数总体呈减少趋势。

五、桃汛洪水

在每年的 3 ~ 4 月间，发生在宁蒙河段的解冻开河洪水到达河龙区间，称为桃汛洪水。桃汛洪水由融冰开河形成，其特点是峰小量大、缓涨缓落、历时长、含沙量小、峰形重叠复杂。洪水的洪峰流量一般在 2 000 ~ 5 000 m³/s 之间，历时 10 d 左右。在枯水年，桃汛洪水往往就是年最大洪水。

府谷站 1980 年 3 月 28 日出现的洪峰流量为 5 000 m³/s 的桃汛洪水、1981 年 3 月 22 日出现的洪峰流量为 7 800 m³/s 的桃汛洪水、1987 年 4 月 8 日出现的洪峰流量为 3 400 m³/s 的桃汛洪水、1991 年 3 月 26 日出现的洪峰流量为 3 400 m³/s 的桃汛洪水、1993 年 3 月 18 日出现的洪峰流量为 3 270 m³/s 的桃汛洪水、1997 年 3 月 19 日出现的洪峰流量为 5 400 m³/s 的桃汛洪水、1998 年 3 月 12 日出现的洪峰流量为 4 720 m³/s 的桃汛洪水和 1999 年 3 月 6 日出现的洪峰流量为 4 010 m³/s 的桃汛洪水等均为该站当年最大洪水。其中 1980～1989 年有 3 年,1990～1999 年有 5 年。

府谷站历年最大桃汛洪水发生在 1981 年 3 月 22 日 11:00,洪峰流量 7 800 m³/s。这次洪水过程在河曲站洪峰流量为 4 700 m³/s(见表 5-15),出现了 5 个较大的重叠峰;到吴堡站洪峰流量为 5 330 m³/s,出现了 9 个较大的重叠峰;受天桥水库影响,府谷站洪水过程变化比上下游站更为复杂,出现了 12 个较大的重叠峰。府谷站"1981.03"洪水水位过程线见图 5-9。

表 5-15 河曲、府谷、吴堡站"1981.03"洪水情况统计表

站名	洪峰流量 (m³/s)	最大含沙量 (kg/m³)	径流量 (亿 m³)	输沙量 (亿 t)	平均含沙量 (kg/m³)
河曲	4 700	25.3	9.660	0.083	8.59
府谷	7 800	102	10.83	0.163	15.1
吴堡	5 330	34.0	11.53	0.155	13.4

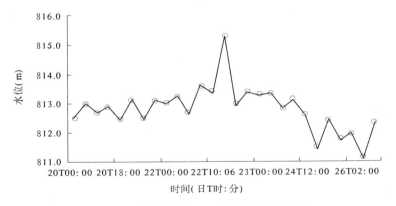

图 5-9 府谷站"1981.03"洪水水位过程线

吴堡站 1990 年 3 月 18 日出现的洪峰流量为 3 000 m³/s 的桃汛洪水、1993 年 3 月 19 日出现的洪峰流量为 3 410 m³/s 的桃汛洪水和 1999 年 3 月 18 日出现的洪峰流量为 2 350 m³/s 的桃汛洪水等均为该站当年最大洪水,并且都发生在 1990～1999 年期间。

六、干流洪水特性

河龙区间各干流站集水面积、历年最大洪峰流量、调查历史最大洪峰流量、最大 5 d 洪水径流量、洪水含沙量、峰形等洪水特性相差较大。这都与其各站洪水的来源和径流的形成不同有关。

从表 5-16 可见,河龙区间各干流站历年实测最大洪峰流量、历年实测最大 5 d 洪水径

流量、洪水平均含沙量、峰形(胖瘦系数)等相去甚远,说明其洪水特性各不相同。府谷站最大洪水峰形最为尖瘦,吴堡站次之,河口镇站最为矮胖。总体来讲,吴堡站和龙门站洪水特性比较接近,两站与上游的府谷站相差较大,与河口镇站相差更大,说明与其洪水特性完全不同。

表 5-16　河龙区间干流站实测最大洪水胖瘦系数对比表

站名	时间 (年-月-日)	历年实测最大洪峰流量 Q_m(m³/s)	历年实测最大 5 d 洪水径流量 W_5(亿 m³)	胖瘦系数 Q_m/W_5	洪水平均含沙量 C_{sm} (kg/m³)
河口镇	1967-09-19	5 420	22.7	239	
府　谷	2003-07-30	12 800	1.45	8 828	344
吴　堡	1976-08-02	24 000	10.6	2 264	631
龙　门	1967-08-11	21 000	18.4	1 141	

河口镇—河曲区段集水面积增加 11 692 km²,占河曲站集水面积的 2.9%。两站实测最大流量、调查历史最大洪峰流量、1 000 年一遇洪水都相差不大。说明两站洪水特性比较接近,区段暴雨洪水较少。

河曲—府谷区段集水面积增加 6 381 km²,占府谷站集水面积的 1.6%。两站实测最大流量增值 7 680 m³/s,占府谷站的 60%;调查历史最大洪峰流量增值 4 260 m³/s,占府谷站的 32.3%;1 000 年一遇洪水洪峰流量增值 10 680 m³/s,占府谷站的 53.1%。这说明两站洪水特性差异较大,区段暴雨洪水较多。

府谷—吴堡区段集水面积增加 29 475 km²,占吴堡站集水面积的 6.8%。两站实测最大流量增值 11 200 m³/s,占吴堡站的 46.7%;调查历史最大洪峰流量增值 19 000 m³/s,占吴堡站的 59.4%;1 000 年一遇洪水洪峰流量增值 21 100 m³/s,占吴堡站的 53.1%。这也说明两站洪水特性差异较大,区段暴雨洪水更多。本区段是暴雨洪水多发区。尤其是窟野河,暴雨多、洪峰大、洪水频发。另外,河曲—府谷区段的洪水与府谷—吴堡区段洪水遭遇的机会比较多,因而形成吴堡站大洪水和特大洪水的概率就比较高。

吴堡—龙门区段集水面积增加 64 038 km²,占龙门站集水面积的 12.9%。两站实测最大流量增值 – 3 000 m³/s;调查历史最大洪峰流量增值 – 1 000 m³/s;1 000 年一遇洪水洪峰流量增值 7 200 m³/s,占龙门站的 16.9%。这说明两站洪水特性差异不大,区段暴雨洪水比河口镇—河曲区段多,比河曲—府谷区段和府谷—吴堡区段少,洪水的加入与面积的增加基本相当。龙门站洪水特征值与吴堡站相比之所以增加较少,甚至于基本相当,主要原因是府谷—吴堡区段与吴堡—龙门区段同时发生较大暴雨的概率较小,因而两区段发生大洪水遭遇的概率也就较小。这样,龙门站出现比吴堡站更大洪峰流量的洪水的可能性就比较小。

第二节　区间支流洪水

河龙区间各支流一般都属山溪性河流,不但洪水暴涨暴落,含沙量大,而且发生大洪水的时间非常集中,基本都发生在 7~8 月间,只有少数支流例外(见表 5-17)。南部州川河吉县站洪峰流量为 1 050 m³/s 的历年实测最大洪水发生在 9 月 2 日;马湖峪河马湖峪站 1969 年 5 月 11 日发生洪峰流量为 1 500 m³/s 的洪水,仅次于该站洪峰流量为 1 840 m³/s 的历年实测最大洪水;湫水河林家坪站 1962 年 5 月 28 日发生洪峰流量为 1 400 m³/s 的大洪水。

表 5-17 河龙区间支流各站不同频率洪水统计表

河名	站名	历年实测最大洪峰流量(m³/s)	发生时间(年-月-日)	不同频率 P(%)的年最大洪峰流量(m³/s)				
				0.1	0.2	1	2	10
皇甫川	皇甫	10 600	1989-07-21	17 100	15 300	11 000	9 170	5 110
县川河	旧县	1 890	1995-07-29	3 550	2 870	2 000	1 570	650
孤山川	高石崖	10 300	1977-08-02	14 200	12 500	8 670	7 070	3 580
朱家川	桥头	2 420	1967-08-10	3 910	3 430	2 340	1 890	904
蔚汾河	兴县	385	1996-07-24	848	774	594	515	330
窟野河	温家川	14 000	1976-08-02	28 000	25 000	18 700	15 900	9 580
秃尾河	高家川	3 500	1970-08-02	6 980	6 260	4 600	3 880	2 230
佳芦河	申家湾	5 770	1970-08-02	10 300	8 910	5 880	4 650	2 040
清凉寺沟	杨家坡	1 670	1961-07-21	3 630	3 160	2 100	1 670	762
湫水河	林家坪	3 670	1967-08-22	9 200	8 120	5 640	4 600	2 340
三川河	后大成	4 070	1966-07-18	8 340	7 360	5 150	4 220	2 190
屈产河	裴沟	3 380	1969-07-27	5 620	4 960	3 470	2 850	1 480
海流兔河	韩家峁	418	1964-08-16	731	624	381	284	97.8
芦河	横山	472	1964-01-22	2 210	1 920	1 260	1 000	439
黑木头川	殿市	1 140	1961-07-30	2 700	2 360	1 590	1 270	598
马湖峪河	马湖峪站	1 840	1970-08-01	4 990	4 320	2 720	2 080	812
大理河	青阳岔	1 140	1964-07-20	1 250	1 140	865	746	466
小理河	李家河	1 310	1994-08-10	2 850	2 530	1 790	1 470	767
岔巴沟	曹坪	1 520	1966-08-15	2 200	1 960	1 410	1 170	635
无定河	白家川	3 840	1977-08-05	13 400	11 700	7 870	6 310	2 970
清涧河	延川	6 090	1959-08-20	14 800	13 000	9 020	7 360	3 730
昕水河	大宁	2 880	1969-07-27	5 050	4 510	3 280	2 750	1 570
延水	甘谷驿	9 050	1977-07-06	10 100	8 920	6 310	5 200	2 760
汾川河	新市河	1 500	1988-08-25	2 630	2 340	1 690	1 410	783
仕望川	大村	772	1964-07-16	1 490	1 320	990	845	509
州川河	吉县	1 050	1971-09-02	1 960	1 780	1 340	1 150	707

区间支流各站实测最大洪峰流量及不同频率洪水洪峰流量见表 5-17 统计。支流延水甘谷驿站发生了超过 500 年一遇的特大洪水,皇甫川、孤山川、佳芦河和屈产河等支流也发生了 100 年一遇左右的大洪水。

一、皇甫川洪水

1979 年 8 月 10 日,皇甫川发生洪峰流量 4 960 m³/s 的洪水,最大含沙量 1 400 kg/m³;8 月 12 日又发生洪峰流量 5 990 m³/s 的洪水,相应最大含沙量 1 280 kg/m³。在此期间黄河干流河曲站流量在 1 890～3 120 m³/s 之间。因皇甫川洪水较大而顶托干流产生回水,使天桥水库末端产生淤积,并使石梯子、上庄水位站的水位升高 0.5～1.5 m,淤积向上延伸至距坝址 27.7 km 处。

1981 年 7～8 月,皇甫川连续发生 5 次洪水,洪峰最大含沙量均大于 1 100 kg/m³。7 月 21 日洪峰流量 5 120 m³/s,最大含沙量 1 220 kg/m³;8 月 6 日洪峰流量 1 150 m³/s,最大含沙量 1 280 kg/m³。洪水使石梯子左股河槽淤塞,石梯子、上庄水位站水位上升 1～2 m。

1982 年 7 月 29 日～8 月 8 日,皇甫川出现 3 次含沙量大于 1 000 kg/m³ 的洪水,也对干流产生顶托,使石梯子水位站断面淤高约 2 m,同流量水位升高 1～1.5 m。

1989 年 7 月 21 日,皇甫站发生洪峰流量达 10 600 m³/s 的特大洪水,为该站 100 年一遇洪水。该站次大洪水洪峰流量为 8 400 m³/s,发生在 1972 年;第三大洪水洪峰流量为 6 790 m³/s,发生在 1988 年。形成这次洪水的降雨分 3 次较大过程,暴雨中心位于皇甫川上游纳林川的乌兰沟站。该站 21 日 5:05～8:00 降雨 72.0 mm;22 日 1:53～2:54 降雨 37.0 mm,18:17～20:08 降雨 40.9 mm。本次降雨共 157.5 mm。与之对应的这次洪水是重叠峰,有 3 次大的洪峰。最大洪峰流量出现在第一个峰,即 7 月 21 日 10:24。涨水坡仅 36 min,整个洪水过程历时 83 h,水位变幅为 6.89 m。10:00 出现沙峰,超前水峰 24 min,最大含沙量为 984 kg/m³。流量大于 10 000 m³/s 的持续时间约为 20 min。

这次洪水水沙量较大。皇甫站洪水总量为 1.352 亿 m³,分别是当年和多年平均年径流量的 76.5% 和 85.5%;输沙量为 0.625 亿 t,分别是当年和多年平均年输沙量的 97.5% 和 126%。洪水主要来自纳林川,沙圪堵站洪峰流量为 8 610 m³/s(7 月 21 日 7:50),洪水总量为 0.818 1 亿 m³,占皇甫站洪水总量的 60.5%。

二、孤山川洪水

1977 年 8 月 1～2 日,孤山川流域降大到暴雨,流域内有三道川和木瓜川两个暴雨中心。暴雨分两个时段,8 月 1 日 2:00～8:00 为第一段,雨量不大;从 2 日 0:00 前后至 8:00 前后分别为 210 mm 和 205 mm。这次暴雨的特点是暴雨中心在孤山川流域的中上游,强度大、分布均匀,全流域平均雨量为 144 mm。暴雨走向基本上是从上游到下游,有利于汇流集中。加上垮坝流量,形成了高石崖站洪峰流量达 10 300 m³/s 的特大洪水,为该站 200 年一遇洪水。该站次大洪水洪峰流量为 5 670 m³/s,发生在 1967 年,仅为本次洪水洪峰流量的 55.0%;第三大洪水洪峰流量为 2 320 m³/s,发生在 1994 年,仅为本次洪水洪峰流量的 22.5%。

这次洪水是重叠峰,最大洪峰流量出现在第三个峰。洪水洪峰流量及洪水总量均较大,高石崖站洪水总量为 1.117 亿 m³,分别是当年和多年平均年径流量的 54.0% 和 134.5%。这次洪水是稀遇洪水,暴雨径流系数为 0.57,这样大的径流系数是本区相似流域面积的河流罕有的;洪峰模数达 8.16 m³/(s·km²),超过了无定河二级支流岔巴沟曹坪站 8.13 m³/(s·km²)的最大洪峰模数(曹坪站集水面积 187 km²,1966 年 8 月 15 日发生洪峰流量为 1 520 m³/s 的洪水)。涨水坡为 5.8 h,落水坡为 48 h,水位变幅为 5.54 m。9:24 出现沙峰,滞后水峰 36 min,最大含沙量为 817 kg/m³。流量大于 1 000 m³/s 的持续时间约为 6 h,大于 10 000 m³/s 的持续时间为 12 min。

洪水入黄河后形成沙坝,黄河来水受到严重顶托,致使干流府谷站水位升高 1.9 m,回水范围达 6 km。

三、窟野河洪水

窟野河是河龙区间洪峰流量最大、大洪水发生次数最多、含沙量最大的支流,是吴堡站洪水最主要的来源区之一。窟野河洪水分暴雨洪水和融冰洪水两种。融冰洪水在每年的 3~4 月间发生一次,其余均为暴雨洪水。暴雨洪水多为上中游地区暴雨形成,以新庙站和王道恒塔站以上来水居多。

融冰洪水又称开河洪水。若是"文开河",一般峰小、历时长、含沙低,洪峰流量不超过 100 m³/s,水量约 110 万 m³,历时持续约 1 月;若是"武开河"则来势迅猛,洪峰流量均大于 100 m³/s,最大开河流量是 1977 年的 593 m³/s,起涨至峰顶不足半小时,而落坡较平缓,持续时间长。无论"文开河"还是"武开河",含沙量都未达到过 100 kg/m³。

暴雨洪水的特点是发生大洪水机遇较多,时间集中,洪水过程陡涨陡落,历时短,含沙量大,泥沙颗粒粗。流量达 10 000 m³/s 洪水约 10 年一遇,最大实测洪峰流量达 14 000 m³/s;出现流量大于 1 000 m³/s 洪水的年份在 85% 以上,该流量级洪水平均每年发生 3~5 次。7 月、8 月两月是洪水多发期,历年最大并且流量大于 1 000 m³/s 洪水均发生在 7 月、8 月。温家川站 1989 年 7 月 21 日洪水 0.7 h 水位上涨 9.93 m,流量从 2.92 m³/s 涨到 9 480 m³/s。洪水一般从起涨到峰顶 0.5~2 h;整个洪水过程历时单峰 1 天左右,重叠峰 2~3 天。最大实测含沙量达 1 700 kg/m³,出现在 1958 年 7 月 10 日。该站超过 83% 的年份年最大含沙量达到 1 000 kg/m³。历年年最大含沙量的最小值也达 343 kg/m³,发生在最枯水的 1999 年。其他年份年最大含沙量都在 500 kg/m³ 以上。

窟野河因水系较发达,一场洪水过程有时发生 10 余次较大的重叠峰(见图 5-10),给水文测验造成较大困难。洪水多为高含沙洪水,大洪水粗沙达 76% 以上,洪水期大含沙量持续时间长。

(一)"1976.08"洪水

1976 年 8 月 2 日,窟野河上游降大到暴雨,降雨量达 248 mm。大暴雨笼罩面积大,降水 100 mm 等值线包围的面积达 4 000 km²。暴雨所产生的洪水主要来自王道恒塔站和新庙站以上,会合后形成了温家川站洪峰流量为 14 000 m³/s 的历史最大洪水。该次洪水窟野河流域各主要站特征值统计见表 5-18。

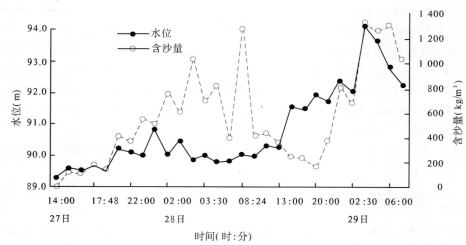

图 5-10　温家川站 1976 年 7 月 27～29 日洪水过程线

表 5-18　"1976.08"洪水各主要站特征值统计表

河名	站名	集水面积 （km²）	洪峰流量 （m³/s）	洪量 （亿 m³）	最大含沙量 （kg/m³）	沙量 （亿 t）
特牛川	新　庙	1 527	4 290	0.720 9	473	0.243
窟野河	王道恒塔	3 839	9 760	1.044	1 370	0.989
窟野河	神　木	7 298	13 800	1.634	1 230	1.207
窟野河	温家川	8 645	14 000	2.025	1 340	1.823

　　据调查，这场高含沙洪水汇入黄河后，造成黄河干流顶托倒流，迫使黄河回水 12 km，形成河槽巨大的槽蓄量，蓄水量约为 1 800 万 m³。该站 1971 年 7 月 25 日 13 500 m³/s 的洪水，同样也使黄河产生过顶托槽蓄。洪水挟带的卵石、泥沙、大块煤炭等，在汇入黄河产生倒流时，由于流速减小，落淤在黄河河槽里，"抛掷"到黄河对岸，使其河道发生较大淤积，阻拦槽蓄水量下泄。当窟野河洪水回落，紧接着干流洪峰到来时，河槽淤积物突然被冲开，干流洪峰与槽蓄水量一拥而下，形成类似于垮坝的巨大洪峰，并在吴堡站以上的索达干赶上窟野河洪峰，从而形成了吴堡站洪峰流量达 24 000 m³/s 的设站以来实测最大的特殊洪水。

　　温家川、吴堡站"1976.08"洪水特征值统计见表 5-19。

表 5-19　温家川、吴堡站"1976.08"洪水特征值统计表

站名	"1976.08"洪水				1976 年	
	洪量 （亿 m³）	沙量 （亿 t）	洪峰流量 （m³/s）	最大含沙量 （kg/m³）	年径流量 （亿 m³）	年输沙量 （亿 t）
吴　堡	3.001	1.240	24 000	631	367.3	5.34
温家川	2.025	1.823	14 000	1 340	8.352	2.88

　　这次洪水的特点是来势猛、涨率大、高含沙、泥沙颗粒粗。洪水涨坡温家川站水位 1.8 h 上涨 10.26 m；流量平均涨率 6 530（m³/s）/h，最大涨率达 13 670（m³/s）/h；洪水总量

2.025 亿 m³,是多年平均年径流量的 31.9%;输沙量达 1.823 亿 t,是多年平均年输沙量的 1.6 倍,是当年年输沙量 2.88 亿 t 的 63.3%,其中粗沙占 82.4%,峰顶附近粗沙比重达 89.9%,粒径大于或等于 0.1 mm 的粗沙占 77.3%。这场洪水水沙峰基本同步,平均含沙量高达 900 kg/m³,历时约 29.8 h。温家川站"1976.08"洪水与历年洪水持续历时对照统计见表 5-20,其中含沙量达 400 kg/m³ 时的最长持续历时近 20 h。

表 5-20　温家川站"1976.08"洪水与历年洪水持续历时对照统计表

含沙量级（kg/m³）		400 ~ 600	600 ~ 800	800 ~ 1 000	> 1 000
洪水持续历时 （h）	"1976.08"洪水	8.7	4.3	3.1	2.2
	历年最长	19.3	16	8.5	6.0
	历年最长发生年份	1970	1970	1966	1958

(二)"1958.07"洪水

1958 年 7 月 10 日 20:03,温家川站水位开始上涨,流量为 19.9 m³/s;20:45 到达峰顶,洪峰流量为 1 440 m³/s,水位变幅为 3.14 m;12 日 14:00 落平(见图 5-11)。20:12 出现沙峰,最大含沙量 1 700 kg/m³,相应流量 886 m³/s。沙峰超前水峰 33 min,含沙量大于 1 000 kg/m³ 持续约 6 h。这是河龙区间含沙量最大的一次洪水。洪水总量 2 100 万 m³,洪水输沙量 1 957 万 t,洪水平均含沙量 932 kg/m³。神木站 15:40 水位开始上涨,16:00 洪水到达峰顶,水沙峰同步,含沙量大于 1 000 kg/m³ 持续 3.1 h。

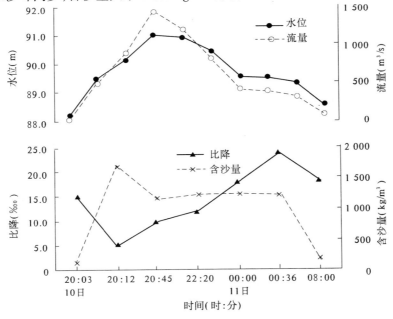

图 5-11　温家川站 1958 年 7 月 10 日洪水水文要素过程线

温家川站实测最大含沙量为 1 700 kg/m³,由神木站来水加神木—温家川区间来水形成。从这次洪水仅有的一些水文要素资料分析,一般洪水过程水沙峰或同步或沙峰滞后,水面比降的变化规律是涨水坡比降大、落水坡比降小。而这次洪水却出现了反常情况,温家川站沙峰超前水峰 33 min,最大含沙量出现的时刻在涨水坡,水面比降仅为 0.50‰,不仅为该次洪水最小,也是该站历年洪水实测水面比降最小值,最大水面比降出现在峰后。

本次洪水在神木—温家川区间演进时间较长,为 4.8 h,相似洪水在神木—温家川区间演进时间一般在 4 h 以内。可以认为温家川站 1 700 kg/m³ 的最大含沙量是在特殊水情条件下发生的。后来的调查分析认为是发生了"浆河"现象。

四、无定河洪水

无定河是河龙区间流域面积最大的支流,但该流域一半以上区域位于沙漠区,暴雨覆盖的范围往往较小,发生全流域暴雨的情况十分少见,所以大洪水发生的概率相对较小。新中国成立以来,该流域建立了大量水利水保工程,其中小(一)型以上水库就有 36 座,水土流失的治理效益比较明显,使产生较大洪水的概率更小。

据调查,无定河绥德(白家硷)河段 1919 年洪水最大,洪峰流量为 11 500 m³/s;1932 年次之,洪峰流量为 7 740 m³/s。1977 年 8 月 5 日洪水是无定河白家川站实测最大洪水。

1977 年 8 月 5~6 日,白家川站有两次降水:5 日 8:00~14:00 为第一次,雨量为 53.2 mm;5 日 23:00~6 日 6:00 为第二次,雨量为 146.9 mm。暴雨中心在无定河下游。白家川站发生了设站以来的最大洪水,洪峰流量为 3 840 m³/s。这次洪水是重叠峰。涨水坡为 7 h,落水坡长达 80 h,水位变幅达 7.11 m。5 日 16:12 出现沙峰,滞后水峰 4 h 12 min,最大含沙量为 823 kg/m³。这次洪水主要来自无定河最大支流大理河。大理河出口站绥德水文站 8 月 5 日 10:24 出现洪峰,洪峰流量为 2 450 m³/s。无定河丁家沟水文站 8 月 5 日 8:00 出现洪峰,洪峰流量为 825 m³/s。白家川站次大洪水洪峰流量为 3 220 m³/s,发生在 1994 年;第三大洪水洪峰流量为 3 060 m³/s,发生在 2001 年。白家川站这次洪水的特点是高水持续时间长,流量大于 1 000 m³/s 的持续时间约为 24 h;含沙量大于 600 kg/m³ 的持续时间约为 27 h。洪水的洪量是 2.578 亿 m³,分别是当年和多年平均年径流量的 17.5% 和 21.3%。经调查,该次洪水原川口(二)站断面处发生了流量为 9 300 m³/s 的特大洪水,是暴雨洪水加垮坝洪水叠合所形成的。

白家川站基下 250 m 处有支流店则沟汇入(集水面积为 58.5 km²,距河口 500 m 设有店则沟小河站),在无定河没有洪水或洪水较小、店则沟来水较大时,白家川断面就会发生回水现象。

该次洪水无定河、店则沟同时涨水。店则沟站洪峰流量为 710 m³/s,使无定河洪水受到顶托影响,水位~流量关系曲线呈顺时针绳套,与一般洪水水位~流量关系曲线呈反时针绳套刚好相反。白家川站"1977.08"洪水水位~流量关系曲线见图 5-12。

店则沟来水白家川站断面受到顶托影响的情况常有发生。1976 年 9 月 5 日 22:45,店则沟站洪峰流量为 15.3 m³/s,23:12 白家川站受回水顶托影响,水位上涨 0.11 m,流量没有增加。1985 年 8 月 22 日,店则沟来水白家川站断面受到顶托影响。水位从 5.17 m 升高到 5.78 m,上涨 0.61 m,正常情况流量应增加约 200 m³/s,实际情况是流量反而从 140 m³/s 减小到 98.0 m³/s。白家川站"1985.08"洪水水位~流量关系曲线见图 5-13。

五、延水洪水

1977 年 7 月 5~6 日,延水上游发生大面积特大暴雨,暴雨中心在安塞县招安乡,暴雨是从上游向下游移动。9 h 雨量达 310 mm,24 h 雨量接近 400 mm。在延安站以上,雨量大于 100 mm 的范围达 3 580 km²,大于 150 mm 的范围达 1 050 km²。形成了甘谷驿站洪峰流量达 9 050 m³/s 的实测最大洪水。

甘谷驿站次大洪水洪峰流量为 3 150 m³/s,发生在 1993 年;第三大洪水洪峰流量为 2 480 m³/s,发生在 1966 年。

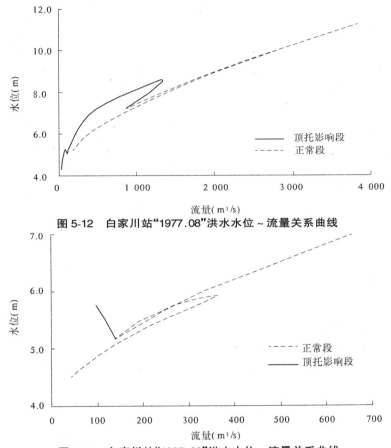

图 5-12　白家川站"1977.08"洪水水位～流量关系曲线

图 5-13　白家川站"1985.08"洪水水位～流量关系曲线

这次暴雨雨量之大、持续时间之长、笼罩面积之广均大大超过以往的实测记录。暴雨过程从 5 日凌晨至 6 日凌晨有 3 个时段:5 日 2:00～14:00、5 日 14:00～23:00 和 5 日 23:00～6 日 8:00。最后一时段降雨强度最大、历时最长,暴雨中心的雨量达 310 mm。受降雨的影响,本次洪水为重叠峰,高含沙持续时间长(见图 5-14)。延安站 6 日 3:22～5:24,2 h 2 min 水位上涨 10.69 m。8:18 甘谷驿站出现洪峰,延安站到甘谷驿站洪水传播时间为 2.9 h。延安站 6 日 8:00 出现沙峰,滞后水峰 2.6 h,最大含沙量为 802 kg/m³。甘谷驿站 6 日 11:00 出现沙峰,滞后水峰 2.7 h,最大含沙量为 798 kg/m³。

这次暴雨形成延水流域自 1800 年以来的最大洪水。延水干流延安站洪峰流量达 7 200 m³/s,超过该站 200 年一遇洪水;支流西川枣园站洪峰流量达 1 510 m³/s;甘谷驿站洪峰流量达 9 050 m³/s,超过该站 500 年一遇洪水。延安站次大洪水洪峰流量为 2 550 m³/s,发生在 1969 年,仅为本次洪水洪峰流量的 35.4%;第三大洪水洪峰流量为 2 320

m³/s,发生在 1994 年。延水这次洪水洪峰流量及洪水总量均较大,延安站洪水总量为 7 920 万 m³,分别是当年和多年平均年径流量的 32.7% 和 59.1%。甘谷驿站洪水总量为 1.615 亿 m³,分别是当年和多年平均年径流量的 42.6% 和 74.3%。

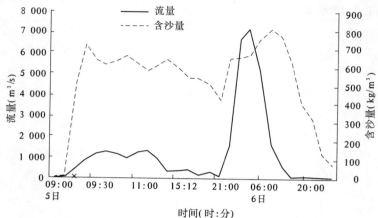

图 5-14　延安站"1977.07"洪水流量含沙量过程线

六、岔巴沟洪水

岔巴沟流域面积 205 km²,岔巴沟曹坪水文站集水面积 187 km²,该站 1966 年 8 月 15 日发生洪峰流量为 1 520 m³/s 的洪水。超过了该站 100 年一遇洪水(1 410 m³/s)。该站次大洪水洪峰流量为 818 m³/s,发生在 1969 年,仅为本次洪水洪峰流量的 53.8%;第三大洪水洪峰流量为 654 m³/s,发生在 1961 年,仅为本次洪水洪峰流量的 43.0%。

这次洪水洪峰流量模数达 8.13 m³/(s·km²)。涨水坡历时为 52 min,水位变幅为 5.46 m,峰顶前 18 min 内水位上涨 2.87 m,落水坡历时 10 h。16 日 1:05 出现沙峰,滞后水峰 5 h 9 min,最大含沙量为 975 kg/m³,相应流量为 6.67 m³/s。流量大于 1 000 m³/s 的持续时间约为 20 min,含沙量大于 1 000 kg/m³ 的持续时间为 8 h。曹坪站"1966.08"洪水过程线见图 5-15。

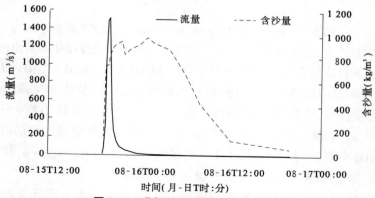

图 5-15　曹坪站"1966.08"洪水过程线

七、支流洪水特性

河龙区间各支流由于气候和下垫面因素差异较大,所以洪水特性也差异较大。这都与其各支流降雨及其强度的分布和径流的形成机制不同有关。

从表5-21可见,河龙区间各支流站集水面积、历年实测最大洪峰流量、洪峰流量模数和模系数相去甚远,说明其洪水特性各不相同。

表5-21　河龙区间各支流站洪峰流量模数统计表

站名	集水面积 $A(km^2)$	洪峰流量模数 $K(m^3/(s\cdot km^2))$	历年实测最大洪水		50年一遇洪水	
			洪峰流量 Q (m^3/s)	模系数 C	洪峰流量 Q (m^3/s)	模系数 C
高石崖	1 263	8.16	10 300	88.15	7 070	60.51
沙圪堵	1 351	6.37	8 610	70.45		
新　庙	1 527	5.34	8 150	61.46	6 630	50.00
申家湾	1 121	5.15	5 770	53.47	4 650	43.09
子　长	913	5.12	4 670	49.62	3 730	39.63
皇　甫	3 175	3.34	10 600	49.07	9 170	42.45
曹　坪	187	8.13	1 520	46.48	1 170	35.78
王道恒塔	3 839	2.54	9 760	39.81	9 120	37.20
杨家坡	283	5.90	1 670	38.74	1 670	38.74
神　木	7 298	1.89	13 800	36.68	16 300	43.32
马湖峪	371	4.96	1 840	35.64	2 080	40.29
温家川	8 645	1.62	14 000	33.24	16 500	39.17
裴　沟	1 023	3.30	3 380	33.29	2 850	28.07
延　安	3 208	2.24	7 200	33.10	4 630	21.29
清　水	735	3.55	2 610	32.05	5 290	64.95
甘谷驿	5 891	1.54	9 050	27.75	5 200	15.94
延　川	3 468	1.76	6 090	26.58	7 360	32.12
林家坪	1 873	1.96	3 670	24.15	4 600	30.27
殿　市	327	3.49	1 140	24.02	1 270	26.76
吉　县	436	2.41	1 050	18.26	1 150	20.00
裴家川	2 159	1.27	2 740	16.40	2 890	17.30
高家川	3 253	1.08	3 500	15.94	3 880	17.67
后大成	4 102	0.99	4 070	15.88	4 220	16.47
李家河	807	1.62	1 310	15.11	1 470	16.96
青阳岔	662	1.72	1 140	15.01	746	9.82
碧　村	1 476	1.25	1 840	14.19	1 320	10.18
旧　县	1 562	1.21	1 890	14.04	1 570	11.66
高家堡	2 095	1.01	2 120	12.95	1 620	9.89
后会村	2 901	0.83	2 420	11.90	1 890	9.29
大　宁	3 992	0.72	2 880	11.44	2 750	10.93
新市河	1 662	0.90	1 500	10.69	1 410	10.05
桥　头	2 854	0.48	1 380	6.86	1 890	9.39
临　镇	1 121	0.52	586	5.43	465	4.31
川　口	30 217	0.16	4 980	5.13		
兴　县	650	0.59	385	5.13	515	6.86
大　村	2 141	0.36	772	4.65	845	5.09
丁家沟	23 422	0.15	3 630	4.43	4 290	5.24
白家川	29 662	0.13	3 840	4.01	6 310	6.59
横　山	2 415	0.20	472	2.62	1 000	5.56
韩家峁	2 452	0.17	418	2.30	284	1.56

注:K、C分别表示两种不同计算方法的洪峰流量模系数;$K=Q/A$;$C=Q/A^{2/3}$。

基岩区的孤山川、纳林川、牸牛川有利于产汇流,洪峰流量模系数都很大;风沙区的海流兔河产汇流条件差,韩家峁站洪峰流量模系数最小;植被较好的仕望川和汾川河等支流洪水过程历时较长、洪峰流量较小,各站洪峰流量模系数也都较小;黄土丘陵沟壑区的支流来水地区分布较复杂,洪峰流量模系数居中。

申家湾站历年实测最大洪峰流量和 50 年一遇洪水的洪峰流量均是集水面积与其同样大小的临镇站的 10 倍左右。

基岩区的孤山川高石崖站、纳林川沙圪堵站和秃尾川新庙站洪峰流量模系数都很大,位于全区各站的前三位。基岩区来水异常迅猛。秃尾川新庙站 1989 年 7 月 21 日8:36 ~ 9:36,水位上涨 11.81 m,流量从 2.62 m³/s 增加到 8 150 m³/s;历年最大含沙量达 1 410 kg/m³,出现在 1976 年 7 月 11 日;一半以上年份年最大含沙量达到 1 000 kg/m³;历年年最大含沙量中的最小值也达 289 kg/m³。

海流兔河位于毛乌素沙漠区的南缘,下垫面大部分为起伏较小的沙漠丘陵,径流以地下水补给为主,基流稳定,发生洪水的次数较少、流量较小、涨落变化缓慢。洪峰流量模系数很小,位于区间各站的最末位。1964 年 8 月 16 日,海流兔河上游海子决口,韩家峁站发生洪峰流量为 418 m³/s 的历史最大洪水,这是一场非正常洪水。该站次大洪水发生于 1959 年 8 月 3 日,洪峰流量为 123 m³/s,最大含沙量仅为 28.6 kg/m³。洪峰流量超过 100 m³/s 的年份还有 1966 年和 1970 年;年最大洪峰流量在 22.9(该站测流槽最大过水流量为 22.9 m³/s) ~ 100 m³/s 之间的共 7 年;75%的年份年最大洪峰流量在 22.9 m³/s 以下;在 1971 ~ 2003 年的 33 年内,只有 1984 年最大洪峰流量超过 20 m³/s,为 31.7 m³/s,流量大于 22.9 m³/s 仅续了 2.5 h;在 1957 ~ 2000 年的 44 年中,共有 19 年年最大流量小于 10 m³/s,1993 年年最大流量仅为 3.68 m³/s。韩家峁站含沙量较小,历年最大含沙量仅为 86.1 kg/m³,一般年份含沙量不超过 5 kg/m³。

梢林区的汾川河临镇站径流也以地下水补给为主,基流稳定,发生洪水的次数较少、流量较小、涨落变化缓慢。洪峰流量模系数很小,位于全区各站的最后几位。该站历年最大洪峰流量为 586 m³/s,出现在 1975 年 8 月 13 日;次大洪峰流量为 307 m³/s;在 1959 ~ 2001 年的 43 年中,年最大流量超过 200 m³/s 的仅有 5 年,最大含沙量超过 500 kg/m³ 的仅有 9 年;历年最大含沙量仅为 726 kg/m³。

佳芦河申家湾站历年最大洪峰流量为 5 770 m³/s,出现在 1970 年 8 月 2 日 5:48 ~ 6:24,0.6 h 水位上涨 10.43 m,流量从 356 m³/s 增加到 5 770 m³/s(该站 1958 年 7 月 13 日 3:00 ~ 3:40,水位上涨 12.67 m,流量从 2.64 m³/s 增加到 3 980 m³/s)。最大含沙量达 1 480 kg/m³,出现在 1963 年 6 月 17 日。在 1957 ~ 2001 年的 45 年间,年最大流量超过 1 000 m³/s 的有 10 年,年最大含沙量超过 1 000 kg/m³ 的有 25 年,超过 55%的年份。历年最大含沙量的最小值也达 382 kg/m³,其他年份年最大含沙量都超过 700 kg/m³。

第三节　调查洪水

一、基本情况

河龙区间洪水调查开始于 1951 年。当年 8 月,黄河北干流发生大洪水,晋陕两省离石、府谷等沿黄 15 县政府及水利部门按照黄河防汛总指挥部的要求,开展了雨量及洪水调查。1952 年,黄河水利委员会(以下简称黄委)组织力量对陕县 1933 年、1942 年洪水进行了野外现场调查;1954~1956 年又大规模地组织力量,对黄河上、中、下游的干支流进行了历史洪水调查。60、70 年代,为了满足规划设计的需要,黄委又对一些重点地区进行了复查。

二、调查历史洪水

历史洪水调查目的是收集历史洪水特征,延长洪水资料系列。其重点是调查指认洪水痕迹,分析估算洪峰流量、洪水发生年代,历史文献考证等。水利部、黄委及黄委设计院等部门,从 1952 年起在黄河干支流开展了洪水调查。洪水调查资料从 1979 年开始整编,1983 年刊印出版。黄委中游水文水资源局参与了上述调查工作,同时对所属水文站历史洪水进行了复查,补充调查了支流站的历史洪水,为区间的水文水利计算、区域水文手册的编制、测站测验设施建设和测洪方案的编制提供了依据。

河龙区间共对 17 条干支流河流的历史洪水进行了调查,调查断面 31 处,调查历史洪水 55 年。其中干流调查断面 5 处,历史洪水 11 年;一级支流调查河流 16 条,断面 21 处,历史洪水 38 年;二级支流调查河流 5 条,断面 5 处,历史洪水 6 年。

各站洪水调查成果见表 5-22。

表 5-22 河龙区间各站洪水调查成果表

河名	站名	至河口距离（km）	集水面积（km²）	调查洪峰流量（m³/s）	发生时间（年-月-日）	提供单位
黄　河	万家寨	1 888	394 813	10 600	1896-08	黄委设计院
黄　河	河　曲	1 839	397 658	8 740	1896-08	黄委中游局
黄　河	府　谷	1 786	404 039	13 000	1945-07-13	黄委设计院
黄　河	吴　堡	1 544	433 514	32 000	1842-07-23	黄委设计院
				14 000	1933-07-13	黄委设计院
				23 000	1946-07-19	黄委设计院
				18 000	1951-08-15	黄委设计院
黄　河	龙　门	1 269	497 552	31 000	清道光年间	黄委设计院
				25 400	1842-07-23	黄委设计院
皇甫川	皇　甫	14	3 175	7 100	1929-08	黄委设计院
县川河	旧　县	3.0	1 562	2 840	1956-08	黄委中游局
孤山川	高石崖	1.8	1 263	5 000	1953	黄委设计院
窟野河	温家川	14	8 515	15 000	1946-07-18	黄委设计院
秃尾河	高家川	10	3 253	5 900	1869	黄委中游局
				3 800	清光绪年间	黄委设计院
佳芦河	申家湾	6.7	1 121	3 700	1942-07-23	黄委设计院
				3 100	1951-08-15	黄委设计院
清凉寺沟	杨家坡	2.2	283	2 370	1951-08-15	黄委中游局
湫水河	林家坪	13	1 873	7 700	1875-07-17	黄委设计院
				5 200	1951-08-15	黄委设计院
三川河	后大成	25	4 102	5 600	1875-07-17	黄委设计院
				4 270	1942-07-23	黄委设计院

续表 5-22

河名	站名	至河口距离 （km）	集水面积 （km²）	调查洪峰流量 （m³/s）	发生时间 （年-月-日）	提供单位
无定河	丁家沟	129	23 422	7 270	1932-08-09	黄委设计院
				4 350	1942-08-02	黄委设计院
无定河	白家硷	113	28 719	11 500	1919-08-16	黄委设计院
				7 740	1932-08-11	黄委设计院
无定河	川 口	20	30 217	9 300	1976-08-06	白家川站
海流兔河	韩家峁	6.9	2 452	600	1933-08-07	黄委中游局
芦河	横 山	12	2 415	1 950	1931-08-22	黄委中游局
黑木头川	殿 市	19	327	2 700	1932-08-11	黄委中游局
马湖峪河	马湖峪	2.5	371	4 500	1932-08-11	黄委中游局
小理河	李家河	3.3	807	2 500	1931-08-22	黄委中游局
清涧河	子 长	110	913	4 100	1909-07	黄委中游局
清涧河	延 川	38	3 468	11 200	1843	黄委设计院
				10 200	1913	黄委设计院
昕水河	大 宁	37	3 992	3 490	1869	黄委设计院
				2 740	1951	黄委设计院
延 水	延 安	159	3 208	2 820	1933-08-14	黄委中游局
延 水	甘谷驿	112	5 891	6 300	1917-09-03	黄委设计院
				6 300	1933-08-14	黄委设计院
汾川河	临 镇	59	1 121	340	1932-07	黄委中游局
汾川河	新市河	23	1 662	1 000	1932-07	黄委中游局
仕望川	大 村	29	2 141	1 030	1932-07	黄委中游局

干流大洪水的调查主要成果如下：

干流府谷站以上 1896 年 8 月的特大洪水，洪峰流量柳青 7 550 m³/s，万家寨 10 600 m³/s，河曲站 8 740 m³/s。

府谷站 1945 年 7 月 13 日 13 000 m³/s 的特大洪水。

吴堡站 1842 年 7 月 23 日 32 000 m³/s 的特大洪水。

吴堡—龙门区段 1942 年的特大洪水，洪峰流量延水关 27 000 m³/s，壶口 25 400 m³/s，龙门 21 000 m³/s。

龙门清道光年间 31 000 m³/s 的特大洪水；1842 年 7 月 23 日 25 400 m³/s 的特大洪水。

支流大洪水的调查主要成果如下：

历史洪水大于 10 000 m³/s 的支流有 3 条，窟野河温家川站 1946 年 7 月 18 日洪水 15 000 m³/s，无定河绥德白家硷 1919 年 8 月 16 日洪水 11 500 m³/s，清涧河延川站 1843 年洪水 11 200 m³/s、1913 年洪水 10 200 m³/s。

历史洪水低于 10 000 m³/s 的支流有皇甫川皇甫站 1929 年 8 月洪水 7 100 m³/s、孤山川高石崖站 1953 年 5 000 m³/s、延水甘谷驿站 1933 年 8 月 14 日 6 300 m³/s、湫水河林家坪站 1875 年 7 月 17 日洪水 7 700 m³/s、三川河后大成站 1875 年 7 月 17 日洪水 5 600 m³/s、无定河丁家沟站 1932 年 8 月 9 日洪水 7 270 m³/s。这些调查历史洪水多数是支流上的最大洪水。

有些支流后来的实测洪水超过了调查历史洪水。皇甫川皇甫站调查洪水为 1929 年的 7 100 m³/s,1989 年 7 月 21 日,实测最大洪水 10 600 m³/s;孤山川高石崖站调查洪水为 1953 年的 5 000 m³/s,1977 年 8 月 2 日,实测最大洪水 10 300 m³/s;延水甘谷驿站调查洪水为 1917 年的 6 300 m³/s,1977 年实测最大洪水 9 050 m³/s;佳芦河申家湾站调查洪水为 1942 年 7 月 23 日的 3 700 m³/s,1970 年 8 月 2 日,实测最大洪水 5 770 m³/s;汾川河新市河站调查洪水为 1932 年 7 月的 1 000 m³/s,1988 年 8 月 25 日,实测最大洪水 1 500 m³/s。

三、暴雨洪水补充调查

暴雨洪水补充调查的目的是弥补定点观测的不足。通过补充调查,在雨区范围内收集比较全面、翔实的暴雨洪水资料并对其可靠性进行分析论证,从而弄清暴雨的形成、暴雨量及其分布、暴雨中心的位置及其走向、洪水的来源及其形成情况等,最后对暴雨洪水及其调查成果作出评价。黄委、黄委水文局、地方省市水利部门、黄委中游水文水资源局对河龙区间的暴雨洪水补充调查都很重视,及时组织了多次发生在区间的特大和异常暴雨洪水调查,取得了不少调查成果,主要如下:

(1)黄委水文局、中游水文水资源局组织的对黄河吴堡站 1976 年 8 月 2 日 24 000 m³/s 特大洪水的补充调查。

(2)黄委中游水文水资源局、陕西省延安水文水资源局组织的对 1977 年 7 月 6 日延水延安站 7 200 m³/s、甘谷驿站 9 050 m³/s 特大洪水的补充调查。

(3)榆林水电局、陕西省水电局、内蒙古水电局内蒙古乌审旗组织的对 1977 年 8 月 1 日特大暴雨洪水的补充调查。

(4)黄委中游水文水资源局组织的对孤山川高石崖站 1977 年 8 月 2 日 10 300 m³/s 特大暴雨洪水的补充调查。

(5)黄委中游水文水资源局组织的对无定河白家川站 1977 年 8 月 5 日 3 840 m³/s 特大暴雨洪水的补充调查。

(6)黄委中游水文水资源局组织的对岚漪河、蔚汾河、湫水河 1990 年 7 月 22 日暴雨洪水的补充调查。

(7)黄委中游水文水资源局组织的对杜甫川 1994 年 8 月暴雨洪水的补充调查。

(8)黄委中游水文水资源局组织的对小理河李家河站 1994 年 8 月 10 日 1 310 m³/s 特大暴雨洪水的补充调查。

(9)黄委水文局、中游水文水资源局组织的对黄河吴堡站 1994 年 8 月 6 310 m³/s 暴雨洪水的补充调查。

(10)黄委水文局、中游水文水资源局组织的对黄河中游 2001 年 8 月暴雨洪水的补充调查。

(11)黄委中游水文水资源局组织的对 2002 年 7 月 4 日清涧河子长站 4 670 m³/s、延川站 5 500 m³/s 特大暴雨洪水的补充调查。

(12)黄委中游水文水资源局、黄委水文局组织的对黄河府谷站 2003 年 7 月 30 日 12 800 m³/s 特大暴雨洪水的补充调查。

第四节　特殊洪水现象

一、特殊汇流现象

1976 年 8 月 2 日 22：00，吴堡站发生设站以来最大洪峰流量 24 000 m³/s 洪水，洪水主要来自窟野河、孤山川和黄河干流府谷站以上。温家川站洪水汇入黄河后，由于顶托回水使干流倒流并形成巨大槽蓄水量，当温家川站洪峰开始回落不久后，府谷站加高石崖站洪水形成的洪峰到达窟野河口，此时巨大槽蓄水量随同干流来的洪峰一起宣泄而下，在吴堡站以上与窟野河洪峰遭遇，形成吴堡站 24 000 m³/s 特大非正常洪水。洪水在吴堡站的特性非常独特，与正常洪水相比同水位流速、流量明显偏大，峰形高、尖、瘦，洪水陡涨陡落。具有明显的垮坝洪水特征。尽管支流洪水顶托干流的现象比较多见，但形成这次洪水的下游洪峰流量远远大于上游合成流量的特殊汇流现象在河龙区间还从未发生过，值得深思和研究。

二、"浆河"现象

在高含沙水流条件下，当含沙量超过某一极限值以后，在洪峰突然降落、流速迅速减少的情况下，整个水流已不能保持流动状态，而是就地停滞不前。我们把这种高含沙水流所造成的河槽堵塞现象称为"浆河"。

1958 年 7 月 10 日，窟野河发生了一次高含沙洪水，20：12 温家川水文站实测含沙量 1 700 kg/m³，是该站实测最大含沙量，也是我国和世界各国河流中实测最大含沙量。据参加过此次洪水的测验人员介绍，当时洪水期间水流时有停滞，一会儿流动，一会儿停滞，水面平静且明亮如镜，这就是"浆河"现象。遗憾的是这种现象当时并未被人们普遍认识，后来知道是"浆河"后还进行了调查。据当地村民讲，1936 年曾有类似现象发生过，当时的洪水把一位农民带走，顺流而下数华里，这位农民的衣服还未全湿透。说明发生"浆河"时的含沙量特别大，浮力也就特别大，人被浮在水面上。

1963 年 6 月 17 日，无定河支流小理河李家河水文站发生过一次"浆河"现象。17 日 19：45 洪水涨到峰顶，沙峰滞后洪峰，落坡时出现 1 200 kg/m³ 的含沙量，为该站设站以来的最大含沙量。洪峰稍后，流速由慢到停，17 日 21：48 水流停滞，之后水流在停滞—流动—停滞—流动中交替出现，每次断面水位升高 0.1～0.5 m，持续时间 2～4 min，一直到次日的 16：18 才恢复畅流，历时 18.5 h。

1965 年 7 月在泾河的蒲河支流黑河上兰西坡水文站测得一次"浆河"全过程。洪水停停流流，流流停停，水位频繁涨落，在 0.15～0.26 m 范围内波动，每次周期 8～10 min，历时近 10 h。

1964 年 6 月无定河支流芦河靖边水文站也观测到一次"浆河"全过程。

黄河流域产生高含沙洪水的自然因素是"土松雨暴"。河龙区间属于黄土地带，黄土细松，黏着力强，易于冲刷。另外，晋陕之间是我国两个最大的暴雨区之一。如 1977 年内蒙古乌审旗 9 h 降水量 1 400 mm，属于世界纪录。这是产生高含沙洪水的自然因素。

人类活动对产生高含沙洪水的影响也是不可忽视的。1958年以来,黄土高原地区修建了大量中小型水库,拦蓄了大量的水沙。因水库发生淤积,目前多采用"蓄清排洪"的运用办法。汛期排沙时,有的连原来的淤积物也排放了下来,结果使产生高含沙洪水的机遇增加了,含沙量也增大了。

三、"揭河底"现象

"揭河底"现象一般发生在黄河干流,在高含沙洪水过程中,"揭河底"现象是经常发生的。由于高含沙洪水具有很强的冲刷能力,在峰前常产生剧烈的自上而下的沿程冲刷,其势如卷席。一次就将河床冲深几米甚至近十米,我们把这种高含沙条件下河床沿程剧烈冲刷的现象称为"揭河底"。"揭河底"现象发生的频次较高,持续时间很短,其观测资料对研究高含沙洪水特性十分重要。"揭河底"现象多见于黄河中游的龙门—潼关河段。从黄河干流实测资料的分析得出发生"揭河底"的条件的概念性结论是:含沙量大于400 kg/m³的时间至少为15~48 h,而流量大于6 000 m³/s的时间为5~6 h。

延水甘谷驿站测验河段也曾不只一次发生过"揭河底"现象。分别在70年代和90年代初,站上职工看到过这一特殊现象。发生"揭河底"现象时,大块河床淤积物被水流成片掀起,露出水面2~3 m高,持续时间10 min左右。甘谷驿站测验河段发生"揭河底"现象的前期条件是,河床淤积抬高且河床淤积物组成不同,下部以粗沙为主,上部以黏性很强的细沙为主。甘谷驿站以上流域不同地区黄土土质不同,因此不同地区的来水泥沙组成也截然不同。还有甘谷驿站测验河段上游附近比降明显大于测验河段比降的自然条件,若发生流量为1 000 m³/s左右的洪水,较大流速的水流"淘刷"粗沙细沙交界面,就有可能发生"揭河底"现象。

第五节 结 语

一、洪水大且频次高

(1)河龙区间是黄河大洪水三大来源区之一。

(2)吴堡站洪峰流量为24 000 m³/s的特大洪水是区间历年实测最大洪水,也是黄河流域历年实测最大洪水。洪峰流量为32 000 m³/s的调查历史最大洪水是区间最大调查历史洪水,也是黄河流域最大调查历史洪水之一。

(3)支流窟野河、皇甫川、孤山川是区间大洪水的主要来源区,也是黄河流域大洪水的主要来源区之一,同时也是区间和黄河流域高含沙和粗泥沙洪水的最主要来源地。延水甘谷驿站实测洪水超过了500年一遇洪水;皇甫川、孤山川、佳芦河和屈产河支流实测洪水达到了100年一遇洪水。实测大于或等于10 000 m³/s洪水的支流有窟野河、皇甫川和孤山川。区间支流最大实测洪水为窟野河洪峰流量为14 000 m³/s的洪水。

(4)支流最大调查历史洪水为窟野河洪峰流量为15 000 m³/s的洪水,无定河和清涧河调查历史洪水也超过了10 000 m³/s。

(5)支流一般每年发生洪水3~5次,多水年15~20次。朱家川1958年8月共发生洪水 28 次。

二、干流洪水特性各异

(1)区间干流洪水有暴雨洪水和融冰洪水两种类型,以暴雨洪水为主,大洪水一般为暴雨洪水。暴雨洪水以府谷、吴堡和龙门 3 站多发,主要集中在 7 ~ 8 月。洪水多是涨落快、历时短、峰高量小、含沙量大。融冰洪水发自河口镇站以上,每年 3 ~ 4 月流经区间各干流站,洪水涨落缓慢、峰小量大、历时长、含沙量小,多为重叠峰,枯水年往往是年最大洪水。

(2)河口镇站、河曲站洪水以干流来水为主,涨落缓慢、持续时间长、洪峰流量和含沙量较小。万家寨水库建库后,河曲站洪水由原来的自然洪水改变为以天为周期的电站调峰型人为洪水。

(3)府谷站洪水受天桥水库影响较大,改变了天然洪水特性。当皇甫川等支流来洪水时,府谷站洪水往往既带有支流洪水暴涨暴落的特征,又受到水库的调蓄影响,当孤山川洪水汇入黄河时也对府谷站洪水产生顶托影响。因此,该站洪水特性比较复杂。

(4)吴堡站洪水由府谷站以上来水加府谷—吴堡区段支流来水形成。府谷—吴堡区段是河龙区间最主要的暴雨洪水来源区,区段支流的高含沙洪水与府谷站以上来水的不同组合差异很大,加上洪水演进中的特殊变化,使吴堡站洪水特性较为复杂。一般是大洪水多发,洪水涨落快,峰形多变,洪水特性往往带有明显的来水区域特征。

(5)龙门站洪水因吴堡—龙门区段暴雨洪水加入相对较少而比较类似于吴堡站洪水。一般多数洪水与吴堡站上下对应,但峰形经沿程坦化展开比吴堡站要矮胖一些。

(6)河龙区间大洪水发生频次呈减少趋势。

三、支流洪水暴涨暴落

(1)区间支流洪水也有暴雨洪水和融冰洪水两种类型,以暴雨洪水为主,融冰洪水很小。

(2)大洪水均为暴雨洪水,窟野河、皇甫川、清涧河、孤山川、无定河、延水 6 站多发,高度集中在 7 ~ 8 月。洪水的特点是暴涨暴落、历时很短、峰形尖瘦、含沙量高。一些支流洪水异常迅猛。譬如申家湾站"1958.07"洪水,40 min 水位上涨 12.67 m,流量从 2.64 m³/s 增加到 3 980 m³/s;新庙站"1989.07"洪水,1 h 内水位上涨 11.81 m,流量从 2.62 m³/s 增加到 8 150 m³/s 等。

四、特殊洪水时有发生

(1)洪水在运行过程中遇下游支流汇入的洪水顶托会出现程度不同的壅堵现象。被支流较大洪水壅堵时,洪水的下泄会严重受阻,形成大量槽蓄水量,这部分水量的不同下泄形式会形成不同特性的特殊洪水。区间干流洪水出现此类现象比较多见。但像窟野河"1976.08"洪水造成黄河回水 12 km、槽蓄水量 1 800 万 m³,并形成类似于垮坝洪水的这种特殊程度十分罕见。

(2)高含沙洪水使区间一些支流曾出现"浆河"现象。1958 年 7 月 10 日窟野河温家川站出现高含沙水流,并发生了"浆河"现象,小理河李家河站和芦河靖边站也发生过"浆河"现象。

(3)干流龙门河段"揭河底"现象时有发生。"揭河底"现象一般发生在干流龙门站以下河段,支流延水甘谷驿站测验河段附近也曾发生过几次。

第六章　水环境监测与监督管理

第一节　基本情况

一、发展历程

黄河中游水环境监测测区(河龙区间,下同)的水环境监测工作最早开始于1958年,工作任务主要是区间干流吴堡站及8个主要支流站的水化学分析和河流水化学基本特征及变化规律分析,专职分析人员仅2人,分析方法以化学法为主,分析项目主要是水的一些理化指标,分析环境、技术条件相对较差,1968年因文化大革命影响而停止。

随着黄河流域工农业生产的发展,城市废污水排放增加,黄河干支流水环境逐步受到污染。为加强黄河水资源保护,掌握黄河污染状况,1975年3月,在全国7大流域中黄河流域率先成立了流域水资源保护机构。黄委中游水文水资源局所辖河龙区间于1976年开始恢复水环境监测工作。1979年9月,经水利电力部黄河水利委员会批准,成立吴堡水质监测站,1992年12月易名为黄河中游水环境监测中心。1995年成立黄河中游水资源保护局(黄河中游水环境监测中心),下设水质监测中心。黄河中游水环境监测中心1993年取得国家技术监督局计量认证合格证。

在近50年的发展历程中,在各级领导的大力支持下,中游水环境监测工作发展迅速,监测站网从无到有,布局渐趋合理、完善。在常规监测站网的基础上增加了省界监测站网、专用监测站网;监测类别不断增多,由单纯的地表水分析,拓展到地下水、专业用水、工业废水及生活污水、土壤、河流底质等;监测项目不断增加,由开始的天然水化学项目及五项毒物的分析逐步增加了重金属、有机污染物、营养盐、有机污染综合指标等;监测队伍不断壮大,监测人员素质、检测能力不断提高;监测仪器装备日趋精良,逐步拥有了一批先进的分析测试仪器。随着数字黄河、生态黄河的建设,工作内容逐步由单纯的水环境监测分析、提供基础数据,向水环境监督管理、维护黄河健康生命转变。

二、水环境监测的任务及技术标准

(一)水环境监测的任务

1978年12月,黄河水质监测工作座谈会上,明确水质监测站的主要任务如下:

(1)积极开展所辖河段的水质监测工作,及时、准确地做好监测资料的整理分析工作,掌握水质变化动态,为水资源保护当好耳目和哨兵。

(2)大力宣传贯彻环境保护工作的重要意义、方针政策,协同地方环境保护部门进行污染源调查,监督厂矿企业排污。

(3)积极开展科学试验活动,不断提高监测工作水平,保护水源,造福人民,为工农业生产服务。

1998 年黄河流域水资源保护局根据省界水体水环境监测工作需要,制定了《黄河流域省界水体水环境监测站网建设规划》,在河龙区间规划并设置了省界水体水环境监测站网,省界站网的主要任务如下:

(1)对各省界出境河段水环境质量实施全面监测,及时掌握污染状况,预测不良发展趋势并发布警报,以实现排污总量控制,促进各行政区单元污染治理。

(2)按照国家、水利部及黄河流域有关水环境保护法律法规,结合黄河流域水环境监测实际情况,建立健全省界水体监测指标体系,对重要的环境影响因子进行定期与实时监测。

(3)建立黄河流域省界水体监测信息管理系统,收集积累站网基本情况和区域环境资料,提出黄河流域省界水体水环境质量月报、通报和年报,并报告国务院水利主管部门和国家环保总局。定期对资料进行汇总整编和系统分析,为全面评价黄河流域省界水环境质量提供科学依据。

(4)及时为水资源保护管理部门提供监测资料和污染动态分析成果,以使其提出对策和措施,实现对水污染的有效监控和防治。

(5)参与流域水污染防治和水环境监督管理,并承担突发性水污染事故跟踪监测、监督调查和处理,为水污染纠纷提供公正性、权威性数据。

目前,黄河中游测区常规监测、省界监测等具体监测工作任务,由黄河流域水资源保护局、黄委水文局每年共同下达一次。其监测资料报黄河流域水资源保护局审查、评价后,定期发布《黄河流域水资源质量公报》和《黄河流域省界水体水资源质量状况公报》。

(二)水环境监测的技术标准

黄河中游水环境监测测区水环境监测(包括常规监测、省界监测、专用监测)采样断面、采样垂线、采样点的布设和采样时间、采样频次、分析方法、质量控制及监测资料的整编等,均执行中华人民共和国水利部标准 SL219—98《水环境监测规范》,1998 年前执行水利电力部部颁标准 SD127—84《水质监测规范》。

地面水环境质量评价执行中华人民共和国国标 GB3838—2002《地面水环境质量标准》,2002 年前分别执行国标 GB3838—83 及 GB3838—88 版本《地面水环境质量标准》。

污水质量评价执行中华人民共和国国标 GB8978—1996《污水综合排放标准》。

三、水环境监督管理的任务及范围

(一)水环境监督管理的任务

(1)贯彻执行国家环境保护的方针、政策、法规和流域水资源保护的法规、条例,做好区域的水资源保护工作。

(2)负责编制辖区水资源保护中长期规划、重点区域污水治理规划和年度实施计划。

(3)参于有关建设项目环境影响报告书的审查,对新建、改建、扩建项目的"三同时"执行情况进行监督检查。

(4)监督不合理利用边滩、洲地任意堆放有毒有害物质,向水体倾倒和排放废弃物质造成的污染和生态破坏。

(5)对在干流及一级支流入黄口范围内的排污口设置和扩大进行审批和监督管理。

（6）对取水工程的取水水质、退水去向、退水水质及对环境影响评价进行审核和监督管理。

（7）对辖区的水资源保护工作进行协调。

（8）协调处理省际间水污染纠纷,组织突发性水污染事故调查处理。

（二）水环境监督管理的范围

黄河中游水资源保护局承担着黄河河龙区间 733 km 的黄河干流河段和无定河、窟野河等 28 条支流省界河段,13 万 km² 区域内的水环境监测、水资源保护监督与管理、干支流入河排污口调查评价、水污染动态监测、取水许可水质监测等任务。

四、水环境监测能力

（一）人员素质

中心现有技术人员 12 人,其中高级职称 2 人,中级职称 6 人,技术人员 1 人,化验技术人员 3 人,大专以上学历 6 人。科技人员的专业结构为生物、分析化学、陆地水文、冶金等。这是一支工作严谨、求实敬业、业务素质高、技术能力强的专业技术队伍。分析人员均持证上岗。

（二）检测能力

中心可进行地面水、地下水、饮用水、工业废水、矿泉水以及土壤、河流底质、农产品等样品检测。目前已开展的通过国家计量认证的检测项目主要有:pH 值、矿化度、悬浮物、八大离子、溶解氧、COD_{Cr}、COD_{Mn}、BOD、氨氮、亚硝酸盐氮、硝酸盐氮、挥发酚、总氰化物、砷、六价铬、总磷、总汞、重金属、细菌、粪大肠菌等 65 项。可进行水污染调查、水环境工程评价、水环境变化规律与趋势的分析以及水资源质量预测、预报工作。

（三）仪器设备

中心现有固定资产 300 余万元,配备有原子吸收分光光度计、冷原子荧光测汞仪、紫外分光光度计、原子荧光仪、红外测油仪、COD 快速测定仪、超纯水器、荧光分光光度计、可见分光光度计、离子计、酸度计等先进的分析测试仪器及常用分析测试设备。

（四）实验室环境

中心现有一座独立的三层分析楼,共有分析室 12 间,建筑面积 530 m²,其中恒温面积 60 m²,另有药品库房 2 间,建筑面积 30 m²,办公室面积约 100 m²。

五、水环境监测质量保证体系

中心以质量至上、计量标准、客观公正为宗旨,严格制度、科学管理,为用户提供优质服务。为了保证检测质量和出具的数据可靠、准确、公正,黄河中游水环境监测中心自 1993 年计量认证以来,就建立了一套完整的、行之有效的质量保证运行体系。

中心的质量保证运行体系主要有质量方针、质量目标、质量承诺,《质量手册》、《程序文件》、《作业指导书》、《质量计划》、《质量记录》等质量文件和质量保证岗位以及对各检测岗位的检测质量进行的管理和控制等。

（一）《质量手册》

《质量手册》阐明质量方针、质量目标和质量承诺,规定各类人员岗位职责,描述质量体系相关要素及其相互关系,是中心从事质量活动的依据。《质量手册》包括检测样品质量控制、检测过程质量控制、仪器设备控制、人员要素控制、检测环境控制等全部质量体系要求的内容,是质量体系实施和运行的保障,也是用户了解中心的窗口。

质量方针:中心检测工作坚持"质量第一、信誉第一、科学、准确、公正、满意"的质量方针。检测工作必须做到方法科学、行为公正、结果准确、客户满意。

质量目标:通过完善质量体系、贯彻质量方针、严格质量管理、履行质量承诺、加强职员培训、加强技术练兵、提高全员素质、提高检测水平等,确保质量体系有效运行,力争达到国家全优实验室要求。力争每年度出具的检测报告没有结论性差错,数据差错率在万分之一以下,客户满意率在 98% 以上。

质量承诺:以质量求生存,努力做到"信誉第一、用户至上",为主管部门及社会各界提供最优质的服务。

中心向社会和用户承诺:对所有水环境监测方面的检测业务,保证同样的质量;对所有客户的检测服务,保证同样的服务水平;遵守与客户约定的服务时间;对用户提供的样品及技术资料、成果保密,保护其所有权;检测收费合理,严格执行国家、行业收费标准;对出具的检测报告承担法律责任。

(二)《程序文件》

《程序文件》明确规定了实验室质量活动的范围、顺序和管理权限,是中心质量体系有效运行的支持性和基础性文件。根据开展检测工作的需要,中心制定有 27 个《程序文件》。

(三)《作业指导书》

《作业指导书》及质量计划、质量记录、质量报告是第三层次质量体系文件,它细化了相关的质量活动,是中心日常业务的指导性文件。

(四)质量保证岗位

质量负责人负责中心质量体系文件的贯彻、执行,主持日常质量控制、检查、审查,处理有关质量投诉。质量监督员负责分析过程中的检测指导和质量监督工作。

(五)实验室内部质量控制

实验室内部质量控制规定分析仪器、设备、玻璃量器定期检定,分析人员持证上岗,对分析用水、化学试剂及其溶液配制制定了质量要求。中心使用的分析方法优先选择国家标准,其次是行业标准和地方标准。分析中的质量控制措施主要有:每次分析必须至少加测 20% 的平行样测定;每批样品要求同时平行测定规定项目的加标回收,回收率要求达到 90%~110%;标准曲线相关系数要求达到 0.999 以上;各分析岗位全部项目每年进行一次标准样品对比分析的质量控制;质量负责人对分析项目进行盲样跟踪和分析质量跟踪检查,质量监督员对分析过程进行质量检查、监督。

(六)实验室外部质量控制

实验室外部质量控制措施对样品采集、现场保存处理、传递、保管等提出了质量要求,并规定在采集样品的同时采集现场平行样品、全程序空白样品和密码平行样品。

第二节　水环境监测

一、水环境监测站网

河龙区间水环境监测站网包括常规水环境监测站网(包括基本水环境监测站及辅助水环境监测站)、省界水环境监测站网及专用水环境监测站网 3 类。见图 6-1。

(一)常规水环境监测站网

根据《黄河水系水环境监测站网和监测工作规划》的有关规定及要求,黄河中游水环境监测中心在黄河干流及无定河、延水、三川河、清涧河、昕水河、窟野河等支流上共布设基本水环境监测站点 6 个和辅助水环境监测站点 2 个。其中基本水环境监测站点包括吴堡、辛店、甘谷驿、后大成、延川、大宁;辅助水环境监测站点包括温家川(神木)、府谷。详细情况见表 6-1。

表 6-1　常规水环境监测站一览表

序号	站名	河名	地址	开始采样时间（年-月）	测次布设	监测项目数
1	黄　河	吴　堡	陕西省吴堡县宋家川镇柏树坪村	1959-02		
2	无定河	辛　店	陕西省绥德县辛店乡辛店村	1960-01		
3	延　水	呼家川	陕西省延长县七里村乡呼家川村	1958-08		
4	三川河	后大成	山西省柳林县薛村乡后大成村	1960-01	每月 1 次	27 项
5	清涧河	延　川	陕西省延川县城关镇	1960-01		
6	昕水河	大　宁	山西省大宁县城关镇葛口村	1988-04		
7	黄　河	府　谷*	陕西省府谷县城关镇	1979-03		
8	窟野河	温家川*	陕西省神木县贺家川镇刘家坡村	1987-06		

注:1.1975 年 1 月由川口站上迁改为白家川站;1993 年 4 月再次上迁改为辛店站。

　　2.2001 年 2 月由甘谷驿站下迁改为呼家川站。

　　3.2004 年 1 月由神木站下迁改为温家川站。

　　4.带" * "号者为辅助站,其余为基本站。

基本水环境监测站开展的监测项目有流量、气温、水温、pH 值、氧化还原电位、电导率、悬浮物、侵蚀性二氧化碳、游离二氧化碳、八大离子、矿化度、总硬度、总碱度、氨氮、亚硝酸盐氮、硝酸盐氮、氟化物、溶解氧、高锰酸盐指数、化学需氧量、生化需氧量、挥发酚、氰化物、汞、砷化物、六价铬、铁、锌、铜、铅、镉、大肠菌群、细菌总数等共计 40 项。1999 年 4 月起监测项目减少到 27 项,被减少的项目有氧化还原电位、侵蚀性二氧化碳、游离二氧化碳、八大离子中部分项目、矿化度、总碱度、铁、锌等共计 13 项。

辅助水环境监测站开展的监测项目有流量、气温、水温、pH 值、电导率、悬浮物、氯化物、硫酸盐、总硬度、氨氮、亚硝酸盐氮、硝酸盐氮、氟化物、溶解氧、高锰酸盐指数、化学需氧量、生化需氧量、挥发酚、氰化物、汞、砷化物、六价铬、铜、铅、镉、大肠菌群、细菌总数等共计 27 项。1999 年 4 月起,监测项目同基本水环境监测站。

水环境监测站采样频次,各站均为每月采样 1 次,采样日期为每月的 8 日左右。

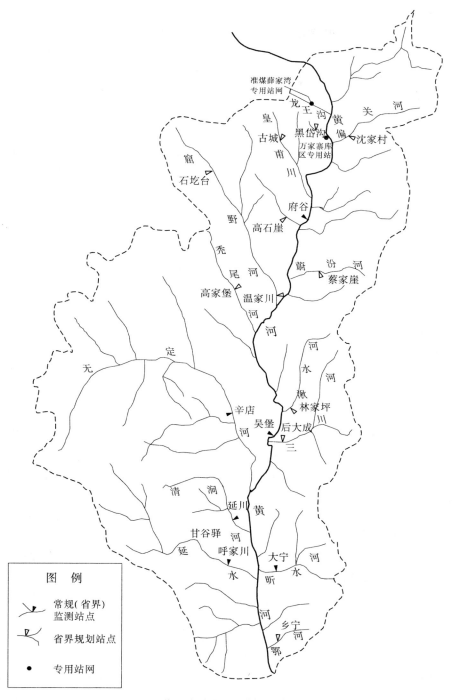

图 6-1　黄河中游水环境监测站网分布图

(二)省界水环境监测站网

省界水体监测是流域水资源管理部门依法对跨省区河流水体实施的监督性监测,其目的是及时、准确地反映不同行政区内水环境质量状况,全面掌握水体污染信息,以满足各级行政管理部门的决策要求,其监测结果用于水污染监督管理及污染责任的确定,从而为水资源利用和保护提供依据。

黄河流域水资源保护局根据《水污染防治法》有关规定,积极组织安排开展了省界水体监测的有关工作,并于 1998 年制定了《黄河流域省界水体水环境监测站网建设规划》,其中,河龙区间省界水环境监测站网由 17 个省界水环境监测站组成。根据规划要求,中心对 17 处省界站站址进行了调研论证及现场勘测确认,并设立了断面标志碑,建立了监测资料档案。目前,根据中游测区实际情况,现已开展水环境监测采样工作的省界水环境监测站有 7 个,分别为黄河干流污染控制站——吴堡站和入黄支流污染控制站——无定河辛店站、清涧河延川站、延水呼家川(甘谷驿)站、三川河后大成站、昕水河大宁站、窟野河温家川(神木)站。其中,吴堡站于 2000 年 1 月开始监测采样,辛店、延川、呼家川(甘谷驿)、后大成 4 站于 2000 年 3 月开始监测采样,大宁站于 2001 年 7 月开始监测采样,温家川(神木)站于 2001 年 8 月开始监测采样。因不具备条件尚未开展监测工作的省界水环境监测站有 10 个,分别为龙王沟薛家湾下站、黑岱沟黑岱沟下站、偏关河沈家村站、皇甫川古城站、孤山川高石崖站、蔚汾河蔡家崖站、窟野河石圪台站、秃尾河高家堡站、湫水河林家坪站及鄂河乡宁站。详见表 6-2。

省界水环境监测站已开展的监测项目有流量、水温、pH 值、悬浮物、氨氮、氟化物、溶解氧、高锰酸盐指数、化学需氧量、生化需氧量、挥发酚、氰化物、汞、砷化物、六价铬、总磷、锌、铜、铅、镉等共计 21 项;规划开展但暂时不具备监测条件的有毒有机物项目有苯并(a)芘、三氯甲烷、苯、甲苯、二甲苯、乙苯、氯苯、1,2 – 二氯苯、1,4 – 二氯苯、六氯苯、多氯联苯、二氯苯酚、五氯酚、硝基苯、滴滴涕、六六六、马拉硫磷、乐果等共计 18 项。

省界水环境监测站采样频次,各站均为每月 1 次,采样日期为每月的 8 日左右。

(三)专用水环境监测站网

1994 年,为监控准格尔煤田开发对黄河水体的影响,受准格尔煤炭工业公司的委托,在准格尔煤炭开发区建立了龙王沟薛家湾专用水环境监测站网;2001 年,为监控黄河万家寨库区水体质量,受万家寨水利枢纽工程有限公司的委托,在万家寨库区又建立了万家寨库区专用水环境监测站网。

龙王沟薛家湾专用水环境监测站网由 3 个专用水环境监测断面组成,分别为龙王沟上断面、龙王沟下断面和污水处理厂断面。其中龙王沟上为对照断面,龙王沟下为污染监控断面,污水处理厂为排污口监控断面。根据委托方要求及需要,该专用水环境监测站网监测项目有流量、气温、水温、pH 值、电导率、悬浮物、总硬度、氨氮、总氮、硝酸盐氮、氟化物、溶解氧、高锰酸盐指数、化学需氧量、生化需氧量、挥发酚、氰化物、汞、砷化物、六价铬、铁、锌、铜、铅、镉、锰、石油类、粪大肠菌群、细菌总数等共计 32 项。其监测频次为每年 6 次,逢单月采样。

万家寨库区专用水环境监测站网由 7 个专用水环境监测断面组成,分别为拐上断面、城坡断面、坝上断面及坝下(水文站)断面、龙王沟下断面、浑河口断面及黑岱沟下断面。

表 6-2　省界水环境监测站一览表

序号	水系	河名	站名	详细地址	开始采样时间（年-月）	测次布设	项数	相邻省区	实施情况
1	黄河	黄河	吴堡	陕西省吴堡县宋家川镇柏树坪村	2000-01	12次/年	21项	山西陕西	已运行
2	黄河	龙王沟	薛家湾下	内蒙古准旗小沙湾				内蒙古山西	二期
3	黄河	黑岱沟	黑岱沟下	内蒙古准旗红水沟				内蒙古陕西	二期
4	黄河	偏关河	沈家村	山西省偏关县城关镇沈家村				山西陕西	二期
5	黄河	皇甫川	古城	陕西省府谷县古城乡古城村				内蒙古陕西	二期
6	黄河	孤山川	高石崖	陕西省府谷县高石崖村				陕西山西	二期
7	黄河	蔚汾河	蔡家崖	山西省兴县蔡家崖乡胡家沟桥				山西陕西	二期
8	黄河	窟野河	石圪台	内蒙古伊旗布尔台乡石圪台公路桥				内蒙古陕西	二期
9	黄河	窟野河	温家川（神木）	陕西省神木县贺家川镇刘家坡村	2001-08	12次/年	21项	陕西山西	一期已运行
10	黄河	秃尾河	高家堡	陕西省神木县高家堡镇高家堡村				陕西山西	二期
11	黄河	湫水河	林家坪	山西省临县林家坪乡林家坪村				山西陕西	二期
12	黄河	三川河	后大成	山西省柳林县薛村乡后大成村	2000-03	12次/年	21项	山西陕西	一期已运行
13	无定河	无定河	辛店	陕西省绥德县辛店乡辛店村	2000-03	12次/年	21项	陕西山西	一期已运行
14	黄河	清涧河	延川	陕西省延川县城关镇	2000-03	12次/年	21项	陕西山西	一期已运行
15	黄河	昕水河	大宁	山西省大宁县城关镇葛口村	2001-07	12次/年	21项	山西陕西	一期已运行
16	黄河	延水	呼家川	陕西省延长县七里村乡呼家川村	2000-03	12次/年	21项	陕西山西	一期已运行
17	黄河	鄂河	乡宁	山西省乡宁县城关镇				陕西山西	二期

其中拐上为入库水环境监测断面,城坡、坝上为库中水环境监测断面,坝下(水文站)为出库水环境监测断面,龙王沟下断面、浑河口断面及黑岱沟下断面分别为支流龙王沟、浑河及黑岱沟入库水质监控断面。根据委托方要求及需要,该专用水环境监测站网监测项目有流量、气温、水温、pH 值、电导率、悬浮物、总硬度、氯化物、硫酸盐、氨氮、总氮、硝酸盐氮、总磷、氟化物、溶解氧、高锰酸盐指数、化学耗氧量、生化需氧量、挥发酚、氰化物、汞、砷化物、六价铬、铁、锌、铜、铅、镉、锰、石油类、阴离子表面活性剂、粪大肠菌群、细菌总数、叶绿素、透明度等共计 36 项。监测频次为每月 1 次,采样日期为每月的 8 日左右。

各专用水环境监测站网监测资料由中心组织审查、评价,定期报告委托单位。

二、水环境现状及变化趋势

(一)干流水环境现状及变化趋势

根据水质监测资料情况,河龙区间按万家寨库区、府谷及吴堡 3 个河段对干流河段水质现状及变化趋势进行分析评价。

1.万家寨库区

黄河万家寨水库位于河龙区间上段的万家寨峡谷,坝址距黄河河口 1 887 km,是黄河中游的第一座大型水利枢纽,同时也是黄河中游规划开发梯级的第一级,左岸隶属山西省偏关县,右岸隶属内蒙古自治区准格尔旗,其主要任务是供水结合发电调峰,同时兼有防洪、防凌作用。枢纽主体工程于 1994 年 4 月开工建设,历经 4 年,1998 年竣工并通过验收,同年 10 月 1 日下闸蓄水,12 月 28 日第一台机组并网发电,正式投入运行。

1)蓄水前水环境状况

万家寨水库蓄水前的水环境状况,采用 1998 年 9 月蓄水前拐上(入库断面)、坝上(库区断面)、坝下(出库断面)3 个监控断面监测资料进行评价分析。

蓄水前入库、库区内及出库水体水质均劣于 V 类水,超标项目主要是非离子氨、锰、总铁、大肠菌群等,其中非离子氨的超标倍数从入库到出库 3 个断面分别为 0.5、1.5、3.0;锰的超标倍数从入库到出库 3 个断面分别为 6.7、8.0、8.2;总铁的超标倍数从入库到出库 3 个断面分别为 8.4、7.3、3.0,大肠菌群的超标倍数从入库到出库 3 个断面分别为 1.4、不超、1.4。可以看出,非离子氨及锰污染从入库到出库有明显逐渐加重的趋势,而总铁污染从入库到出库有明显逐渐减轻的趋势。

2)蓄水后水环境状况

万家寨水库蓄水后的水环境状况,采用 1998 年 11 月蓄水后拐上(入库断面)、坝上(库区断面)、坝下(出库断面)3 个监控断面监测资料进行评价分析。

从水质监测统计资料看出,蓄水后入库断面水体水质仍劣于 V 类水,超标项目也基本同蓄水前一致,分别为锰、总铁、大肠菌群、BOD_5 等,其超标倍数分别为 5.6、5.3、1.4、0.05。库区内及出库水体水质在蓄水后均有所好转,变为 Ⅳ 类水,超标项目也较蓄水前发生明显改变。其中坝上断面超标项目为锌,超标倍数为 0.3;坝下断面超标项目为 COD_{Cr} 及大肠菌群,其超标倍数分别为 0.2、1.4。

根据监测数据,水库蓄水后,在上游来水水质基本不变且略有恶化的情况下,水库内及出库水质却有所改善。经初步分析认为,其主要原因有以下两点:一是水库蓄水后,库内水量增加,对污染物有一定的稀释作用;二是水库蓄水后,泥沙吸附污染物沉积库底,对水质起到一定的净化作用。

3)水环境变化趋势分析

统计万家寨水库库区各水环境监测断面历年综合污染指数,并计算水库蓄水后(1998～2004年)的平均综合污染指数,点绘水库蓄水前后各水环境监测断面综合污染指数柱状图,见图6-2。从图中可以看出,蓄水后,入库拐上断面综合污染指数较蓄水前明显偏大,而库内坝上及出库坝下断面综合污染指数较蓄水前明显偏小。可见,水库蓄水后由于其稀释和自净作用,出库断面水质较蓄水前有所好转。

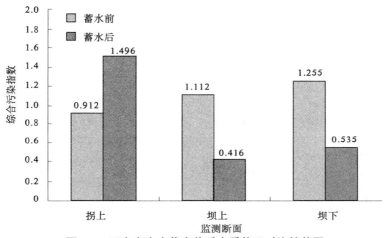

图6-2 万家寨水库蓄水前后水质状况对比柱状图

根据万家寨库区各水环境监测断面历年综合污染指数(见表6-3)。点绘万家寨水库蓄水后综合污染指数变化过程线,见图6-3。从图中可以看出,拐上入库断面蓄水后,综合污染指数呈逐年上升趋势,2002年污染最为严重,2003年、2004年污染状况有所好转,库区坝上和出库坝下断面水质受到上游来水水质的影响,其水质与蓄水之初相比略有恶化。

表6-3 万家寨库区各水环境监测断面历年综合污染指数统计表

代表断面	蓄水前 1998 年 9 月	蓄水后							
		1998 年 11 月	1999 年	2000 年	2001 年	2002 年	2003 年	2004 年	平均
拐上	0.912	0.796	0.572	1.122	0.861	3.879	2.125	1.114	1.496
坝上	1.112	0.219	0.296	0.634	0.383	0.476	0.475	0.426	0.416
坝下	1.255	0.300	0.584	0.563	0.395	0.626	0.772	0.503	0.535

2. 府谷河段

1)水环境现状

根据府谷水环境监测断面2000～2004年5年水环境监测资料,对府谷河段水质现状进行分析评价。府谷河段近5年平均水质类别均为Ⅳ类以上,其中,2000年水质类别为Ⅴ类,超标物质为COD_{Cr},超标倍数为0.4;2001年水质类别为Ⅳ类,超标物质为锌,超标倍数为0.8;2002年水质类别为Ⅳ类,超标物质为COD_{Cr},超标倍数为0.5;2003年水质类别为劣Ⅴ类,超标物质为总磷、氨氮、锰,超标倍数分别为1.4、0.4、0.3;2004年水质类别为Ⅳ

类,超标物质为氨氮、COD_{Cr},超标倍数分别为 0.2、0.02。

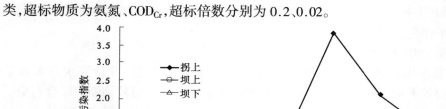

图 6-3　万家寨水库蓄水后综合污染指数变化过程线

从年内变化情况来看,枯水期水质污染较其他时期的污染更为严重,近 5 年除 2001 年外,其他年份枯水期水质类别均在 Ⅴ 类以上,详见表 6-4,特别是 12 月和次年 1～3 月水体污染最严重,其超标物质主要是挥发酚、COD_{Cr}、COD_{Mn}、BOD_5、氨氮等有机污染物质。

表 6-4　府谷河段 1993～2004 年水质状况统计表

年份	枯水期水质类别及代表值超标倍数	非枯水期水质类别及代表值超标倍数	年度水质类别及代表值超标倍数	年度最大值超标倍数及出现月份
1993	Ⅲ	Ⅲ	Ⅲ	汞(0.2/3)、氨氮(0.4/4)
1994	Ⅲ	Ⅲ	Ⅲ	挥发酚(0.1/3)、大肠菌群(3.8/2)、氨氮(0.5/3)
1995	Ⅴ:挥发酚(2.6)	Ⅲ	Ⅴ:挥发酚(3.2)	高锰酸盐指数(0.05/1)、挥发酚(17.4/1)、汞(4.0/12)、大肠菌群(1.4/2)、氨氮(0.1/3)
1996	Ⅴ:挥发酚(1.8)、氨氮(0.03)	Ⅲ	Ⅳ:挥发酚(0.6)	五日生化需氧量(0.08/3)、挥发酚(4.0/1)、大肠菌群(22.8/10)、氨氮(1.2/3)
1997	Ⅳ:挥发酚(0.2)、氨氮(0.04)	Ⅲ	Ⅲ	挥发酚(3.4/3)、大肠菌群(22.8/2)、氨氮(1.3/3)
1998	Ⅳ:挥发酚(0.6)、氨氮(0.06)	Ⅳ:挥发酚(0.6)	Ⅳ:挥发酚(0.6)	挥发酚(5.4/10)、大肠菌群(22.8/2)、氨氮(1.8/2)
1999	Ⅴ:化学需氧量(0.4)	Ⅴ:化学需氧量(0.5)	Ⅴ:化学需氧量(0.4)	化学需氧量(1.4/7)、高锰酸盐指数(0.4/7)、五日生化需氧量(0.6/3)、挥发酚(5.0/12)、氨氮(1.6/12)

续表 6-4

年份	枯水期水质类别及代表值超标倍数	非枯水期水质类别及代表值超标倍数	年度水质类别及代表值超标倍数	年度最大值超标倍数及出现月份
2000	劣Ⅴ：化学需氧量(0.7)、氨氮(0.2)	Ⅳ：化学需氧量(0.1)、锌(0.2)	Ⅴ：化学需氧量(0.4)	化学需氧量(1.7/3)、挥发酚(6.8/1)、大肠菌群(22.8/8)、氨氮(1.4/2)
2001	Ⅳ：锌(0.8)	Ⅳ：铜(0.6)	Ⅳ：锌(0.8)	高锰酸盐指数(0.2/1)、五日生化需氧量(0.2/12)、挥发酚(0.2/1)、大肠菌群(22.8/6)、氨氮(0.9/2)
2002	Ⅴ：化学需氧量(0.6)	Ⅳ：化学需氧量(0.4)	Ⅳ：化学需氧量(0.5)	化学需氧量(0.9/12)、氨氮(0.8/2)、五日生化需氧量(0.02/12)、挥发酚(2.4/2)
2003	Ⅴ：氨氮(0.8)、化学需氧量(0.04)	劣Ⅴ：粪大肠菌(46.6)、总磷(4.8)、锰(2.1)	劣Ⅴ：氨氮(0.4)、总磷（1.4）、锰(0.3)	化学需氧量(0.5/6)、氨氮(2.2/2)、五日生化需氧量(0.6/2)、挥发酚(1.2/7)、高锰酸盐指数(0.1/6)、粪大肠菌(239/8)、总磷(15.0/8)、锰(5.0/8)、总铁(1.1/12)
2004	Ⅴ：氨氮(0.5)	Ⅳ：化学需氧量(0.02)	Ⅳ：氨氮(0.2)、化学需氧量(0.02)	化学需氧量(0.5/4)、氨氮(1.9/3)、五日生化需氧量(0.08/6)、高锰酸盐指数(0.5/4)、汞(4.5/9)

注：超标项目(超标倍数)、年度最大值(最大值超标倍数/最大值出现日期)。

2）水环境变化趋势分析

根据府谷水环境监测断面 1993～2004 年 12 年的水环境监测资料,对府谷河段水质变化规律进行分析认为,府谷河段水质变化可分为三个阶段,1993～1994 年为第一阶段;1995～1998 年为第二阶段;1999～2004 年为第三阶段。

第一阶段(1993～1994 年):年度水质、枯水期水质及丰水期水质均为Ⅲ类水。

第二阶段(1995～1998 年):年度水质为Ⅲ～Ⅳ类水,枯水期水质为Ⅳ～Ⅴ类水,丰水期水质为Ⅲ～Ⅳ类水。年度超标物质主要为挥发酚,枯水期超标物质为挥发酚、氨氮,丰水期基本上无超标物质。

第三阶段(1999～2004 年):年度水质、枯水期水质及丰水期水质均下降为Ⅳ～Ⅴ类水。超标项目从挥发酚、氨氮演变为 COD_{Cr}、氨氮等。

从以上三个阶段水质变化情况来看,府谷河段近 10 年的水质从Ⅲ类下降为劣Ⅴ类,呈现逐年恶化趋势。经分析认为,形成这种状况的主要原因是上游干支流来水水质恶化。近年来黄河来水量的减少也是导致水质恶化的一个重要因素。

3.吴堡河段

1）水环境现状

根据吴堡水环境监测断面 2000～2004 年 5 年的水环境监测资料,对吴堡河段水质现状进行分析。吴堡河段近5年平均水质类别均为Ⅳ类水以上。其中，2000年度水质为Ⅴ类水，超标项目主要是COD_{Cr}；2001年度水质为劣Ⅴ类水，主要超标项目仍是COD_{Cr}；2003年度水质为劣Ⅴ类水；2002年度、2004年度平均水质均为Ⅳ类，但年内超标项目增加了总磷、高锰酸盐指数、汞等项目。

2）水环境变化趋势分析

根据吴堡水环境监测断面1993～2004年12年的水环境监测资料，对吴堡河段水质变化规律进行分析认为，吴堡河段水质较府谷河段好，其演变可分为三个阶段：1993～1997年为第一阶段，1998～1999年为第二阶段，2000～2004年为第三阶段，见表6-5。

第一阶段（1993～1997年）：年度水质、枯水期水质及丰水期水质为Ⅲ类水。

第二阶段（1998～1999年）：年度水质、枯水期水质及丰水期水质为Ⅳ类水。主要超标项目为锌、化学需氧量等。

第三阶段（2000～2004年）：年度水质、枯水期水质及丰水期水质大多为Ⅴ类或劣Ⅴ类水。主要超标项目为化学需氧量、总磷等。

从以上三个阶段水质变化情况来看，吴堡河段近10年来的水质从Ⅲ类下降为Ⅴ类，甚至劣于Ⅴ类，呈逐年恶化趋势。经分析认为，形成这种状况的主要原因是上游干支流来水水质恶化。近年来黄河来水量的减少也是导致水质恶化的一个重要因素。

（二）支流水环境现状及变化趋势

1.水环境现状

用2003年水环境监测资料对入黄主要支流水环境现状进行分析评价。分析评价结果见表6-6。

从表6-6可以看出：

（1）主要支流污染严重。在参加年度评价的18条支流中，无优于Ⅲ类水的河流。水质为Ⅳ类水的支流有4条，占评价支流总数的22.2%；水质为Ⅴ类水的支流有6条，占评价支流总数的33.3%；水质劣于Ⅴ类水的支流有8条，占评价支流总数的44.5%。

（2）汛期水质相对较好。由于汛期河流来水量较大，水质相对较好。汛期水质评价中Ⅲ类及优于Ⅲ类水的支流有3条，占评价支流总数的14.3%；而非汛期各支流水质均劣于Ⅲ类水。

2.水环境变化趋势

1）窟野河

据12年水环境监测资料统计分析，窟野河水质基本良好。1993～1996年水质为Ⅳ类水，超标物质为挥发酚；1997～2000年水质有所好转，年度评价水质为Ⅲ类水；2001年度水质为Ⅳ类水，超标项目和超标倍数分别为BOD_5(0.2)、氨氮(0.2)、COD_{Cr}(0.2)；2002年度水质Ⅴ类，超标项目和超标倍数分别为COD_{Cr}(0.01)、BOD_5(0.4)、氨氮(1.0)、总磷(0.8)；2003年度水质劣于Ⅴ类，超标项目和超标倍数分别为氨氮(1.1)、总磷(0.6)、锰(0.2)；2004年度水质Ⅳ类，超标项目和超标倍数分别为COD_{Cr}(0.2)、COD_{Mn}(0.02)、总磷(0.3)。由此可见，尽管窟野河水质基本良好，但水质演变有恶化的趋势。

表6-5 吴堡河段1993~2004年水质状况统计表

年份	枯水期水质类别及代表值超标倍数	非枯水期水质类别及代表值超标倍数	年度水质类别及代表值超标倍数	年度最大值超标倍数及出现月份
1993	III	IV	IV	汞(0.5/9)、氨氮(0.6/11)、大肠菌群(3.8/3)、铜(3.5/4)
1994	III	III	III	五日生化需氧量(0.02/7)、大肠菌群(73.8/2)、氨氮(0.2/3)、铜(0.8/8)
1995	III	III	III	挥发酚(1.2/1)、汞(4.0/12)、大肠菌群(22.8/6)、氨氮(0.3/2)
1996	III	III	III	高锰酸盐指数(0.2/8)、铅(1.0/9)、大肠菌群(22.8/6)、氨氮(0.5/4)、铜(2.9/8)
1997	III	IV:锌(0.7)	III	五日生化需氧量(0.02/1)、大肠菌群(22.8/3)、氨氮(0.7/2)
1998	IV:锌(0.8)	IV:铜(0.6)锌(0.1)	IV:锌(0.5)	大肠菌群(237/8)、氨氮(1.0/2)、锌(4.8/1)、铜(5.5/3)
1999	IV:化学需氧量(0.3)	V:化学需氧量(0.4)	IV:化学需氧量(0.3)	化学需氧量(1.0/7)、五日生化需氧量(0.1/3)、氨氮(0.5/3)、铜(2.1/8)、硫酸盐(0.1/8)
2000	V:化学需氧量(0.6)	V:化学需氧量(0.4)	V:化学需氧量(0.5)	化学需氧量(1.7/3)、五日生化需氧量(0.02/1)、大肠菌群(237/8)、氨氮(0.9/3)、铜(3.9/7)、锌(0.3/7)
2001	劣V:化学需氧量(0.8)	IV:化学需氧量(0.3)、铜(1.0)	劣V:化学需氧量(0.7)	高锰酸盐指数(0.08/1)、五日生化需氧量(0.3/2)、大肠菌群(22.8/6)、氨氮(0.6/2)、镉(0.8/8)、化学需氧量(1.2/1)、铜(3.8/8)、锌(0.4/10)
2002	IV:化学需氧量(0.1)	劣V:化学需氧量(1.1)、总磷(1.1)	IV:化学需氧量(0.4)	化学需氧量(0.6/11)、氨氮(0.6/2)、五日生化需氧量(0.5/3)、总磷(1.8/7)
2003	V:氨氮(0.3)、粪大肠菌(1.3)	劣V:粪大肠菌(21.0)、锰(2.7)、总磷(3.8)	劣V:总磷(1.2)、锰(0.6)	化学需氧量(0.8/7)、氨氮(1.4/2)、五日生化需氧量(0.2/2)、总铁(1.4/7)、总磷(15.2/8)、粪大肠菌(53.0/8)、锰(6.4/8)
2004	IV:氨氮(0.1)、化学需氧量(0.02)	V:总磷(0.9)、化学需氧量(0.3)	IV:总磷(0.3)、化学需氧量(0.1)	化学需氧量(1.3/8)、氨氮(1.6/2)、五日生化需氧量(0.4/3)、高锰酸盐指数(0.5/8)、汞(39.9/5)、总磷(2.9/3)

注:超标项目(超标倍数)、年度最大值(最大值超标倍数/最大值出现日期)。

表 6-6　2003 年入黄支流水质评价统计表

时段	水质评价类别	支流数	占评价支流总数的比例（%）	支 流 名 称	备注
年度	Ⅰ类	0	0		皇甫川、县川河、朱家川未参加评价
	Ⅱ类	0	0		
	Ⅲ类	0	0		
	Ⅳ类	4	22.2	秃尾河、佳芦河、汾川河、昕水河	
	Ⅴ类	6	33.3	红河、孤山川、岚漪河、仕望川、窟野河、清涧河	
	劣Ⅴ类	8	44.5	龙王沟、偏关河、蔚汾河、湫水河、鄂河、三川河、无定河、延水	
	合计	18	100		
汛期	Ⅰ类	0	0		
	Ⅱ类	2	9.5	岚漪河、佳芦河	
	Ⅲ类	1	4.8	县川河	
	Ⅳ类	5	23.8	秃尾河、汾川河、蔚汾河、窟野河、昕水河	
	Ⅴ类	4	19.0	红河、朱家川、仕望川、三川河	
	劣Ⅴ类	9	42.9	龙王沟、偏关河、皇甫川、孤山川、湫水河、鄂河、无定河、清涧河、延水	
	合计	21	100		
非汛期	Ⅰ类	0	0		皇甫川、县川河、朱家川河干
	Ⅱ类	0	0		
	Ⅲ类	0	0		
	Ⅳ类	4	22.2	秃尾河、汾川河、仕望川、清涧河	
	Ⅴ类	4	22.2	红河、孤山川、佳芦河、无定河	
	劣Ⅴ类	10	55.6	龙王沟、偏关河、岚漪河、蔚汾河、湫水河、鄂河、窟野河、三川河、昕水河、延水	
	合计	18	100		

2）延水

延水 1993 年~2000 年水质为Ⅳ~Ⅴ类水，2001~2004 年除 2002 年外水质均劣于Ⅴ类水，超标项目为氨氮、COD_{Cr}，2004 年超标项目达到 6 种，以有机污染物为主。水质污染呈加剧的趋势。

3）清涧河

清涧河是区间污染较严重的支流之一，1993 年、1994 年水质为Ⅲ类水；1995 年水质为Ⅳ类水，超标项目和超标倍数分别为 $COD_{Mn}(0.1)$、$BOD_5(0.8)$；1996 年水质下降为劣Ⅴ类水，近几年来年度水质一直为Ⅴ类水或劣Ⅴ类水，定类物质主要是氨氮、COD_{Cr}、锌等；污染最严重的年份是 2001 年度,各监测项目全年的超标率为 COD_{Cr} 100%,氨氮 66.7%,铜、锌 58.3%,氯化物、BOD_5 50%,挥发酚 33.3%,总氰化物 25%,镉 16.7%;2003 年度、2004 年度水质类别为 V 类、劣 V 类,超标项目主要为有机污染项目。在河龙区间监控支流中,清涧河的超标项目最多,超标频次也最高。

4)无定河

无定河在连续 12 年的年度水质评价中,Ⅲ 类水的年份有 5 年,Ⅳ 类水的年份有 4 年,2002 年、2003 年、2004 年水质劣于 V 类,超标物质主要为氨氮、总磷、化学需氧量。前期水质较好,近年来水质呈恶化趋势。

5)昕水河

昕水河水质前期一直较稳定,超标的项目主要是 pH 值,个别月份超标项目有氨氮、氟化物、总氰化物、BOD_5 等。2001 年度超标的项目有 pH 值、COD_{Cr},2002～2004 年度昕水河水质类别为 Ⅲ 类。应该说人类活动对昕水河水质的影响还不是很明显。

6)三川河

1993～1998 年年度水质评价为 Ⅲ～Ⅳ 类,主要超标物质为氨氮;1999～2004 年间除 2002 年年度水质评价为 Ⅳ 类外,其余年份年度水质评价为 V～劣 V 类,污染呈加剧趋势。

以上 6 条支流历年水质评价结果见表 6-7。

表 6-7　入黄支流河段历年水质评价表

支流名称		窟野河	延水	清涧河	无定河	昕水河	三川河
1993 年	评价类别	Ⅲ	Ⅳ	Ⅲ	Ⅳ	Ⅳ	Ⅳ
	定类物质及超标倍数	挥发酚(0.2)	铜(0.7)		氨氮(0.03)、铜(1.1)	氨氮(0.11)、铜(1.73)	氨氮(0.2)、铜(1.0)
1994 年	评价类别	Ⅳ	Ⅲ	Ⅲ	Ⅲ	Ⅲ	Ⅳ
	定类物质及超标倍数	挥发酚(0.8)					氨氮(0.2)
1995 年	评价类别	Ⅳ	Ⅳ	Ⅳ	Ⅲ	V	Ⅳ
	定类物质及超标倍数	挥发酚(0.6)	BOD_5(0.1)	COD_{Mn}(0.1)、BOD_5(0.8)		pH 值	氨氮(0.5)
1996 年	评价类别	Ⅳ	Ⅳ	劣 V	Ⅲ	Ⅳ	Ⅳ
	定类物质及超标倍数		氨氮(0.3)	COD_{Mn}(0.1)、BOD_5(2.8)、氨氮(0.2)		氨氮(0.03)	氨氮(0.09)
1997 年	评价类别	Ⅲ	Ⅳ		Ⅳ		Ⅲ
	定类物质及超标倍数		锌(0.03)		氨氮(0.02)		
1998 年	评价类别	Ⅲ	Ⅳ		Ⅲ		Ⅳ
	定类物质及超标倍数		BOD_5(0.4)				锌(0.4)
1999 年	评价类别	Ⅲ	V	劣 V	Ⅲ	V	V
	定类物质及超标倍数		BOD_5(0.4)、氨氮(1.1)	氨氮(2.3)、Cl^-(0.5)		pH 值	pH 值

续表 6-7

支流名称		窟野河	延水	清涧河	无定河	昕水河	三川河
2000 年	评价类别	III	V	劣V	IV	V	劣V
	定类物质及超标倍数		COD_{Cr}(0.6)	BOD_5(0.2)、COD_{Cr}(1.2)、Cl^-(0.02)、锌(1.1)	COD_{Cr}(0.3)	COD_{Cr}(0.2)、pH 值	氨氮(0.5)、锌(0.3)、COD_{Cr}(0.7)
2001 年	评价类别	IV	劣V	劣V	IV	V	V
	定类物质及超标倍数	BOD_5(0.2)、氨氮(0.2)、COD_{Cr}(0.2)	BOD_5(0.2)、氨氮(0.2)、COD_{Cr}(0.4)、铜(0.2)、Cl^-(0.02)	氨氮(1.1)、COD_{Cr}(0.8)、铜(0.1)、Cl^-(0.02)、锌(0.2)	COD_{Cr}(0.2)、铜(0.7)	COD_{Cr}(0.4)、pH 值	COD_{Cr}(0.6)
2002 年	评价类别	V	V	劣V	劣V	III	IV
	定类物质及超标倍数	BOD_5(0.4)、氨氮(1.0)、COD_{Cr}(0.01)、总磷(0.8)	氨氮(0.8)、COD_{Cr}(0.8)	氨氮(0.3)、COD_{Cr}(1.1)	氨氮(1.1)、总磷(3.3)		BOD_5(0.1)、COD_{Cr}(0.2)、氨氮(0.06)、总磷(0.4)
2003 年	评价类别	劣V	劣V	V	劣V	III	劣V
	定类物质及超标倍数	氨氮(1.1)、锰(0.2)、总磷(0.6)	BOD_5(0.4)、氨氮(1.6)、COD_{Cr}(0.09)、总磷(0.8)	BOD_5(0.1)、氨氮(1.0)、COD_{Cr}(0.8)	氨氮(0.2)、总磷(2.0)		BOD_5(1.2)、氨氮(3.3)、COD_{Cr}(0.9)、总磷(1.3)、挥发酚(9.0)
2004 年	评价类别	IV	劣V	劣V	劣V	III	劣V
	定类物质及超标倍数	COD_{Mn}(0.02)、COD_{Cr}(0.2)、总磷(0.3)	COD_{Mn}(0.4)、COD_{Cr}(2.1)、BOD_5(0.9)、氨氮(1.9)、总磷(1.8)、石油类(8.2)	COD_{Mn}(0.02)、COD_{Cr}(0.3)、BOD_5(0.05)、氨氮(2.4)、挥发酚(2.4)	COD_{Mn}(0.05)、COD_{Cr}(0.4)、氨氮(0.1)、总磷(1.2)		COD_{Mn}(0.3)、COD_{Cr}(0.7)、BOD_5(1.0)、氨氮(5.4)、总磷(1.2)、挥发酚(0.8)

第三节　水环境监督管理

一、入河排污口调查评价及污染状况分析

(一)入河排污口调查评价

在 1993~2003 年的 11 年间,对河龙区间直接入黄排污状况共进行了 3 次系统的调查和评价。1993 年第一次,1998 年第二次,2003 年第三次。根据调查,区间直接入黄排污口主要集中在山西省河曲县、保德县和陕西省府谷县、吴堡县 4 个县城附近,其污水主要是城市生活污水和工矿企业的废水。

1.1993 年入河排污口调查评价

1)调查情况

1993 年区间直接入黄排污口共 30 个,其中排污口在黄河左岸(山西省)的占 63.3%,在右岸(陕西省)的占 36.7%。排污口类型是常年排污口 25 个,占 83.3%;间断性排污口

1个(天桥焦化厂),占3.3%(4个排污单位未调查)。污水排放方式是明渠直接排放的24个,占80%;暗渠排放的(天桥焦化厂、保德生活污水口)2个,占6.7%。排污性质属工业企业的排污口23个,占76.7%;生活污水排污口3个,占10%;以生活污水为主,并有工业企业废水加入的混合型排污口4个(府谷生活排污口),占13.3%。见表6-8。

表 6-8　1993 年入黄重点污染源排污量统计表

所在省区	所在城镇	排污口数	排污企业及所占比例	排污总量(万 t/a)	所在省区	所在城镇	排污口数	排污企业及所占比例	排污总量(万 t/a)
山西省	河曲	4	化肥厂(48.9%) 铁厂(27.1%) 其他厂(24.0%)	105	陕西省	府谷	2	氮肥厂(86.8%) 水泥厂(13.2%)	207
		1	生活排亏	35.0			4	生活排污	63
	保德	13	焦化厂(62.0%) 化肥厂(32.5%) 电石厂(5.5%)	360		佳县	2	糊精厂(29.1%) 造纸厂(70.9%)	60.4
		1	生活排污	13		吴堡	2	氮肥厂(54.6%) 火电场(45.4%)	25.1
							1	生活排污	14.9
合计		19		513	合计		11		370.4

1993 年区间年入黄废污水总量为 883.4 万 t,其中工业废水 757.5 万 t,占入黄污水总量的 85.7%;生活污水 125.9 万 t,占全区入黄污水总量 14.3%。主要污染物包括 COD_{Cr}、氨氮、挥发酚、氰化物、汞、砷及六价铬等 7 项。其中,COD_{Cr}年入黄量为 1 000 t,氨氮年入黄量为 468 t,挥发酚年入黄量为 41.7 t,氰化物年入黄量为 1.12 t,汞年入黄量为 0.005 9 t,砷年入黄量为 0.099 t,六价铬年入黄量为 0.130 t。

2)污染评价

1993 年区间等标污染负荷比较大的几家企业依次为天桥焦化厂 48.5%(1998 年被取缔)、永安焦化厂 22.0%(1998 年被取缔)、前进焦化厂(1998 年被取缔)8.8%、府谷氮肥厂 7.2%、保德化肥厂(2 个排污口,1997 年以后停产)5.9%。这 5 家企业的等标污染负荷比占调查区段的 92.4%,是调查区段黄河的主要污染源,污染物质主要为挥发酚、氨氮、COD_{Cr}、氰化物等。

2.1998 年入河排污口调查评价

1)调查情况

1998 年区间直接入黄排污口共 19 个,其中排污口在黄河左岸(山西省)的 12 个(偏关县境内 2 个,河曲县境内 4 个,保德县境内 6 个),占 63.2%;黄河右岸(陕西省)的 7 个(府谷境内 5 个,吴堡境内 2 个),占 36.8%。排污口类型是常年排污口 16 个,占 84.2%;间断排污口 3 个,占 15.9%。排污性质属工业企业排污口 8 个,占 42.1%;属生活污水排污口 8 个,占 42.1%;以工业为主混合污水排放的 3 个,占 15.8%。见表6-9。

1998 年区间入黄废污水总量为 621 万 t,其中,工业废水 154 万 t,占入黄废污水总量的 24.8%;生活污水 235 万 t(万家寨建设施工期生活污水排放量较大),占入黄废污水总量的 37.8%；，混合污水 232 万 t，占入黄废污水总量的 37.4%。污染物主要为悬浮物、挥发酚、COD、石油类、BOD$_5$、氨氮、总磷、氰化物、砷、铜、六价铬等 11 项。其中悬浮物年入黄量为 1 450 t，COD 年入黄量为 866 t，BOD$_5$ 年入黄量为 186 t，氨氮年入黄量为 81.8t，总磷年入黄量为 6.39 t，挥发酚年入黄量为 11.3 t，石油类年入黄量为 89.9 t，氰化物年入黄量为 1.19 t，六价铬年入黄量为 0.035 t，铜年入黄量为 0.119 t，砷化物年入黄量为 0.092 t。

表 6-9　1998 年入黄排污口排污量统计表

编号	排污口名称	废污水排放量 （万 t/a）	占调查河段比例 （%）
1	万家寨生产退水口	6.307	1.02
2	万家寨生活污水口	67.01	10.79
3	河曲二电厂	33.64	5.41
4	河曲一电厂	30.65	4.93
5	河曲化肥厂	22.94	3.69
6	河曲振兴铁厂	23.76	3.82
7	亨飞实业公司	29.94	4.82
8	铁匠铺桥	162.5	26.12
9	张家沟桥	21.67	3.49
10	郭家滩桥	47.33	7.62
11	红旗焦化厂	1.659	0.27
12	晋盛焦化厂	5.184	0.83
13	保德生活污水口	63.07	10.15
14	府谷生活污水口 1	19.97	3.21
15	府谷生活污水口 2	23.13	3.72
16	府谷生活污水口 3	27.33	4.40
17	府谷生活污水口 4	29.96	4.82
18	吴堡医院污水口	2.074	0.33
19	吴堡体育场污水口	3.154	0.51
总　计		621	

2）污染评价

本次入黄排污口水质现状评价采用 GB8978—1996《污水综合排放标准》和等标污染负荷评价法。评价因子为悬浮物、挥发酚、COD$_{Cr}$、石油类、BOD$_5$、氨氮、氰化物、砷化物、铜、六价铬、汞、铅、镉。

在被调查的 19 个直接入黄排污口中，超 GB8978—1996《污水综合排放标准》一级标准排放的有 9 个，占 47.4%，除府谷生活污水口外，其他全部集中在山西省境内河曲和保德县城附近。

根据入黄排污口等标污染负荷比评价结果，调查河段主要入黄排污口等标污染负荷比依次为晋盛焦化厂（1999 年以后取缔）、保德生活污水口、张家沟桥、红旗焦化厂（1999 年以后取缔）、郭家滩桥、河曲化肥厂（1999 年以后停产）、河曲二电厂、府谷生活污水口 4；主要污染物依次为挥发酚、悬浮物、石油类、COD$_{Cr}$、BOD$_5$。

3.2003年入河排污口调查评价

1)调查情况

2003年区间直接入黄排污口共18个,其中排污口在黄河左岸(山西省)的9个(偏关县境内1个,河曲县境内3个,保德县境内5个),占50.0%;在黄河右岸(陕西省)的9个(府谷境内7个,吴堡境内2个),占50.0%。排污口类型是常年排污口17个,占94.4%,间断排污口1个,占5.6%。污水排放方式是暗管排放的13个,占72.2%;明渠排放的2个,占11.1%;自流排放的3个,占16.7%。排污性质属工业企业排污口7个,占38.9%;属生活污水排污口8个,占44.4%;以工业为主混合污水排污口3个,占16.7%。见表6-10。

表6-10　2003年入黄排污口排污量统计表

序号	排污口名称	废污水排放量 (万 t/a)	占调查河段比例 (%)
1~2	吴堡生污水口1~2	3.15	0.48
3	兴泰铁厂	25.7	3.89
4	河曲一电厂	31.4	4.76
5	河曲二电厂	99.7	15.11
6	铁匠铺	162	24.55
7	张家沟	11.4	1.73
8	郭家滩	11.4	1.73
9~12	府谷生活污水口1~4	104	15.76
13	保德生活污水	59.9	9.08
14	天桥亨飞公司	11.4	1.73
15	万家寨生活污水	28.4	4.30
16	府谷焦化厂	31.4	4.76
17	天桥焦化厂	0.13	0.02
18	天桥化工厂	79.9	12.11
合　计		660	

2003年区间年入黄废污水总量为660万t,其中工业废水280万t、生活废水195万t、混合废水185万t。主要污染物为悬浮物、挥发酚、COD_{Cr}、石油类、氨氮等5项。其中悬浮物年入黄量为12 000 t,COD_{Cr}年入黄量为1 900 t,氨氮年入黄量为114 t,挥发酚年入黄量为11.5 t,石油类年入黄量为24.8 t。

2)污染评价

本次入黄排污口水质现状评价仍采用GB8978—1996《污水综合排放标准》和等标污染负荷评价法。评价因子为悬浮物、挥发酚、COD、石油类、BOD_5、氨氮、氰化物、砷化物、铜、六价铬、汞、铅、镉共13项。

在被调查的18个直接入黄排污口中,超GB8978—1996《污水综合排放标准》一级标准排放的有14家,占77.8%,全部集中在府谷、吴堡、河曲和保德县城附近。

从超标污染物排放情况看,COD_{Cr}超标排放的有吴堡生活污水口、河曲二电厂、张家沟、郭家滩、府谷生活污水口、保德生活污水口、府谷焦化厂、天桥焦化厂等12个排污口(沟);氨氮超标排放的有吴堡生活污水口、郭家滩、府谷生活污水口4、保德生活污水口等

8个排污口;石油类超标排放的有张家沟、郭家滩、天桥焦化厂3个排污口;挥发酚超标排放的有张家沟、郭家滩、天桥焦化厂3个排污口;pH值超标排放的有兴泰铁厂、河曲一电厂、河曲二电厂3个排污口。

根据现场调查及采样监测结果,保德县铁匠铺排污沟排放的水清澈、无色无味,五项主要污染物均达到地面水Ⅳ类水标准,调查该河段上游未发现新的污染源,而原来的焦化污染企业于1998年以后被当地政府依法取缔。

(二)污染状况分析

综合三次入黄排污口调查资料,见表6-11,回顾1993年以来水环境的历史演变及其与黄河水质变化的关联,讨论如下:

表6-11 三次入黄排污口调查结果对比统计表

调查年份	排污口数(个)				废污水排放量(万 t/a)				排污口污染物种类及入黄量(t/a)
	工业	生活	其他	总数	工业	生活	其他	总量	
1993	23	7	0	30	757.5	125.9	0	883.4	COD(2 350)、氨氮(968)、挥发酚(77.9)、氰化物(1.16)、汞(0.006)、砷化物(0.103)、六价铬(0.120)
1998	8	8	3	19	154	235	232	621	悬浮物(1 450)、COD(866)、BOD$_5$(186)、氨氮(81.8)、总磷(6.39)、挥发酚(11.3)、石油类(89.9)、氰化物(1.19)、六价铬(0.035)、铜(0.119)、砷化物(0.092)
2003	7	8	3	18	280	195	185	660	悬浮物(12 000)、COD(1 900)、氨氮(114)、挥发酚(11.5)、石油类(24.8)

(1)由于当地政府加大了环境治理力度,对黄河滩上的主要污染企业实行了关、停、并、转等措施,依法取缔不少焦化企业,1993年调查中前5家排污大户均被取缔。因此,与1993年相比,1998年和2003年入黄排污口数量减少40%,污水排放总量减少30%,部分污染物的排放总量也有所减少。

(2)2003年入黄排污口调查情况与1998年相比,排污口总数减少1个,排污总量和主要污染物排放量却略高于1998年,但变化不明显。总体来说,区间入黄排污口数量、污水排放总量均趋于减少。

(3)在此期间,区间黄河水质是呈现明显恶化趋势的。其原因:一是黄河干流上游来水水质污染越来越严重,水量越来越少;二是入黄支流水质恶化,一些支流由于水量小、污染严重,枯水期几乎成了污水沟,一旦有降雨,污水就会随之进入黄河,造成水质迅速恶化的水污染事件;三是区域地方政府虽然采取了一系列的治理措施,排污企业的排污量有所控制,但仍不能根本扭转,多数企业不能做到达标排放,更不能实现零排放。

二、取、退水监督管理状况

为了加强水资源管理,国家及流域机构相继颁发了《取水许可制度实施办法》、《取水许可申请审批规定》、《取水许可水质管理规定》及《黄河取水许可实施细则》等各项规定，旨在达到计划用水、节约用水，促进水资源的合理开发利用之目的。

随着区域经济的发展，内蒙古、山西一带小煤窑、小焦化等企业发展较快，同时废渣、废水排入河道的现象也日益严重。这些未经处理的废渣、废水直接倾倒和排放，使黄河水污染日趋严重。为了保护黄河水资源，控制水污染，加强取退水管理十分必要。

黄委上中游管理局为黄河上中游干流河段取、退水许可监督管理机关。根据黄委授权，黄河中游水资源保护局负责和受理河龙区间黄河干流河段取退水水体质量预申请的审查工作，并于1998年始依法对黄河河龙区间工农业及生活混合用水的取、退水单位取、退水水质质量进行监督管理。其主要工作内容包括：每年定期或不定期地进行水质采样分析1~3次；对主要水质项目进行分析化验，并提出评价报告；对不符合国家规定的排放单位，提出整改意见；对新建取水、退水工程水体质量预申请、申请提出初审意见。

（一）基本情况

目前区间已取得黄河上中游管理局核发的取水许可证的单位有14家，共计35个取水口，均集中于托克托—府谷之间，见表6-12，其中，工业或生活用水取水单位3家，分别为准格尔旗煤炭工业公司、黄河万家寨水利枢纽有限公司、陕西天桥化工股份有限公司（原天桥电石厂），批准年取水量分别为4 700万 m^3、220万 m^3、21万 m^3；农业用水取水单位11家，分别为托克托县黄河灌溉总公司、托克托县下滩村、托克托县河口村、托克托县东营子扬水站、托克托县郝家夭村、托克托县海生不拉村、托克托县毛不拉灌溉分公司、准格尔旗天顺圪梁村、准格尔旗巨黑滩村、准格尔旗黑圪老湾村及河曲县水利局（22个取水口），批准年取水量分别为8 400万 m^3、200万 m^3、250万 m^3、180万 m^3、80万 m^3、70万 m^3、2 500万 m^3、50万 m^3、70万 m^3、60万 m^3 及1 515万 m^3。

（二）取、退水水质现状及评价

采用2003年度取、退水监督检查有关资料，对准格尔旗煤炭工业公司、黄河万家寨水利枢纽有限公司、陕西天桥化工股份有限公司等3家工业及生活用水取、退水水质现状进行评价如下。

1.准格尔旗煤炭工业公司

1）取水口水质情况

准格尔旗煤炭工业公司引黄取水工程2003年正式取水。黄河中游水环境监测中心分别于2003年7月8日、10月10日在小沙湾取水口采样分析，并按GB3838—2002《地面水环境质量标准》进行评价。评价结果是：小沙湾取水口水质劣于Ⅴ类，其中7月主要污染物总氮超标4.4倍、化学需氧量超标1.4倍、BOD_5 超标0.2倍、高锰酸盐指数超标0.4倍、氨氮超标0.03倍；10月主要污染物总氮超标2.9倍、粪大肠菌群超标4.4倍。

2）退水口水质情况

准格尔旗煤炭工业公司有污水处理厂、储灰厂和电厂3个退水口，工业污水及生活废水经污水处理厂处理后，由龙王沟流入黄河万家寨库区。龙王沟属季节性河流，一年中大多数时间没有天然径流，枯水期成为企业的排污河道。中心2003年分别于9月和11月在污水处理厂退水口各采样1次。经分析，按GB8978—1996《污水综合排放标准》一级标准进行了评价，评价结果是：污水处理厂退水口水质超过《污水综合排放标准》一级标准，其中9月主要污染物磷酸盐超标4.9倍、氨氮超标1.4倍、化学需氧量超标0.2倍;11月主要污染物氨氮超标1.2倍。

2. 黄河万家寨水利枢纽有限公司

1)取水口水质情况

黄河万家寨水利枢纽有限公司2003年有生活用水取水口1个。水源为黄河滩浅层地下水。经采样分析,按GB3838—2002《地面水环境质量标准》进行了评价,评价结果是:取水口水质符合《地面水环境质量标准》Ⅲ类水水质标准。

表6-12　黄河河龙区间干流取水许可单位及有关情况登记表

序号		许可证编号取水(国黄)字[2000]	取水单位名称	取水口位置	取水河流	取水用途
取水单位	取水口					
1	1	第14009号	托克托县黄河灌溉总公司	托克托县麻地壕村	黄河	农业用水
2	2	第14010号	准格尔旗煤炭工业公司	准格尔旗小沙湾	黄河	工业及生活用水
3	3	第14011号	托克托县下滩村	托克托县下滩村	黄河	农业用水
4	4	第14012号	托克托县河口村	托克托县河口村	黄河	农业用水
5	5	第14013号	托克托县东营子扬水站	托克托县东营子	黄河	农业用水
6	6	第14014号	托克托县郝家天村	托克托县郝家天村	黄河	农业用水
7	7	第14015号	托克托县海生不拉村	托克托县海生不拉	黄河	农业用水
8	8	第14016号	托克托县毛不拉灌溉分公司	托克托县毛不拉	黄河	农业用水
9	9	第14017号	准格尔旗天顺圪梁村	准格尔旗石奔营子滩	黄河	农业用水
10	10	第14018号	准格尔旗巨黑滩村	准格尔旗海口	黄河	农业用水
11	11	第14019号	准格尔旗黑圪老湾村	准格尔旗刘生圪旦	黄河	农业用水
12	12	第15001号	黄河万家寨水利枢纽有限公司	偏关县万家寨	黄河	工业及生活用水
13	13	第15002号	河曲县水利局	河曲县楼子营	黄河	农业用水
	14			河曲县楼子营村	黄河	农业用水
	15			河曲县河湾	黄河	农业用水
	16			河曲县娘娘滩村	黄河	农业用水
	17			河曲罗圈堡村	黄河	农业用水
	18			河曲县梁家硷村	黄河	农业用水
	19			河曲县南元村	黄河	农业用水
	20			河曲县焦尾城村	黄河	农业用水
	21			河曲县唐家会	黄河	农业用水
	22			河曲县北元村	黄河	农业用水
	23			河曲县船湾村	黄河	农业用水
	24			河曲县铁果门村	黄河	农业用水
	25			河曲县夏营村	黄河	农业用水
	26			河曲县五花城堡村	黄河	农业用水
	27			河曲县五花城村	黄河	农业用水
	28			河曲县元头湾	黄河	农业用水
	29			河曲县阳面村	黄河	农业用水
	30			河曲县河南村	黄河	农业用水
	31			河曲县曲峪村	黄河	农业用水
	32			河曲县河会村	黄河	农业用水
	33			河曲县上庄村	黄河	农业用水
	34			河曲县石梯子村	黄河	农业用水
14	35	第16001号	陕西天桥化工股份有限公司	府谷县坝下	黄河	工业及生活用水

2)退水口水质情况

黄河万家寨水利枢纽建成发电后,黄河万家寨水利枢纽公司和万家寨镇共有 1 个(大坝下)生活污水退水口,年退水量 25.2 万 t。黄河万家寨水利枢纽公司有污水处理厂 1个,2003 年 7 月现场检查时污水处理设施正常运行,处理后的污水作为厂区周围的绿化用水。黄河万家寨水利枢纽公司只有部分生活污水和万家寨镇的生活污水直接排入黄河。2003 年在该退水口采样 3 次并按 GB8978—1996《污水综合排放标准》一级标准评价,评价结果是:退水口水质主要污染物悬浮物超标 4.9 倍、磷酸盐超标 2.1 倍。

3.陕西天桥化工股份有限公司

1)取水口水质情况

陕西天桥化工股份有限公司有取水口 1 个,为生活用水取水口。经采样分析和评价,取水口水质符合 GB3838—2002《地面水环境质量标准》Ⅲ类水水质标准。

2)退水口水质情况

陕西天桥化工股份有限公司有退水口 1 个,2003 年在该退水口采样 3 次,经采样分析,按 GB8978—1996《污水综合排放标准》一级标准进行了评价,评价结果是:其中有 1 次悬浮物超标 0.9 倍,其余 2 次水质均符合《污水综合排放标准》一级标准。

第四节　科学管理与技术进步

一、科学管理

(一)管理方法科学规范

根据工作特点,黄河中游水环境监测中心制定了《水环境监测相对工作量指数管理办法》。这是一套比较规范、科学,便于管理、操作的分析人员工作量定额管理办法,对于调动分析人员工作积极性、提高工作效率且确保分析质量成效显著,得到了领导、工作人员和同行的认可,并在部分兄弟单位推广应用。

(二)监测质量精益求精

黄河中游水环境监测中心在监测管理方面力求精益求精,以确保成果的质量。分析人员全部持证上岗,部考盲样全部合格,被评为优良分析室;实施水环境监测质量保证系统以来,1993 年通过国家质量技术监督局计量认证,1999 年、2004 年通过国家级计量认证复审换证;水质监测资料整编连续 10 多年被黄河流域水资源保护局和水文局评为全河"质量先进"。

(三)监督管理成效显著

随着《行政许可法》的颁布实施,面对黄河中游水资源保护的严峻形势,黄河中游水资源保护局进一步强化了流域层面的水资源保护监督管理。方针是统筹整个区域,突出重点河段;目标是控制和改善黄河干支流水质。通过采取省界水环境监控、水污染责任确定、强力推行取水许可水质管理和入黄排污口水质管理等手段,使辖区内水资源保护收到了明显的成效,特别是沿黄排污口数量和入黄污染物总量得到了有效控制。

二、技术进步

(一)分析方法

随着现代化测验技术和水资源保护工作的不断发展和进步,20多年来,中游水环境监测中心在水样分析方法、分析技术方面也在不断发展和进步。

一是分析手段不断进步,中心建立之初的人工操作分析手段现已逐步被先进的仪器分析手段所代替。部分仪器设备,如红外测油仪、原子荧光仪等已达到国内领先水平,不仅缩短了分析时间、降低了工作强度,而且使分析的精密度与准确度得到了明显提高。

二是分析方法不断创新,首先,由执行行业标准分析方法逐步向国家标准分析方法转变,使分析方法更加规范;其次,在方法的精密度与准确度上下工夫,通过不断实验研究,现开展的分析项目多数都能通过标准盲样考核;第三,中心人员在生产实际中注重研究和探索,在快速测定方法上取得一些成果。

(二)技术研究

在黄河水资源保护工作中,中心科研人员结合工作实际,从常规监测手段到水质监测参数与黄河泥沙含量的密切关系,从河流污染监测评价到水污染控制方法与技术研究,从对水质状况宏观掌握到对污染物环境归宿微观认知,开展了全面、深入的不同层面的研究。与此同时,在水质监测站网规划、水质监测质量保证系统建设等方面取得了多项研究成果。

主要分析研究成果如下:

1.《黄河水体COD与泥沙关系的实验探讨》

主要完成人:车忠华。

该成果通过COD与泥沙关系的实验,得出含沙量大COD含量也大的结论,初步认为还与含沙量的颗粒级配有关,泥沙颗粒细,则浑水中COD含量大。

2.《浅析黄河水悬浮物监测存在的问题》

主要完成人:霍庭秀。

该成果论述了悬浮物与悬移质的区别,提出置换法测悬浮物的条件和改进方法。

3.《黄河流域93年入黄排污口调查报告(河口镇—龙门)》

主要完成人:车忠华,陈国华,钞增平。

该成果通过对河口镇—龙门区间的各大支流、重点污染源的调查取样分析,从5个方面论述了该区间各支流和直接入黄排污口的分布及水环境现状。

4.《三川河柳林河段水环境污染现状分析报告》、《三川河柳林河段水污染调查评价与防治对策》

主要完成人:韩淑媛,霍庭秀,车忠华。

该成果通过对三川河流域的60余家入河排污企业的水质采样分析,进行了三川河水环境现状评价,找出了该区域的主要污染源和污染物,为三川河流域的水污染治理提出了建议。

5.《万家寨水利枢纽工程施工期环境监测计划》

主要完成人:霍庭秀。

该成果从5个方面论述了万家寨水利枢纽施工期间的环境监测计划,为以后的库区水环境监测断面布设和水环境监测实施提供了参考依据。

6.《加强制度建设 强化质量管理》

主要完成人:车忠华。

该成果从4个方面论述了计量认证与水环境监测的关系,全面总结了水环境监测中心多年来在制度建设、深化内部管理和质量体系建设方面的经验等。成果发表于《水利技术监督》1999年第5期,并获流域水资源保护局2000年优秀论文三等奖。

7.《黄河中游区水环境监测站网优化调整方案》

主要完成人:车忠华,李文平,韩淑媛。

该成果提出了维持和逐步减少现有基本站和辅助站,逐年扩大和增加专用监测站网,加强入河排污口、供水水源地监测和管理的黄河中游河龙区间站网优化调整方案。

8.《万家寨水质监测评价报告(2000)》

主要完成人:杨青惠,车忠华。

该成果对万家寨库区蓄水前后及蓄水期间的水环境状况进行了全面评价。根据1999～2000年万家寨水库水体变黑的调查情况和水环境分析资料,提出了解决万家寨水库水体变黑的治理建议。

9.《太原市水污染危害调查报告》

主要完成人:霍庭秀,张兆明。

该成果通过实地调查与资料搜集的方式,对山西省太原市7个方面的水污染危害情况进行了调查总结,提出了防治对策及建议。成果荣获黄河流域水资源保护局2000年科技进步二等奖。

10.《多泥沙水体COD_{Mn}测定中一些问题的实验探讨》

主要完成人:霍庭秀,车忠华,李文平。

该成果通过对黄河水不同泥沙含量的水样分析,发现了泥沙与COD_{Mn}含量的关系,提出了合理的分析方法。

11.《多泥沙河流开展水质自动监测的思考与认识》

主要完成人:霍庭秀,杨青惠,韩淑媛。

该成果从3个方面论述了多泥沙河流开展水质自动监测的必要性和迫切性,提出了一些多泥沙河流水质自动监测的水样前处理办法。论文曾发表于《水文水资源》杂志。

12.《化学需氧量比测报告》

主要完成人:车忠华,韩淑媛,田爱民。

该成果为保证黄河流域化学需氧量测定结果的准确性、一致性、可比性,组织了黄河流域黄委系统7个监测中心实验室的化学需氧量比测实验。通过比测发现了对于成分复杂的黄河水体,流域系统各实验室间的测定结果存在较大差异。针对出现的问题开展了一系列的实验探讨,研究造成差异的原因及解决办法。成果荣获黄河流域水资源保护局2000年科技进步二等奖。

13.《黄河流域山西省水资源保护基础资料调查报告》

主要完成人:车忠华,车俊明等。

该成果从 6 个方面对山西省的水资源状况进行了调查汇总。成果荣获黄河流域水资源保护局 2000 年科技进步二等奖。

14.《1998 年黄河干流托克托—龙门河段纳污量调查报告》

主要完成人：霍庭秀，李文平，杨青惠。

该成果从 9 个方面论述了 1998 年黄河河龙区间排污口调查的内容、方法及结论，对全面了解黄河河龙区间水质现状有一定作用。

15.《万家寨库区水质综合评价及防治对策》

主要完成人：车俊明，高巨伟。

该成果根据万家寨库区多年水质监测资料，运用单因子法、综合污染指数法对万家寨水库入库、库中、出库水质进行了全面综合评价，提出了合理的治理对策。论文曾发表于《水利水电科技进展》杂志。

16.《水质信息自动化建设系统》

完成人：韩淑援，张兆明，车忠华，李文平，杨青惠，车俊明，甄晓俊。

该成果是计算机应用技术与水质监测业务相结合的一项科研成果，以 Access 数据库管理系统为核心，采用 VB 语言开发设计，把水质数据库与 EXCEL 电子表格程序相结合，成果具备样品编码、数据录入、数据计算、月数据汇总、年数据汇总、原始表格打印、月报生成、年报生成、年成果表生成、年特征值表生成等功能。成果荣获黄委水文局 2004 年科技进步三等奖。

第五节　困难与问题

黄委提出"维持黄河健康生命"的治黄新理念和"堤防不决口，河道不断流，污染不超标，河床不抬高"的治黄新目标。在河龙区间要实现"污染不超标"这一目标，现有的监测手段和监测、监督能力还存在不少的问题，需要认真研究并尽快加以解决。

一、分析室条件亟待改善

现用分析室面积小，通风、恒温设施不健全。随着分析项目的增多、分析仪器的增加、分析任务量的增大，分析室环境条件将严重制约水环境监测工作的开展。一是自动化水平较高的开放型实验室无法建设；二是同一分析室多项目分析容易造成交叉污染；三是由于有毒要害项目不断增加，特别是挥发性有机污染项目的增加，原有的通风设施已远不能满足需要，严重影响到分析人员的身心健康。

部分仪器设备陈旧、老化，现代化的快速检测分析仪器严重不足。一是设备、仪器性能下降，分析精度低；二是一些新增项目由于没有相应的分析仪器无法开展；三是缺少分析速度快、检测精度高的便携式现代化分析设备，故很难达到对突发性污染事件快速、准确测报的要求。

二、水环境监测站网尚需充实

根据不同的功能要求和作用，现行水环境站网包括常规水环境监测站网站点 8 个、省界水环境监测站网规划站点 17 个、专用水环境监测站网 2 处,这些站点分布在河龙区间黄河干流及主要支流上,形成了功能较全的水环境站点网络。但是,其一,由于运行经费等问题 17 个省界站点只有 7 个与原常规监测站点相重合的站点开展分析,其余均未开始监测;其二,由于仪器配备不健全,省界站点规划监测的 18 个有毒有机物分析项目无法开展;其三,专用监测站点少,对区域内主要排污大户无法经常性地有效监控;其四,没有自动监测站点,无法开展实时监测,对重大污染事件和突发性污染事件无法及时掌控;其五,所辖区域流域面积大、战线长,无法达到监测、报出的时限。

为此,在现行监测站网的基础上,一是应增加功能较全的现代化监测站点;二是应加强巡测、实时监测功能;三是应在榆林设立监测分中心,在延安、府谷勘测局、吴堡水文站设立监测室。

三、水环境能力建设任重道远

(一)水资源保护依法行政的监管能力有待进一步加强

主要问题:一是授权不到位;二是流域内部管理不规范;三是监督管理人员业务素质有待提高。

(二)重大水污染事件的快速反应及处置能力有待进一步提高

随着社会经济发展对黄河水资源依赖程度的逐渐增大和区域水污染的不断加重,重大水污染事件和突发性水污染事件时有发生,且频次越来越高,危害越来越大。这就需要健全快速、有效的反应机制和提高调查处理能力。为此,一是应建立高效、快速的会商、处置机制;二是应购置先进的仪器设备、交通工具;三是应具备现代化的远传通信手段和现场测试能力。

(三)水环境监测分析手段和服务水平有待进一步改进

水环境监测分析工作是水资源保护工作的基础,也是水质监督管理的依据。改进分析手段、提高服务水平势在必行。为此,一是应实现分析室测试技术与信息化管理水平相结合并与国际先进水平接轨;二是应逐步形成常规监测与自动监测相结合、定点监测与机动巡测相结合、定时监测与全天候监测相结合的水质监测新模式;三是应强化服务功能,为水资源监督管理服务。

(四)水资源保护队伍建设还需进一步充实

随着水资源保护监督管理力度的加大,水环境监测工作的任务不断增加、分析项目不断增多,对分析的时限要求越来越高,现有人员队伍已很难适应现代水资源保护工作的需要。

为此,一是应尽快增加人员数量,因现在的工作量是 10 年前的 2~3 倍,人员数量却没有增加,监测人员常常处于超负荷工作状态;二是为适应水环境监督管理工作重要性的不断提高,急需补充具有较强政策水平和组织管理能力的人才;三是随着自动化程度较高的仪器设备不断应用到常规分析中,一方面需要提高分析人员的整体素质,另一方面也急需培养或引进专业的分析仪器维修、维护人员;四是面对污染成分愈来愈复杂、污染程度愈来愈严重的局面,为了做好黄河水环境治理工作,需要培养或引进高素质的科技带头人。

四、区域水环境不容乐观

综上统计结果显示,区间干流水质类别 20 世纪 90 年代基本保持Ⅲ类,到 90 年代末多数已达Ⅳ类以上,进入 21 世纪后,水质已恶化为Ⅴ类,甚至劣于Ⅴ类;区间支流水质更是急速趋向恶化,有一些支流枯水期甚至变成了污水沟,超标物质种类和数量也在不断增加。这清楚地表明,河龙区间河流污染日益严重,遏制其污染已迫在眉睫,区域水资源保护工作任重而道远。

第七章　历年水沙量平衡分析

区域水沙量平衡分析的目的在于算清区域内的水沙账。运用正确的方法进行水沙量平衡分析,是对区域水文测验精度和资料收集、整理、计算方法是否合理的一种检验和评价。进行区域水沙量平衡分析,也是对区域水沙要素的综合分析,是认识区域水文特征的进一步深化,因此是十分重要而又必要的。

第一节　分析方法

本章以区域内实测水沙资料为依据,采用水沙量平衡方程式对府谷—龙门河段(以下简称府龙区段)区域水沙量进行平衡分析。通过分析,一方面可说明区域水沙量的平衡状况,另一方面也可说明实测水沙资料的合理性和可靠性。

一、水量平衡分析

水文循环过程中任一区域在任一时段内,各种水量的输入量应等于各种水量的输出量与该区域在给定时段内的水量调蓄变化量之和。水量平衡是水文学中最基本的原理之一,通常用水量平衡方程表述

$$I_水 = O_水 + (W_2 - W_1) = O_水 \pm \Delta W \tag{7-1}$$

式中　$I_水$——在给定的时段内输入区域的各种径流量之和;

$\quad\quad O_水$——在给定的时段内输出区域的各种径流量之和;

$\quad\quad W_1$、W_2——区域内时段始末的储水量,区域内储水量增加,即 $W_2 - W_1 = \Delta W$ 为正值,储水量减少,则 $W_2 - W_1 = \Delta W$ 为负值。

水量平衡方程是质量守恒原理在水文学研究中的应用。在进行上下游站逐年水量平衡计算时,给定时段内的输入量和输出量可分别表示为

$$I_水 = W_{上控} + W_{区间} = W_{上控} + W_{地面} + W_{地下} + W_{降水} \tag{7-2}$$

$$O_水 = W_{下控} + W_{下渗} + W_{蒸发} + W_{耗水} \tag{7-3}$$

于是,其水量平衡方程为

$$W_{上控} + W_{地面} + W_{地下} + W_{降水} = W_{下控} + W_{下渗} + W_{蒸发} + W_{耗水} \pm \Delta W \tag{7-4}$$

式中　$W_{上控}$——给定时段内上游干支流控制站径流量之和;

$\quad\quad W_{区间}$——给定时段内未控区域径流补给量,包括地面径流补给量($W_{地面}$)、地下水补给量($W_{地下}$)及河道降水直接补给量($W_{降水}$);

$\quad\quad W_{下控}$——给定时段内下游干流控制站径流量;

$\quad\quad W_{下渗}$——给定时段内未控区域河道下渗损失量;

$\quad\quad W_{蒸发}$——给定时段内未控区域河道直接蒸发损失量;

$W_{耗水}$——给定时段内未控区域工农业及城市生活用水耗水量。

在上述水量平衡方程中,有些要素对大区域水量平衡计算的影响是非常小的,如未控区域河道降水直接补给量($W_{降水}$)、河道直接蒸发损失量($W_{蒸发}$)及工农业及城市生活用水耗水量($W_{耗水}$)等。按河龙区间多年平均年降水量 431.2 mm 及多年平均年蒸发量 1 222.4 mm 估算,未控区域河道降水直接补给量($W_{降水}$)仅占吴堡、龙门水文站年径流量的 1.0% 左右,未控区域河道直接蒸发损失量($W_{蒸发}$)仅占吴堡、龙门水文站年径流量的 1.5% 左右,两者在平衡计算中相互抵消后,对区域平衡计算的影响仅占龙门水文站年径流量的 0.5%,远小于《河流流量测验规范》中规定的流量测验 2% ~ 1% 的系统误差。可见,未控区域降水直接补给量($W_{降水}$)及河道直接蒸发损失量($W_{蒸发}$),在区域水量平衡计算中是可以忽略不计的;河龙区间面积 11.16 万 km²,工农业及城市生活用水耗水量年平均约为 2.4 亿 m³(《黄河水文》),多为比较分散的小型引水工程引用,若将其视为区间均匀耗水,则府龙区段未控区域(2.12 万 km²)工农业及城市生活用水耗水量约为 0.46 亿 m³,仅占龙门水文站年径流量的 0.16%,也可以忽略不计。

有些要素在天然河道实际水量平衡计算中是难以定量计算的,如未控区域地下水补给量($W_{地下}$)及河道下渗损失量($W_{下渗}$)等。考虑到晋陕峡谷黄土高原地区未控区域地下水补给量($W_{地下}$)及河道下渗损失量($W_{下渗}$)均比较小,而且在区域水量平衡计算中两者是相互抵偿的,组合影响较小,特别是对于大区域水量平衡的计算影响很小,故也可以忽略不计;区域储水量变化(ΔW)是指未控区域年径流的调蓄变化量。由于在府龙区段未控区域没有具有年际调蓄能力的库坝,而河槽的年际调蓄能力很小,故在水量平衡计算时,区域年蓄水量变化(ΔW)也可以忽略不计。因此,在实际水量平衡计算时,我们采用如下简化的水量平衡方程进行分析计算

$$W_{上控} + W_{地面} = W_{下控} \tag{7-5}$$

进行水量平衡分析计算时,上游干支流控制站径流量($W_{上控}$)及下游干流控制站径流量($W_{下控}$)均可通过上下游干支流控制站的实测水文资料计算得出,而未控区域地面补给量($W_{地面}$,以下简称未控区域补给量)则需经分析通过一定的间接计算方法求得。可见,区域水量平衡分析计算的关键是未控区域补给量的计算问题,其计算精度直接影响着水量平衡计算的精度。

二、沙量平衡分析

水文循环过程中任一区域在任一时段内,不仅水量是平衡的,而且沙量也是平衡的。即在给定的时段内,泥沙的各种输入量应等于其各种输出量与该区域在给定时段内的泥沙冲淤变化量之和。其沙量平衡方程为

$$I_{沙} = O_{沙} \pm \Delta W_S \tag{7-6}$$

式中　$I_{沙}$——在给定的时段内输入区域的各种泥沙量之和;

　　　$O_{沙}$——在给定的时段内输出区域的各种泥沙量之和;

　　　ΔW_S——在给定的时段内河道泥沙冲淤变化量,河道淤积 ΔW_S 为正值,河道冲刷 ΔW_S 为负。

进行上下游站逐年沙量平衡分析计算时,在给定时段内泥沙的输入量和输出量可分别表示为

$$I_沙 = W_{S上控} + W_{S区间} \tag{7-7}$$

$$O_沙 = W_{S下控} + W_{S引出} \tag{7-8}$$

于是,其沙量平衡方程可改写为

$$W_{S上控} + W_{S区间} = W_{S下控} + W_{S引出} \pm \Delta W_S \tag{7-9}$$

式中　　$W_{S上控}$——给定时段内上游干支流控制站输沙量之和;

$W_{S区间}$——给定时段内未控区域泥沙补给量;

$W_{S下控}$——给定时段内下游干流控制站输沙量;

$W_{S引出}$——给定时段内未控区域引水的泥沙损失量。

由于府龙区段没有大中型引水工程,按其耗水量 0.46 亿 m^3 及龙门水文站多年平均含沙量 30.1 kg/m^3 计算,未控区域(2.12 万 km^2)引水的泥沙损失量约为 0.014 亿 t,仅占龙门水文站多年平均输沙量的 0.17%,可以忽略不计。因此,简化沙量平衡方程可简写为

$$W_{S上控} + W_{S区间} = W_{S下控} \pm \Delta W_S \tag{7-10}$$

在上述沙量平衡方程中,未控区域河道泥沙冲淤变化量(ΔW_S)主要是指上下游控制站间河道的冲淤变化量。府龙区段地处黄土高原晋陕峡谷,河床比降大(8.4×10^{-4}),河道相对比较稳定,多年冲淤变化量(ΔW_S)很小,在大含沙量河流的多年沙量平衡分析计算中可以忽略不计。经统计,吴堡站 1970~2000 年的 30 年间,基本水尺断面共计冲刷 66.4 m^2(见图 7-1),平均每年冲刷 2.2 m^2,仅占该站 2000 年断面面积 3 029 m^2(该站实测最高水位 644.35 m 以下面积)的 0.07%。

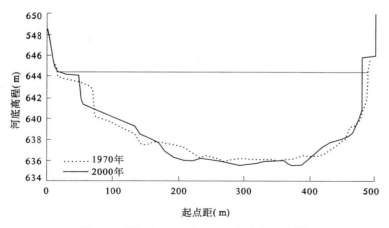

图 7-1　吴堡站 1970 年、2000 年大断面套绘图

府龙区段虽然多年冲淤变化量(ΔW_S)较小,但在特殊洪水年份某些河段仍会出现比较大的冲淤现象,从而影响短时段内的沙量平衡分析计算。如吴堡站"1976.08"大洪水,洪水过后断面发生了严重冲刷(见图 7-2),冲刷面积达 79.0 m^2,占洪水发生前断面面积 2 960 m^2(该站实测最高水位 644.35 m 以下面积)的 2.7%。

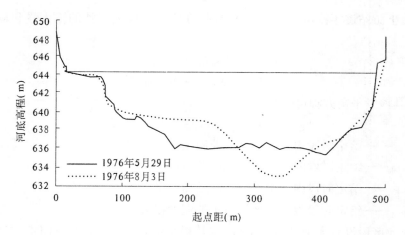

图 7-2　吴堡站"1976.08"洪水前后大断面套绘图

在给定时段内,上游干支流泥沙输入量($W_{S上控}$)及下游站泥沙输出量($W_{S下控}$)可通过上下游干支流控制站的实测输沙量直接计算得出。而未控区域泥沙补给量($W_{S区间}$)则需通过未控区域水沙分析计算确定。

第二节　未控区域水沙量计算

一、产汇流特性

流域的产汇流过程实质上是流域下垫面(地面及包气带)对降雨的再分配过程和降水质点从流域各处向流域出口断面汇集的过程。在一个闭合流域内,从降雨到流域出口断面出现洪水过程,一般要经过流域蓄渗、坡面汇流和河槽汇流三个阶段。由产汇流条件及过程可知,影响流域产汇流的因素是很多的,归纳起来可分为两大类:

第一类是流域的自然地理及水文地质方面的因素,又称流域下垫面因素。如流域的地理位置、面积、土壤的种类和结构、植被情况、水利农林措施及地下水或不透水岩层埋深等。对一个流域而言,下垫面因素在一定的时期内是相对比较稳定的。

第二类是降雨、蒸发等气象因素。

流域下垫面因素及气象因素综合作用,形成流域特定的产汇流机制。下垫面条件相同,不同的气象因素在出口断面会形成不同的产流量及径流过程。同样,相同的气象因素,不同的下垫面条件也会在出口断面形成不同的产流量及径流过程。

河龙区间集水面积为 11.16 万 km^2,占黄河流域面积的 14.8%,区间下垫面及气象因素比较复杂,具有明显的区域分布变化特点。下垫面因素就自然地貌类型而言,从西北向东南可依次划分为风沙草甸区、风沙区、黄土丘陵沟壑区及土石山林区等各种不同自然地理特征的区域。风沙草甸区内降雨量少,气候干燥,土地沙漠化严重,窟野河上中游部分地区属此类型;风沙区内地面被一个个沙丘所覆盖,风蚀严重,流域内地表土壤被风力破坏、搬运,大量风成沙沉积,无定河上游地区和秃尾河上中游地区属此类型;黄土丘陵沟壑区内丘陵起伏,沟壑纵横,土质疏松,植被稀少,水土流失严重,黄河晋陕峡谷河东和河西大部分地区属此类型;土石山林区内以裸露岩石为主,间有少量土质,植被较好,土壤侵蚀较轻,黄河左岸的三川河、昕水河及右岸的汾川河、仕望川等支流的上游地区属此类型。气象因素就降雨而言,从西北向东南降雨量基本上呈递增趋势。下垫面及气象因素的区域分布不同,其产汇流及产输沙机制也各不相同,反映到各区域的径流模数及输沙模数也就各不相同。

(一)径流模数的年际变化

径流模数是时段径流总量与相应集水面积的比值,是区域下垫面及气象因素的综合反映。不同区域一般径流模数也各不相同,其大小反映单位流域面积上产流量的大小。府龙区段各支流年径流模数情况统计见表7-1。

表 7-1　府龙区段各支流年径流模数情况统计表

流域	多年平均年径流模数（万 m^3/km^2）(1)	年径流模数（万 m^3/km^2）				(2)/(3)	((2) − (3))/(1)（%）
		历年最大(2)	年份	历年最小(3)	年份		
孤山川	6.44	18.80	1959	0.73	1999	26	280.6
朱家川	1.03	8.05	1967	0.02	1999	403	779.6
岚漪河	4.10	18.43	1967	0.83	1984	22	429.3
蔚汾河	4.21	17.69	1967	0.80	1987	22	401.2
窟野河	7.19	15.82	1959	1.94	1999	8	193.0
秃尾河	10.99	16.55	1967	6.44	1999	3	92.0
佳芦河	6.01	15.07	1970	2.37	1999	6	211.3
清凉寺沟	4.35	9.92	1967	1.36	1989	7	196.8
湫水河	4.18	15.50	1967	1.42	1999	11	336.8
三川河	5.85	12.01	1964	2.29	1999	5	166.2
屈产河	3.29	11.24	1977	1.38	1983	8	299.7
无定河	4.09	6.67	1964	2.42	1993	3	103.9
清涧河	4.23	8.98	1964	1.97	1997	5	165.7
昕水河	3.57	10.37	1958	0.71	1999	15	270.6
延　水	3.73	8.52	1964	2.03	1955	4	174.0
汾川河	2.16	4.54	1964	0.87	1997	5	169.9
仕望川	3.57	10.24	1964	1.02	1995	10	258.3
州川河	3.65	11.19	1971	1.06	1999	11	277.5
平　均	4.59					32	267.0

从表7-1中可以看出:

(1)各支流年径流模数相差较大。多年平均年径流模数最大的河流是秃尾河,为

10.99 万 m³/km²；多年平均年径流模数最小的河流是朱家川，为 1.03 万 m³/km²。前者是后者的 10.7 倍。

（2）各支流径流模数年际变化大。各支流历年最大年径流模数与历年最小年径流模数的比值均较大，在 3~403 倍之间，平均为 32 倍。其中朱家川流域为 403 倍，为各支流最大；秃尾河、无定河流域为 3 倍，为各支流最小。最大与最小之差占区域多年平均值的百分数也都比较大，在 92.0%~779.6% 之间，平均为 267.0%。其中朱家川流域 779.6%，为各支流最大；秃尾河流域 92%，为各支流最小。

（二）径流模数的区域分布

区段各支流多年平均年径流模数区域分布情况见图 7-3、图 7-4。

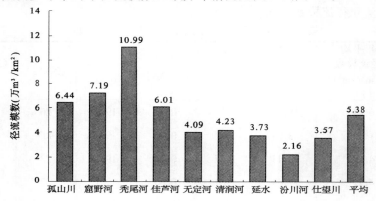

图 7-3　黄河河西各支流年径流模数分布柱状图

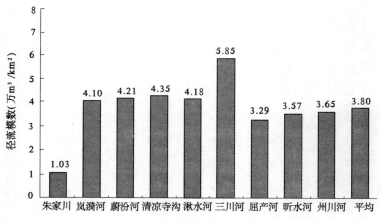

图 7-4　黄河河东各支流年径流模数分布柱状图

从图 7-3 及图 7-4 中可以看出：

（1）黄河河西各支流平均年径流模数为 5.38 万 m³/km²，河东各支流平均年径流模数为 3.80 万 m³/km²，河西地区年径流模数明显大于河东。

（2）黄河河西各支流年径流模数秃尾河最大，从北到南大致呈递减趋势。

（3）黄河河东各支流年径流模数以三川河为界，除朱家川外，北大南小，北呈较高平台,南呈较低平台。

二、产输沙特性

流域的产输沙过程是同流域的产汇流过程同时进行的,是降水对流域下垫面土壤的侵蚀过程和被侵蚀的泥沙随水流向出口断面输移的过程。其影响因素与产汇流过程的影响因素基本相同。主要包括有降水条件及流域下垫面条件。同一流域,在不同的降雨条件下,其流域产沙量及输沙过程各不相同,一般是降雨强度愈大产输沙量就愈大;不同流域,在相同的降雨条件下,其流域产沙量及输沙过程也各不相同,一般是流域植被愈好产输沙量就愈小。

(一)输沙模数的年际变化

输沙模数是时段总输沙量与相应集水面积的比值,不同区域具有不同的输沙模数值,它主要决定于流域的下垫面及气象条件,其大小反映单位流域面积上产沙量的大小。

府龙区段各支流年输沙模数情况统计见表7-2。

表 7-2　府龙区段各支流年输沙模数情况统计表

流　域	多年平均年输沙模数（万 t/km²）(1)	年输沙模数(万 t/km²)				(2)/(3)	((2)-(3))/(1)(%)
		历年最大(2)	年份	历年最小(3)	年份		
孤山川	1.669	6.643	1977	0.174	1965	38	387.6
朱家川	0.444	4.205	1967	0.006	1999	701	945.7
岚漪河	0.542	3.863	1967	0.031	1965	125	707.0
蔚汾河	0.571	4.228	1967	0.015	1991	282	737.8
窟野河	1.187	3.505	1959	0.061	1965	57	290.1
秃尾河	0.619	2.216	1959	0.059	1998	38	348.5
佳芦河	1.325	6.869	1970	0.026	1983	264	516.5
清凉寺沟	0.983	4.205	1966	0.030	1989	140	424.7
湫水河	0.986	4.741	1967	0.101	1983	47	470.6
三川河	0.474	2.036	1959	0.021	1997	97	425.1
屈产河	0.856	4.897	1977	0.083	1983	59	562.4
无定河	0.433	1.456	1959	0.081	1986	18	317.6
清涧河	1.061	3.547	1959	0.153	1984	23	319.9
昕水河	0.420	1.766	1958	0.008	1986	221	418.6
延　水	0.817	3.089	1964	0.134	1955	23	361.7
汾川河	0.145	0.872	1988	0.001	1965	872	600.7
仕望川	0.104	0.476	1971	0.001	1989	476	456.7
州川河	0.595	2.821	1966	0.020	1983	141	470.8
平　均	0.735					201	486.8

从表7-2中可以看出:

(1)各支流年输沙模数相差比年径流流模数更大。多年平均年输沙模数最大的河流是孤山川,为 1.669 万 t/km²;多年平均年输沙模数最小的河流是仕望川,为 0.104 万

t/km^2,前者是后者的 16 倍。

(2)各支流年输沙模数年际变化比年径流模数大得多。各支流历年最大年输沙模数与历年最小年输沙模数的比值均很大,在 18 ~ 872 倍之间,平均为 201 倍。其中汾川河流域为 872 倍,为各支流最大;无定河流域为 18 倍,为各支流最小。最大与最小之差占区域多年平均值的百分数也都比年径流模数大,在 290.1% ~ 945.7% 之间,平均为 486.8%。其中朱家川流域为 945.7%,为各支流最大;窟野河流域为 290.1%,为各支流最小。

(二)输沙模数的区域分布

区段各支流多年平均年输沙模数区域分布情况见图 7-5、图 7-6。

从图 7-5、图 7-6 中可以看出:

(1)黄河河西各支流平均年输沙模数为 0.818 万 t/km^2,河东各支流平均年输沙模数为 0.652 万 t/km^2,河西地区输沙模数明显大于河东。

(2)黄河河西各支流年输沙模数从北到南大致呈递减趋势。

(3)黄河河东各支流年输沙模数,中部较大,分别向南、向北大致呈递减趋势。

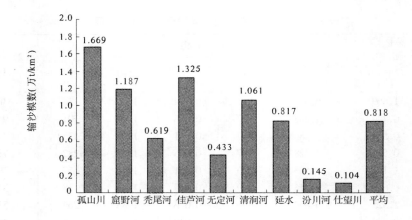

图 7-5　黄河河西各支流年输沙模数分布柱状图

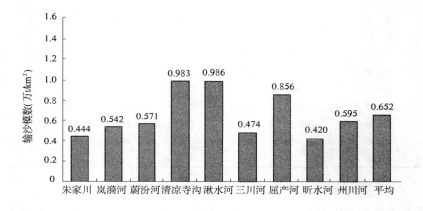

图 7-6　黄河河东各支流年输沙模数分布柱状图

三、计算小区划分

根据上述产汇流及产输沙特性分析可知,区域单位面积上的产水、产沙量主要受流域下垫面及气象因素的影响。因河龙区间各区域下垫面及气象条件变化较大,从而导致各区域径流模数及输沙模数的变化也较大。因此,为了提高未控区域水沙量计算精度,在水沙量平衡分析计算中,将府龙区段划分为 7 个计算小区,各小区的未控区域水沙量分别计算。计算小区未控面积,依据黄委会 1974 年编制的黄河流域地图,用 QJI 型求积仪量算;计算小区控制面积,直接采用 1971 年启用的黄河流域新量算面积成果。

(一)府吴区段河东上段

府吴(即黄河府谷—吴堡)区段河东上段包括朱家川、岚漪河及蔚汾河等流域,小区面积 8 030 km², 其中控制面积为 3 504 km², 占本小区面积的 43.6%, 未控面积为 4 526 km², 占本小区面积的 56.4%。

(二)府吴区段河东下段

府吴区段河东下段包括清凉寺沟及湫水河等流域,小区面积 4 220 km², 其中控制面积为 2 156 km², 占本小区面积的 51.1%, 未控面积为 2 064 km², 占本小区面积的 48.9%。

(三)府吴区段河西

府吴区段河西包括孤山川、窟野河、秃尾河及佳芦河等流域,小区面积为 17 225 km², 其中控制面积为 14 282 km², 占本小区面积的 82.9%, 未控面积为 2 943 km², 占本小区面积的 17.1%。

(四)吴延区段

吴延(即黄河吴堡—延水关)区段包括无定河、三川河及屈产河等流域,小区面积为 37 871 km², 其中控制面积为 34 787 km², 占本小区面积的 91.9%, 未控面积为 3 084 km², 占本小区面积的 8.1%。

(五)延龙区段河东

延龙(即黄河延水关—龙门)区段河东包括昕水河及州川河等流域,小区面积为 7 960 km², 其中控制面积为 4 428 km², 占本小区面积的 55.6%, 未控面积为 3 532 km², 占本小区面积的 44.4%。

(六)延龙区段河西上段

延龙区段河西上段包括清涧河及延水等流域,小区面积为 12 008 km², 其中控制面积为 9 359 km², 占本小区面积的 77.9%, 未控面积为 2 649 km², 占本小区面积的 22.1%。

(七)延龙区段河西下段

延龙区段河西下段包括汾川河及仕望川等流域,小区面积为 6 199 km², 其中控制面积为 3 803 km², 占本小区面积的 61.3%, 未控面积为 2 396 km², 占本小区面积的 38.7%。

府龙区段 7 个计算小区总集水面积 93 513 km², 其中已控制面积 72 319 km², 占总集水面积的 77.3%, 未控制面积 21 194 km², 占总集水面积的 22.7%。

四、未控区域水沙量计算

(一)计算方法

以上述划分的 7 个计算小区为水沙量平衡分析计算单元,分别对未控区域的水沙量进行计算。其具体步骤如下。

1.已控区域水沙量计算

根据历年实测水文资料,统计计算各小区内已控制区域历年径流量及输沙量,作为计算小区已控水沙量。

2.已控区域径流模数及输沙模数计算

根据计算小区已控水沙量及控制面积,计算已控区域径流模数及输沙模数。其计算公式为

$$M = \frac{W_{上控}}{A_{上控}} \tag{7-11}$$

$$M_S = \frac{W_{S上控}}{A_{上控}} \tag{7-12}$$

式中　　M、M_S——径流模数、输沙模数;

　　　　$A_{上控}$——已控面积。

3.未控区域水沙量计算

将已控区域径流模数及输沙模数移用于未控区域,根据未控区域面积,计算未控区域径流量及输沙量。其计算公式为

$$W_{区间} = M \times A_{未控} \tag{7-13}$$

$$W_{S区间} = M_S \times A_{未控} \tag{7-14}$$

式中　　$W_{区间}$、$W_{S区间}$——未控径流量、未控输沙量;

　　　　$A_{未控}$——未控区域面积。

(二)合理性分析

未控区域水沙量的计算有多种不同的方法,本章采用的是以计算小区为单位,由小区内水文站实测水沙模数推求小区未控区域水沙量的方法。现就其方法的合理性分析如下:

(1)该方法的基本前提条件是单位计算小区内未控区域与已控区域的气候和下垫面条件相近。本次计算将府龙区段划分为 7 个小区,每个小区的面积均不大。其中,有 4 个小区的面积在 4 000～8 000 km² 之间,有 2 个小区的面积在 1 000～2 000 km² 之间,仅有 1 个小区的面积大于 30 000 km²。基本能满足其前提条件的要求。而且每个计算小区内又有 2～4 个水文站,控制大小不同的区域。实际计算时,是以多个更小区域水沙模数的平均值来作为小区未控区域的水沙模数。加之未控区域面积仅占河龙区间总面积的 22.7%,所以采用该方法计算未控区域的水沙量从技术上讲是基本合理的。

(2)在该方法中,府龙区段未控区域水沙量是由各计算小区未控区域水沙量相加求得的,而各计算小区未控区域水沙量则是通过已控面积水沙模数与小区未控面积的乘积来计算的。已控面积水沙模数由小区内各水文站实测水文资料逐年统计计算,小区未控面积由地形图量算统计,这两个参数都是比较客观准确的。采用该方法进行未控区域水沙量的计算概念清晰,直观明了,便于操作,与其他间接的方法相比减少了计算的任意性。

(3)在计算小区的划分时,主要考虑是将相邻径流模数和输沙模数相近的支流划为一个小区,但径流模数相近和输沙模数相近,有时难以统一。如第一计算小区(府吴区段河东上段)朱家川、岚漪河及蔚汾河等三条支流的输沙模数相近,而径流模数却因朱家川流

域特殊的地质条件而与其他两个流域比较相差较大,以其三条支流已控区间径流模数的平均值来计算其未控区域的径流量,可能会使其计算结果偏小,但经分析,其计算误差仅占吴堡、龙门站年径流量的 0.1% ~ 0.2%,可忽略不计。

(4)府龙未控区域有相当一部分面积是分布在黄河干流两岸峡谷区,其土壤一般较薄,地面基岩出露较多,其产沙条件与支流把口控制站以上流域有所不同,采用支流把口控制站实测输沙模数,计算未控区域产沙量,可能会造成计算结果的偏大,经分析,其计算误差占吴堡、龙门站年径流量的 1.0% ~ 1.4%,小于泥沙测验允许误差。

由此可见,府龙区段未控区域水沙量的估算方法及估算结果基本是合理的。

第三节　水沙量平衡计算

在河龙区间水沙量平衡分析计算中,考虑到河口镇—府谷区段情况比较复杂,特别是万家寨、天桥两座水库的资料收集有困难,故本章仅就府龙区段进行水沙量平衡计算分析。府龙区段再分为府吴(即府谷—吴堡,下同)、吴龙(即吴堡—龙门,下同)两个区段,即上下两段,按水沙量平衡原理分别进行水沙量平衡分析计算。

一、径流量平衡计算

根据水量平衡基本原理及平衡方程,府龙区段水量平衡计算采用的基本方法是:以年为单位,用黄河干流上游控制站径流量加上计算区段各支流控制站径流量和未控区域计算径流量,得出下游控制站的上游来水量,与下游控制站径流量进行对比分析。其计算成果见表 7-3。

二、输沙量平衡计算

根据沙量平衡基本原理及平衡方程,在沙量逐年平衡计算中,必须考虑未控区域河道冲淤变化的影响,但就目前我们所掌握的资料来看,该沙量平衡要素是难以定量计算的。考虑到府龙河段河床相对比较稳定,从长系列来讲河道冲淤变化比较小,故本次沙量平衡分析计算暂不考虑其影响,而采用与上述水量平衡分析计算相类似的方法即:以年为单位,用黄河干流上游控制站输沙量加上区段各支流控制站输沙量及对应未控区域计算输沙量,得出下游控制站的上游来沙量,与下游控制站的输沙量进行对比分析。其计算成果见表 7-4。

表 7-3　府谷、吴堡、龙门站年径流量平衡对照统计表

年份	府谷站年径流量(亿 m³)	府吴区段			吴堡站年径流量(亿 m³)	吴龙区段			龙门站年径流量(亿 m³)
		已控区年径流量(亿 m³)	未控区域年径流量(亿 m³)	上游来水总量(亿 m³)		已控区年径流量(亿 m³)	未控区域年径流量(亿 m³)	上游来水总量(亿 m³)	
1954	279.6	16.31	14.73	310.6	317.7	24.51	9.10	351.3	350.1
1955	354.3	6.30	7.00	367.6	377	16.86	5.62	399.5	406
1956	184.4	12.28	4.21	200.9	201.2	25.76	7.67	234.6	236.2

续表 7-3

年份	府谷站年径流量（亿 m³）	府吴区段			吴堡站年径流量（亿 m³）	吴龙区段			龙门站年径流量（亿 m³）
		已控区年径流量（亿 m³）	未控区域年径流量（亿 m³）	上游来水总量（亿 m³）		已控区年径流量（亿 m³）	未控区域年径流量（亿 m³）	上游来水总量（亿 m³）	
1957	181.2	11.62	2.62	195.4	197.3	16.84	4.85	219.0	220
1958	296.5	18.88	4.88	320.3	321.8	28.71	9.44	360.0	368.2
1959	260.6	30.03	7.46	298.1	298.9	32.28	6.56	337.7	341
小计	1 556.6	95.42	40.9	1 692.9	1 713.9	144.96	43.24	1 902.1	1 921.5
1960	198.3	12.82	2.95	214.1	214	19.34	4.19	237.5	241.9
1961	337.2	23.80	5.77	366.8	366.4	25.72	5.27	397.4	401
1962	223.3	13.39	3.71	240.4	241.5	22.37	5.20	269.1	264.8
1963	282	12.25	3.41	297.7	302.9	25.76	6.27	334.9	329.8
1964	387.7	20.97	5.63	414.3	414.6	41.30	10.28	466.2	456.5
1965	195	8.30	2.10	205.4	206.5	18.27	3.35	228.1	224.4
1966	258.3	18.03	4.88	281.2	282.6	18.27	5.50	306.4	315
1967	460.8	34.19	9.28	504.3	505	27.30	4.66	537.0	539.4
1968	343.5	16.81	5.77	366.1	366.4	28.14	4.66	399.2	401.2
1969	140.6	16.34	4.26	161.2	159	26.39	5.26	190.6	191.8
小计	2 826.7	176.90	47.76	3 051.4	3 058.9	252.86	54.64	3 366.4	3 365.8
1970	187.8	19.73	5.50	213.0	218.8	25.01	4.13	247.9	246.5
1971	201.5	17.73	4.17	223.4	221.9	22.90	5.09	249.9	246
1972	207.3	9.88	2.38	219.6	221.3	16.41	2.86	240.6	238.5
1973	212.3	15.93	3.93	232.2	225.4	21.16	3.85	250.4	251.2
1974	181.7	11.73	3.33	196.8	195	15.00	2.30	212.3	218.5
1975	321.5	9.78	2.38	333.7	331.5	18.24	4.71	354.4	365.3
1976	354.1	15.53	3.93	373.6	367.3	19.06	4.42	390.8	399.7
1977	218	17.71	4.71	240.4	237	28.79	5.97	271.8	277
1978	234	17.25	4.69	255.9	255	26.01	5.00	286.0	283
1979	273	17.53	4.10	294.6	292	20.82	4.28	317.1	320
小计	2 391.2	152.80	39.12	2 583.1	2 565.2	213.40	42.61	2 821.2	2 845.7
1980	177	9.98	4.08	191.1	191	16.55	3.19	210.7	206
1981	324	10.86	4.39	339.3	340	18.86	3.84	362.7	362
1982	263	11.04	4.40	278.4	277	16.70	3.27	297.0	293
1983	345	8.58	3.55	357.1	365	17.66	4.19	386.9	370
1984	283	10.28	4.30	297.6	296	17.27	3.57	316.8	310
1985	274	13.50	5.51	293.0	282	21.46	4.58	308.0	303
1986	211	7.87	3.44	222.3	216	15.21	2.60	233.8	235
1987	125	7.57	3.31	135.9	134	17.06	3.15	154.2	147
1988	159	14.64	6.72	180.4	172	24.23	5.48	201.7	202
1989	292	9.29	4.13	305.4	306.8	15.98	2.90	325.7	334
小计	2 453	103.61	43.83	2 600.4	2 579.8	180.98	36.77	2 797.6	2 762

续表 7-3

年份	府谷站年径流量(亿 m³)	府吴区段			吴堡站年径流量(亿 m³)	吴龙区段			龙门站年径流量(亿 m³)
		已控区年径流量(亿 m³)	未控区域年径流量(亿 m³)	上游来水总量(亿 m³)		已控区年径流量(亿 m³)	未控区域年径流量(亿 m³)	上游来水总量(亿 m³)	
1990	203.8	9.07	2.77	215.6	219.5	18.81	3.76	242.1	243.0
1991	150.5	9.67	2.86	163.0	162.0	16.67	3.19	181.9	185.3
1992	159.2	11.15	3.24	173.6	167.2	18.54	3.69	189.4	196.6
1993	188.6	6.44	1.81	196.9	196.8	15.36	3.88	216.0	215.9
1994	206.9	11.92	3.07	221.9	219.1	20.73	4.08	243.9	249.4
1995	181.3	11.19	3.79	196.3	197.4	17.68	3.20	218.3	218.5
1996	140.6	12.69	4.09	157.4	161.2	19.92	3.98	185.1	197.2
1997	95.1	7.54	2.29	104.9	111.0	11.75	1.98	124.7	132.7
1998	108.3	7.97	2.35	118.6	125.1	14.76	2.91	142.8	157.2
1999	158.9	4.53	1.25	164.7	164.7	11.64	1.98	178.3	185.3
小计	1 593.2	92.17	27.52	1 712.9	1 724	165.86	32.65	1 922.5	1 981.1
总计	10 820.7	620.90	199.13	11 640.8	11 641.8	958.06	209.91	12 809.8	12 876.1

表 7-4 府谷、吴堡、龙门站年输沙量平衡对照统计表

年份	府谷站年输沙量(亿 t)	府吴区段			吴堡站年输沙量(亿 t)	吴龙区段			龙门站年输沙量(亿 t)
		已控区年输沙量(亿 t)	未控区域年输沙量(亿 t)	上游来沙总量(亿 t)		已控区年输沙量(亿 t)	未控区域年输沙量(亿 t)	上游来沙总量(亿 t)	
1954	5.58	2.84	2.57	10.99	12.9	4.39	1.23	18.52	19.9
1955	3.64	0.33	0.69	4.67	5.08	0.94	0.30	6.32	6.77
1956	2.4	1.39	0.54	4.33	4.35	5.45	1.24	11.04	9.56
1957	1.89	1.49	0.34	3.72	3.71	1.79	0.49	5.99	5.93
1958	4.59	3.93	1.11	9.64	10.1	5.62	1.56	17.28	18
1959	5.32	6.54	1.72	13.58	12.8	7.82	1.57	22.19	20.9
小计	23.42	16.52	6.97	46.91	48.94	26.01	6.39	81.34	81.06
1960	1.97	0.58	0.19	2.74	2.8	1.87	0.56	5.23	5.81
1961	4.95	4.25	1.08	10.28	8.4	2.74	0.52	11.65	11.6
1962	1.86	0.90	0.45	3.20	3.11	1.82	0.45	5.39	5.4
1963	3.22	1.29	0.48	4.99	5.04	3.36	0.68	9.08	8.64
1964	4.93	3.49	0.95	9.37	9.83	7.24	1.64	18.71	17.2
1965	1.15	0.19	0.08	1.41	1.57	0.96	0.22	2.75	2.8
1966	3.5	5.58	1.65	10.73	8.51	6.58	1.42	16.51	17.1
1967	8.67	8.18	2.40	19.25	19.5	4.36	0.66	24.53	24.6
1968	3.09	2.05	0.79	5.93	5.9	3.15	0.67	9.72	9.3
1969	3.39	2.57	0.76	6.72	5.72	3.96	0.96	10.63	10.7
小计	36.73	29.08	8.83	74.64	70.38	36.04	7.78	114.20	113.15

续表 7-4

年份	府谷站年输沙量（亿 t）	府吴区段			吴堡站年输沙量（亿 t）	吴龙区段			龙门站年输沙量（亿 t）
		已控区年输沙量（亿 t）	未控区域年输沙量（亿 t）	上游来沙总量（亿 t）		已控区年输沙量（亿 t）	未控区域年输沙量（亿 t）	上游来沙总量（亿 t）	
1970	2.14	4.76	1.54	8.44	7.78	4.14	0.73	12.66	13.7
1971	2.66	3.88	0.91	7.46	6.49	2.84	0.82	10.14	10.3
1972	1.79	1.19	0.34	3.33	2.69	1.20	0.36	4.25	4.32
1973	2.63	2.04	0.55	5.23	4.97	1.96	0.56	7.49	7.57
1974	1.93	1.77	0.70	4.40	4.16	1.17	0.26	5.59	5.89
1975	2.59	0.89	0.26	3.74	3.80	1.08	0.49	5.37	6.03
1976	3.08	3.80	0.96	7.83	5.34	0.75	0.21	6.29	6.45
1977	1.60	3.43	0.99	6.03	6.16	6.33	1.54	14.03	16.6
1978	2.33	2.36	0.71	5.40	4.77	3.11	0.61	8.49	8.26
1979	3.68	2.48	0.56	6.72	5.66	1.64	0.52	7.82	7.68
小计	24.43	26.60	7.52	58.55	51.82	24.22	6.10	82.14	86.8
1980	0.964	0.49	0.16	1.61	1.72	0.90	0.20	2.82	2.89
1981	3.26	1.37	0.42	5.05	4.95	1.18	0.32	6.45	6.92
1982	2.31	1.03	0.26	3.60	3.25	1.02	0.22	4.49	4.36
1983	2.61	0.45	0.12	3.18	3.50	0.58	0.14	4.22	4.02
1984	2.35	1.06	0.26	3.67	2.93	0.75	0.16	3.84	3.58
1985	1.64	2.17	0.56	4.37	3.86	1.38	0.30	5.54	4.84
1986	0.933	0.38	0.10	1.41	1.73	0.55	0.11	2.39	2.34
1987	0.377	0.55	0.14	1.07	1.11	1.36	0.31	2.78	2.62
1988	2.60	2.57	0.75	5.92	5.45	2.93	0.84	9.22	9.10
1989	2.28	1.30	0.41	3.99	4.31	1.12	0.26	5.69	6.33
小计	19.324	11.37	3.18	33.87	32.81	11.77	2.86	47.44	47.00
1990	0.715	0.76	0.29	1.76	2.05	1.85	0.43	4.33	4.55
1991	0.557	1.42	0.46	2.44	2.19	1.41	0.31	3.91	3.90
1992	1.30	1.86	0.53	3.68	3.48	2.39	0.58	6.44	6.31
1993	0.545	0.31	0.12	0.98	1.65	1.40	0.47	3.52	3.49
1994	1.19	2.19	0.53	3.91	4.01	3.51	0.62	8.15	8.51
1995	1.11	1.13	0.50	2.74	3.79	2.63	0.53	6.96	6.99
1996	1.30	1.92	0.61	3.83	3.43	2.62	0.63	6.68	7.33
1997	0.524	0.59	0.21	1.33	1.84	0.68	0.12	2.64	3.00
1998	0.536	0.73	0.28	1.54	1.90	1.79	0.39	4.08	4.49
1999	0.194	0.16	0.08	0.44	1.201	0.73	0.15	2.08	2.35
小计	7.97	11.07	3.61	22.65	25.54	19.01	4.23	48.78	50.92
总计	111.87	94.64	30.11	236.62	229.49	117.05	27.36	373.90	378.93

第四节　水沙量平衡分析

一、径流量平衡分析

(一)年径流量相关分析

根据水量平衡计算资料,分别点绘府吴区段及吴龙区段上游年来水量与下游控制站年径流量相关关系图,见图7-7、图7-8。从图中可以看出,其关系点密集分布呈45°带状,无明显系统偏离现象。

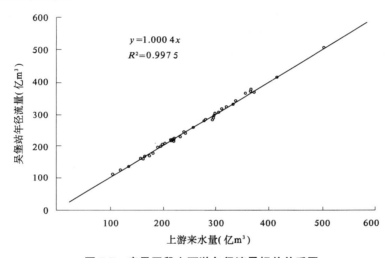

$y = 1.000\,4x$
$R^2 = 0.997\,5$

图7-7　府吴区段上下游年径流量相关关系图

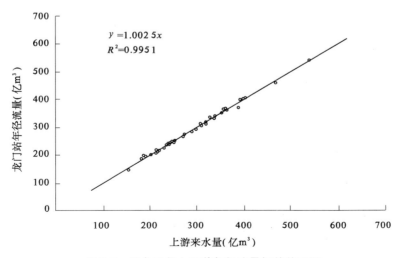

$y = 1.002\,5x$
$R^2 = 0.995\,1$

图7-8　吴龙区段上下游年径流量相关关系图

经计算,吴堡站上游年来水量与该站年径流量的相关方程为 $y = 1.000\,4x$,其相关系数为 $R = 0.998\,7$。

　　龙门站上游年来水量与该站年径流量相关方程为 $y = 1.002\ 5x$,其相关系数为 $R = 0.997\ 5$。

(二)累积年径流量相关分析

　　计算府吴及吴龙区段上游年来水量和下游控制站年径流量累积值,并点绘其双累积线图,见图 7-9、图 7-10。从图中可以看出,其双累积线均基本呈 45°线,说明府吴及吴龙区段历年上游年来水量与下游控制站年径流量的相关关系没有发生明显变化。

　　经计算,府吴区段双累积线相关方程为 $y = 1.000\ 7x$,相关系数为 $R = 1.000\ 0$;吴龙区段双累积线相关方程为 $y = 1.002\ 6x$,相关系数为 $R = 1.000\ 0$。

(三) t 检验

　　设府吴及吴龙区段上游年来水量及下游控制站年径流量变化服从等方差正态分布,采用 t 检验法对两正态总体均值是否相等,进行检验。其假设检验基本步骤如下:

　　(1)设上游年来水量(X)及下游控制站年径流量(Y)均服从正态分布,即 $X \sim N(\alpha_1, \delta^2)$、$Y \sim N(\alpha_2, \delta^2)$,并假设两正态总体均值相等,即 $\alpha_1 = \alpha_2$ 成立。

　　(2)统计量(t)的计算公式为

$$t = \frac{\bar{X} - \bar{Y}}{\sqrt{\dfrac{n_1 S_1^2 + n_2 S_2^2}{n_1 + n_2 - 2}} \sqrt{\dfrac{1}{n_1} - \dfrac{1}{n_2}}} \tag{7-15}$$

式中　$\bar{X}$、$\bar{Y}$——X、Y 的样本均值;

　　　　S_1^2、S_2^2——X、Y 的样本方差;

　　　　n_1、n_2——X、Y 的样本容量。

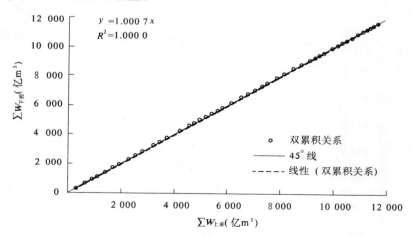

图 7-9　府吴区段上下游累积年径流量相关关系图

　　(3)取置信度 $\alpha = 0.05$,计算统计量临界值($t_{临}$)。

　　(4)比较统计量(t)及统计量临界值($t_{临}$)的大小。

　　若 $t < t_{临}$,说明原假设成立,两正态总体均值相等,即上游年来水量及下游控制站年径流量是平衡的,两随机系列无显著性差异。

　　若 $t > t_{临}$,说明原假设不成立,两正态总体均值不相等,即上游年来水量及下游控制站年径流量不平衡,两随机系列存在显著性差异。

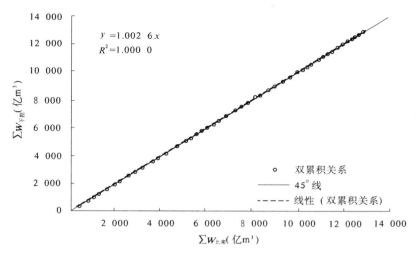

图7-10　吴龙区段上下游累积年径流量相关关系图

表7-5为径流量 t 检验分析计算表。从表中可以看出,府吴及吴龙区段上游年来水量及下游控制站年径流量检验统计量(0.001 3,0.078 8)均小于统计量临界值(1.986 7,1.986 7),说明府吴及吴龙区段上游年来水量及下游控制站年径流量并无显著性差异,可认为其总体均值相等,上下游径流量基本平衡合理。

表7-5　径流量 t 检验分析计算表

统计项	府吴区段		吴龙区段	
	上游来水量 X	下游站径流量 Y	上游来水量 X	下游站径流量 Y
样本均值	253.1	253.1	278.5	279.9
样本方差	7 073.7	7 131.9	7 787.0	7 622.3
样本容量	46	46	46	46
自由度	90		90	
统计量	0.001 3		0.078 8	
临界值	1.986 7		1.986 7	

(四) 误差分析

1.测验允许误差计算

径流量计算公式为

$$W = Q \times T \tag{7-16}$$

式中　W——某时段径流量;

　　　Q——某时段内平均流量;

　　　T——计算时段。

根据误差传播理论,径流量(W)的误差取决于流量(Q)、时间(T)的误差,而当计算时段划定后,时间(T)为常数,年径流量的误差主要取决于平均流量的误差。以二类精度水文站、中水位流速仪单次流量测验允许误差 – 2% ~ 1%(见 GB50179—93《河流流量测验规范》)作为该次水量平衡分析计算的年径流量的允许误差,以允许随机不确定度7%作为该次水量平衡分析计算的允许随机不确定度。

2.误差计算

表7-6为府龙区段年径流量不平衡误差计算表。从表中可以看出,府吴区段年径流量不平衡系统误差为-0.01%,随机不确定度为4.01%;吴龙区段年径流量不平衡系统误差为-0.69%,随机不确定度为5.19%。可见,府吴、吴龙两区段径流量不平衡系统误差及随机不确定度均小于允许系统误差(-2%~1%)和允许不确定度(7%),故可认为府龙区段径流量是基本平衡合理的。

表7-6　府龙区段年径流量不平衡误差计算表

年份	府吴区段				吴龙区段			
	上游年来水量(亿 m³)	吴堡年径流量(亿 m³)	误差计算		上游年来水量(亿 m³)	龙门年径流量(亿 m³)	误差计算	
			绝对误差(亿 m³)	相对误差(%)			绝对误差(亿 m³)	相对误差(%)
1954	310.6	317.7	-7.10	-2.23	351.3	350.1	1.20	0.34
1955	367.6	377.0	-9.40	-2.49	399.5	406.0	-6.50	-1.60
1956	200.9	201.2	-0.30	-0.15	234.6	236.2	-1.60	-0.68
1957	195.4	197.3	-1.90	-0.96	219.0	220.0	-1.00	-0.45
1958	320.3	321.8	-1.50	-0.47	360.0	368.2	-8.20	-2.23
1959	298.1	298.9	-0.80	-0.27	337.7	341.0	-3.30	-0.97
1960	214.1	214.0	0.10	0.05	237.5	241.9	-4.40	-1.82
1961	366.8	366.4	0.40	0.11	397.4	401.0	-3.60	-0.90
1962	240.4	241.5	-1.10	-0.46	269.1	264.8	4.30	1.62
1963	297.7	302.9	-5.20	-1.72	334.9	329.8	5.10	1.55
1964	414.3	414.6	-0.30	-0.07	466.2	456.5	9.70	2.12
1965	205.4	206.5	-1.10	-0.53	228.1	224.4	3.70	1.65
1966	281.2	282.6	-1.40	-0.50	306.4	315.0	-8.60	-2.73
1967	504.3	505.0	-0.70	-0.14	537.0	539.4	-2.40	-0.44
1968	366.1	366.4	-0.30	-0.08	399.2	401.2	-2.00	-0.50
1969	161.2	159.0	2.20	1.38	190.6	191.8	-1.20	-0.63
1970	213.0	218.8	-5.80	-2.65	247.9	246.5	1.40	0.57
1971	223.4	221.9	1.50	0.68	249.9	246.0	3.90	1.59
1972	219.6	221.3	-1.70	-0.77	240.6	238.5	2.10	0.88
1973	232.2	225.4	6.80	3.02	250.4	251.2	-0.80	-0.32

续表 7-6

年份	府吴区段				吴龙区段			
	上游年来水量（亿 m³）	吴堡年径流量（亿 m³）	误差计算		上游年来水量（亿 m³）	龙门年径流量（亿 m³）	误差计算	
			绝对误差（亿 m³）	相对误差（%）			绝对误差（亿 m³）	相对误差（%）
1974	196.8	195.0	1.80	0.92	212.3	218.5	− 6.20	− 2.84
1975	333.7	331.5	2.20	0.66	354.4	365.3	− 10.90	− 2.98
1976	373.6	367.3	6.30	1.72	390.8	399.7	− 8.90	− 2.23
1977	240.4	237.0	3.40	1.43	271.8	277.0	− 5.20	− 1.88
1978	255.9	255.0	0.90	0.35	286.0	283.0	3.00	1.06
1979	294.6	292.0	2.60	0.89	317.1	320.0	− 2.90	− 0.91
1980	191.1	191.0	0.10	0.05	210.7	206.0	4.70	2.28
1981	339.3	340.0	− 0.70	− 0.21	362.7	362.0	0.70	0.19
1982	278.4	277.0	1.40	0.51	297.0	293.0	4.00	1.37
1983	357.1	365.0	− 7.90	− 2.16	386.9	370.0	16.90	4.57
1984	297.6	296.0	1.60	0.54	316.8	310.0	6.80	2.19
1985	293.0	282.0	11.00	3.90	308.0	303.0	5.00	1.65
1986	222.3	216.0	6.30	2.92	233.8	235.0	− 1.20	− 0.51
1987	135.9	134.0	1.90	1.42	154.2	147.0	7.20	4.90
1988	180.4	172.0	8.40	4.88	201.7	202.0	− 0.30	− 0.15
1989	305.4	306.8	− 1.40	− 0.46	325.7	334.0	− 8.30	− 2.49
1990	215.6	219.5	− 3.90	− 1.78	242.1	243.0	− 0.90	− 0.37
1991	163.0	162.0	1.00	0.62	181.9	185.3	− 3.40	− 1.83
1992	173.6	167.2	6.40	3.83	189.4	196.6	− 7.20	− 3.66
1993	196.9	196.8	0.10	0.05	216.0	215.9	0.10	0.05
1994	221.9	219.1	2.80	1.28	243.9	249.4	− 5.50	− 2.21
1995	196.3	197.4	− 1.10	− 0.56	218.3	218.5	− 0.20	− 0.09
1996	157.4	161.2	− 3.80	− 2.36	185.1	197.2	− 12.10	− 6.14
1997	104.9	111.0	− 6.10	− 5.50	124.7	132.7	− 8.00	− 6.03
1998	118.6	125.1	− 6.50	− 5.20	142.8	157.2	− 14.40	− 9.16
1999	164.7	164.7	− 0.00	− 0.00	178.3	185.3	− 7.00	− 3.78
误差统计	系统误差（%）		− 0.01		系统误差（%）		− 0.69	
	不确定度（%）		4.01		不确定度（%）		5.19	

3.误差分析

1)逐年对照分析

根据府吴及吴龙区段径流量不平衡误差计算资料,点绘其不平衡误差逐年过程线及5年、10年滑动平均过程线,见图 7-11、图 7-12。从误差特征值可以看出:

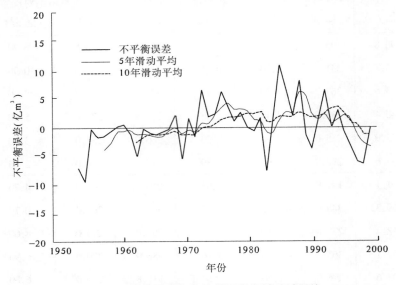

图 7-11　府吴区段年径流量不平衡误差过程线

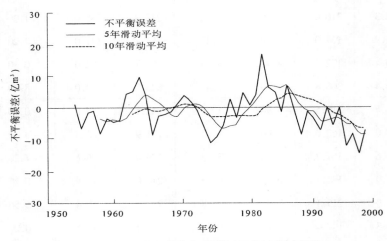

图 7-12　吴龙区段年径流量不平衡误差过程线

(1)逐年不平衡误差过程线呈现出围绕横轴的不同幅度的上下波动状态,说明年径流量不平衡误差在时程分布上具有随机性,没有明显的系统误差。经统计,府吴区段出现正误差的年数为 22 年,占分析总年数的 47.8%,出现负误差的年数为 24 年,占分析总年数的 52.2%,相对误差大于 ±3% 的年数为 5 年,占分析总年数的 10.9%,相对误差大于±5% 的年数为 2 年,占分析总年数的 4.4%;吴龙区段出现正误差的年数为 17 年,占分析总年数的 37.0%,出现负误差的年数为 29 年,占分析总年数的 63.0%,相对误差大于

±3%的年数为 7 年,占分析总年数的 15.2%,相对误差大于 ±5%的年数为 3 年,占分析总年数的 6.5%。

(2)府吴区段最大不平衡绝对误差为 11.0 亿 m³(1985 年),最大不平衡相对误差为 –5.50%(1997 年),平均不平衡绝对误差为 –0.02 亿 m³,平均不平衡相对误差为 –0.01%;吴龙区段最大不平衡绝对误差为 16.90 亿 m³(1983 年),最大不平衡相对误差为 –9.16%(1998 年),平均不平衡绝对误差为 –1.44 亿 m³,平均不平衡相对误差为 –0.69%。

2)逐年代对照分析

逐年代统计计算府吴及吴龙区段年径流量不平衡误差,见表 7-7。从表中可以看出:

(1)府吴区段历年径流量累计不平衡误差为 –1.1 亿 m³。其中 50、60、70、80、90 年代不平衡误差分别为 –21.0 亿 m³、–7.5 亿 m³、17.9 亿 m³、20.6 亿 m³、–11.1 亿 m³,分别占各年代吴堡站对应输沙量的 –1.23%、–0.25%、0.70%、0.80%、–0.64%。可见,各年代不平衡误差均小于测验允许误差。

(2)吴龙区段年径流量累计不平衡误差为 –66.3 亿 m³。其中 50、60、70、80、90 年代不平衡误差分别为 –19.4 亿 m³、0.6 亿 m³、–24.5 亿 m³、35.6 亿 m³、–58.6 亿 m³,分别占各年代吴堡站输沙量的 –1.01%、0.02%、–0.86%、1.29% 、–2.96%。可见,除 90 年代外,其余各年代不平衡误差均小于测验允许误差。

表 7-7　黄河府龙区段逐年代径流量不平衡误差对照表

时段		府吴区段		吴龙区段	
		误差(亿 m³)	相对误差(%)	误差(亿 m³)	相对误差(%)
1954~1959 年	总和	–21.0	–1.23	–19.4	–1.01
	平均	–3.50		–3.23	
1960~1969 年	总和	–7.5	–0.25	0.6	0.02
	平均	–0.75		0.06	
1970~1979 年	总和	17.9	0.70	–24.5	–0.86
	平均	1.8		–2.45	
1980~1989 年	总和	20.6	0.80	35.6	1.29
	平均	2.06		3.56	
1990~1999 年	总和	–11.1	–0.64	–58.6	–2.96
	平均	–1.11		5.86	
1954~1999 年	总和	–1.1	–0.01	–66.3	–0.51
	平均	–0.02		–1.44	

3)误差频率分析

根据府吴及吴龙区段径流量不平衡误差计算资料,分别将府吴及吴龙区段径流量不

平衡误差按从大到小的顺序排列,计算相应频率及累积频率值,并点绘其累积频率曲线,见图 7-13。从图中可以看出:

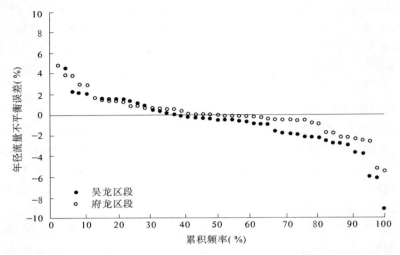

图 7-13　府吴、吴龙区段年径流量不平衡误差累积频率曲线

(1)府吴区段径流量不平衡误差累积频率曲线,在累积频率 50%处,对应不平衡误差近似为零,说明府吴区段径流量基本保持平衡,无明显系统偏差。

(2)吴龙区段径流量不平衡误差累积频率曲线,在累积频率 50%处,对应不平衡误差为 - 0.46%。仅从样本数据分析,吴龙区段上游来水量与龙门站径流量之间存在一定的系统误差,但其误差小于测验允许误差,故认为吴龙区段径流量是基本平衡合理的。

(3)将吴龙区段径流量不平衡误差累积频率曲线上移 0.46%后,同府吴区段径流量不平衡误差累积频率曲线比较,两者分布十分相近,说明府吴及吴龙区段径流量不平衡随机误差的分布规律基本一致。

二、输沙量平衡分析

(一)年输沙量相关分析

根据输沙量平衡计算资料,分别点绘府吴及吴龙区段上游年来沙量与下游控制站年输沙量相关关系图,见图 7-14、图 7-15。从图中可以看出,相关关系点基本呈带状分布,说明两者具有较好的相关性。

经计算,吴堡站上游年来沙量与该站年输沙量的相关方程为 $y = 0.940\ 2x + 0.152\ 4$,相关系数为 $R = 0.977\ 5$。

龙门站上游年来沙量与该站年输沙量相关方程为 $y = 0.998\ 2x + 0.124\ 0$,相关系数为 $R = 0.992\ 5$。

(二)累积年输沙量相关分析

计算府吴及吴龙区段上游年来沙量和下游控制站年输沙量累积值,并点绘其双累积线图,见图 7-16、图 7-17。从图中可以看出:

(1)在府吴区段双累积线图中,50、60、70、80 年代相关关系点基本呈一条直线,90 年代相关关系点发生一定程度的上偏现象。说明从 90 年代起吴堡站上游来沙量与该站输沙量的关系较前发生了一定变化。经计算,50、60、70、80、90 年代关系点相关直线的斜率分别为 0.998、0.955、0.882、0.946、1.117,可见 50 年代关系点相关直线斜率近似为 1,60、70、80 年代关系点相关直线斜率均略小于 1,90 年代关系点相关直线斜率略大于 1。这说明,60、70、80 年代吴堡站上游来沙量较该站输沙量略有系统偏大现象,90 年代吴堡站上游来沙量较该站输沙量略有系统偏小现象。

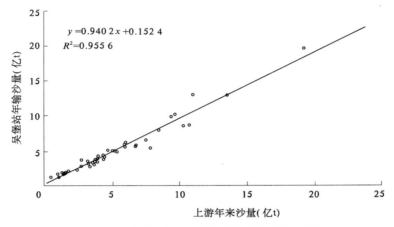

图 7-14　府吴区段上下游年输沙量相关关系图

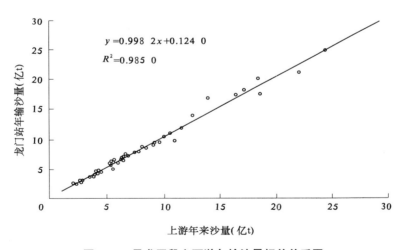

图 7-15　吴龙区段上下游年输沙量相关关系图

（2）在吴龙区段双累积线图中,双累积线基本呈一条 45°的直线,说明吴龙区段历年上游年来沙量与下游控制站年输沙量的相关关系没有发生明显变化。

经计算,其相关方程为 $y = 1.008\ 2x$,相关系数为 $R = 0.999\ 9$,相关直线斜率略大于 1,说明龙门站上游来沙量较该站输沙量略有系统偏小现象。

（三）t 检验

设府吴及吴龙区段上游年来沙量(X)及下游控制站年输沙量(Y)变化服从于等方差

正态分布,即 $X \sim N(\alpha_1, \delta^2)$、$Y \sim N(\alpha_2, \delta^2)$,采用 t 检验法对两正态总体均值是否相等进行检验。

取置信度 $\alpha = 0.05$,计算 t 统计量及统计量临界值(见表 7-8),府吴及吴龙区段上游年来沙量及下游控制站年输沙量检验统计量分别为 0.206 及 0.097,其值均小于 1.986 7 的统计量临界值,可以说明,府吴及吴龙区段上游年来沙量及下游控制站年输沙量并无显著性差异,可认为其总体均值相等,输沙量基本保持平衡。

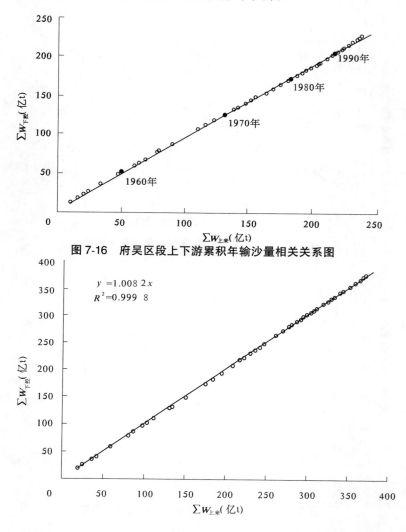

图 7-16　府吴区段上下游累积年输沙量相关关系图

图 7-17　吴龙区段上下游累积年输沙量相关关系图

(四)误差分析

1. 测验允许误差计算

输沙量计算公式为

$$W_S = Q_S \times T \tag{7-17}$$

式中　W_S——某时段输沙量;

Q_S——某时段平均输沙率;

T——计算时段。

表 7-8 输沙量 t 检验分析计算表

统计项	府吴区段		吴龙区段	
	上游来沙量 X	下游站输沙量 Y	上游来沙量 X	下游站输沙量 Y
样本均值	5.14	4.99	8.13	8.24
样本方差	13.62	12.60	29.17	29.51
样本容量	46	46	46	46
自由度	90		90	
统计量	0.206		0.097	
临界值	1.986 7		1.986 7	

根据输沙量计算公式及误差传播理论,年输沙量误差主要取决于输沙率测验的误差。本分析取输沙率单次测验允许误差作为输沙量平衡计算允许误差。其计算公式如下:

允许系统误差

$$S_{eQ_S} = \pm\sqrt{S_{eQ}^2 + S_{eC_S}^2} \qquad (7\text{-}18)$$

其中

$$S_{eC_S} = \frac{1}{4}(S_{eyq} + S_{ecl} + S_{eⅡ} + S_{eⅢ}) \qquad (7\text{-}19)$$

允许随机不确定度

$$X_{Q_S} = \sqrt{X_{C_S}^2 + X_Q^2} \qquad (7\text{-}20)$$

其中

$$X_{C_S} = \sqrt{X_Ⅲ^2 + \frac{1}{m+1}(X_Ⅰ^2 + X_{yq}^2 + X_{cl}^2 + X_Ⅱ^2)} \qquad (7\text{-}21)$$

式中　S_{eQ_S}——允许单次输沙率(输沙量)测验系统误差;

S_{eQ}——允许单次流量测验系统误差;

S_{eC_S}——允许断沙测验系统误差;

S_{eyq}、S_{ecl}——由测量仪器及水样处理而导致的断沙测验系统误差;

$S_{eⅡ}$、$S_{eⅢ}$——$C_{SⅡ}$、$C_{SⅢ}$型允许系统误差;

X_{Q_S}——允许单次输沙率(年输沙量)测验不确定度;

X_{C_S}——允许断沙测验不确定度;

X_Q——允许单次流量测验不确定度;

X_{yq}、X_{cl}——仪器与水样处理的随机不确定度;

$X_Ⅰ$、$X_Ⅱ$、$X_Ⅲ$——$C_{SⅠ}$、$C_{SⅡ}$、$C_{SⅢ}$型误差的随机不确定度;

m——垂线数目(取 $m=10$)。

根据 GB50159—92《河流悬移质泥沙测验规范》,按二类精度站中水位计算,其允许系统误差为 ±2.8%,允许随机不确定度为 11.6%。

2.误差计算

表 7-9 为府龙区段年输沙量不平衡误差计算表。从表中可以看出:

(1)府吴及吴龙区段年输沙量不平衡系统误差分别为 0.23%、−1.33%,均小于允许系统误差值(±2.8%),说明府吴及吴龙区段上游来沙量与下游控制站输沙量并无明显系统误差,输沙量基本平衡合理。

(2)府吴及吴龙区段年输沙量不平衡随机不确定度分别为 36.8%、13.3%,均大于允许不确定度(11.6%)。说明府吴及吴龙区段年输沙量不平衡随机误差较大。

表 7-9 府龙区段年输沙量不平衡误差计算表

年份	府吴区段				吴龙区段			
	上游年来沙量（亿 t）	吴堡年输沙量（亿 t）	误差计算		上游年来沙量（亿 t）	龙门年输沙量（亿 t）	误差计算	
			绝对误差（亿 t）	相对误差（%）			绝对误差（亿 t）	相对误差（%）
1954	10.99	12.9	− 1.91	− 14.8	18.52	19.9	− 1.38	− 6.9
1955	4.67	5.08	− 0.41	− 8.1	6.32	6.77	− 0.45	− 6.6
1956	4.33	4.35	− 0.02	− 0.5	11.04	9.56	1.48	15.5
1957	3.72	3.71	0.01	0.3	5.99	5.93	0.06	1.0
1958	9.64	10.1	− 0.46	− 4.6	17.28	18.0	− 0.72	− 4.0
1959	13.58	12.8	0.78	6.1	22.19	20.9	1.29	6.2
1960	2.74	2.80	− 0.06	− 2.1	5.23	5.81	− 0.58	− 10.0
1961	10.28	8.40	1.88	22.4	11.65	11.6	0.05	0.4
1962	3.20	3.11	0.09	2.9	5.39	5.40	− 0.01	− 0.2
1963	4.99	5.04	− 0.05	− 1.0	9.08	8.64	0.44	5.1
1964	9.37	9.83	− 0.46	− 4.7	18.71	17.2	1.51	8.8
1965	1.41	1.57	− 0.16	− 10.2	2.75	2.80	− 0.05	− 1.8
1966	10.73	8.51	2.22	26.1	16.51	17.1	− 0.59	− 3.5
1967	19.25	19.5	− 0.25	− 1.3	24.53	24.6	− 0.07	− 0.3
1968	5.93	5.90	0.03	0.5	9.72	9.30	0.42	4.5
1969	6.72	5.72	1.00	17.5	10.63	10.7	− 0.07	− 0.7
1970	8.44	7.78	0.66	8.5	12.66	13.7	− 1.04	− 7.6
1971	7.46	6.49	0.97	14.9	10.14	10.3	− 0.16	− 1.6
1972	3.33	2.69	0.64	23.8	4.25	4.32	− 0.07	− 1.6
1973	5.23	4.97	0.26	5.2	7.49	7.57	− 0.08	− 1.1
1974	4.40	4.16	0.24	5.8	5.59	5.89	− 0.30	− 5.1
1975	3.74	3.80	− 0.06	− 1.6	5.37	6.03	− 0.66	− 10.9
1976	7.83	5.34	2.49	46.6	6.29	6.45	− 0.16	− 2.5
1977	6.03	6.16	− 0.13	− 2.1	14.03	16.6	− 2.57	− 15.5
1978	5.40	4.77	0.63	13.2	8.49	8.26	0.23	2.8
1979	6.72	5.66	1.06	18.7	7.82	7.68	0.14	1.8

续表 7-9

年份	府吴区段				吴龙区段			
	上游年来沙量（亿 t）	吴堡年输沙量（亿 t）	误差计算		上游年来沙量（亿 t）	龙门年输沙量（亿 t）	误差计算	
			绝对误差（亿 t）	相对误差（%）			绝对误差（亿 t）	相对误差（%）
1980	1.61	1.72	− 0.11	− 6.4	2.82	2.89	− 0.07	− 2.4
1981	5.05	4.95	0.10	2.0	6.45	6.92	− 0.47	− 6.8
1982	3.60	3.25	0.35	10.8	4.49	4.36	0.13	3.0
1983	3.18	3.50	− 0.32	− 9.1	4.22	4.02	0.20	5.0
1984	3.67	2.93	0.74	25.3	3.84	3.58	0.26	7.3
1985	4.37	3.86	0.51	13.2	5.54	4.84	0.70	14.5
1986	1.41	1.73	− 0.32	− 18.5	2.39	2.34	0.05	2.1
1987	1.07	1.11	− 0.04	− 3.6	2.78	2.62	0.16	6.1
1988	5.92	5.45	0.47	8.6	9.22	9.10	0.12	1.3
1989	3.99	4.31	− 0.32	− 7.4	5.69	6.33	− 0.64	− 10.1
1990	1.76	2.05	− 0.29	− 14.1	4.33	4.55	− 0.22	− 4.8
1991	2.44	2.19	0.25	11.4	3.91	3.9	0.01	0.3
1992	3.68	3.48	0.20	5.7	6.44	6.31	0.13	2.1
1993	0.98	1.65	− 0.67	− 40.6	3.52	3.49	0.03	0.9
1994	3.91	4.01	− 0.10	− 2.5	8.15	8.51	− 0.36	− 4.2
1995	2.74	3.79	− 1.05	− 27.7	6.96	6.99	− 0.03	− 0.4
1996	3.83	3.43	0.40	11.7	6.68	7.33	− 0.65	− 8.9
1998	1.33	1.84	− 0.51	− 27.7	2.64	3.00	− 0.36	− 12.0
1998	1.54	1.90	− 0.36	− 18.9	4.08	4.49	− 0.41	− 9.1
1999	0.44	1.20	− 0.76	− 63.3	2.08	2.35	− 0.27	− 11.5
误差统计	系统误差（%）		0.23		系统误差（%）		− 1.33	
	不确定度（%）		36.8		不确定度（%）		13.3	

3. 误差分析

1）对照分析

根据年输沙量不平衡误差计算成果，按年代计算府吴及吴龙区段年输沙量不平衡误差，见表 7-10。

从表 7-9 中可以看出，府吴及吴龙区段年输沙量不平衡误差较大，府吴区段年输沙量最大正、负不平衡误差分别为 46.6%（1976 年）、− 63.3%（1999 年）；吴龙区段年输沙量最大正、负不平衡误差分别为 15.5%（1956 年）、− 15.5%（1977 年）。

从表 7-10 中可以看出，府吴区段历年输沙量累计不平衡误差为 7.13 亿 t。其中 50、60、70、80、90 年代不平衡误差分别为 − 2.03 亿 t、4.26 亿 t、6.73 亿 t、1.06 亿 t、− 2.89 亿 t，分别占各年代吴堡站输沙量的 − 4.15%、6.05%、12.99%、3.23%、− 11.32%。

吴龙区段年输沙累计不平衡误差为 − 5.03 亿 t。其中 50、60、70、80、90 年代不平衡误差分别为 0.28 亿 t、1.05 亿 t、− 4.66 亿 t、0.44 亿 t、− 2.14 亿 t，分别占各年代吴堡站输沙量的 0.35%、0.93%、-5.37%、0.94%、-4.20%。

从以上分析可知,不论是府吴区段,还是吴龙区段,年输沙量上下游不平衡随机误差均比较大。

表 7-10　黄河府龙区段逐年代输沙量平衡对照表

时段		府吴区段		吴龙区段	
		误差（亿 t）	相对误差（%）	误差（亿 t）	相对误差（%）
1954～1959 年	总和	-2.03	-4.15	0.28	0.35
	平均	-0.34		0.05	
1960～1969 年	总和	4.26	6.05	1.05	0.93
	平均	0.43		0.11	
1970～1979 年	总和	6.73	12.99	-4.66	-5.37
	平均	0.67		-0.47	
1980～1989 年	总和	1.06	3.23	0.44	0.94
	平均	0.11		0.04	
1990～1999 年	总和	-2.89	-11.32	-2.14	-4.20
	平均	-0.29		-0.21	
1954～1999 年	总和	7.13	3.11	-5.03	-1.33
	平均	0.16		-0.11	

2)误差频率分析

根据府吴区段及吴龙区段输沙量不平衡误差计算资料,分别将府吴及吴龙区段输沙量不平衡误差按从大到小的顺序排列,计算相应频率及累积频率值,并点绘累积频率曲线,见图 7-18。从图中可以看出,虽然府吴及吴龙区段年输沙量不平衡误差分布较离散,但其累积频率曲线在累积频率 50%处对应不平衡误差均近似为零,说明府吴及吴龙区段多年输沙量上下游基本平衡合理,无明显系统偏差。

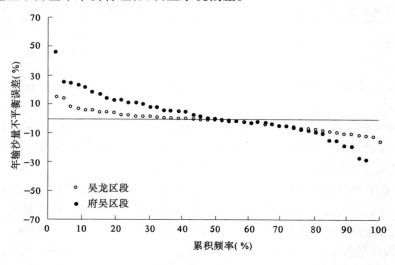

图 7-18　府谷、吴龙区段年输沙量不平衡误差累积频率曲线

第五节　结　语

一、水量基本平衡合理

经上游年来水量与下游控制站年径流量长系列平衡对照分析,河龙区间的府吴及吴龙区段上下游年径流量无明显系统偏差,基本平衡合理。

个别年份年径流量上下游不平衡随机误差较大,其误差主要来自以下三个方面:

(1)在年径流量平衡对照分析时,针对区段特点,为了简化平衡对照分析方法,忽略了一些对长系列水量平衡对照分析影响不大的要素,如未控区域引水量、蒸发量及下渗损失量、降水量及地下水补给量等,而这些要素在个别年份或时期内可能会比较大,从而导致不平衡随机误差较大。

(2)流量测验误差的影响。特别是一些特殊水情年份可能会出现较大的流量测验误差。如洪水期浮标法流量测验,浮标系数采用经验值,过水断面常常借用中低水时的实测断面,这样流量测验的两要素——流速、面积均可能出现较大误差,从而导致流量测验成果出现较大误差。

(3)未控区域水量的估算误差。

二、沙量基本平衡合理

经上游年来沙量与下游控制站年输沙量长系列平衡对照分析,河龙区间的府吴及吴龙区段上下游年输沙量无明显系统偏差,基本平衡合理。

年输沙量不平衡误差分布十分离散,部分年份或时期输沙量上下游不平衡随机误差比年径流量更大,其误差主要也来自三个方面:

(1)未控区域河道冲淤变化影响。在输沙量平衡分析计算时,考虑到府龙河段比较稳定,多年冲淤变化比较小,故从长系列的输沙量平衡分析出发,没有考虑未控区域河道年冲淤变化量这一输沙量平衡要素。这虽然对长系列输沙量平衡分析影响不大,但由于在某些特殊水情年份或时期内未控区域河道冲淤变化量比较大,从而影响短期的输沙量平衡,这是导致年输沙量不平衡随机误差大的主要原因。

(2)泥沙测验误差。洪水期泥沙测验的误差主要来自流量测验的误差。前面已经提到,洪水期流量测验的误差有时可能会很大,从而引起泥沙测验的误差有时可能也会很大。此外,府龙区段泥沙测验仪器均为横式采样器,而横式采样器是一种瞬时式采样器,受泥沙脉动影响大,直接影响泥沙测验成果的精度;在大部分支流站未进行输沙率测验,直接以单样含沙量代替断面平均含沙量,给沙量推算带来一定误差;实测输沙率的测站,在大水时,因洪水的暴涨暴落而无法实测到输沙率,也会引起泥沙推算中的较大误差。

(3)未控区域泥沙量的估算误差。

第八章　库区及河道冲淤变化

黄河是举世闻名的多沙河流,所以,对于黄河特别是河龙区间来说研究水库库区及河道冲淤变化规律显得尤为重要。

一座水库建成后,改变了河道原有的水沙运动规律,库区会有大量的泥沙淤积,从而降低水库的运行效益,影响水库的使用寿命。特别是建在黄河上的水库,由于其含沙量大,淤积问题就更加突出。所以,掌握水库泥沙的淤积变化规律,研究库区泥沙淤积的控制和处理措施,从而制定合理的水库运用方式,最大限度地减少泥沙淤积带来的不利影响,是水库管理中一项非常重要而又十分必要的工作。

河道断面的冲淤变化是水流与河床相互作用,并通过泥沙运动来实现的。在一定的水流及河床边界条件下,河流的挟沙能力是一定的。当河流床沙质含沙量恰好等于河流的挟沙能力时,河床处于动态平衡之中,过水断面不冲不淤,同水位面积保持相等;当河流床沙质含沙量大于河流的挟沙能力时,河床动态平衡被打破,河床就发生淤积,相反河床就发生冲刷。天然河流的流速、含沙量、泥沙粒径组成等水流条件是在不断变化的,河流的挟沙能力随之不断变化,河流断面的冲淤也就在不断变化。对于多沙的黄河特别是高含沙的河龙区间来说,河流断面的冲淤变化尤其频繁和复杂。因此,在河龙区间干支流进行断面冲淤变化规律,特别是洪水期断面冲淤变化规律的分析探讨,对于了解和提高该区间水文测验精度,正确分析研究其水沙特性是十分重要和必要的。

第一节　万家寨库区冲淤变化

含沙量大直接影响着万家寨水库的运行方式、运用效益和使用寿命。通过对库区淤积测验成果资料的分析研究,可以了解水库淤积的成因、现状、趋势和冲淤变化规律,这对于进一步总结经验,为今后指导水库运行方案的制订和完善是十分有益的。万家寨水库正式投入运行以来进行了数次库容测验。利用这些测验成果,本章对库区冲淤变化进行了初步分析研究。

一、基本情况

(一)枢纽工程

黄河万家寨水利枢纽工程是国家"八·五"重点水利水电工程项目,位于河龙区间河府区段的万家寨峡谷,是河龙区间第一座大型水利枢纽,同时也是黄河中游规划开发梯级水库的第一级。坝址距黄河口 1 889 km,控制流域面积 39.5 万 km²,左岸隶属山西省偏关县,右岸隶属内蒙古自治区准格尔旗。水库的主要功能是供水结合发电调峰,同时兼顾防洪、防凌。枢纽工程于 1994 年 4 月主体开工建设,历经 4 年,1998 年竣工,同年 10 月 1 日下闸蓄水,12 月 28 日第一台机组并网发电,正式投入运行。

万家寨水利枢纽工程为半整体式混凝土重力坝,由拦河坝、泄水建筑物、坝后式电站厂房、引黄取水建筑物及 GIS 全封闭开关站等组成。枢纽工程坝顶高程 982.00 m,坝顶长

443 m,最大坝高 105 m。水库原始总容(980 m 高程以下)9.136 亿 m³,调节库容 4.45 亿 m³,水库最高蓄水位 980.00 m,正常蓄水位 977.00 m,死水位 948 m,死库容 2.94 亿 m³。枢纽水电站装机 6 台,总装机容量 108 万 kW,年发电量 27.5 亿 kW·h。枢纽年供水量 14 亿 m³,其中向山西省供水 12 亿 m³(太原市 6.4 亿 m³、平朔及大同地区 5.6 亿 m³),向内蒙古自治区准格尔旗供水 2 亿 m³。工程建成后对缓解晋、蒙两省(区)能源基地工农业用水及人民生活用水的紧张状况,改善华北电网电力供应紧张局面及优化电网运行条件起到了较大的促进作用,并对下游天桥水电站的防洪、防凌提供了有利的条件。

(二)淤积测验

为了满足库区水文泥沙动态监测的需要,万家寨水库库区内共设计布设永久性淤积测验断面 89 个,其中黄河干流 73 个(WD01～WD72 及大沟口断面)、一级支流 16 个。干流断面分布于库区 106.154 km 范围内;支流断面分布于库区内 4 条一级支流上,其中杨家川 5 个(YJ01～YJ05)、黑岱沟 4 个(HD01～HD04)、龙王沟 2 个(LW01、LW02)、浑河 5 个(HH01～HH05)。图 8-1 为万家寨水库库区淤积测验断面位置示意图。1997 年 7 月,在水库蓄水运行前进行了原始库容测验;1999 年 10 月,在水库运行后进行了首次库容淤积测验,并对水库运行一年多以来的库区冲淤变化情况进行了初步分析;2000 年起,水库库容淤积测验每年于汛前、汛后进行 2 次。包括原始库容测验在内,到 2002 年共计已进行库容淤积测验 8 次。

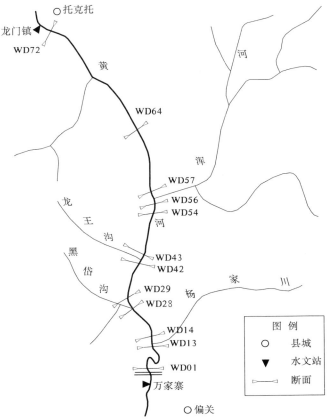

图 8-1 万家寨水库库区淤积测验断面位置示意图

二、库容变化

据 1952～1999 年资料统计,万家寨水库入库水文站河口镇站多年平均年输沙量为 1.163 亿 t,多年平均含沙量为 5.12 kg/m³。这些挟带泥沙的水流进入库区后,随着过水断面面积的逐渐扩大,水流速度会逐渐减小,水流的挟沙能力会沿程递减,水流所挟带的泥沙就会沿程逐渐沉积于库底,从而使水库的库容逐渐减小,功能逐渐降低。本章以上述 8 次库容淤积测验成果为依据,就万家寨水库因淤积引起的库容变化分析如下。

以水库水位为纵坐标、水库库容为横坐标,点绘万家寨水库历次库区淤积测验水位～库容曲线,见图 8-2。

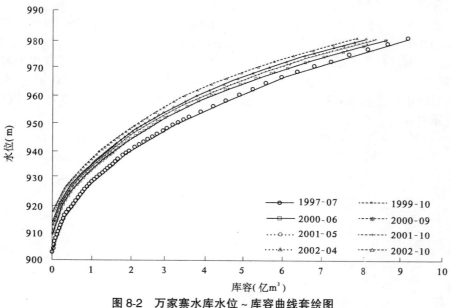

图 8-2　万家寨水库水位～库容曲线套绘图

从图 8-2 可以看出,随着时间的推移,历次库区淤积测验的水位～库容曲线逐渐左移,说明随着水库蓄水运行后泥沙的不断淤积,同水位库容在逐渐减小。

点绘万家寨水库 980 m 高程以下历次实测库容过程线,见图 8-3。从图中也可以看出,随着时间的推移,库容越来越小,淤积趋势十分明显,同时淤积也是比较严重的。

万家寨水库历年实测库容淤积情况统计见表 8-1。水库 980 m 高程以下原始静态库容(以下简称库容)为 9.136 亿 m³(断面法推求,下同),1999 年 10 月,2000 年 6 月、9 月,2001 年 5 月、10 月及 2002 年 4 月、10 月历次实测库容分别为 8.437 亿 m³、8.505 亿 m³、8.234 亿 m³、8.234 亿 m³、8.042 亿 m³、8.007 亿 m³、7.740 亿 m³。由此可以看出:

(1)历经 4 年蓄水运行(1998 年 10 月～2002 年 10 月),水库库容损失量为 1.396 亿 m³,占原始库容的 15.3%,占水库死库容的 47.5%。也就是说水库经 4 年运行,死库容已淤积近一半。1999～2002 年水库逐年淤积量分别为 0.699 亿 m³、0.203 亿 m³、0.192 亿 m³、0.302 亿 m³,分别占原始库容的 7.7%、2.2%、2.1%、3.3%,平均每年淤积 0.349 亿 m³,占原始库容的 3.8%。见图 8-4。

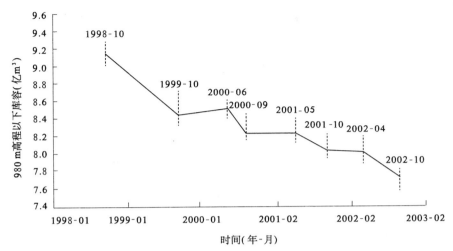

图 8-3　万家寨水库 980 m 高程以下历次实测库容过程线

表 8-1　万家寨水库历年实测库容淤积情况统计表

序　号	时　间		库　容 (亿 m³)	冲淤量(亿 m³)		
				汛　期	非汛期	全年
1	1997 年 7 月		9.136	原始库容		
	1998 年汛后		9.136			
						0.699
2	1999 年	汛后	8.437			
					− 0.068	0.203
3	2000 年	汛前	8.505			
4		汛后	8.234	0.271		
					0.000	0.192
5	2001 年	汛前	8.234			
6		汛后	8.042	0.192		
					0.035	0.302
7	2002 年	汛前	8.007			
8		汛后	7.740	0.267		
年平均	1998-10 ~ 2002-10					0.349
	1999-10 ~ 2002-10			0.243	− 0.011	0.232
合计	1998-10 ~ 2002-10					1.396
	1999-10 ~ 2002-10			0.730	− 0.033	0.697

注:1.年淤积量是指从上年汛后测量时间起至本年汛后测量时间止时段内的淤积量。
　　2.非汛期淤积量是指从上年汛后测量时间起至本年汛前测量时间止时段内的淤积量。

（2）从历年实测淤积量来看,水库蓄水运行的第一年(1999 年),水库库容损失量最大,占到了 4 年总损失量的一半以上(50.1%)。其原因主要是在水库运行初期水库采取了防渗淤积运行。

（3）水库防渗淤积完成后,采取"蓄清排浑"运行方式,水库淤积程度有所减轻。1999 年 10 月 ~ 2002 年 10 月,3 年共计损失量为 0.697 亿 m³,占原始库容的 7.6%;平均每年损失 0.232 亿 m³,占原始库容的 2.5%。按此推算,7 年后的 2009 年死库容将全部淤满。

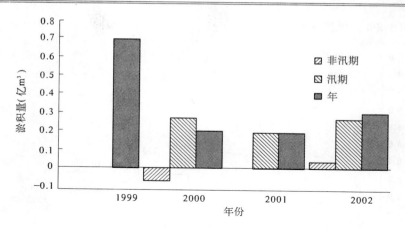

图 8-4　万家寨水库历年实测淤积量柱状分布图

（4）从年内淤积情况来看，水库淤积主要发生在每年汛期，而非汛期（上年汛后至本年汛前）水库冲淤变化基本平衡。2000～2002 年汛期水库淤积量分别为 0.271 亿 m^3、0.192亿 m^3、0.267 亿 m^3，分别占年淤积量的 133.5%、100.0%、88.4%，可见汛期水库淤积量所占权重呈递减趋势。

三、淤积分布

（一）断面冲淤变化

1．干流断面

根据历次库区淤积测验成果资料，计算干流各时期淤积测验断面冲淤面积，见表 8-2；点绘干流各时期实测断面沿程平均冲淤柱状分布图，见图 8-5。经分析可得出以下结论：

（1）库区淤积主要集中于坝前 50 多 km 的河段内（WD01～WD54 断面），并向上游呈逐渐递减趋势。

表 8-2　万家寨库区干流历年实测淤积面积统计表

区段	断面编号	计算高程（m）	淤积面积（m^2）				
			1999 年	2000 年	2001 年	2002 年	1999～2002 年
1	WD01	980	2 570	859	85	734	4 248
	WD02	980	3 080	495	− 120	668	4 123
	WD04	980	3 690	232	− 465	1 256	4 713
	WD06	980	2 120	946	52	271	3 389
	WD08	980	1 260	1 257	− 243	165	2 439
	WD11	980	1 110	1 255	260	− 142	2 483
	WD14	980	890	679	304	870	2 743
	WD17	980	310	1 312	− 170	670	2 122
	WD20	980	610	238	− 52	675	1 471
	WD23	980	390	667	254	263	1 574
	WD26	980	420	1 004	230	453	2 107

续表 8-2

区段	断面编号	计算高程（m）	淤积面积（m²）				
			1999 年	2000 年	2001 年	2002 年	1999～2002 年
1	WD28	980	− 260	1 249	836	362	2 187
	WD30	980	1 560	− 94	810	1 355	3 631
	WD32	980	2 200	− 338	1 288	2 056	5 206
	WD34	980	1 960	− 292	1 516	2 449	5 633
	WD36	980	1 881	136	1 676	1 030	4 723
	WD38	980	1 627	680	247	565	3 119
	WD40	980	1 830	1 026	204	205	3 265
	WD42	980	2 195	− 557	346	186	2 170
	WD43	980	1 940	− 490	127	485	2 062
	WD44	980	1 179	− 92	39	345	1 471
	WD46	980	1 293	− 461	454	− 58	1 228
	WD48	980	877	− 305	390	− 31	931
	WD50	980	671	− 670	388	− 134	255
	WD52	980	514	− 281	329	149	711
	WD54	980	− 67	10	203	145	291
2	WD56	985	221	− 381	153	64	57
	WD57	985	115	− 224	124	77	92
	WD58	985	− 212	− 60	157	− 82	− 197
	WD59	985	− 206	− 2	11	29	− 168
	WD60	985	− 225	18	− 75	49	− 233
	WD61	985	− 313	146	− 12	46	− 133
	WD62	985	21	− 173	26	10	− 116
	WD63	985	− 135	21	− 1	21	− 94
	WD64	985	− 211	135	− 66	78	− 64
3	WD65	990	69	69	279	32	449
	WD66	990	78	− 22	120	104	280
	WD67	990	528	− 399	192	43	364
	WD68	990	898	− 536	− 12	− 108	242
	WD69	990	− 468	− 674	− 27	− 39	− 1 208
	WD70	990	24	− 43	92	31	104
	WD71	990	134	38	− 89	60	143
	WD72	990	133	− 68	41	− 1	105

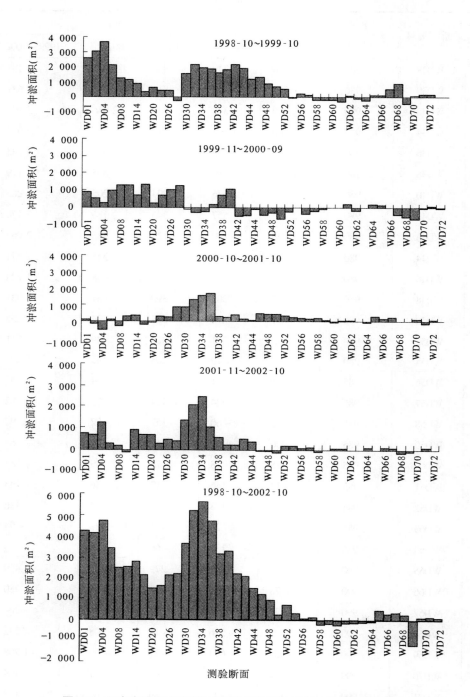

图8-5　万家寨库区干流各时期实测断面沿程平均冲淤柱状分布图

(2)在库区变动回水区(WD54～WD64 断面),断面冲多淤少,河道总体呈冲刷状态。

(3)在库区变动回水区以上(WD64～WD72 断面),由于库区回水顶托影响,除 WD69 断面外,其他各断面均呈淤积状态。

(4)1999～2002 年测验断面平均淤积面积分别为 844 m²、147 m²、230 m²、358 m²,可见 1999 年测验断面平均淤积面积为最大,2000～2002 年测验断面平均淤积面积呈逐年递增趋势(见图 8-6)。

(5)1999～2002 年,在测验断面中最大断面淤积面积分别为 3 690 m²(WD04)、1 312 m²(WD17)、1 676 m²(WD36)、2 449 m²(WD34);最大断面冲刷面积分别为 468 m²(WD69)、674 m²(WD69)、465 m²(WD04)、142 m²(WD11)。

(6)从整个库区冲淤变化来讲,非汛期库区淤积较小,甚至出现少量的冲刷,总体上基本处于冲淤平衡状态。但就各淤积测验断面看,非汛期的断面冲淤变化较汛期并不小(见表 8-3)。说明在非汛期水流对汛期淤积在库内的泥沙进行了冲移的再分配。

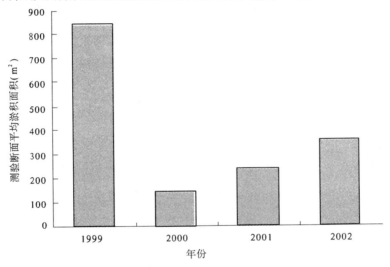

图 8-6　万家寨区历年实测淤积面积柱状分布图

表 8-3　万家寨库区干流实测冲淤面积情况统计表

统计项目	冲淤面积(m²)					
	2000 年		2001 年		2002 年	
	非汛期	汛　期	非汛期	汛　期	非汛期	汛　期
平　　均	-145.3	292.1	-9.47	239.7	24.0	334.3
最大冲刷 $A_{c\,max}$	-1 263	-236	-962	-387	-573	-365
最大淤积 $A_{y\,max}$	1 235	1 612	932	1 166	568	2 191
$A_{y\,max} - A_{c\,max}$	2 498	1 848	1 894	1 553	1 141	2 556

2.支流断面

统计计算杨家川等4条支流各淤积测验断面的冲淤面积,见表8-4;点绘其沿程分布柱状图,见图8-7。从图表中可以看出:

(1)在水库淹没范围内,断面淤多冲少,河道总体呈淤积状态。

(2)在水库淹没范围外,断面冲多淤少,河道总体呈冲刷状态。

表8-4　万家寨库区各支流历年实测淤积面积统计表

区段	断面	计算高程(m)	淤积面积(m²)				
			1999 年	2000 年	2001 年	2002 年	1999 ~ 2002 年
杨家川	YJ01	980	216	− 256	583	− 438	105
	YJ02	980	− 444	1 294	− 739	− 161	− 50
	YJ03	980	10.3	6.1	42.2	− 8.2	50.4
	YJ04	980	− 7	− 21.5	− 13.3	− 13.9	− 55.7
	YJ05	990	4.27	− 12.09	− 10.68	− 11.93	− 30.43
黑岱沟	HD01	980	58	− 23	106	− 10	131
	HD02	980	47	− 19	42	− 74	− 4
	HD03	990	− 107.6	− 14.8	10.8	− 0.5	− 112.1
	HD04	1 000	− 19	26.2	− 7.8	− 1.6	− 2.2
龙王沟	LW02	980	810	− 394	304	− 242	478
	LW01	990	− 65.1	8.8	− 2.7	− 1.4	− 60.4
红　河	HH01	980	59	27	66	− 91	61
	HH02	985	21	− 42	40	5	24
	HH03	985	− 64.9	− 24.6	89.3	− 39.1	− 39.3
	HH04	990	− 24.6	20.3	6.9	− 6.9	− 4.3
	HH05	997	1.31	0.33	7.25	− 2.58	6.31

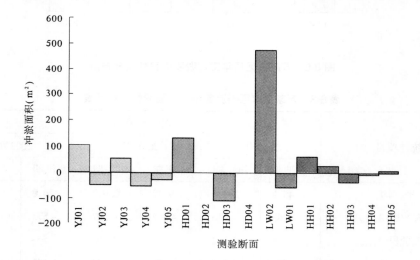

图8-7　万家寨库区各支流实测断面冲淤变化柱状图

(二)淤积分布

1.淤积量计算

泥沙淤积量的计算干支流分开进行。在计算干流泥沙淤积量时,又将干流划分为 WD01～WD54 断面(坝前 55.158 km)、WD54～WD64 断面(距坝里程 55.158～69.854 km) 及 WD64～WD72 断面(距坝里程 69.854～106.154 km)3 段,然后分别计算其各段泥沙淤积量。

泥沙冲淤量计算公式为

$$V_i = \begin{cases} \dfrac{L}{2}(A_i + A_{i+1}) & \left(\left|\dfrac{A_i - A_{i+1}}{A_i}\right| < 40\%\right) & (8\text{-}1) \\[3mm] \dfrac{L}{3}(A_i + A_{i+1} + \sqrt{A_i \cdot A_{i+1}}) & \left(\left|\dfrac{A_i - A_{i+1}}{A_i}\right| \geqslant 40\%\right) & (8\text{-}2) \end{cases}$$

式中　V_i——相邻两断面间泥沙冲淤量(淤积取正,冲刷取负);

　　　A_i、A_{i+1}——相邻两断面面积;

　　　L——相邻两断面间距。

2.淤积分布情况

万家寨水库库区淤积分布情况统计见表 8-5。从表中可以看出,在干流断面 WD01～ WD72 之间共淤积 1.362 1 亿 m³。其中在断面 WD01～WD54 之间淤积 1.380 1 亿 m³;在断面 WD54～WD64 之间冲刷 0.010 0 亿 m³;在断面 WD64～WD72 之间冲刷 0.008 0 亿 m³。4 条支流共淤积 0.002 8 亿 m³。其中杨家川淤积 0.001 3 亿 m³;黑岱沟淤积 0.001 0 亿 m³; 龙王沟淤积 0.002 9 亿 m³;浑河冲刷 0.002 4 亿 m³。

从统计结果还可以看出,黄河干流淤积量占了整个库区总淤积量的 99.8%,其中主要集中于坝前 WD01～WD54 断面之间,4 条支流仅占库区总淤积量的 0.2%。

表 8-5　万家寨水库库区淤积分布情况统计表

区　段		淤积量(亿 m³)					占库区总淤积量(%)
		1999 年	2000 年	2001 年	2002 年	1989 年 10 月～2002 年 10 月	
干流	WD01～WD54	0.709 2	0.185 8	0.180 2	0.304 9	1.380 1	101.1
	WD54～WD64	-0.015 2	-0.003 9	0.004 3	0.004 8	-0.010 0	-0.7
	WD64～WD72	0.048 8	-0.077 0	0.014 3	0.005 9	-0.008 0	-0.6
	小　计	0.742 8	0.104 9	0.198 8	0.315 6	1.362 1	99.8
支流	杨家川	-0.002 9	0.014 3	-0.003 1	-0.007 0	0.001 3	0.1
	黑岱沟	0.000 5	-0.000 7	0.002 2	-0.001 0	0.001 0	0.1
	龙王沟	0.005 2	-0.002 6	0.002 0	-0.001 6	0.002 9	0.2
	红　河	-0.000 1	-0.001 6	0.000 8	-0.001 5	-0.002 4	-0.2
	小　计	0.002 7	0.009 5	0.001 9	-0.011 2	0.002 8	0.2
总　计		0.745 5	0.114 4	0.200 7	0.304 4	1.364 9	100.0

四、淤积泥沙组成

万家寨库区河床质泥沙组成情况统计见表 8-6。从表中可以看出:

（1）坝前断面河床质泥沙较细,粗沙含量较少。WD01、WD30－1、WD34－1断面河床质泥沙平均粒径分别为 0.006 mm、0.021 mm、0.010 mm;粗沙($D > 0.062$ mm)所占比重分别为 0.3%、7.5%和 0.95%。

（2）在库区变动回水区,河床质泥沙相对比较粗,粗沙含量相对比较多。WD54、WD56、WD60、WD62、WD64断面河床质泥沙平均粒径分别为 0.091 mm、0.081 mm、0.075 mm、0.045 mm、0.044 mm;粗沙所占比重分别为 58.8%、71.7%、60.9%、27.9%、26.9%。

表 8-6　万家寨库区河床质泥沙组成情况统计表

区段	断面编号	取样位置	泥沙粒径（mm）			粗沙（$D > 0.062$）所占比重（%）		
			测点	断面平均	区段平均	测点	断面平均	区段平均
1	WD01	1	0.008	0.006	0.032	0.2	0.3	16.9
		2	0.004			0.3		
	WD30－1	1	0.023	0.021		13.9	7.5	
		2	0.019			1.1		
	WD34－1	1	0.009	0.01		0.3	0.9	
		2	0.011			1.6		
2	WD54	1	0.056	0.091	0.063	35.8	58.8	44.9
		2	0.125			81.7		
	WD56	1	0.078	0.081		69.8	71.7	
		2	0.083			73.6		
	WD60	1	0.07	0.075		57.6	60.9	
		2	0.08			64.2		
	WD62	1	0.046	0.045		28.8	27.9	
		2	0.044			27		
	WD64	1	0.027	0.044		7	26.9	
		2	0.061			46.7		
3	WD65	1	0.053	0.042	0.065	34	23.3	34.1
		2	0.03			12.5		
	WD67	1	0.038	0.041		15.4	20.1	
		2	0.043			24.7		
	WD69	1	0.051	0.05		33.8	32.3	
		2	0.049			30.8		
	大沟口		0.167	0.167		73.5	73.5	
	WD71	1	0.065	0.047		50	28.4	
		2	0.028			6.8		

出现上述现象是由于水流入库后,随着过水断面面积的增大,流速在减小,水流的挟沙能力相应减小,最粗的泥沙首先开始在库区变动回水区落淤,越接近坝前,泥沙就会越细,从而使到达坝前的泥沙变细。

五、水库淤积形态

水库淤积形态反映了水库淤积分布,而且又影响以后的水流和泥沙运动及再淤积。

它是研究水库淤积规律、预测淤积发展以及水库管理运行的基础。

(一)纵向淤积

水库纵向淤积形态,是指水库淤积纵剖面的形态,其形成主要取决于上游来水来沙特性、水库壅水程度、坝前水位变幅及水库地形等。据1997年7月原始库容测验及2002年10月淤积测验成果,计算库区各断面平均河底高程,见表8-7;点绘各断面平均河底高程纵向分布图,见图8-8。

从图中可以看出,万家寨水库库区纵向淤积基本呈三角洲淤积形态。

表8-7　万家寨水库库区各断面平均河底高程统计表

序号	断面编号	距坝里程（km）	1997年平均河底高程（m）	2002年平均河底高程（m）
1	WD01	0.69	922.7	911.6
2	WD02	1.763	919.0	907.7
3	WD04	3.932	918.5	908.1
4	WD06	6.58	925.6	915.2
5	WD08	9.14	934.9	919.9
6	WD11	11.704	934.5	925.3
7	WD14	13.991	932.5	925.3
8	WD17	17.091	939.0	929.9
9	WD20	20.093	938.8	931.6
10	WD23	22.449	940.8	934.3
11	WD26	25.312	942.5	935.8
12	WD28	27.272	949.7	938.7
13	WD30	28.91	957.4	944.2
14	WD32	30.505	955.1	941.5
15	WD34	32.36	958.1	944.4
16	WD36	35.035	959.5	947.4
17	WD38	37.15	960.3	949.4
18	WD40	38.336	961.4	951.2
19	WD42	41.016	961.8	954.3
20	WD43	42.366	964.8	955.7
21	WD44	43.076	962.0	955.7
22	WD46	44.896	963.7	958.5
23	WD48	46.591	963.5	959.3
24	WD50	48.958	963.9	961.7
25	WD52	52.133	968.1	965.3
26	WD54	55.158	971.2	967.4
27	WD56	56.633	973.7	968.1
28	WD57	57.293	971.4	968.9
29	WD58	58.468	973.0	975.9
30	WD59	59.733	973.2	974.4
31	WD60	61.454	975.4	976.1
32	WD61	63.739	976.8	977.5
33	WD62	65.919	978.8	979.6

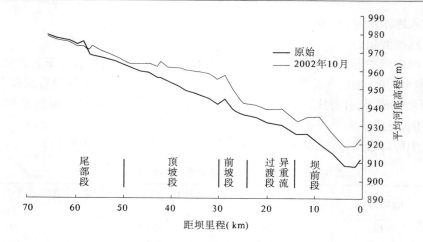

图 8-8　万家寨库区纵向平均河底高程分布图

断面平均河底高程计算公式为

$$\overline{H} = G - \frac{A}{B} \qquad (8\text{-}3)$$

式中　$\overline{H}$——断面平均河底高程；

　　　　G——计算断面面积时，统一取定的水位；

　　　　A——水位 G 对应断面面积；

　　　　B——水位 G 对应断面的水面宽。

万家寨库区三角洲水库淤积体，自泥沙淤积末段到坝前依次可划分为尾部段（WD50以上）、顶坡段（WD30 ~ WD50）、前坡段（WD26 ~ WD30）、异重流过渡段（WD14 ~ WD26）和坝前段（WD14 以下），各段平均淤积厚度分别为 2.8 m、9.0 m、10.3 m、7.3 m、10.6 m，淤积体积分别为 0.034 亿 m³、0.601 亿 m³、0.090 亿 m³、0.218 亿 m³、0.449 亿 m³。可见坝前段淤积比较严重，平均淤积厚度为各段最大，淤积量仅小于顶坡段。

（二）横向淤积

水库横向淤积形态是指水库横剖面淤积形态。其形成主要取决于断面来水来沙条件、断面附近水库地形、河势、位于水库的部位、水库纵剖面形态及水库调度方式等。

经库区各断面历年实测资料套绘分析，水库库区断面淤积规律比较明显，基本上呈平行抬高形态。其中最为典型的是 WD02 断面（见图 8-9）。从图中可以看出，淤积面基本上是逐年水平抬高的。在水库回水变动区及其以上，断面时冲时淤，冲淤变化不定。总体上呈淤积趋势的断面，其淤积变化也没有明显的规律。但就淤积部位来讲，基本上属全断面普遍淤积形态（见图 8-10）。

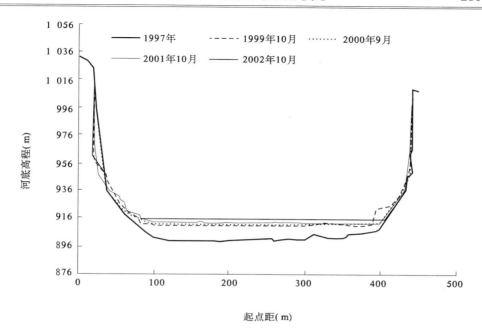

图 8-9　万家寨库区历年实测 WD02 断面套绘图

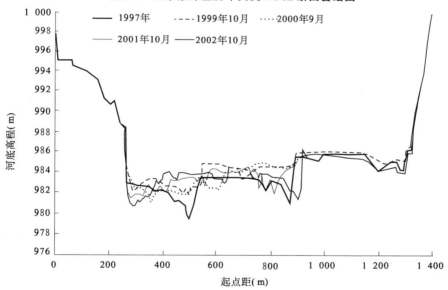

图 8-10　万家寨库区历年实测 WD68 断面套绘图

第二节　天桥库区冲淤变化

　　天桥水库建库以来,库区淤积十分严重,库容已大大减小。因此分析研究其库区冲淤变化规律对于指导水库运行方案的制订和完善、延长水库使用寿命就显得尤为重要。建库 27 年来,其间进行了数 10 次库容测验,成果比较丰富,利用这些测验成果,加上上下游

6 站的水文资料,本章对天桥库区的冲淤变化进行了较为深入的分析研究。

一、基本情况

(一)水库工程

天桥水库是一座以径流发电为主的中型水库,所以又称为天桥径流水电站,位于河龙区间河府区段干流的义门峡谷河段。工程连接秦晋两省,坝址距黄河口 1 792 km;距下游府谷水文站 6 km,距上游河曲水文站、万家寨枢纽工程分别为 47 km、97 km;控制流域面积 403 880 km²,控制万家寨到天桥区间面积 8 880 km²;1970 年 4 月开工,1975 年 12 月截流,1976 年底第一号机组开始发电,1978 年 7 月 4 台机组全部投产。大坝以上基本为矩形河道,平均宽约 300 m,两岸为石灰岩陡壁。库内有县川河、清水川、皇甫川等 3 条较大支流汇入。

天桥水库以发电为主,装机容量 13.6 万 kW,正常高蓄水位 834.0 m,兼有防洪功能。坝体全长 752.1 m,左岸为混凝土重力坝,长 422.1 m,右岸为土石坝,长 330 m,最大坝高 53 m,坝顶高程 838 m(黄海基面,下同)。大坝底部有 8 个排沙孔,排沙孔底坎高程 809.5 m。811 m 高程安装发电机组 4 台,另有泄流闸 7 孔、排沙闸 3 孔,溢流闸底坎高程 829 m。水库原始库容(836 m 高程以下)8 971 万 m³,调节运行近 27 年后的 2003 年,总库容仅剩 2 633万 m³,库容淤积损失达 70.6%,库尾端也由初期的距大坝 25 km 萎缩至 20 km 以下,基本失去了防洪调节功能,发电也受到了严重的制约。由于建坝时质量偏低、年代较长等原因,90 年代末天桥被水利部列为危坝。目前,天桥电站正在多方筹措资金,准备进行大坝的加固维护和库容增扩工作,以期提高工程的综合效益。

(二)淤积测验

根据水电部发文部署和黄委会指示精神, 吴堡水文总站于 1975 年 9 月组建了天桥库区水文实验站,开展了库区基本设施等前期工作,1976 年正式开始水库水文泥沙观测研究工作。工作内容包括进出库水文测验(进库水文站有黄河河曲站、皇甫川皇甫站、清水川清水站和县川河旧县站,出库站有黄河府谷站)、淤积断面测验、库区水位观测、水力泥沙因子测验、库区冰凌观测与调查等。

天桥水库淤积测验开始于 1973 年 5 月,黄委会测绘队在天桥—河曲 46 km 的干流河段上布设了黄淤 1 ~ 28 共 28 个测验断面(编号为 TD01 ~ TD28);1975 年 10 月,天桥库区水文实验站对部分断面进行了调整和设施维修;1975 年 11 月开展了水库蓄水前断面测验;1978 年 6 月在主要入库支流新增布设 7 个断面(其中皇甫川 3 个、清水川 3 个、县川河 1 个);1979 年 5 月,在坝下干流河段 11.2 km 范围新增布设 8 个断面。天桥水库库区测验断面布设见图 8-11。

1975 年 11 月,水库处于截流蓄水前期,库区测验只测了黄淤 1 ~ 8 断面;1976 ~ 1977 年,水库蓄水淤积上延,库区测验测了黄淤 1 ~ 15 断面;1978 ~ 1980 年测了黄淤 1 ~ 20 断面及支流 7 个断面;1981 ~ 2003 年测了黄淤 1 ~ 22 断面及支流 7 个断面。因水势、地形等因素变化,在黄淤 4、6、8 和黄淤 21 号断面另增设辅助断面各 1 个,因此从 1981 年起库区测验断面共计 33 个。

库区淤积测验是根据库区淤积情况和天桥水电站生产运行的需要来布置测次的。1975 年和 1976 年各 1 次;1977 ~ 1984 年每年 2 ~ 4 次,汛前汛后各测 1 次为基本测次,汛后遇大洪水加测 1~2 次为辅助测次,选择 7~8 个断面实施检测;1985~2003 年每年汛前必测 1 次为基本测次,汛期或汛后遇大洪水或据天桥水电站生产运行的需要可增加辅助测次。从 1975 年 11 月至 2003 年底,共计进行淤积测验 60 次,一年测次最多 4 次、最少 1 次。

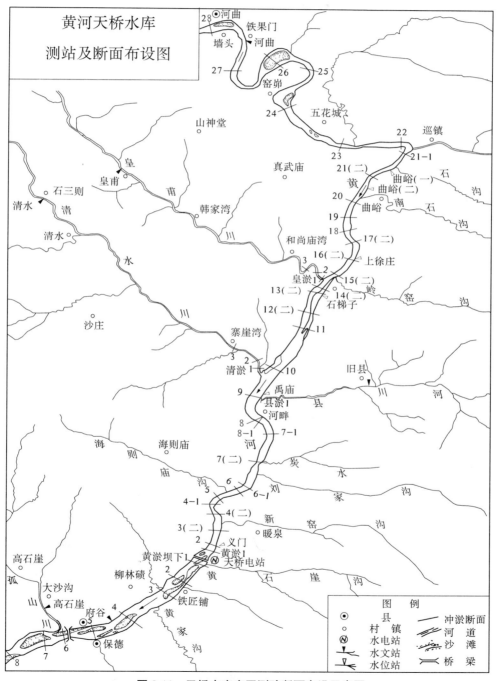

图 8-11　天桥水库库区测验断面布设示意图

二、库容变化

天桥水库蓄水发电以来,河道水流条件发生了改变,特别是支流来水多为洪水,含沙量大,粗颗粒泥沙多,使水库淤积严重,库容损失非常大。库容最小时为 1 651 万 m³,出现在 1997 年汛后。点绘 836 m 高程下天桥水库水位 ~ 库容关系曲线,见图 8-12。从图中可以看出,现库容、最小库容远小于原始库容。

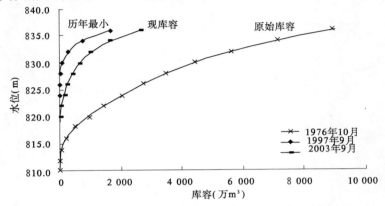

图 8-12 天桥水库水位 ~ 库容关系曲线套绘图

从天桥水库历年库容变化过程线(见图 8-13)可以看出,自水库运行以来到 1998 年,库容呈明显减小趋势。1976 ~ 1979 年减小的速度最快,1980 ~ 1988 年趋缓,1989 ~ 1998 年更缓,1998 年后至 2003 年有增加趋势,但增量较小。库容的年内变化较大,一般非汛期(上年汛后至本年汛前)库容增加,汛期减小,呈锯齿状变化;个别年份有所不同,如 1977 年、1979 年、1981 年、2002 年非汛期库容减小,1980 年、1983 年、2002 年汛期库容增加。

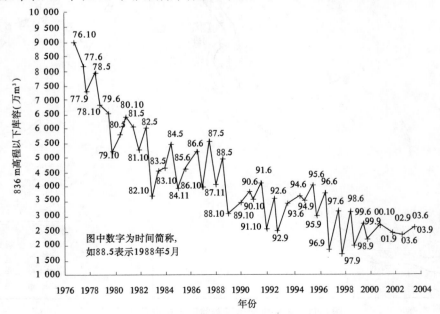

图 8-13 天桥水库历年库容变化过程线

从历年冲淤量柱状分布图(见图 8-14)可以看出,较大的淤积均发生在汛期,较大的冲刷均发生在非汛期。汛期和非汛期的最大淤积量分别为 2 365 万 m³(1982 年)和 804 万 m³(1977 年),最大冲刷量分别为 – 641 万 m³(1980 年)和 – 1 572 万 m³(1998 年)。尽管淤积的次数与冲刷的次数大致相当(各 22 次,由于缺测原因,均为不完全统计),但淤积量远大于冲刷量。这就是造成库容逐年减小的原因。

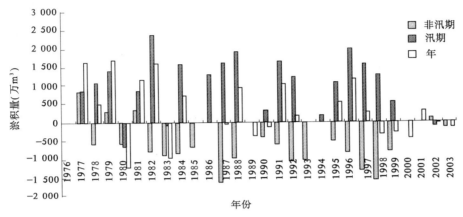

图 8-14　天桥水库历年冲淤量柱状分布图

1976 年原始库容为 8 971 万 m³,4 个时期(跨度分别为 3 年、9 年、10 年、5 年)末的 1979 年、1988 年、1998 年、2003 年汛后淤积测验库容(断面法计算)分别为 5 198 万 m³、3 105 万 m³、1 981 万 m³、2 633 万 m³(见表 8-8)。

从统计情况看:

(1)天桥水库发电运行初期(1976 年 10 月 ~ 1979 年 10 月),水库库容损失量为 3 773 万 m³,平均每年损失库容 1 258 万 m³,年损失率 14.0%;第二时期(1979 年 10 月 ~ 1988 年 10 月)水库库容损失量为 2 093 万 m³,平均每年损失库容 233 万 m³,年损失率 2.6%;第三时期(1988 年 10 月 ~ 1998 年 9 月)水库库容损失量为 1 124 万 m³,平均每年损失库容 112 万 m³,年损失率 1.2%。前三个时期的库容损失分别占原始库容的 42.1%、23.3%、12.5%。也就是说,到 1998 年 9 月时,实际库容为 1 983 万 m³,仅是原始库容 8 971 万 m³ 的 22.1%,比最小库容的 1997 年 1 651 万 m³ 略大。第四时期(1998 年 9 月 ~ 2003 年 9 月)库容增加了 652 万 m³,平均每年增加库容 130 万 m³,年增量为 1.5%,第四时期末的实际库容为 2 633 万 m³,是原始库容的 29.4%,比第三时期末的 22.1%增加了 7 个百分点。

(2)水库年内冲淤变化较大,汛期一般为淤积。多年平均淤积量汛期为 979 万 m³,非汛期为 – 636 万 m³,汛期平均为淤积,非汛期平均为冲刷。汛期前三时期内平均淤积量接近,分别为 1 094 万 m³、1 099 万 m³、1 135 万 m³,第四时期很小,为 131 万 m³;非汛期各个时期淤积量分别为 164 万 m³、– 761 万 m³、– 919 万 m³、– 293 万 m³,从初期的淤积到后来的冲刷,以冲刷为主。

虽然汛期平均为淤积,非汛期平均为冲刷,但冲刷量一般比淤积量要小得多。总的来说,天桥水库以淤积为主,库容呈逐年减少趋势。

表 8-8　天桥水库历年实测冲淤量统计表

年份	库容(万 m³)		冲淤量(万 m³)			备注
	汛前	汛后	非汛期	汛期	全年	
1976		8 971		原始库容		1. 冲淤量计算时间:非汛期从上年汛后测量时间至本年汛前测量时间;汛期从本年汛前至汛后;年计算时间从上年汛后至本年汛后。
1977	8 167	7 334	804	833	1 637	
1978	7 923	6 861	−589	1 062	473	
1979	6 584	5 198	277	1 386	1 663	
1980	5 786	6 427	−588	−641	−1 229	
1981	6 108	5 280	319	828	1 147	
1982	6 065	3 700	−785	2 365	1 580	2. 括号表示统计时段不全。
1983	4 588	4 663	−888	−75	−963	
1984	5 509	3 953	−846	1 556	710	3. 带括号的平均值按实有次数计算。
1985	4 632	—	−679	—	—	
1986	5 243	3 960	—	1 283	—	
1987	5 607	4 017	−1 647	1 590	−57	
1988	4 992	3 105	−975	1 887	912	
1989	—	3 457	—	—	−352	
1990	3 874	3 573	−417	301	−116	
1991	4 184	2 554	−611	1 630	1 019	
1992	3 617	2 417	−1 063	1 200	137	
1993	3 436	—	−1 019	—	—	
1994	3 688	3 546	—	142	—	
1995	4 074	3 019	−528	1 055	527	
1996	3 838	1 879	−819	1 959	1 140	
1997	3 201	1 651	−1 322	1 550	228	
1998	3 223	1 981	−1 572	1 242	−330	
1999	2 784	2 268	−803	516	−287	
2000		2 717			−449	
2001	—	2 434			283	
2002	2 354	2 472	80	−118	−38	
2003	2 627	2 633	−155	−6	−161	
合计	1977~1979		492	3 281	3 773	
	1980~1988		(−6 089)	(8 793)	2 093	
	1989~1998		(−7 351)	(9 079)	1 124	
	1999~2003		(−878)	(392)	−652	
	1977~2003		(−13 981)	(21 545)	6 183	
年平均	1977~1979		164	1 094	1 258	
	1980~1988		(−761)	(1 099)	233	
	1989~1998		(−919)	(1 135)	112	
	1999~2003		(−293)	(131)	−130	
	1977~2003		(−636)	(979)	229	
最大淤积量及年份	804 万 m³	1977 年	2 365 万 m³	1982 年	1 580 万 m³　1982 年	
最大冲刷量及年份	−1 572 万 m³	1998 年	−641 万 m³	1980 年	−1 229 万 m³　1980 年	

三、淤积分布

(一)断面冲淤变化

1.干流断面

根据历次库区淤积测验成果资料,计算干流各时期各断面冲淤面积,见表8-9;点绘干流各时期断面平均冲淤沿程柱状分布图,见图8-15;点绘库区各时期 TD15(二)以下断面平均冲淤柱状分布图,见图8-16。

从图表中可以看出,各个时期断面平均冲淤沿程分布差异很大。初期,淤积主要发生在 4.2 km 长的库前段(大坝~TD05)和 7.7 km 长的中段(TD05~TD09);长 8.8 km 的尾段(TD09~ TD15(二))淤积相对较小,但也明显大于其他时期;河道段(TD15(二)以上)有轻微冲刷,变化极小。

表 8-9　天桥库区干流历年实测淤积面积统计表

区段	断面	计算高程(m)	淤积面积(m²)									
			1977~1979年		1980~1988年		1989~1998年		1999~2003年		1977~2003年	
			总淤积	年平均	总淤积	年平均	总淤积	年平均	总淤积	年平均	总淤积	年平均
前段	TD01	836	4 421	1 474	− 1 458	− 162	− 542	− 54	277	55	2 698	100
	TD02	836	3 594	1 198	− 1 183	− 131	1 098	110	− 514	− 103	2 995	111
	TD03(二)	836	3 576	1 192	− 312	− 35	1 445	145	− 1 669	− 334	3 040	113
	TD04(二)	836	3 029	1 010	− 637	− 71	1 918	192	− 924	− 185	3 386	125
	TD04−1	836	3 475	1 158	467	52	1 058	106	− 170	− 34	4 830	179
	TD05	836	2 015	672	39	4	1 057	106	− 411	− 82	2 700	100
中段	TD06−1	836	3 366	1 122	413	46	1 290	129	− 533	− 107	4 536	168
	TD07(二)	836	2 448	816	1 455	162	427	43	− 539	− 108	3 791	140
	TD07−1	836	2 181	727	1 804	200	123	12	− 91	− 18	4 017	149
	TD08−1	836	2 110	703	1 559	173	563	56	− 484	− 97	3 748	139
	TD09	836	868	289	2 117	235	470	47	53	11	3 508	130
尾段	TD10	840	996	332	2 058	229	633	63	− 55	− 11	3 632	135
	TD11	840	842	281	1 525	169	1 041	104	− 309	− 62	3 099	115
	TD12(二)	840	496	165	1 469	163	695	70	− 282	− 56	2 378	88
	TD13(二)	840	534	178	1 084	120	698	70	− 308	− 62	2 008	74
	TD14(二)	840	4	1	1 264	140	855	86	− 467	− 93	1 656	61
	TD15(二)	840	− 64	− 21	725	81	644	64	− 509	− 102	796	29
河道段	TD16(二)	842	− 127	− 42	498	55	599	60	− 542	− 108	428	16
	TD17(二)	842	412	137	798	89	− 47	− 5	− 1 012	− 202	151	6
	TD18	842	− 6	− 2	705	78	355	36	− 1 043	− 209	11	0
	TD19	842	− 182	− 61	289	32	550	55	− 833	− 167	− 176	− 7
	TD20(二)	842	− 76	− 25	113	13	428	43	− 544	− 109	− 79	− 3
	TD21(二)	842	− 10	− 3	− 159	− 18	165	17	− 225	− 45	− 229	− 8
	TD21−1	842	− 5	− 2	− 18	− 2	87	9	− 171	− 34	− 107	− 4
	TD22	842	10	3	422	47	234	23	− 1 426	− 285	− 760	− 28
TD01~TD15(二)合计			33 907	665	15 037	98	15 844	93	− 12 731	− 150	52 057	113

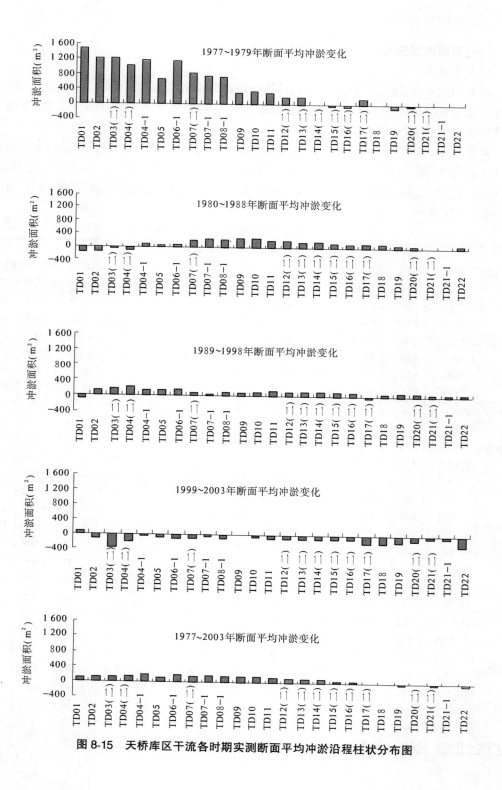

图 8-15　天桥库区干流各时期实测断面平均冲淤沿程柱状分布图

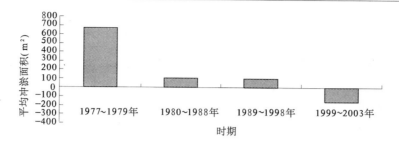

图 8-16 天桥库区各时期 TD15(二)以下断面平均冲淤柱状分布图

第二、第三时期断面平均淤积较小,库前段受闸门调度影响冲淤交替进行,库中、库尾段到河道段淤积呈逐渐减弱趋势。前三个时期,淤积势头由坝前逐渐向库尾转移。

第四时期断面平均变化表现为冲刷,库前段和河道段冲刷大于其他区段。

发电运行 27 年来断面平均淤积情况,库前段略小于中段,自中段向尾段趋势逐渐减弱,河道段淤积不明显。

各区段各时期断面平均淤积变化也很大。以 TD01 ～ TD15(二)区段为例,初期平均淤积最大,为 665 m²;第二、第三时期较小,分别为 98 m²、93 m²;第四时期又变为冲刷,平均冲刷面积为 150 m²。

2. 支流断面

县川河河口距坝址 11.73 km,位于库中段;清水川和皇甫川河口距坝址分别为 13.46 km、20.35 km,位于库尾段。虽然各支流库容很小,但其高含沙洪水是造成库区淤积的重要原因。

库区各支流测验断面淤积面积极值统计见表 8-10。从表中可以看出:

(1)在水库淹没范围内,支流各断面冲淤变化交替进行。一般情况下汛期发生淤积,非汛期发生冲刷。但淤积量一般大于冲刷量,断面总体表现为淤积。

(2)各断面最大淤积和冲刷面积由河口向上游递减,说明水库的影响作用在支流上自下而上逐渐减弱。

表 8-10 天桥库区各支流测验断面淤积面积极值统计表

区段	计算高程 (m)	断面编号	冲淤面积(m²)					
			淤积最大	发生时间	冲刷最大	发生时间	断面多年平均	区段多年平均
1	836	县淤 01	107	1981 年汛期	− 79	2003 年非汛期	8	8
2	840	清淤 01	502	1998 年汛期	− 521	1999 年非汛期	33	23
		清淤 02	205	1998 年汛期	− 204	1999 年非汛期	36	
		清淤 03	174	1996 年汛期	− 157	1995 年汛期	0.4	
3	840	皇淤 01	302	1980 年汛期	− 251	1981 年非汛期	3	4
		皇淤 02	117	1980 年汛期	− 138	1981 年非汛期	6	
		皇淤 03	156	1994 年汛期	− 44	1982 年汛期	4	

（3）县川河、清水川、皇甫川支流各断面多年平均年淤积面积分别为 8 m²、23 m²、4 m²。皇甫川是三条支流中最大支流，水沙量较大，但由于其处于库尾，所以受水库影响较小，淤积也最小；清水川淤积面积最大，其中清淤 01、清淤 02 断面多年平均年淤积面积分别为 33 m²、36 m²。

（二）淤积分布

采用库容差法计算干支流各区段每个时期的淤积量，见表 8-11。

表 8-11　天桥库区干支流各区段各时期淤积量分布统计表

统计年份			1977~1979年	1980~1988年	1989~1998年	1999~2003年	1977~2003年	占区段原始库容(%)
干流区段	TD01~TD05	库容(万 m³)	3 102　1 646	1 849	1 403	1 695		
		淤积量 V_1(万 m³)	1 456	-203	446	-292	1 407	45.3
		V_1/V_2(%)	38.6	-9.7	39.7	44.8	22.2	
	TD05~TD09	库容(万 m³)	3 629　1 888	969	486	766		
		淤积量 V_1(万 m³)	1 741	919	483	-280	2 863	78.9
		V_1/V_2(%)	46.1	43.9	43.0	42.9	45.2	
	TD09~TD15(二)	库容(万 m³)	2 085　1 497	283	88	152		
		淤积量 V_1(万 m³)	588	1 214	195	-64	1 933	92.7
		V_1/V_2(%)	15.6	58.0	17.3	9.8	30.5	
	TD15(二)~TD22	库容(万 m³)	129　151	1	0	19		
		淤积量 V_1(万 m³)	-22	150	1	-19	110	85.3
		V_1/V_2(%)	-0.6	7.2	0.1	2.9	1.7	
支流区段		库容(万 m³)	26　16	3	4	1		
		淤积量 V_1(万 m³)	10	13	-1	3	25	96.2
		V_1/V_2(%)	0.3	0.6	-0.1	-0.5	0.4	
合计		库容(万 m³)	8 971　5 198	3 105	1 981	2 633		
		总淤积量 V_2(万 m³)	3 773	2 093	1 124	-652	6 338	70.6

从表中可见，天桥水库至 2003 年汛后，水库淤积总量达 6 338 万 m³，库前段、中段和尾段分布了总淤积量的 97.9%，依次为 22.2%、45.2%、30.5%；河道段淤积量占总淤积量的 1.7%。至 2003 年汛后，水库总淤积量占去原始库容的 70.6%。各段淤积量占本区段原始库容的比例分别为库前段 45.3%、库中段 78.9%、库尾段 92.7%、干流河道段 85.3%、支流 96.2%。现库容 2 633 万 m³ 的 93.5% 在库前段、库中段，库尾段占现库容的 5.8%，干流河道段和支流原始库容合计为 155 万 m³，目前已几乎全部淤满。库前段淤积时间主要在初期；中段在初期和第二时期，以初期为主；尾段在初期和第二时期，以第二时期为主；河道段为初期；支流为初期和第二时期。

四、水库淤积形态

（一）纵向淤积

计算 1976 年 10 月和之后各个时期末库区各断面平均河底高程，见表 8-12；点绘各断面平均河底高程纵向分布图，见图 8-17。

表 8-12　天桥水库库区各断面平均河底高程统计表

序号	断面编号	距坝里程（km）	水位（m）	平均河底高程（m）				
				1976 年 10 月	1979 年 10 月	1988 年 10 月	1998 年 9 月	2003 年 9 月
1	TD01	0.58	836	816.3	826.5	823.1	822.4	823.3
2	TD02	1.00	836	816.6	827.1	823.5	826.7	825.1
3	TD03(二)	1.92	836	815.4	826.7	825.8	829.3	825.1
4	TD04(二)	2.96	836	816.8	826.5	824.3	830.6	827.7
5	TD04 – 1	3.64	836	818.5	827.4	828.6	831.2	829.2
6	TD05	4.15	836	815.8	825.0	825.2	830.1	828.4
7	TD06 – 1	5.51	836	818.7	827.8	828.7	832.4	830.8
8	TD07(二)	7.31	836	817.6	826.2	831.8	833.1	831.4
9	TD07 – 1	9.11	836	822.0	827.9	832.6	833.1	832.7
10	TD08-1	10.06	836	823.7	829.1	833.0	834.4	833.2
11	TD09	11.83	836	828.6	830.1	833.7	834.5	834.5
12	TD10	13.73	840	830.3	831.9	835.2	836.1	836.0
13	TD11	16.75	840	831.8	833.4	836.1	837.7	837.4
14	TD12(二)	17.95	840	832.6	833.6	836.8	837.8	837.6
15	TD13(二)	18.73	840	834.4	835.3	837.1	837.9	837.7
16	TD14(二)	19.50	840	834.8	834.8	837.4	838.0	837.6
17	TD15(二)	20.60	840	835.3	835.1	837.5	838.2	837.8
18	TD16(二)	21.77	842	835.9	836.5	837.2	838.3	837.4
19	TD17(二)	22.92	842	837.4	838.3	838.9	838.8	837.7
20	TD18	23.86	842	838.4	838.4	838.1	838.8	837.7
21	TD19	24.93	842	837.4	836.3	838.1	838.2	836.9
22	TD20(二)	25.80	842	837.7	837.4	838.0	838.7	837.7
23	TD21(二)	27.74	842	839.5		839.0	838.7	838.1
24	TD21 – 1	29.78	842	838.8		840.0	840.0	839.5
25	TD22	30.87	842	838.5		840.0	838.8	838.1

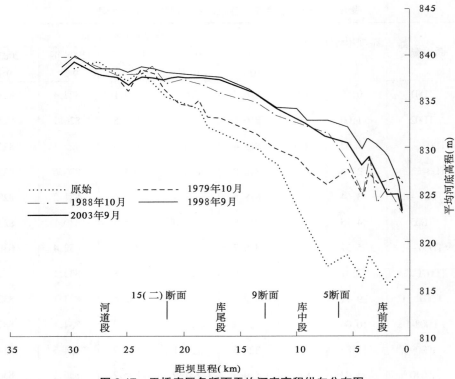

图 8-17　天桥库区各断面平均河底高程纵向分布图

　　从图表中可以看出,天桥水库纵向淤积形态基本呈三角洲形态。河道段淤积不明显,库尾开始淤积,向下游迅速增加。多年来,河道段淤积厚度为 0.3 m,库尾段、库中段、库前段依次为 4.1 m、11.1 m、9.8 m(见表 8-13)。各个时期淤积或冲刷在库区各段幅度不同,但趋势基本相似,从坝前至库尾逐渐减弱。

表 8-13　天桥库区各时期各区段平均淤积厚度统计表

区　段	平均淤积厚度(m)				
	1977～1979 年	1980～1988 年	1989～1998 年	1999～2003 年	1977～2003 年
库前段	10.1	− 1.4	3.1	− 2	9.8
库中段	6.8	3.6	1.9	− 1.1	11.1
库尾段	1.3	2.6	0.4	− 0.1	4.1
河道段	− 0.1	0.4	0	− 0.1	0.3

(二)横向淤积

　　经对水库各淤积测验断面进行套绘分析,发现断面淤积规律较为明显。主流相对易淤易冲,淤积面基本上属水平抬高淤积形态,冲刷则有着刷槽倾向(见图 8-18、图 8-19)。

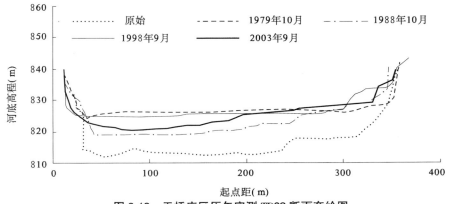

图 8-18　天桥库区历年实测 TD02 断面套绘图

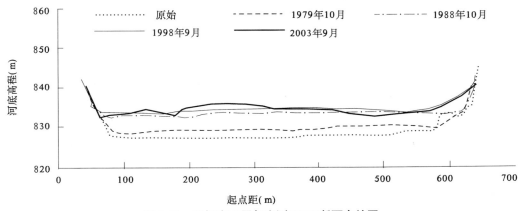

图 8-19　天桥库区历年实测 TD09 断面套绘图

五、进出库水沙变化

进库水沙过程是水库科学调度的重要依据,出库水沙过程体现了调度的方式。搞清入出库水沙量,既有助于分析水库的冲淤情况,又可为将来的科学合理调度总结经验。根据水库上下游干支流各站资料,对入出库水沙情况进行统计,见表 8-14。

由表 8-14 可归纳出以下几点:

(1)上游干支流水沙组合差异大。建库以来,多年平均年入库总水量为 190.3 亿 m^3,年入库总沙量为 1.443 亿 t。其中来自干流的年入库水沙量分别占年入库总水沙量的 99.2%和 65.0%,含沙量为 4.96 kg/m^3;来自支流的年入库水沙量分别占年入库总水沙量的 0.9%和 35.0%,含沙量为 297 kg/m^3。在支流中,皇甫川又集中了 3 支流水沙量的 70%~75%。

(2)上游来水来沙量年内分布不均。非汛期含沙量为 2.49 kg/m^3,汛期含沙量为 14.6 kg/m^3。在一年当中,汛期以占年水量 42.1%的水量输送着占年沙量 81.0%的沙量。在汛期来水量中,干、支流分别占其 98.2%和 1.8%;在汛期来沙量中,干、支流分占其 57.0%和 43.0%。非汛期水沙量几乎全部来自于干流。

表 8-14　天桥水库进出库水沙情况统计表

时段	项目	干流站 河曲 非汛期	干流站 河曲 汛期	支流站 皇甫 非汛期	支流站 皇甫 汛期	支流站 清水 非汛期	支流站 清水 汛期	支流站 旧县 非汛期	支流站 旧县 汛期	支流合计 非汛期	支流合计 汛期	入库合计 非汛期	入库合计 汛期	干流站 府谷 非汛期	干流站 府谷 汛期	出库值与入库均值之比 非汛期	出库值与入库均值之比 汛期
1977~1979年	水量(亿 m³)	405.0	305.0	0.828	7.294	0.223 5	1.675	0.002	0.707	1.054	9.676	406.1	314.7	411.6	313.4	1.0	1.0
	均值	135.0	101.7	0.276 0	2.431	0.074 5	0.558 3	0,000 7	0.235 7	0.351 3	3.225	135.4	104.9	137.2	104.5		
	沙量(亿 t)	1.350	3.830	0.008	2.583	0.000 6	0.408 3	0	0.524 6	0.009	3.516	1.359	7.346	1.445	6.16	1.0	0.9
	均值	0.450 0	1.277	0.002 7	0.861 0	0.000 2	0.136 1	0	0.174 9	0.003	1.172	0.453 0	2.449	0.481 7	2.053		
	含沙量(kg/m³)	3.33	12.6	9.66	354	2.68	244	0	742	8.54	363	3.35	23.3	3.51	19.7	1.0	0.9
1980~1988年	水量(亿 m³)	1 143.5	961.5	2.051	8.893	0.347	2.421	0.005 1	0.980 6	2.403	12.29	1 146	973.8	1 173	991.7	1.1	1.0
	均值	127.1	106.8	0.227 9	0.988 1	0.039	0.269	0.000 06	0.109	0.267	1.366	127.3	108.2	130.3	110.2		
	沙量(亿 t)	3.911	9.019	0.044 3	3.597	0.016 4	0.589 5	0	0.109	0.061	4.752	3.972	13.771	5.105	12.19	1.1	0.9
	均值	0.434 6	1.002	0.004 9	0.399 7	0.001 8	0.065 5	0	0.062 8	0.006 8	0.528 0	0.441 3	1.530	0.567	1.354		
	含沙量(kg/m³)	3.42	9.38	21.6	404	47.3	243	0	576	25.4	387	3.47	14.1	4.35	12.3	1.0	0.9
1989~1998年	水量(亿 m³)	1 011.7	669.8	1.226 3	9.063 9	0.122 4	3.548 4	0.003 6	1.213	1.352	13.825	1 013.1	683.7	1 037.4	682.6	1.1	0.8
	均值	101.2	66.98	0.122 6	0.906 4	0.012 2	0.354 8	0.000 4	0.121 3	0.135 2	1.383	101.3	68.37	103.7	68.3		
	沙量(亿 t)	1.801	5.026	0.021 7	3.334 2	0.000 4	0.570 2	0.000 2	0.576 1	0.022	4.481	1.824	9.507	2.441	7.012	1.1	0.9
	均值	0.180 1	0.502 6	0.002 2	0.333 4	0.000 0	0.057	0.000 2	0.057 7	0.002 2	0.448 1	0.182 4	0.950 7	0.244 1	0.701 2		
	含沙量(kg/m³)	1.78	7.50	17.7	368	3.27	161	55.6	475	16.3	324	1.80	13.9	2.35	10.3	1.1	1.0
1999~2003年	水量(亿 m³)	408.9	190	0.087 9	2.017	0	1.478 6	0	0.426 6	0.088	3.922	408.9	193.9	447.2	202.4	1.2	0.9
	均值	81.78	38.00	0.017 6	0.403 4	0	0.295 7	0	0.085 3	0.017 6	0.784 4	81.78	38.78	89.44	40.48		
	沙量(亿 t)	0.258	0.104	0.000 6	0.658 3	0.000 4	0.040	0.000 0	0.098 5	0.001	0.797	0.258	0.901	0.389	0.723	1.2	0.9
	均值	0.051 6	0.020 8	0.000 1	0.131 7	0.000 0	0.008 0	0.000 0	0.019 7	0.000 2	0.159 4	0.051 6	0.180 2	0.077 8	0.144 6		
	含沙量(kg/m³)	0.631	0.547	6.83	326	0	27.2	0	231	11.36	203	0.631	4.65	0.870	3.57	1.0	1.0
总计	水量(亿 m³)	2 969.1	2 126.3	4.193 2	27.265	0.692 9	9.123	0.010 7	3.327 2	4.897	39.715	2 974	2 166	3 069.6	2 190.1	1.1	0.9
	均值	110.0	78.75	0.155 3	1.009 8	0.025 7	0.337 7	0.000 4	0.123 2	0.181 4	1.471	110.1	80.22	113.7	81.11		
	沙量(亿 t)	7.32	17.98	0.074 6	10.173	0.017 6	1.608	0.000 2	1.764 5	0.092	13.546	7.412	31.525	9.38	26.087	1.1	0.9
	均值	0.271 1	0.665 9	0.002 8	0.376 8	0.000 6	0.059 6	0.000 0	0.065 4	0.003 4	0.501 7	0.274 5	1.168	0.347 4	0.966 2		
	含沙量(kg/m³)	2.47	8.46	17.8	373	25.1	176	18.7	530	18.8	341	2.49	14.6	3.06	11.9	1.1	0.9

(3)上游来水来沙量总体呈逐年递减趋势。从各个时期的平均年来水量和年来沙量分别与其多年平均值的比值来看,初期水量为 1.26 倍,沙量为 2.01 倍;第二时期水量为 1.24 倍,沙量为 1.37 倍;第三时期水量为 0.89 倍,沙量为 0.79 倍;第四时期水量为 0.63 倍,沙量为 0.16 倍。各个时期的平均含沙量汛期依次为 23.3 kg/m^3、14.1 kg/m^3、13.9 kg/m^3、4.6 kg/m^3,非汛期依次为 3.3 kg/m^3、3.5 kg/m^3、1.8 kg/m^3、0.6 kg/m^3。

(4)进出库水量基本相当,入库沙量大于出库沙量。以平均年出库水沙量与相应平均年入出库水沙量均值比较来定性分析水沙的入出库平衡情况。当比值等于 1 时说明入出库基本平衡;当比值大于 1 时,出库量大于入库量;当比值小于 1 时,出库量小于入库量。从表 8-14 中可以看出,各个时期汛期、非汛期水量比值均为 1,说明出库水量与来水量基本相等;沙量比值非汛期大于 1 者居多,以冲刷为主,汛期均小于 1,均为淤积。总体来讲,入库沙量大于出库沙量,水库以淤积为主。

第三节　河道冲淤变化

用输沙率法和断面法对河龙区间府龙区段河道冲淤变化情况分析如下。

一、输沙率法

在某一时段内,用上游干支流各控制站输沙量加未设站控制区间估算产沙量作为上游来沙量,与下游干流控制站输沙量进行比较分析,说明干流上、下游控制站之间河段的冲淤变化情况的方法称为输沙率法。

表 8-15 为府龙区段输沙率法河道冲淤变化情况统计表。从表中可以看出,在 1980～1999 年期间,府龙区段河道以冲刷为主。河段冲刷总量为 3.53 亿 t,平均每年冲刷 0.177 亿 t,其中府吴区段平均每年冲刷 0.091 5 亿 t,吴龙区段平均每年冲刷 0.085 0 亿 t。区段河床冲深 1.16 m,平均每年冲深 0.06 m,其中府吴区段和吴龙区段平均每年冲深均为 0.06 m。

表 8-15　府龙区段输沙率法河道冲淤变化情况统计表

时期	泥沙冲淤量(亿 t)			冲淤厚度(m)		
	府吴区段	吴龙区段	府龙区段	府吴区段	吴龙区段	府龙区段
1980～1989 年	1.06	0.44	1.50	0.67	0.30	0.47
1990～1999 年	-2.89	-2.14	-5.03	-1.83	-1.45	-1.63
1980～1999 年	-1.83	-1.70	-3.53	-1.16	-1.15	-1.16
平均每年	-0.091 5	-0.085 0	0.177	-0.06	-0.06	-0.06

注:"-"表示冲刷。

二、断面法

在某一时段内,用上下游干流控制站实测大断面冲淤变化情况,说明干流上、下游控制站之间河段的冲淤变化情况的方法称为断面法。

　　府龙区段河道长 517 km,其间布设有府谷、吴堡和龙门 3 个断面,其中府谷断面与吴堡断面间距为 242 km,吴堡断面与龙门断面间距为 275 km。在吴龙区段的壶口有一因断层而形成的瀑布,上距吴堡 208 km,下距龙门 67 km。考虑到壶口瀑布以上和以下河段的差异,将吴龙区段再分为吴堡—壶口和壶口—龙门两个区段(分别简称吴壶区段和壶龙区段)分析比较合理,其中吴壶区段以吴堡为代表断面,壶龙区段以龙门为代表断面。

　　用府谷、吴堡和龙门 3 个断面实测大断面资料,对府龙区段河道冲淤变化情况进行分析,见表 8-16、表 8-17。

　　从表中可以看出,1980 ～ 1999 年间,府谷、吴堡断面以冲刷为主,龙门断面以淤积为主。府壶区段河道以冲刷为主,平均每年冲刷深度约 0.02 m。其中府吴区段冲深 0.03 m,吴壶区段冲深 0.01 m。壶龙区段河道以淤积为主,平均每年淤高约 0.17 m。

表 8-16　府龙区段各站基本断面冲淤变化表

时间	府谷		吴堡		龙门	
	断面面积（m²）	冲淤面积（m²）	断面面积（m²）	冲淤面积（m²）	断面面积（m²）	冲淤面积（m²）
1980 年汛前	2 280		2 841		3 870	
		− 476		− 199		1 237
1990 年汛前	2 756		3 040		2 633	
		169		11		331
2000 年汛前	2 587		3 029		2 302	

表 8-17　府龙区段断面法河道冲淤变化情况统计表

时 期	泥沙冲淤量(亿 t)			冲淤厚度(m)			
	府吴区段	吴壶区段	府壶区段	府吴区段	吴壶区段	府壶区段	壶龙区段
1980 ～ 1989 年	− 1.35	− 0.414	− 1.76	− 0.85	− 0.30	− 0.56	2.72
1990 ～ 1999 年	0.359	0.023	0.382	0.23	0.02	0.12	0.73
1980 ～ 1999 年	− 0.991	− 0.391	− 1.378	− 0.62	− 0.28	− 0.44	3.45
平均每年	− 0.049 6	− 0.019 6	− 0.068 9	− 0.03	− 0.01	− 0.02	0.17

注:1.“ − ”表示冲刷。

　　2.府壶区段即府谷—壶口区段。

三、综合分析

　　从表 8-15、表 8-17 可以看出,80、90 年代用两种方法计算的结果均不一致,但 20 年综合计算结果却均为冲刷,且冲刷幅度均较小。这说明测验和分析方法存在有一定误差,且以偶然误差为主,初步分析主要来自以下三点:

　　(1)水文测验误差。不论是输沙率法采用的实测输沙率成果,还是断面法采用的实测大断面成果,均存在有一定的水文测验误差。

　　(2)计算方法误差。在采用输沙率法计算河道冲淤量时,因未控区间产沙量是通过借用相邻控制区域输沙模数来估算的,由于未控区间与借用区域水文条件的差异,某些时段的未控区间的产沙量估算可能会存在较大的误差,从而直接影响河道冲淤量的计算精度。在采用断面法计算河道冲淤量时,采用断面的数量及其分布控制是影响河道冲淤量计算精度的主要因素。本次分析通过仅有的 3 个断面来估算长为 517 km 的河道冲淤量,显然断面控制不够,不同特征河段未得到应有的控制,其推算成果自然是存在一定误差的。

　　(3)在采用断面法计算河道冲淤量时,不需考虑泥沙的运动方式,只需通过各个断面的冲淤面积即可计算河道冲淤量;在采用输沙率法计算河道冲淤量时,必须考虑泥沙的运动方式,采用全沙输沙率成果。根据现有的资料情况,本次分析采用的只是实测悬移质输沙率成果,并未考虑到推移质泥沙的影响。故两种不同计算方法会存在一定的差异。

　　水文测验误差虽然不可避免,但通过规范操作可以将其控制在一定的限度之内。计算方法虽然受条件所限存在误差,但技术原理正确,其误差也是有限的。虽然两种方法在不同时期得出了冲淤性质不同的结果,但综合结果基本一致,府壶区段河道冲淤变化总的来讲还是比较小的,可以认为基本处于冲淤平衡状态;壶龙区段由于河道坡度趋缓,80 年代以来大水较少,所以淤积相对较大。

第四节　洪水断面冲淤变化

　　河龙区间河道流量测验主要采用面积 – 流速法,因此面积测验是影响流量测验精度的一个主要因素。也就是说,区间洪水过程河道断面的测验问题是影响洪水水文测验精度的一个主要问题,这个问题至今未能得到很好解决。在暴涨暴落、水深流急的洪水中,一般是难以实测过水断面的。一直以来洪水期间的过水断面以借用邻近的低水实测断面为主,测验精度偏低。要提高洪水期水文测验精度,目前比较可行的办法就是解决好洪水过程断面借用的问题。要解决好这个问题,就必须分析掌握洪水期间断面的冲淤变化规律。为此,本章通过分析探讨干支流各站洪水期间断面的冲淤变化规律,以寻求洪水期间最佳的断面借用方法,尽量减少因断面借用方法不当而带来的测验误差。

一、断面冲淤变化

　　通过历年实测资料,并选取实测流量测次控制好,且实测断面相对较多的洪水过程,对断面冲淤变化规律,特别是洪水期冲淤变化规律分析如下。

(一)冲淤变幅

　　计算各站历年平均河底高程,并按其冲淤变幅大小将测验断面大致分为较稳定、不稳定及极不稳定 3 级,见表 8-18。

　　图 8-20 为黄河吴堡站历年洪水最大冲淤断面套绘图。从图中可以看出,吴堡站历年断面冲淤变化最大点发生在起点距 330 m 处,其冲淤变幅达 5.1 m,两断面同水位(640.00 m)面积差达 1 136 m²。

表 8-18　区间各站断面冲淤变化分级表

级　别		历年平均河底高程变幅（m）	河床组成	站　名	占测站总数（%）
1级	较稳定	<0.5	砂卵石、基岩	旧县、桥头、申家湾、韩家峁、横山、延川、殿市、青阳岔、李家河、临镇、大村、大宁、新市河、杨家坡	36.8
2级	不稳定	0.5～1.0	砂、砂卵石	河口镇、河曲、裴沟、丁家沟、白家川、子长、曹坪、延安、马湖峪、甘谷驿、清水、林家坪、高石崖、后大成、吉县	39.5
3级	极不稳定	>1.0	泥沙	府谷、吴堡、龙门、温家川、高家堡、新庙、王道恒塔、高家川、皇甫	23.7

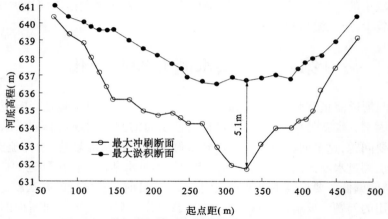

图 8-20　黄河吴堡站历年洪水最大冲淤断面套绘图

（二）发生较大冲淤的时间

区间断面冲淤变化一般表现为不经常性冲淤形式。断面冲淤变化多发生在洪水期，平水期冲淤变化一般较小，断面相对处于稳定状态（见图 8-21）。

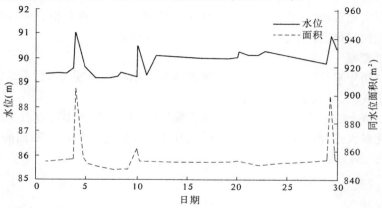

图 8-21　温家川站 1986 年 7 月水位、同水位面积过程线

（三）冲淤类型

区间干支流测站洪水期断面冲淤变化大多表现为涨冲落淤型,即涨水过程断面冲刷,落水过程断面淤积。断面较稳定的延川、大宁等1级站,洪水过程断面基本稳定或冲淤轻微,涨、落水坡同水位面积相差在1%~3%之间。断面不稳定的河曲、丁家沟、白家川、甘谷驿等2级站,洪水过程断面涨冲落淤,涨、落水坡同水位面积相差在3%~10%之间。断面极不稳定的府谷、吴堡、温家川、高家堡、新庙、王道恒塔、高家川等3级站,洪水过程断面冲淤变化很大,涨、落水坡同水位面积相差在10%以上。

（四）最大冲刷断面所在部位

洪水过程的最大冲刷断面一般发生在洪水的峰顶附近,有时发生在水峰顶与滞后的沙峰顶之间的落水坡上。这与河流洪水洪峰沙峰的出现时间有关。

表8-19统计了河龙区间部分测站10余次较大洪峰沙峰出现的时差。

表8-19　河龙区间部分测站洪峰沙峰出现时差统计表

河　名	站　名	集水面积（km²）	河　长（km）	河道比降（‰）	沙峰落后洪峰时间（h）		
					最　长	最　短	平　均
黄　河	府　谷	404 039	206.5	8.2	2.5	1.0	1.5
黄　河	吴　堡	433 514	448.2	7.8	10.5	1.7	4.9
黄　河	龙　门	497 552	723.4	8.4	16.0	5.0	8.4
无定河	川　口	302 217	471.1	17.2	6.6	1.5	4.07
无定河	白家川	29 662	432.7	16.4	4.2	-0.4	2.1
窟野河	温家川	8 645	241.8	25.7	1.8	-0.4	0.7
窟野河	王道恒塔	3 839	134.0	29.8	0.6	-0.4	0.1
延　水	甘谷驿	5 891	172.3	26.0	1.7	-0.6	0.7
三川河	后大成	4 102	151.9	47.0	1.5	0	0.6
昕水河	大　宁	3 992	101.4	58.4	1.0	0	0.4
清涧河	延　川	3 468	129.9	39.8	1.4	-0.2	0.6
秃尾河	高家川	3 253	129.4	36.3	2.5	-0.5	1.1
皇甫川	皇　甫	3 199	127.4	28.8	1.5	-0.3	0.75
朱家川	桥　头	2 850	139.6	63.0	1.0	-0.4	0.5
仕望川	大　村	2 141	84.1	77.2	1.2	0	0.2
湫水河	林家坪	1 873	109.2	67.8	1.0	-0.5	0.2
汾川河	新市河	1 662	96.4	50.9	0.4	0	0
县川河	旧　县	1 587	112.2	89.7	0	-0.3	0
孤山川	高石崖	1 263	77.6	54.8	0.8	-0.1	0.4
佳芦河	申家湾	1 121	85.8	60.7	0.8	-0.3	0.4
屈产河	裴　沟	1 023	60.6	99.8	0.7	0	0.2
清水川	清　水	735	60.7	77.4	0.3	-0.7	0
蔚汾河	兴　县	650	44.8	157	0	-0.4	0
州川河	吉　县	436	38.4	14.7	0.1	-0.6	0
清凉寺沟	杨家坡	283	43.5	12.1	0.7	0	0.4

1.干流站

干流站沙峰明显滞后于水峰,而且下游站沙峰滞后于水峰的时距是逐站加长的。府谷站沙峰滞后于水峰 1 ~ 2.5 h,平均 1.5 h;吴堡站沙峰滞后于水峰 1.7 ~ 10.5 h,平均 4.9 h;龙门站沙峰滞后于水峰 5 ~ 16 h,平均 8.4 h。断面冲淤变化转折点往往发生在水峰顶与滞后的沙峰顶之间的落水坡上。如吴堡站"1985.08"洪水 8 月 6 日 1:00 洪峰流量 6 230 m³/s,最大冲刷断面发生在 8 月 6 日 2:30,冲淤变化转折点发生在水峰后 1.5 h 水峰顶与滞后的沙峰顶之间的落水坡上,见图 8-22。由于各次洪水过程的洪峰沙峰大小不同及来水来沙的差异,其断面冲淤变化转折点发生的时间也有差异。

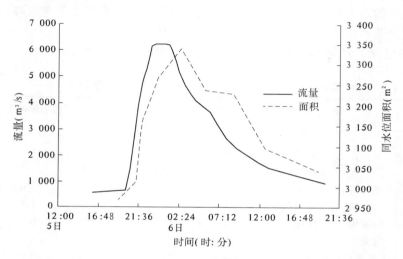

图 8-22　吴堡站"1985.08"洪水流量、同水位面积过程线

2.支流站

支流站洪峰与沙峰出现时间有前有后,除较大支流无定河白家川(川口)站沙峰滞后于水峰 2 ~ 4 h 外,多数站同时或基本同时出现。个别支流站少数洪水的沙峰提前水峰较多,经分析是附近支沟山洪的沙峰汇入后提前整个洪峰到达断面,而非该次洪峰相对应的沙峰,故未予统计。也有少数支流站洪水的沙峰滞后水峰较多,与上述相反,是支沟沙峰汇入后滞后整个洪峰较多所致,而非该次洪峰相对应的沙峰,故也未予统计。从表 8-22 中可以看出,支流站洪峰与沙峰时差一般在 - 0.6 ~ 2.0 h 之间,沙峰平均滞后 0.1 ~ 1 h,大体上沙峰出现时刻同洪峰相应或在洪峰顶附近。

窟野河王道恒塔站"1982.08"洪水 8 月 4 日 8:30 洪峰流量 1 250 m³/s,含沙量 1 100 kg/m³,水峰与沙峰同步,最大冲刷断面出现在 8 月 4 日 8:43,在水峰后 0.2 h 的落水坡上。

3.综合分析

一般情况下,区间干流和较大支流洪水过程的沙峰多滞后水峰,小支流往往比较相应。出现这种情况主要与河道洪水断面中流速与含沙量的垂向分布不同有关。断面中流速的垂向分布是从水面到河底递减,水面最大,河底为 0;含沙量的垂向分布是从水面到河底递增,水面最小,河底最大。当本来水沙峰相应的洪水向下游传播时,含沙量相对较小的上层水流以最大速度向下游演进,而含沙量相对较大的中下层水流以相对较小的速度向下游跟进,沙峰就会开始滞后水峰。当流程较小时,这种滞后不太明显,但随着流程的增加,沙峰滞后于水峰就会越来越明显。这就是区间干流和较大支流洪水过程的沙峰多滞后水峰,而小支流却往往比较相应的基本原因。当然,沿流程往往会有不同水沙组合的洪水的加入,这会使洪峰的组成复杂化,也就有可能出现特殊情况。

经资料统计,区间的河曲、皇甫、温家川、高家川、甘谷驿、丁家沟、申家湾、新庙、旧县、横山、殿市、韩家峁等站水峰沙峰基本相应;吴堡、龙门、后大成、林家坪、王道恒塔、大宁、吉县等站沙峰一般滞后于水峰。一般最大冲刷断面出现在水峰或水峰后 1~2 h。

(五)历年断面冲淤变化

经各站历年断面冲淤变化分析,区间多数测站历年断面冲淤是交替进行的,河床在围绕平均河底高程上下波动。特殊洪水年份断面冲淤变幅相对比较大,而一般洪水年份断面冲淤变幅相对比较小。小水年份断面多发生淤积,大水年份断面多发生冲刷,而且洪水愈大冲刷也愈大(见图 8-23、图 8-24)。

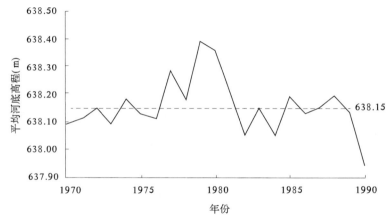

图 8-23　吴堡站历年断面平均河底高程过程线

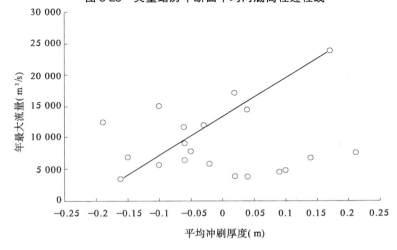

图 8-24　吴堡站历年年最大流量与年平均冲刷厚度相关关系图

二、断面借用方法

(一)传统借用方法的误差

多年来,区间洪水期断面借用一般采用"峰前借峰前,峰后借峰后"的方法。即若峰前实测流量需借用断面时,则就近借用峰前实测断面;若峰后实测流量需借用断面时,则就近借用峰后实测断面。在大、中洪水测验中,由于洪水暴涨暴落,大部分支流站涨坡、峰顶及落坡均无法实测断面,峰前实测流量实际上只能借用洪水起涨前的实测断面,这个断面一般就是上次洪水落平淤积后的实测断面,而峰后实测流量只能借用洪水落平后已回淤的实测断面。

这种传统的断面借用方法是基于相对比较稳定的断面而提出的,并没有考虑到断面在洪水过程中的冲淤变化情况。其断面借用的前提与区间断面冲淤变化较大的实际情况严重不符。根据洪水期断面涨冲落淤的变化规律,传统的断面借用方法存在较大的系统偏小问题。

现选取实测流量及实测断面控制均较好的洪水过程,对传统断面借用方法的误差分析如下。

1.吴堡站"1985.08"洪水传统断面借用的误差

吴堡站"1985.08"洪水发生于1985年8月5~6日。5日23:00洪水最高水位640.35 m,流量6 160 m³/s;6日1:00水位640.27 m,最大流量6 230 m³/s;6日2:30最大冲刷断面同水位面积3 340 m²,断面最大冲刷率214 m²/h,出现在涨水坡的5日21:15~21:57。整个洪水过程断面反映为冲刷形态,冲刷面积为70 m²,断面平均冲刷率为50.7 m²/h。最大断面淤积率为36.0 m²/h,出现在落水坡的6日2:30~5:19,断面平均淤积率为17.7 m²/h。本次洪水过程断面变化为涨冲落淤型,最大冲刷断面与起涨断面比较冲刷面积370 m²,本次洪水落平后的断面与起涨断面比较冲刷面积70 m²。

本次洪水过程共实测流量9次(第177~185次),其中峰前3次、峰后5次、峰顶附近1次,全部采用实测断面,过程控制良好。假设仅有起涨第177次及落平第185次流量为实测断面,其他各次流量均采用传统断面借用方法借用断面,对其进行误差分析,见表8-20、图8-25。

从图表中可以看出,在该次洪水过程中,断面借用最大误差为-9.0%,平均误差为-5.3%。

2.王道恒塔站"1982.08"洪水传统断面借用的误差

王道恒塔站"1982.08"洪水发生于1982年8月4日。4日8:30,洪水最高水位7.80 m及最大流量1 250 m³/s同时出现;4日8:43,最大冲刷断面同水位面积318 m²;断面最大冲刷率为115 m²/h,出现在涨水坡的7:30~8:07,断面平均冲刷率为65 m²/h;最大断面淤积率为134 m²/h,出现在落水坡的8:43~9:08,断面平均淤积率为18.3 m²/h。本次洪水过程断面变化为涨冲落淤型,最大冲刷断面与起涨断面比较冲刷面积78 m²,本次洪水落平后的断面与起涨断面比较淤积面积14 m²。

该次洪水过程共实测流量8次(第153~160次),其中峰前2次、峰后5次、峰顶附近1次,全部采用实测断面,过程控制良好。同样,假设仅有起涨第153次及落平第160次流量为实测断面,其他各次流量均为借用断面,对传统断面借用方法进行误差分析,见表 8-21、图 8-26。

表 8-20　吴堡站"1985.08"洪水过程传统断面借用方法误差统计表

时间 (日 T 时:分)	水位 (m)	流量 (m³/s)	流量测次	测流时间 (日 T 时:分)	相应水位 (m)	实测同水位面积 (m²)	断面冲淤率 (m²/h)	借用同水位面积 (m²)	断面借用误差 (%)
05T16:00	637.83	547	177	05T19:10	637.91	2 970		2 970	0
05T20:00	637.93	654							
05T20:30	638.34	1 280					19		
05T21:00	638.95	2 540							
05T21:30	639.50	3 810	178	05T21:15	639.23	3 010		2 970	- 1.3
05T22:00	639.90	4 830	179	05T21:57	639.84	3 160	214	2 970	- 6.0
05T22:30	640.05	5 240							
05T23:00	640.35	6 160					59		
05T23:30	640.34	6 220	180	05T23:39	640.34	3 260		3 040	- 6.7
06T01:00	640.27	6 230							
06T01:30	640.07	6 040					28		
06T02:00	639.77	5 460							
06T02:30	639.60	5 000	181	06T02:30	639.66	3 340		3 040	- 9.0
06T04:00	639.36	4 190					- 36		
06T06:00	639.17	3 640	182	06T05:19	639.23	3 240		3 040	- 6.2
06T08:00	638.77	2 620	183	06T08:36	638.69	3 230	- 5	3 040	- 5.9
06T09:00	638.64	2 310					- 35		
06T12:00	638.33	1 640	184	06T12:21	638.32	3 100		3 040	- 1.9
06T14:00	638.22	1 420					- 6		
06T20:00	637.95	923	185	06T19:27	637.97	3 040		3 040	0
平　均									- 5.3

注:传统借用断面方法误差分析时,假设第 178~184 次流量为借用断面。

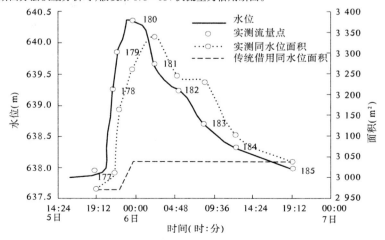

图 8-25　吴堡站"1985.08"洪水过程线

表 8-21　王道恒塔站"1982.08"洪水过程传统断面借用方法误差统计表

时　间（日 T 时:分）	水 位（m）	流 量（m³/s）	流量测次	测流时间（日 T 时:分）	相应水位（m）	实测同水位面积（m²）	断面冲淤率（m²/h）	借用同水位面积（m²）	断面借用误差（%）
04T06:30	6.33	15							
04T07:12	6.33	47.9							
04T07:20	6.65	59	153	04T07:30	6.65	240		240	0
04T07:54	7.06	505					115		
04T08:00	7.31	882	154	04T08:07	7.36	311		240	−22.8
04T08:12	7.36	945							
04T08:24	7.70	1 230					12		
04T08:30	7.80	1 250							
04T08:54	7.41	840	155	04T08:43	7.66	318		226	−28.9
04T09:00	7.26	706					−134		
04T09:06	7.00	465	156	04T09:08	7.02	262		226	−13.7
04T09:24	6.90	372					−12		
04T10:12	6.71	273	157	04T09:52	6.87	253		226	−10.7
04T11:00	6.45	213	158	04T10:46	6.45	244	−10	226	−7.4
04T12:00	6.34	195							
04T14:00	6.20	173					1		
04T14:42	6.33	194							
04T15:00	6.50	222	159	04T15:06	6.50	248		226	−8.9
04T16:00	6.37	137							
04T18:00	6.46	161					−4		
04T20:00	6.37	74.3	160	04T19:49	6.38	226		226	0
05T00:00	6.19	29.3							
平　均									−15.4

注:传统借用断面方法误差分析时,假设第 154~159 次流量为借用断面。

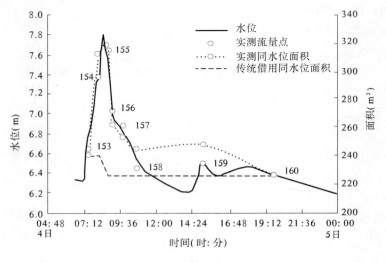

图 8-26　王道恒塔站"1982.08"洪水过程线

从图表中可以看出,在该次洪水过程中,断面借用最大误差为 - 28.9%,平均误差为 - 15.4%。

3.吴堡等站传统断面借用的误差

对吴堡、温家川、王道恒塔、后大成、吉县、林家坪、高家堡及甘谷驿等 8 站传统断面借用方法的误差进行统计分析,见表 8-22。从表中可以看出,各站传统断面借用方法借用的断面面积均系统偏小。其中洪水过程流量测次(不包括峰顶附近测次)最大系统误差为 - 17.6%(王道恒塔站),平均误差为 - 11.5%;最大不确定度为 20.2%(吉县),平均为 15.1%。峰顶附近流量测次最大系统误差为 - 17.9%(林家坪站),平均误差为 - 12.7;最大不确定度为 45.8%(高家堡),平均为 21.8%。

综上所述,传统的断面借用方法不符合区间洪水过程断面冲淤变化规律,借用的断面存在较大的系统偏小问题。因此,急需探讨新的断面借用方法,以提高洪水流量的测验精度。

表 8-22　吴堡等 8 站传统断面借用方法误差统计表

序号	站　名	测次所在部位		测次数	误差范围(%)	系统误差(%)	不确定度(%)
1	吴　堡	过　程		38	- 14.5～1.5	- 7.8	7.8
		峰　顶		7	- 9.2～ - 2.3	- 6.5	4.6
2	温家川	过　程		31	- 27.9～ - 2.8	- 15.8	14.8
		峰　顶		11	- 27.9～ - 6.1	- 17.4	14.8
3	王道恒塔	过　程		14	- 5.6～ - 1.1	- 17.6	—
		峰　顶		8	- 36.8～ - 1.1	- 13.3	—
4	后大成	过　程		26	- 31.4～13.3	- 8.4	17.5
		峰　顶		6	- 13.4～2.42	- 6.8	12.9
5	吉　县	过　程		14	- 27.7～12.1	- 7.9	20.2
		峰　顶		14	- 45.8～18.2	- 13.6	38.2
6	林家坪	峰　顶		18	- 27.5～ - 10.1	- 17.9	14.8
7	高家堡	峰　顶		6	- 43.3～0.9	- 11.5	45.8
8	甘谷驿	峰　顶		4	- 24～ - 1	- 14.3	21.6

(二)断面借用新方法的探讨

1.断面借用新方法

根据对区间断面涨冲落淤变化规律的初步认识,提出如下断面借用新方法,供各站在实际中参考使用。

1)水位涨幅与断面平均冲深相关法

该方法为峰前断面借用方法,适用于洪水期断面平均冲刷深度与水位涨幅关系较好的测站。区间吴堡、温家川、王道恒塔和高家堡等站洪水期断面平均冲刷深度与水位涨幅关系均比较好,可利用其关系作为洪水期断面借用的依据及方法。

图 8-27 为吴堡站水位涨幅与断面平均冲刷深度相关图,其相关方程为

$$\Delta H = 0.098\Delta Z^2 + 0.180\Delta Z - 0.105 \quad (\Delta Z > 0.5)$$

式中　ΔH——断面平均冲刷深度,m;

　　　ΔZ——水位涨幅,m。

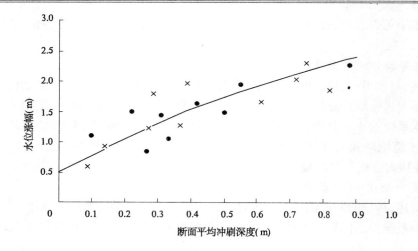

图 8-27 吴堡站水位涨幅与断面平均冲刷深度相关图

使用该断面借用的方法步骤是：先计算已知断面点到借用断面点的水位涨幅，由水位涨幅根据相关图推求断面平均冲刷深度，用已知断面各垂线河底高程减去断面平均冲刷深度即为各垂线需借用的河底高程，然后计算需借用的断面。

2)水位涨落率与断面冲淤率相关法

该方法适用于水位涨落率与断面冲淤率有较好关系的测站。通过建立水位上涨率～断面冲刷率和水位降落率～断面淤积率的相关关系，涨水段通过前者由水位上涨率推求断面冲刷率，落水段通过后者由水位降落率推求断面淤积率，从而计算借用断面面积。区间王道恒塔、温家川等站水位涨落率与断面冲淤率有较好关系，可利用其关系作为洪水期断面借用的依据及方法。

图 8-28、图 8-29 分别为王道恒塔站水位上涨率与断面冲刷率、水位降落率与断面淤积率相关图。相关方程分别为

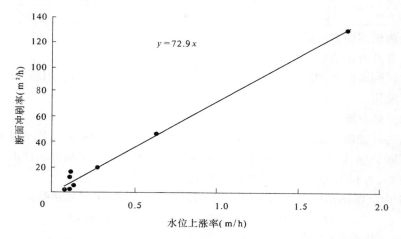

图 8-28 王道恒塔站水位上涨率与断面冲刷率相关图

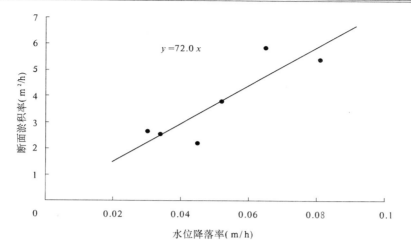

图 8-29　王道恒塔站水位降落率与断面淤积率相关图

$$\left(\frac{\Delta A}{\Delta T}\right)_{冲} = 72.9 \left(\frac{\Delta Z}{\Delta T}\right)_{涨}$$

$$\left(\frac{\Delta A}{\Delta T}\right)_{淤} = 72.0 \left(\frac{\Delta Z}{\Delta T}\right)_{落}$$

式中　$\left(\dfrac{\Delta A}{\Delta T}\right)_{冲}$——断面冲刷率，$\mathrm{m^2/h}$；

$\left(\dfrac{\Delta Z}{\Delta T}\right)_{涨}$——水位上涨率，$\mathrm{m/h}$；

$\left(\dfrac{\Delta A}{\Delta T}\right)_{淤}$——断面淤积率，$\mathrm{m^2/h}$；

$\left(\dfrac{\Delta Z}{\Delta T}\right)_{落}$——水位降落率，$\mathrm{m/h}$。

使用该断面借用的方法步骤是：计算已知断面点到借用断面点的水位上涨率（降落率）；由水位上涨率（降落率）根据相关图推求断面冲刷率（淤积率）；用断面冲刷率（淤积率）乘以已知断面点到借用断面点的时差，得出已知断面点到借用断面点的冲刷（淤积）面积；将断面冲刷（淤积）面积除以借用断面点的水面宽，得出断面平均冲刷（淤积）深度；根据已知断面及断面平均冲刷（淤积）深度推求借用断面。

3）流量（流量增量）与断面平均冲刷深度相关法

该方法为峰前断面借用方法，可供洪水期参考使用。主要适用于洪水过程涨率快、涨水坡无法实测断面且洪水期流量与断面平均冲刷深度相关关系较好的测站。一般基流较小的季节性河流，应采用洪水期流量与断面平均冲刷深度相关法；对于基流较大的河流，应采用洪水期流量增量与断面平均冲刷深度相关法。

图 8-30 为温家川站流量与断面平均冲刷深度相关图。相关方程为

$$\Delta H = 0.000\,3 Q - 0.062\,4$$

式中　ΔH——相对于起涨流量的断面平均冲刷深度，m；

Q——流量，$\mathrm{m^3/s}$。

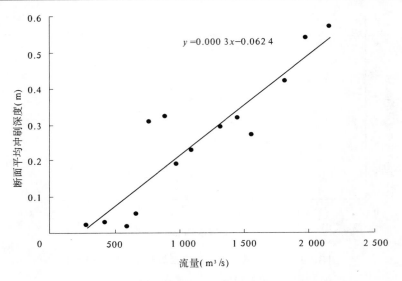

$$y = 0.000\ 3x - 0.062\ 4$$

图 8-30 温家川站流量与断面平均冲刷深度相关图

使用该断面借用的方法步骤是:根据测站水位~流量关系,假定一个借用断面点流量(Q_1);由假定流量通过流量与断面平均冲刷深度相关图推求断面平均冲刷深度,并根据其值计算借用断面点流量(Q_2);比较 Q_1 与 Q_2,若两者大致相等,则其流量即为实际流量,若两者不等,可重新假定流量进行试算。

4)过程线法

该方法适用于洪水过程涨落相对较平缓,涨、落水坡可以实测到部分测次断面的测站。主要用于洪水过后对峰顶流量的断面借用分析。

假定其断面冲淤是呈直线变化的,即一次洪水过程断面冲刷率和淤积率为常数。利用涨、落水坡实测点点绘同水位面积过程线并延长,其交点即可认为是冲淤变化的转折点。断面借用时,在图上可以直接查读出所需时刻的同水位面积,然后加(减)该时刻水位与固定水位间的面积,即为借用断面面积。

2.断面借用新方法的误差及与传统方法的误差对比

1)断面借用新方法的误差

选取洪水过程流量测次控制好、实测断面较多的洪水资料,将其涨、落坡及峰顶流量测次的实测断面改用上述新方法借用,并进行断面借用误差统计分析,见表 8-23。从对 4 站的误差统计可以看出,吴堡、温家川、王道恒塔、后大成 4 站洪水过程流量测次(不包括峰顶附近测次)系统误差分别为 - 0.5%、0.2%、- 10.7%、- 4.82%,平均为 - 4.0%;不确定度分别为 3.8%、11.2%、—、8.4%,平均为 7.8%。峰顶附近流量测次系统误差 4 站分别为 - 0.5%、0.8%、- 6.7%、2.57%,平均为 - 1.0%;不确定度分别为 2.4%、7.7%、—、10.5%,平均为 3.0%。

表 8-23　吴堡等 4 站断面借用新方法误差统计表

序号	站 名	测次所在部位	测次数	误差范围(%)	系统误差(%)	不确定度(%)
1	吴 堡	过 程	26	−5～5.1	−0.5	3.8
		峰 顶	7	−2.3～0.4	−0.5	2.4
2	温家川	过 程	33	−10.6～9.2	0.2	11.2
		峰 顶	11	−5.9～7.5	0.8	7.7
3	王道恒塔	过 程	14	−51.2～2.7	−10.7	—
		峰 顶	8	−32.2～2.7	−6.7	—
4	后大成	过 程	26	−5.5～13.7	−4.82	8.4
		峰 顶	7	−0.38～5.5	2.57	10.5

　　2)新方法与传统方法的误差对比

　　表 8-24 为吴堡、温家川、王道恒塔、后大成 4 站断面借用新、旧方法误差对比统计表。从表中可以看出,断面借用新方法与传统方法比较,系统误差及随机不确定度均明显减小。传统断面借用方法平均系统误差为 −11.7%,断面借用新方法平均系统误差仅为−2.5%。吴堡、温家川 2 站基本上消除了断面借用的系统误差;吴堡等 4 站传统断面借用方法平均不确定度为 12.1%,断面借用新方法平均不确定度仅为 7.3%。

表 8-24　吴堡等 4 站断面借用新、旧方法误差对比统计表

序 号	站 名	测次所在部位	系统误差(%)		不确定度(%)	
			传统方法	新方法	传统方法	新方法
1	吴 堡	过 程	−7.8	−0.5	7.8	3.8
		峰 顶	−6.5	−0.5	4.6	2.4
2	温家川	过 程	−15.8	0.2	14.8	11.2
		峰 顶	−17.4	0.8	14.8	7.7
3	王道恒塔	过 程	−17.6	−10.7		
		峰 顶	−13.3	−6.7		
4	后大成	过 程	−8.4	−4.8	17.5	8.4
		峰 顶	−6.8	2.6	12.9	10.5
平　均			−11.7	−2.5	12.1	7.3

　　3.使用新方法注意事项

　　干流吴堡、府谷站和支流无定河白家川站,因沙峰明显滞后于水峰,最大冲刷断面即冲淤转折点一般发生在落水坡。为了计算借用断面简化,转折点时间及断面河底高程的确定建议作如下处理:

　　府谷站沙峰滞后时差小于 1.5 h,水峰为冲淤转折点;府谷站沙峰滞后时差大于 1.5

h,水峰后 1 h 为冲淤转折点。吴堡站沙峰滞后时差小于 3 h,水峰为冲淤转折点;吴堡站沙峰滞后时差大于 3 h,水峰后 2 h 为冲淤转折点。白家川站沙峰滞后时差小于 2 h,水峰为冲淤转折点;白家川站沙峰滞后时差大于 2 h,水峰后 1 h 为冲淤转折点。

水峰顶到冲淤转折点落水坡这个时段,计算借用断面时,可先用本节的 4 种断面借用新方法求出水峰顶断面各垂线河底高程,假定也为冲淤转折点时间的河底高程,按常规方法用冲淤转折点时间的水位计算各垂线水深和断面面积。

第五节　结　语

一、库区淤积严重且呈发展趋势

分析认为,万家寨和天桥水库的淤积都比较严重,而且仍呈继续发展的趋势。因此,进一步加强库区冲淤变化规律的研究,制订水库最优运行方案,寻求有效的防淤减淤措施,以延缓库区淤积速度,保持和创造更好的经济和社会效益十分必要。

二、干流河道历年冲淤基本平衡

(1)府吴区段平均每年冲刷约 0.045 m;吴壶区段平均每年冲刷约 0.035 m;壶龙区段平均每年淤积约 0.055 m。

(2)河道冲淤变化总的来看幅度较小。初步认为,府龙区段壶口以上略有冲刷,壶口以下略有淤积,基本处于冲淤平衡状态。

三、洪水期间断面冲淤变化大影响测验精度

(1)区间各站洪水期间因断面借用误差而导致的流量测验误差有时高达 15% ~ 30%。

(2)以往传统的断面借用方法不符合区间断面冲淤变化规律,存在较大的系统偏小问题。

(3)新的断面借用方法是在认识区间各站断面冲淤变化规律的基础上提出来的,经误差分析可以有效减小甚至消除系统误差。区间各测站可根据本站水文特性及断面冲淤变化规律适当选用,并在实践中逐步完善洪水期断面借用方法,提高洪水期间水文测验精度。

(4)分析研究洪水期间断面冲淤变化规律,对洪水期间流量测验断面的合理借用,对提高洪水期流量测验精度是十分重要和必要的,应继续进行这方面的试验研究和分析探索。

参 考 文 献

[1] 刘开文,等.延安水系河谱.延安水系河谱编著委员会,2000
[2] 刘开文,等.延安水质与水资源利用保护.延安市水资源管理委员会,1997
[3] 唐克丽,等.黄河流域的侵蚀与径流泥沙变化.北京:中国科学技术出版社,1993
[4] 《忻州地区志》编纂委员会.忻州地区志.太原:山西古籍出版社,1999
[5] 吕梁地区地方志编纂委员会.吕梁地区志.太原:山西人民出版社,1989
[6] 山西省水资源管理委员会.山西水资源.太原:山西人民出版社 1992
[7] 山西省史志研究院.山西通志.北京:中华书局,1996
[8] 刘东生,等.黄河中游黄土.北京:科学出版社,1964
[9] 徐建华,等.黄河中游多沙粗沙区区域界定输沙规律研究.郑州:黄河水利出版,2000
[10] 温存德,等.黄河的治理与开发.上海:上海教育出版社,1984
[11] 水利电力部水文水利调度中心.黄河冰情.1984
[12] 黄河水利委员会水文局.黄河流域水文站网沿革
[13] 罗庆君,等.黄河流域防汛资料汇编,1983.12
[14] 水利部水文局.中国水资源评价.1987
[15] 陈先德,等.黄河水文.郑州:黄河水利出版社,1996
[16] 黄河水利委员会水文局.黄河水文志.郑州:河南人民出版社,1996
[17] 马文进,李鹏,任小凤,等.黄河中游府谷—吴堡区间水文特性分析.水文,2002(5)
[18] 田水利,等.20世纪下半叶黄河实测径流量变化特点.人民黄河,2001(10)
[19] 黄河水利委员会.黄河流域主要水文站实测水沙特征值统计(1952～1990年),1997
[20] 王玉明,等.黄河流域20世纪90年代天然径流量变化分析.人民黄河,2002(3)
[21] 李雪梅,高贵成,齐斌,等.2001年无定河白家川断流与再次出现实测最大含沙量原因分析,2003.12
[22] 薛耀文,等.窟野河神木—温家川区间输沙模数合理性分析.人民黄河,1996(10)
[23] 薛耀文,等.窟野河历年水沙量变化分析.水文,1996(6)
[24] 薛耀文,等.温家川站实测最大含沙量可靠性分析,水文,2000(3)
[25] 徐建华,等.水利水保工程对黄河中游多沙粗沙区径流泥沙影响研究.郑州:黄河水利出版社,2000
[26] 马文进,高贵成,高国甫,等.黄河中游"2003.7"暴雨洪水调查报告,2003.9
[27] 齐斌,李鹏,马文进,等.黄河中游府谷—吴堡—龙门水沙平衡分析,1999.3
[28] 齐斌,熊运阜.黄河万家寨水库冲淤变化分析.水文,2001(2)
[29] 马文进,李鹏.洪水过程借用断面方法初探.见:黄河水文科技成果与论文选集.郑州:黄河水利出版社,1996
[30] 齐斌,马文进,任小凤,等.黄河中游测区输沙率与流量异步施测法分析.水文,2002(3)

[31] 马文进,李鹏.电波流速仪比测试验分析.人民黄河,1995(10)

[32] 齐斌,高贵成,郭城山,等.电波流速仪系数分析试验研究.水文,2004(3)

[33] 徐建华,马文进,刘龙庆,等.黄河中游府谷"03·7"洪峰流量合理性分析.人民黄河,2004(5)